EMV für Geräteentwickler und Systemintegratoren

Karl-Heinz Gonschorek

EMV für Geräteentwickler und Systemintegratoren

Mit 267 Abbildungen

 Springer

Professor Dr. K.-H. Gonschoreck
Technische Universität Dresden
Professur für Theoretische Elektrotechnik
und Elektromagnetische Verträglichkeit
01062 Dresden
Deutschland

Bibliografische Information der Deutschen Bibliothek

Die Deutsche Bibliothek verzeichnet diese Publikation in der Deutschen Nationalbibliografie;
detaillierte bibliografische Daten sind im Internet über http://dnb.ddb.de abrufbar.

ISBN 978-3-540-23436-4 (Hardcover)
ISBN 978-3-642-31949-5 (Softcover)

Springer ist ein Unternehmen von Springer Science+Business Media
springer.de

Satz: Autor und LE-TeX Jelonek, Schmidt & Vöckler GbR, Leipzig
Herstellung: LE-TeX Jelonek, Schmidt & Vöckler GbR, Leipzig
Einbandgestaltung: medionet AG, Berlin
Gedruckt auf säurefreiem Papier   SPIN: 11307914   7/3141YL - 5 4 3 2 1 0

Inhaltsverzeichnis

1 Motivation und Übersicht

Welcher junge Wissenschaftler hat noch nicht die Erfahrung gemacht, dass er einen Aufsatz verfasst oder auf einem Symposium vorgetragen hat, stolz darauf war und nach der Veröffentlichung bzw. dem Vortrag die Bewunderung bzw. die Kritik erwartete, dann aber erfahren musste, dass, von Ausnahmen abgesehen, weder Bewunderung noch große Ablehnung geäußert wurden? Trotzdem wurde aber der nächste Aufsatz, die nächste Untersuchung, die nächste Präsentation mit großem Ernst in Angriff genommen. So ist die Idee zu diesem Buch auch durch die Überlegung entstanden, die Ergebnisse der verschiedenen Veröffentlichungen und Präsentationen, die in Analysen, Planungen und Störbeseitigungen gesammelten Erfahrungen zusammenzustellen und, so weit wie möglich, in einen inneren Zusammenhang zu stellen. Es wurde aber gleich klar, dass der Erfahrungsschatz eines Menschen immer begrenzt ist und somit für eine umfassende Darstellung der EMV eine Anzahl von Problemlösungen aus Aufsätzen und Büchern übernommen und aufgearbeitet und die Expertise entsprechender Fachleute herangezogen werden muss. So gilt es schon an dieser Stelle, den Experten des WATRI, Perth (Western Australian Telecommunication Research Institut), insbesondere Herrn Dr. Schlagenhaufer, sowie meinem verehrten akademischen Lehrer, Herrn Prof. Singer, zu danken, die in großzügiger Weise gestatteten, Bilder, Ideen und Ergebnisse zu übernehmen, ohne in jedem Einzelfall den Urheber nennen zu müssen.

Nach der Idee, eigene Erfahrungen zum zentralen Thema des Buches zu machen, wurde dann aber sehr schnell auch der Anspruch deutlich, die vorliegenden Ergebnisse so aufzuarbeiten, dass Sie in ihrer Aussagekraft verallgemeinert werden können und damit auch einen Wert für Ingenieure darstellen, die vor ähnlichen Fragestellungen stehen und die auf der Suche nach der einen oder anderen Erklärung eines scheinbar unerklärlichen Phänomens sind.

So soll mit diesem Buch nicht die Vielzahl der teilweise sehr guten Einführungswerke in die EMV erweitert werden. Es soll vielmehr einem problembewussten Ingenieur in der Entwicklung und Konstruktion elektrotechnischer Produkte und Systeme eine Hilfestellung gegeben werden, eine Hilfestellung bei der Neuentwicklung eines elektrotechnischen Produktes, bei der Beseitigung von tatsächlich auftretenden Störungen und vermuteten Unverträglichkeiten und vor allem auch bei der Einschätzung des Problems. So soll dieses Buch mehr ein EMV-Hilfsbuch für Ingenieure sein, in dem Strategien, Vorgehensweisen, Diagramme, Handformeln und Rechnerwerkzeuge zusammengetragen wurden, die hilfreich sind, wenn eine Unverträglichkeitsaufgabe zu lösen ist.

Da eine über ein Zufallsergebnis hinausgehende Entstörung ein tiefgehendes Wissen um die physikalischen Zusammenhänge erfordert, versucht dieses Buch auch, in vielen Fällen in Anhangkapiteln, die physikalischen Grundlagen mit ihrer Mathematik zu liefern. Dabei wird angestrebt, zwischen Vollständigkeit, Notwendigkeit und Exaktheit einen brauchbaren Kompromiss zu finden. Blättert man in diesem Buch, trifft man viele Bekannte aus dem Studium der Elektrotechnik wieder. Einem aufmerksamen Beobachter wird aber auffallen, dass die Elementardipole eine besondere Rolle im physikalischen Bild des Autors darstellen. Es könnte auch sichtbar werden, dass die Erfahrungen des Autors mehr auf der Systemebene liegen, während für die Aussagen zu Problemen der EMV auf der Platinen- und der Geräteebene wertvolle fremde Hilfe in Anspruch genommen wurde.

Von EMV-Büchern wird im Allgemeinen erwartet, dass sie Lösungen liefern, wenn möglich zugeschnittene Lösungen für EMV-Probleme, die der Leser hat. Aber diesen Anspruch erfüllt kaum ein EMV-Buch; vielleicht ist der Anspruch auch nicht erfüllbar, da die Vielzahl möglicher Unverträglichkeiten so groß ist, wie die Vielfalt der Elektrotechnik selbst. Ein EMV-Buch kann aber zwei andere Ansprüche erfüllen, es kann eine Hand voll von Grundmaßnahmen aufzählen und erläutern, die die Basis für einen störfesten und störstrahlungsarmen Aufbau darstellen. Hier sei beispielhaft die Massung (hochfrequenter Potentialausgleich) genannt, die zu 98 % aller Fälle schon die Lösung bringt, wenn sie problemgerecht durchgeführt wurde. Ein EMV-Buch kann weiterhin die physikalischen Zusammenhänge aufarbeiten, um damit das Verständnis für die elektromagnetischen Kopplungen zu schulen. Für die EMV gilt mehr als für jede andere Disziplin der Spruch: „Ein erkannter Gegner ist kein wirklicher Gegner mehr!" Überträgt man diesen Spruch auf die EMV, so lässt sich mit großer Sicherheit sagen: „Wenn die Störquelle, besser die Ursache der Unverträglichkeit gefunden ist, ist die Beseitigung, die Entstörung, nicht mehr das ganz große Problem!".

EMV-Bücher, und solche gibt es, die suggerieren, dass man nur eine Handvoll von Gleichungen und Regeln, nur einen elektromagnetischen Schirm bei Strahlungsproblemen und/oder ein Filter bei leitungsgebundenen Störungen braucht, und bei denen man nach der Lektüre das Gefühl hat, nun ein EMV-Experte zu sein, sind nach aller Erfahrung von geringerem Wert. Sie sind gut für den Einstieg zur Erzeugung des Problembewusstseins; Lösungen oder besser Lösungsansätze darf man nicht erwarten.

Das Hilfsbuch geht vom Phänomen aus. Ströme, Spannungen, Felder mit ihren Impedanzen sind die elektromagnetischen Größen, die die Nutzsignale tragen, die aber auch als Sekundäreffekte elektromagnetische Unverträglichkeiten erzeugen. Wann ein Nutzsignal eines Kreises zu einem Störsignal für einen zweiten Kreis wird, ist immer auch eine Frage der in beiden Kreisen für den Informationsfluss benötigten Leistung.

So werden nach dem zweiten Kapitel, dass gleichzeitig auch eine Einleitung in die EMV-Denkweise darstellt, die elektromagnetischen Felder näher beleuchtet. Die in der Elektrotechnik übliche Einteilung in elektrische (3. Kapitel), magnetische (4. Kapitel) und elektromagnetische Felder (5.Kapitel) lässt sich sehr gut auch für die Betrachtung der EMV benutzen. Die Ausbreitung, das Störvermögen und auch die Maßnahmen gegen eine Beeinflussung hängen sehr stark vom Feldtyp und seinen Charakteristika ab. Das 6. Kapitel behandelt das Beeinflussungsmodell, in dem die Felder auf Kopplungen übertragen werden, deren Verringerung dann im 7. Kapitel (Intrasystemmaßnahmen) beschrieben wird.

Ein Kapitel über die aktuelle Normensituation wurde bewusst weggelassen. Auf Normen, Vorschriften und gesetzliche Anforderungen wird aber, soweit wie es argumentativ opportun erscheint, an den betreffenden Stellen eingegangen. Spektakuläre Unfälle und Schäden durch elektromagnetische Unverträglichkeiten werden gern als Begründung für die Notwendigkeit der definierten Verträglichkeit aufgeführt, sicherlich auch zu Recht. Es ist aber sicherlich keine übertriebene Einschätzung, dass mehr als 90 % aller EMV-Arbeiten auf die Erfüllung gesetzlicher Vorgaben zurückgeht und hierbei hauptsächlich auf die Einhaltung der Störaussendungsgrenzwerte. Das 8. Kapitel versucht, einen Einblick in die Philosophie der Grenzwertfestlegungen zu geben. Ausgehend von den natürlichen Rauschquellen, über die gerechtfertigten Ansprüche der Nutzer lizenzierter Funkdienste werden die Grenzwerte näher beleuchtet. Dabei ist es nur allzu natürlich, dass es zwischen zivilen und militärischen Betrachtungen große Unterschiede gibt.

Mit dem 9. Kapitel werden dann Verfahrensabläufe beschrieben, die sich, vor allem in der EMV-Planung komplexer Systeme mit Antennen, als sehr sinnvoll und wirtschaftlich herausgestellt haben. Ein Herunterbrechen auf eine Vorgehensweise bei der Neuentwicklung von Geräten dürfte danach nicht schwierig sein.

Ein spezielles Kapitel (Kapitel 10) ist der Simulationssoftware zur numerischen Berechnung elektromagnetischer Felder gewidmet. In diesem Kapitel werden die den verfügbaren Programmen zugrunde liegenden mathematischen Verfahren knapp beschrieben. Das Kapitel soll keine Einführung in die numerischen Verfahren darstellen, es soll dem Einsteiger in die Nutzung moderner Simulationssoftware eine Hilfestellung geben bei der Auswahl des für seine Problemstellung geeigneten Programms bzw. Verfahrens. Der Schwerpunkt soll aber in der Anwendung liegen. Es soll verdeutlicht werden, dass die Programme sehr mächtige Werkzeuge sind, die man nur in richtiger Weise nutzen muss. Hinweise für die ökonomische Nutzung sollen gegeben werden.

Für die Einarbeitung werden Musteranordnungen und Musterlösungen dargestellt. Diese Musteranordnungen sind so gewählt, dass sie eine gewisse Praxisrelevanz besitzen. Ein potentieller Nutzer der verfügbaren Software, die Namen und Anschriften einiger Vertreiber können von den Autoren erfragt werden, sollte die Zeit haben, sich über Parametervariationen einzuarbeiten, aber viel wichtiger ist es, Vertrauen in die Programme zu gewinnen. Eine leistungsfähige Demo-Version des Programms CONCEPT wird freundlicherweise von den Herren Prof. Singer und Dr. Brüns zur Verfügung gestellt. Sie kann aus dem Internet vom Arbeitsbereich Theoretische Elektrotechnik heruntergeladen werden. Die Internet-Adresse wird an entsprechender Stelle genannt.

Die Diskussion um die Aussagefähigkeit von Störfestigkeitsprüfungen und die im Umfeld des Autors vorliegende Expertise haben zur Aufnahme eines speziellen Kapitels „Bewertung von Störfestigkeitsnachweisen" geführt. Dieses Kapitel ist von Herrn Dr. Vick verfasst und steht in seiner vollen Verantwortung. Die in diesem Kapitel ausgeführten Betrachtungen auf der Grundlage der Wahrscheinlichkeitsrechnung gestatten zumindest die Angabe von Konfidenzintervallen für die Aussagen zur Störfestigkeit gegen impulsförmige Störer. Auch das Phänomen einer zeitabhängigen Störfestigkeit bei modernen elektronischen Schaltungen wird erörtert.

Umfangreichere Ableitungen und Diagramme sind in die Anhangkapitel verschoben worden. Der Anhang enthält aber auch Beispiele für EMV-Designrichtlinien, die eine Basis für projektangepasste Richtlinien des Lesers bilden können.

Naturgemäß ist ein Buch auch immer eine Selbstdarstellung des Autors, sicherlich auch im vorliegenden Falle. Sollte das Buch aber helfen, den einen oder den anderen tatsächlichen oder vermuteten elektromagnetischen Beeinflussungsfall besser zu analysieren oder sogar zu bereinigen, dann ist der Sinn des Buches schon erreicht.

Dresden, im Frühjahr 2005   Karl H. Gonschorek

1.1 Zu den im Buch aufgeführten Programmen

Im ersten Ansatz war geplant gewesen, dem Buch eine CD mit der genannten Software beizufügen. Dieses Unterfangen wurde aber dann doch sehr schnell, aus verschiedenen Gründen, nicht zuletzt wegen der Kurzlebigkeit der Betriebssysteme, wieder aufgegeben.

Das Programm CONCEPT wird, wie bereits ausgeführt, in einer sehr leistungsfähigen Demo-Version von der TU Hamburg-Harburg zur Verfügung gestellt. Es kann über die Internetseite „http://www.tet.tu-harburg. de/" heruntergeladen werden.

Die anderen Programme, die vom Autor im Laufe seiner Berufstätigkeit erstellt wurden, sind in POWER-BASIC geschrieben und in keiner Weise optimiert. Die Informationen in den einzelnen Kapiteln sollten aber so vollständig sein, dass ein versierter Nutzer moderner Rechnerressourcen in der Lage ist, ein seinen Ansprüchen und seinem Geschmack entsprechendes Programm selbst zu erstellen. In vielen Fällen wird man über MATHEMATICA oder ein anderes Mathematikprogramm sehr schnell zu guten Ergebnissen und entsprechenden Grafikausgaben kommen. Es ist aber auch nicht auszuschließen, dass ein Ingenieur der Praxis gern auf kleine Hilfsprogramme zugreift, ohne erst noch programmiertechnisch tätig zu werden. Um hier eine Hilfe zu geben, sind die genannten Programme (mit Ausnahme von CONCEPT)

1. im Quelltext abgedruckt,
2. auf der Internetseite „www.eti.et.tu-dresden.de/ev/emv.htm" verfügbar und können heruntergeladen werden,
3. in einer Zusammenstellung auf einer CD gegen eine Unkostenerstattung verfügbar.

1.2 Zu den Abbildungen des Buches

Aus drucktechnischen Gründen sind alle Abbildungen (Diagramme, Prinzipzeichnungen und Bilder) des Buches in schwarz/weiß dargestellt. Die meisten Diagramme und Bilder sind beim Autor aber auch in Farbe bzw. farblicher Darstellung vorhanden.

Alle Abbildungen des Buches können von der Internetseite „www.eti.et.tu-dresden.de/ev/emv.htm" mit freundlicher Genehmigung des Springer-Verlags im TIF-Format heruntergeladen werden. Damit besteht für den interessierten Leser des Buches auch die Möglichkeit, für Lehrzwecke die entsprechende Abbildung als File zu übernehmen. Dabei ist als Quellenangabe auf dieses Buch zu verweisen.

2 Das Denken in Spannungen, Strömen, Feldern und Impedanzen

Um die EMV eines Gerätes oder eines Systems zu erreichen, sind verschiedene Maßnahmen zu ergreifen. Diese beginnen bei den Überlegungen zum Schaltungsentwurf und zum Leiterplattendesign, sie erstrecken sich auf die Mitsprache beim inneren Aufbau und der Verdrahtung der Geräte und auf die Formulierung von Grundsätzen für den Systemaufbau. Sie beinhalten die Anwendung von Massungs-, Filterungs- und Schirmungsrichtlinien sowie die Durchführung von problemgerechten Geräte- und Systemverkabelungen. Sie reichen bis zur Planung der Aufstellung und Installation von Geräten im System. Diese Vielfalt von oft isoliert und zusammenhanglos erscheinenden Einzelmaßnahmen kann übersichtlicher gestaltet werden, wenn man sich einige Grundsätze der Elektrotechnik in Erinnerung ruft:

- Elektrische Ladungen erzeugen elektrische Felder, und elektrische Felder üben wiederum Kräfte auf elektrische Ladungen aus.

- Bewegte elektrische Ladungen, also Ströme, erzeugen magnetische Felder, und magnetische Felder üben wiederum Kräfte auf andere bewegte elektrische Ladungen (Ströme) aus. Zeitlich veränderliche magnetische Felder, wie sie von zeitlich veränderlichen Strömen hervorgerufen werden, bewirken Kräfte auch auf ruhende elektrische Ladungen. Dieser Effekt äußert sich als Induktionsspannung.

- Zeitliche und räumliche Änderungen elektrischer und magnetischer Felder sind miteinander verknüpft. Zeitlich veränderliche Felder breiten sich als Wellen aus.

Diese Eigenschaften elektrischer Ladungen müssen als gegeben hingenommen werden. Um eine gegenseitige Beeinflussung von Geräten und Systemen zu vermeiden, hat man grundsätzlich die Möglichkeit:

- Ströme zu unterbinden (was aber natürlich nur anwendbar ist, wenn diese Ströme keine Nutzsignale darstellen),

- Ströme so zu führen, dass sich ihre Auswirkungen auf andere Systeme beherrschen lassen,

- zusätzliche Ströme anzuregen, deren Felder die ursprünglichen Felder kompensieren.

Der letzte Punkt hat für die EMV-Maßnahmen eine besondere Bedeutung, da sich Schirmungsmaßnahmen, der Einfluss von Masseebenen sowie die Wirkungsweise streufeldarmer Verkabelungen auf dieses Prinzip
zurückführen lassen.

Spannung: Ausgangspunkt einer elektrotechnischen Betrachtung ist die
Elementarladung. Sie hat eine Größe von $e = -1{,}609 \cdot 10^{-19}$ C. Die Ladungen
sind so klein (Radius des Elektrons $= 2{,}4 \cdot 10^{-21}$ m), dass eine Anhäufung
von Ladungen, sagen wir 10^6 Elementarladungen, immer noch als Punktladung Q angesetzt werden kann. Ihre Masse beträgt $9{,}14 \cdot 10^{-31}$ kg.

Zwischen zwei Punktladungen bestehen Kraftwirkungen:

$$\vec{F} = \frac{Q_1 Q_2}{4\pi\varepsilon\, r^2} \vec{e}_r \qquad (2.1)$$

Die Ladungen ziehen sich an, wenn sie unterschiedliche Polarität haben,
anderenfalls stoßen sie sich ab. Erklärt man eine Ladung, z. B. Q_2, zu einer
Probeladung und teilt die Kraft durch diese Probeladung, bekommt man
die *elektrische Feldstärke:*

$$\vec{E} = \frac{\vec{F}}{Q_2} = \frac{Q_1}{4\pi\varepsilon\, r^2} \vec{e}_r \, . \qquad (2.2)$$

Feldstärke: Die elektrische Feldstärke ist eine Kraft auf eine Ladung am
Ort dieser Ladung. Liegt eine elektrische Feldstärke vor, treten Kräfte auf
Ladungen auf, die zu ihrer Verschiebung führen können.

Zieht man zwei Ladungen (ungleiches Vorzeichen) auseinander, ist eine
Kraft über eine bestimmte Wegstrecke (Energie) aufzuwenden, anders ausgedrückt, lässt man die Ladungen sich aufeinander zu bewegen, wird Energie gewonnen. Eine Verschiebung einer Ladung in Richtung der Feldstärke führt also zu einem Energiegewinn. Bezieht man die Energie auf die
Probeladung, erhält man das Potential. Die Potentialdifferenz (Bewegung
von einem Punkt 1 zu einem Punkt 2) zwischen zwei Punkten ergibt die
Spannung. Damit ist die Spannung ein Maß für die Arbeitsfähigkeit des
Feldes. Bezogen auf die Elektromagnetische Verträglichkeit heißt dies:

*Liegt zwischen 2 Elektroden eine elektrische Spannung, so werden La-
dungsträger auf diesen Elektroden und auch auf allen unbeteiligten
metallischen Strukturteilen solange verschoben, bis auf jeder Elektrode und auf jedem Metallteil ein gleiches Potential (Äquipotential)
vorliegt.*

Ändert man die Spannung (für die Überlegungen am besten sinusför-
mig) von plus nach minus, müssen auch die Ladungsträger diesem Polari-
sationswechsel folgen, auf den Elektroden und allen metallischen Struktur-

teilen tritt eine Ladungsträgerbewegung auf. Ändert man die Spannung sehr schnell, kann gegebenenfalls der Ladungsträgeraustausch nicht mehr der Feldänderung folgen (Übergang vom statischen bzw. langsamveränderlichen Feld zum schnellveränderlichen Feld).

In der EMV hat man als Grenze für den Übergang von statischer bzw. stationärer Betrachtung zu hochfrequentem Verhalten

$$l=\lambda/10 \text{ (Strukturausdehnung} = 1/10 \text{ der Wellenlänge)} \qquad (2.3)$$

definiert. Ist die zu untersuchende Struktur kleiner als 1/10 der kleinsten zu berücksichtigenden Wellenlänge (höchste zu berücksichtigende Frequenz), so sind noch statische und stationäre Ansätze und Betrachtungen erlaubt. Betrachtet man z. B. eine Rechnerplatine mit einer Abmessung von 30 cm × 30 cm, so sind bei Annahme einer Taktfrequenz von 400 MHz ($\lambda = 75$ cm) schon hochfrequente Betrachtungen anzustellen.

Strom: Jede Bewegung elektrischer Ladungsträger wird als elektrischer Strom bezeichnet. Fließen durch einen Draht (seinen Querschnitt) in einer Sekunde $6{,}3 \cdot 10^{18}$ Ladungsträger, so spricht man von einer Stromstärke von 1 A. Die einzelnen Ladungsträger nehmen die Eigenschaft, andere Ladungsträger anzuziehen oder abzustoßen, bei ihrer Bewegung mit, zusätzlich tritt eine Kraftwirkung auf andere bewegte Ladungsträger auf:

$$\vec{F} = q\,(\vec{v} \times \vec{B}), \qquad (2.4)$$

q = Ladung, die mit der Geschwindigkeit v bewegt wird,
B = magnetische Flussdichte, beispielsweise von einem Strom erzeugt.

Der elektrische Strom erzeugt im ersten Ansatz eine *magnetische Feldstärke,* die sich für nicht paramagnetische Werkstoffe über die einfache Beziehung $B = \mu H$ in eine magnetische Flussdichte umrechnen lässt.

Für einfache Anordnungen kann die magnetische Feldstärke über das Durchflutungsgesetz berechnet werden:

$$\oint \vec{H} \cdot d\vec{s} = I . \qquad (2.5)$$

Das Entscheidende an dieser Stelle ist, dass jeder Strom um sich herum eine magnetische Feldstärke erzeugt, die wiederum auf bewegte Ladungen eine Kraftwirkung ausübt. Nur koaxiale Vollmantelkabel bei komplett symmetrischem Aufbau haben im Außenbereich kein elektrisches und kein magnetisches Feld.

Um elektrische Energie und Informationen auf elektrischem Weg von einem Ort zu einem anderen zu bringen, werden Ströme und Spannungen benötigt. Elektrische und magnetische Felder lassen sich damit nur in Spezialfällen (vollsymmetrisches Vollmantelkabel) vermeiden. Die Aufgabe der EMV ist es also nicht, die benötigten Ströme und Spannungen zu beseitigen, sondern ihnen definierte Plätze und Wege vorzugeben, so dass ihre Wirkung auf andere Schaltungen genügend gering gehalten werden kann.

Vollständigkeitshalber sei an dieser Stelle noch erwähnt, dass es von Leitern losgelöste Konvektionsströme gibt, i.A. kein Thema der EMV, und dass Stromkreise sich auch über Verschiebungsströme schließen können. Ein Verschiebungsstrom ergibt sich immer dann, wenn sich in einem dielektischen Material eine Feldstärke zeitlich ändert.

Impedanz: Teilt man in einer Schaltung oder in einem Kreis die treibende Spannung durch den erzeugten Strom, erhält man die Impedanz dieses Kreises. Die Impedanz setzt sich aus einem Realteil und einem Imaginärteil zusammen. Der Realteil berücksichtigt die auf dem Weg auftretenden Verluste, der Imaginärteil die mit der Spannung und dem Strom verbundenen Felder. Der Imaginärteil kann entweder kapazitiv, mit zunehmender Frequenz wird er kleiner, oder induktiv, mit zunehmender Frequenz wird er größer, sein.

Der Strom nimmt immer den Weg des geringsten Widerstandes. Lässt man nun auch komplexe Widerstände zu, die dann Impedanzen heißen, kann man in Erweiterung sagen: Der Strom nimmt immer den Weg der kleinsten Impedanz.

Dieser an sich banale Lehrsatz hat für die EMV eine ganz besondere Bedeutung. Tritt eine Beeinflussung auf, ist nach dem Weg der Kopplung, des Stromes, zu suchen. Erinnert man sich, dass der Strom den Weg der kleinsten Impedanz nimmt, reduziert sich die Aufgabe auf die Suche nach dem impedanzärmsten Übertragungsweg. Dabei ist zu berücksichtigen, dass nicht nur diskrete Elemente zu berücksichtigen sind, sondern dass sich Stromkreise auch über elektrische und magnetische Streufelder schließen können, dass den Wegen der Streufelder auch Impedanzen zugeordnet werden müssen.

Das nachfolgende *erste Beispiel* soll das Verhalten des Stromes zeigen: Oberhalb einer leitenden Ebene (verlustbehaftet) ist in 10 cm Abstand ein zylindrischer Leiter (Kupfer) von 1,20 m Gesamtlänge und einem Radius von 1 mm angeordnet. Der Leiter ist so platziert, dass er nach seiner halben Länge rechtwinklig abknickt. Gesucht ist der Oberflächenstrom, also der Rückstrom, in der Ebene. Die Anordnung ist in der Abb. 2.1 dargestellt. Die Einspeisung erfolgt am Anschluss links oben aus einem Generator mit 50 Ω Innenwiderstand. Der zweite Anschluss ist direkt mit der Masseebene verbunden. Abb. 2.2 zeigt den Oberflächenstrom in der Ebene für die Frequenzen 1 kHz, 10 kHz, 100 kHz und 1 MHz. Man sieht sehr schön, dass für die Frequenz 1 kHz der direkte Weg von der Einspeisung zum Abschluss genommen wird. Jetzt ist dieser Pfad der impedanzärmste, bei 10 kHz ist feststellbar, dass der Strom sich zum Leiter hingezogen fühlt, ab 100 kHz folgt der Strom fast vollständig dem Verlauf des Drahtes.

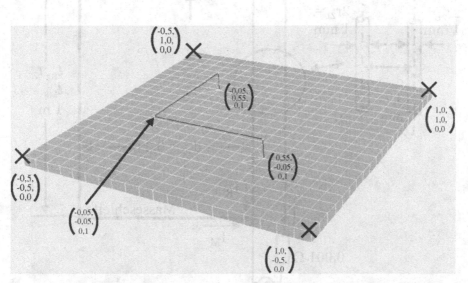

Abb. 2.1 Anordnung aus abknickendem Leiter oberhalb einer leitenden Ebene

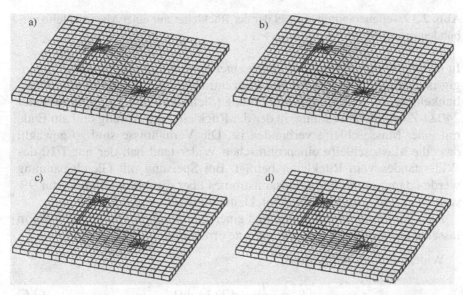

Abb. 2.2 Ströme in der Ebene: a) 1 kHz, b) 10 kHz, c) 100 kHz, d) 1 MHz

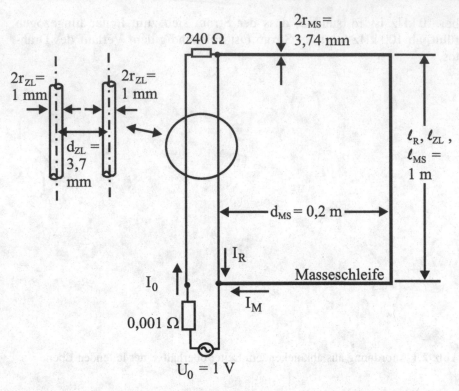

Abb. 2.3 Zweileiteranordnung, bei der der Rückleiter mit einer Masseschleife verbunden ist

In einem *zweiten Beispiel,* das auch einer analytischen Behandlung zugänglich ist, soll dieser Effekt der Feldkonzentration noch einmal in aller Deutlichkeit gezeigt werden. Die Anordnung (Siehe Abb. 2.3!) besteht aus einer 240 Ω-Zweileiteranordnung, in der der Rückleiter am Anfang und am Ende mit einer Masseschleife verbunden ist. Die Verhältnisse sind so gewählt, dass die Masseschleife einen ohmschen Widerstand hat, der nur 1/10 des Widerstandes vom Rückleiter beträgt. Bei Speisung mit Gleichspannung werden damit ca. 91% des Gesamtstromes über die Masse fließen, nur 9% werden auf dem zugeordneten Rückleiter zu finden sein.

Aus den angegebenen Daten und einer Leitfähigkeit von $\kappa = 57 \cdot 10^6$ S/m lassen sich folgende Netzwerkelemente errechnen:

Widerstand des Rückleiters:

$$R_R = \frac{l_R}{\kappa \pi \cdot r_R^2} = 22{,}3 \quad \text{m}\Omega \tag{2.6}$$

Widerstand der Masseschleife:

$$R_M = \frac{l_M}{\kappa\pi \cdot r_M^2} = 2,23 \quad m\Omega \tag{2.7}$$

Induktivitätsbelag des Zweileiters:

$$L_{ZL}' \approx \frac{\mu}{\pi} \cdot \ln\frac{d_{ZL}}{r_{ZL}} = 0,8 \quad \mu H/m \tag{2.8}$$

Kapazitätsbelag des Zweileiters:

$$C_{ZL}' \approx \frac{\varepsilon\pi}{\ln\frac{d_{ZL}}{r_{ZL}}} = 13,9 \quad pF/m \tag{2.9}$$

Eigeninduktivität der Masseschleife:

$$L_{MS} \approx \frac{\mu \cdot l_{MS}}{\pi} \cdot \ln\frac{d_{MS}}{\sqrt{r_{ZL} \cdot r_{MS}}} = 2,13 \quad \mu H \tag{2.10}$$

Gegeninduktivität zwischen Zweileiter und Masseschleife:

$$M \approx \frac{\mu \cdot l_{ZW}}{2\pi} \cdot \ln\frac{d_{ZL}}{r_{ZL}} \approx \frac{L_{ZL}' \cdot l_{ZW}}{2} = 0,4 \quad \mu H \tag{2.11}$$

Anmerkung: Für L_{MS} und M sind vereinfachte Formeln für Parallelleiter verwendet worden.

In der Abb. 2.4 sind die Ströme I_0, I_R und I_M als Funktion der Frequenz dargestellt, wie sie mit dem Programm CONCEPT erzielt wurden, in den rechten Diagrammen für den Frequenzbereich 100 Hz bis 20 kHz, in den linken Diagrammen für den Bereich 100 Hz bis 3 kHz.

Betrachtet man das Verhalten der Ströme I_M und I_R nach Abb. 2.3 als Funktion der Frequenz, lassen sich folgende Feststellungen treffen.

1. Bei der Frequenz 0 Hz (hier 100 Hz) teilt sich der Rückstrom nach Maßgabe der Widerstände auf. In der Masseschleife fließen 91% des gesamten Rückstromes, 9% im zugeordneten Rückleiter.

2. Mit zunehmender Frequenz wird der induktive Widerstand der Masseschleife immer größer. Bei der Frequenz $f_{3dB} = 1,7$ kHz ist $\omega L_{MS} = R_R$ (Skineffekt braucht bei dieser Frequenz noch nicht berücksichtigt zu werden!). Der Rückstrom wird nun zu einem großen Teil über den zugeordneten Rückleiter fließen.

3. Mit weiter zunehmender Frequenz wird der induktive Blindwiderstand der Masseschleife immer größer, so dass der gesamte Rück-

strom über den zugeordneten Rückleiter fließt. Wegen des Indukti-
onsvorganges über die Gegeninduktivität M wird aber weiterhin ein
Kreisstrom in der Masseschleife feststellbar sein, so dass der messba-
re Strom im Rückleiter nur auf

$$I_R \approx I_0 \cdot \left(1 - \frac{M}{L_{MS}}\right) \tag{2.12}$$

zurückgeht. Im Massekreis wird ein Strom von $I_{MS} \approx \dfrac{M}{L_{MS}}$ zu messen

sein.

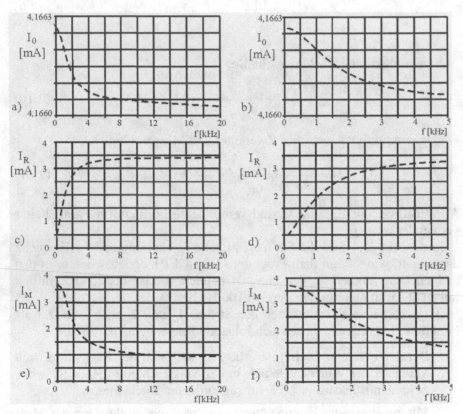

Abb. 2.4 Verläufe des Stromes in der Zweileiteranordnung mit Masseschleife
    a) und b) Hinleiterstrom I_0
    c) und d) Rückleiterstrom I_R
    e) und f) Massestrom I_M
    b), d), f) als Frequenzzoom

Setzt man für $I_0 = 1$ V/240 $\Omega = 4,2$ mA und für M/$L_{MS} = 0,19$ an, ergibt sich ein messbarer Strom im Rückleiter von $I_R = 3,4$ mA, was sehr gut mit den Simulationsergebnissen übereinstimmt. In der Masseschleife fließt immer noch ein Strom (bei der gewählten Anordnung) von 0,8 mA. Dieser Strom ist hauptsächlich für die Abstrahlung zuständig.

Will man den Strom in der Masseschleife verkleinern, ist die Gegeninduktivität M zwischen der Zweileiteranordnung und der Masseschleife zu verkleinern, im Idealfall auf null zu reduzieren. Dies lässt sich durch Verdrillen oder einer Koaxialausführung des Zweileiters erreichen. Bezüglich der Eigeninduktiviät der Masseschleife sind die Freiheitsgrade nur sehr begrenzt. Eine Vergrößerung der Eigeninduktivität bedeutet z. B. eine Vergrößerung der Schleife, was der Forderung nach Minimierung der Schleife (Einkopplung, Abstrahlung) widerspricht.

Aufgaben

Aufgabe 2.1: Welche Kraft in N tritt zwischen den Platten eines Kondensators auf, der bei einem Plattenabstand von $d = 1$ mm eine Kapazität von $C = 1$ nF hat und auf $U = 1000$ V aufgeladen ist?

Aufgabe 2.2:

a) Eine Raumschirmung gegen elektrische Felder wird aus Drahtgittern in der Decke und im Boden realisiert. Zwischen den beiden Gittern besteht eine leitende Verbindung. Die Diagonalen der Gitterflächen im Boden und in der Decke betragen $D = 10$ m, der Abstand zwischen Decke und Boden beträgt $d = 3$ m. Bis zu welcher Frequenz können Sie guten Gewissens eine Abschätzung über statische Feldansätze vornehmen?

b) Die Hauptplatinen moderner PC's haben Abmessungen von 20 cm × 30 cm. Bis zu welcher Frequenz können Sie noch mit statischen bzw. stationären Feldansätzen einigermaßen verlässlich die internen Verkopplungen auf der Platine analysieren?

Aufgabe 2.3: Ein $b = 10$ cm breiter, sehr langer Blechstreifen führt einen Strom von $I = 10$ A. Wie groß ist die magnetische Feldstärke in $d = 1$ cm Abstand

a) von der Blechkante,

b) oberhalb der Mitte des Blechstreifens?

Aufgabe 2.4: Ein Elektron bewegt sich mit einer Geschwindigkeit $v_x = 60.000$ km/s durch ein magnetisches Feld von $H_z = 2$ A/m. Wie groß ist die Auslenkung d nach $s = 30$ cm Weglänge?

Aufgabe 2.5: Ein Dreileiterkabel erzeugt bei $f = 50$ Hz in $r_M = 10$ cm Abstand von der Kabelachse eine magnetische Flussdichte, die sich mit $B\varphi = B_0 \cos (2\ \pi\ x/SL)$ beschreiben lässt, SL = Schlaglänge = 0,8 m, $B_0 = 10$ µT. Die Flussdichte tritt senkrecht durch die Beeinflussungsfläche hindurch! Die Fläche hat eine radiale Ausdehnung (in Bezug auf die Kabelachse) von $d = 1$ cm (beginnend bei $r = 9,5$ cm) und eine axiale Ausdehnung Δx, beginnend bei $x = 0$.

a) Nach welcher Länge Δx der Fläche ist die Einkopplung (Leerlaufspannung) maximal?

b) Wie groß ist die maximale Einkopplung (Leerlaufspannung)?

c) Nach welcher Länge der Fläche ist die Einkopplung minimal? *Anmerkung:* Die radiale Abhängigkeit des Feldes wird vernachlässigt!

d) Die beeinflusste Schleife (als Begrenzung der Fläche) besteht aus Kupferdraht von 2R = 0,4 mm Stärke. Wie groß ist der Strom in der beeinflussten Schleife?

e) Bei welcher Frequenz ist der ohmsche Widerstand der Schleife gleich dem induktiven Widerstand ($R_W = \omega L$)?

Anmerkung: Die Eigeninduktivität der beeinflussten Schleife kann über die Beziehung für eine Zweileiteranordnung bestimmt werden!

3 Elektrische Felder

Elektromagnetische Felder werden mathematisch durch die vier Maxwell-schen Gleichungen beschrieben. In integraler Form lauten sie:

Durchflutungssatz

$$\oint_s \vec{H} \cdot d\vec{s} = \int_A \vec{J} \cdot d\vec{A} + \frac{\partial}{\partial t} \int_A \vec{D} \cdot d\vec{A} = I_L + I_v, \tag{3.1}$$

$$\oint_A \vec{D} \cdot d\vec{A} = \int_V \rho \cdot dV = Q, \tag{3.2}$$

Induktionsgesetz

$$\oint_s \vec{E} \cdot d\vec{s} = -\frac{\partial}{\partial t} \int_A \vec{B} \cdot d\vec{A} = -\frac{\partial \phi}{\partial t} \tag{3.3}$$

$$\oint_A \vec{B} \cdot d\vec{A} = 0 \tag{3.4}$$

$\vec{H}$	=	magnetische Feldstärke,
$\vec{J}$	=	Stromdichte,
$\vec{D}$	=	elektrische Flussdichte,
I_L	=	Leitungsstrom,
I_v	=	Verschiebungsstrom,
ρ	=	Ladungsdichte,
Q	=	elektrische Ladung,
$\vec{E}$	=	elektrische Feldstärke,
$\vec{B}$	=	magnetische Flussdichte,
ϕ	=	magnetischer Fluss,
$d\vec{s}$	=	Wegelement auf der Umrandung der Fläche $\vec{A}$ (Gl. 3.1 und Gl. 3.3).

Diese 4 Maxwellschen Gleichungen in integraler Form können verbal in folgender Weise erklärt werden:

Gl. 3.1: Das Ringintegral über die magnetische Feldstärke ist gleich der Durchflutung, die sich als Summe aus Leitungsstrom und Verschiebungsstrom durch die umschlossene Fläche ergibt.

Gl. 3.2: Das Integral über eine geschlossene Fläche A der elektrischen Flussdichte ist gleich der von dieser Fläche eingeschlossenen elektrischen Ladung.

Gl. 3.3: Das Ringintegral über die elektrische Feldstärke ist gleich der negativen zeitlichen Änderung des durch die umschlossene Fläche tretenden magnetischen Flusses.

Gl. 3.4: Das Integral über eine geschlossene Fläche A der magnetischen Flussdichte ist immer gleich null. (Es gibt keine magnetischen Ladungen bzw. magnetischen Monopole!)

Die Gl. 3.3, das Induktionsgesetz, ist besser in der Schreibweise mit der induzierten Spannung bekannt,

$$u_i = -\frac{\partial \phi}{\partial t}.$$ (3.5)

u_i = Induktionsspannung.

Man möge sich nur bei der Einschätzung elektromagnetischer Unverträglichkeiten darüber im Klaren sein, dass die Induktionsspannung nach 3.5 nur eine Auswertung des Induktionsgesetzes nach Gl. 3.3 für den Fall darstellt, in dem die von einem Draht umschlossene Fläche, sprich Schleife, an einer Stelle geöffnet ist. An dieser Öffnung lassen sich die aufgesammelten Anteile des Produktes $\vec{E} \cdot d\vec{s}$ feststellen. Hat die Schleife zwei Öffnungen, bestimmt die äußere Beschaltung, welche Spannungen an den Öffnungen auftreten. Wird die Schleife geschlossen, muss ein Induktionsstrom fließen, der, wenn der ohmsche Widerstand der Schleife vernachlässigt wird, einen magnetischen Fluss erzeugt, der genauso groß ist wie der Ausgangsfluss.

Vielleicht ist es an dieser Stelle auch erlaubt, darauf hinzuweisen, dass die Maxwellschen Gleichungen als Theoriegebäude der Elektrotechnik keine Spannungen und keine Potentiale kennen.

Es hat sich als sehr sinnvoll erwiesen, die elektromagnetischen Felder einzuteilen in:

a) **statische Felder** (keine Zeitabhängigkeit, kein Strom), die Maxwellschen Gleichungen reduzieren sich auf

$$\oint \vec{H} \cdot d\vec{s} = 0 \,, \quad \oint \vec{E} \cdot d\vec{s} = 0 \,, \quad \oint_A \vec{D} \cdot d\vec{A} = \int \rho \cdot dV \quad \text{und} \quad \oint_A \vec{B} \cdot d\vec{A} = 0.$$

Anwendung: Hochspannungstechnik, Auswirkung von Spannungen und Ladungen, Berechnung von Kapazitäten, Schirmung statischer magnetischer Felder

b) **stationäre Felder** (keine Zeitabhängigkeit, aber Strom),

$$\oint \vec{H} \cdot d\vec{s} = \int_A \vec{J} \cdot d\vec{A} = \sum I$$

(Durchflutungsgesetz in einfacher Form), sonst wie a)

Anwendung: Berechnung magnetischer Felder, Berechnung von Eigen- und Gegeninduktivitäten

c) **quasistationäre Felder** (Zeitabhängigkeit beim $\vec{B}$ – Feld, Ströme),

$$\oint \vec{E} \cdot d\vec{s} = -\frac{\partial}{\partial t} \int_A \vec{B} \cdot d\vec{A} = -\frac{\partial \phi}{\partial t}$$

(Induktionsgesetz), sonst wie b)

Anwendung: Skineffekt, Wirbelstromdämpfung

d) **Hochfrequenzfelder** (kompletter Satz der Maxwellschen Gleichungen)

Anwendung: Wellenausbreitung, elektromagnetische Kopplung, Antennentechnik, Schirmungstheorie

Als elektrische Felder im Sinne der EMV sollen Felder verstanden werden, bei denen die ruhenden Ladungen das Feld erzeugen. Bewegen sich diese Ladungen mit einer so geringen Geschwindigkeit, dass magnetische Wirkungen noch von untergeordneter Bedeutung sind oder bewegen sich nur wenige Ladungen (in hochohmigen Kreisen), sollen die Felder dieser Ladungen noch als elektrische Felder im Sinne der EMV verstanden und behandelt werden. Im Frequenzbereich wird hier wiederum die Grenze bei $l = \lambda/10$ angesetzt, l ist die größte Ausdehnung der betrachteten Anordnung, λ die Wellenlänge. Elektromagnetische Unverträglichkeiten bei 16 2/3 Hz, 50 Hz, 400 Hz treten entweder als elektrische Unverträglichkeiten (kapazitive Beeinflussung) oder magnetische Unverträglichkeit (induktive Beeinflussung, direkte und indirekte Wirkungen magnetischer Felder) auf.

3.1 Wirkung elektrischer Felder und ihre Berechnung

Im 2. Kapitel wurde schon ausgeführt, dass alle elektromagnetischen Phänomene von der Ladung ausgehen. Zwischen elektrischen Ladungen treten Kraftwirkungen auf, Ladungen gleicher Polarität stoßen sich ab, Ladungen ungleicher Polarität ziehen sich an. Diese Beobachtung hat zur Definition der elektrischen Feldstärke E und der elektrischen Flussdichte D geführt. Die

elektrische Feldstärke (als Vektor) in einem Raumpunkt beschreibt die Kraftwirkung auf eine Ladung. Eine elektrische Feldstärke von z. B. 1 V/m übt auf
eine Ladung von 1 C eine Kraftwirkung von 1 N aus. Die Richtung des Vektors gibt die Richtung der Kraftwirkung an. Die freibewegliche Ladung wird
sich solange verschieben, bis die Kraftwirkung null ist oder äußere mechanische Randbedingungen keine weitere Verschiebung mehr zulassen. Betrachtet man einen Leiter, so sind keine Feldstärken im Leiter möglich und auch
auf der Oberfläche muss $E_{tan} = 0$ (E_{tan} = Tangentialkomponente) sein. Dieses
Bild wurde noch einmal in aller Deutlichkeit wiederholt, da diese Vorstellung sehr hilfreich ist, wenn die Wirkung elektrischer Felder beurteilt werden
muss. Auf der Karosserie eines Pkw z. B., der unter einer Hochspannungsleitung steht, werden allein aufgrund der elektrischen Felder 50-Hz-Ströme
fließen, die dafür sorgen, dass zu jedem Zeitpunkt auf jedem Ort der Oberfläche die tangentiale Komponente der Feldstärke zu null wird.

Beachtet man also das unumstößliche Gesetz

$$E_{tan1} = E_{tan2} \tag{3.6}$$

bzw.

$$E_{tan} = 0 \tag{3.7}$$

auf einer ideal leitenden, metallischen Oberfläche, werden viele Kopplungen und elektrischen Phänomene besser durchschaubar.

Eine große Anzahl praktischer Probleme im Umgang mit elektrischen
Feldern besteht nicht darin, die Potentialverteilung (oder die elektrischen
Felder) bei vorliegender Ladungsverteilung zu finden, sondern vielmehr
liegt häufig die umgekehrte Aufgabenstellung vor, nämlich bei vorgegebenen Potentialen die Ladungsverteilung zu finden, die zu dieser Potentialverteilung führt. Aus dieser Ladungsverteilung lässt sich dann das gesamte
Feld bestimmen. Dabei ist das Problem der Feldbestimmung bei vorliegenden Ladungen auch nicht unbedingt einfach. Die Auswertung der Integrale
kann noch einige Schwierigkeiten bereiten. Siehe hierzu auch die Potentialverteilung einer endlich langen Linienladung im Anhangkapitel A1! Das
inverse Problem, die Bestimmung der Ladungsverteilung bei einem vorgegebenen Satz von Potentialen, ist wesentlich schwieriger zu lösen und analytische Lösungen liegen nur für eine endliche Anzahl von Problemen vor.
Die meisten Probleme der Praxis können daher mit Erfolg nur mit numerischen Verfahren behandelt werden. Eine gute Möglichkeit besteht in der
Anwendung des Ladungsverfahrens. Die in diesem Verfahren steckenden
Möglichkeiten werden aber kaum zur Lösung von Fragen elektromagnetischer Verträglichkeit benötigt. Als sinnvoll hat sich aber dieses Verfahren,
beschränkt auf unendlich und auch endlich lange Linienladungen, erwiesen.
Im Anhangkapitel A1.2 ist ein Verfahren für die Bestimmung der Potential-
und Feldstärkeverteilung in einer Anordnung aus unendlich langen, hori-

zontalen Linienladungen beschrieben, im Kapitel A1.3 für endlich lange Stäbe auf leitender Ebene. Zwei einfache Programme (HLEITER, VSTAB) zur Bestimmung der Felder bei Paralleldrahtanordnungen werden in der eingangs beschriebenen Weise mitgeliefert. Zur Abschätzung der Größenordnung der auftretenden Felder sind sie schon recht gut geeignet. In zwei einfachen Beispielen wird ihre Anwendung gezeigt.

Beispiel 3.1: Neben einem Wohnhaus wird in 50 m-Abstand und 10 m-Höhe eine Leitung geführt, die eine Spannung von 10 kV gegen Masse hat. Im Wohnhaus soll ein Raum durch eine Paralleldrahtanordnung geschirmt

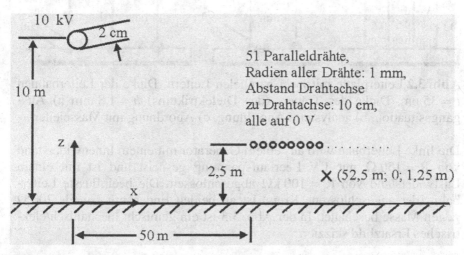

Abb. 3.1 Abschirmung elektrischer Felder durch eine Paralleldrahtanordnung

werden. Vereinfachend wird angenommen, dass sich die Abschirmung in der Mitte des Raumes durch sehr lange Parallelleiter, die auf dem Potential 0 V liegen, berechnen lässt. Die Anordnung ist in der Abb. 3.1 dargestellt. Verglichen werden soll das Feld im Aufpunkt ($x = 52,5$ m, $z = 1,25$ m) mit dem Wert an gleicher Stelle auf der anderen Seite der Hochspannungsleitung ($x = -52,5$ m, $z = 1,25$ m).

Unter Nutzung des Programms HLEITER erhält man:
E_z (52,5 m; 0; 1,25 m) = -0,25 V/m,
E_z (-52,5 m; 0; 1,25 m) = -9,2 V/m.

Aus beiden Werten errechnet sich eine Schirmdämpfung von 31,3 dB. Verwendet man die Gleichung 7.18, die für Schirmgitter gilt (also zwei sich unter 90° kreuzende Parallelanordnungen), errechnet sich mit den Daten des Beispiels eine Schirmdämpfung von 35 dB.

Beispiel 3.2: Es wird der Einfluss eines zusätzlichen Masseleiters auf einer Platine untersucht. Die flachen Leiterbahnen werden im Beispiel durch zylindrische Drähte ersetzt. Dabei wird die Dicke der zylindrischen Drähte so gewählt, dass sich eine gleiche Oberfläche wie bei den Leiterbahnen ergibt. Es wird mit einer wirksamen Dielektrizitätszahl von $\varepsilon_r = 2{,}5$ gerechnet. Betrachtet wird das kapazitive Überkoppeln zwischen zwei Leiterbahnen, im ersten Teil ohne zusätzlichen Masseleiter, im zweiten Teil dann mit dieser Entkopplungsleitung.

Die Ausgangsanordnung ist als Detail a) in der Abb. 3.2 dargestellt.

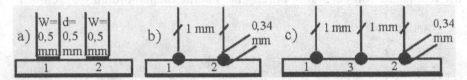

Abb. 3.2 Leiterplatte mit zwei parallelen Leitern, Dicke der Leiterbahnen $t = 35\ \mu m$, Dicke des Trägers (des Dielektrikums) $h = 1{,}8$ mm a) Ausgangssituation, b) analysierte Anordnung, c) Anordnung mit Masseleiter

Die linke Leiterbahn wird aus einem Generator mit einem Innenwiderstand von $R_i = 150\ \Omega$ mit 1 V Leerlaufspannung gespeist und ist mit einem Lastwiderstand von $R_L = 100\ k\Omega$ abgeschlossen. Die beeinflusste Leiterbahn (der angeschlossene Kreis) ist an beiden Enden mit jeweils 200 Ω gegen Masse beschaltet. In der Abb. 3.3 ist ein gemischt mechanisch/elektrisches Ersatzbild skizziert.

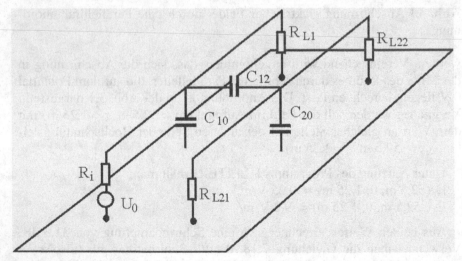

Abb. 3.3 Ersatzanordnung für die Kopplung zwischen zwei Leiterbahnen

Aus dem Umfang der Leiterbahnen in einer Querschnittsfläche errechnet sich der Radius für die nachbildenden Zylinder zu $r = 0,17$ mm. Der Abstand zwischen beiden Leitern wird mit 1 mm angesetzt. Die Ersatzanordnung ist als Detail b) in der Abb. 3.2 zu sehen.

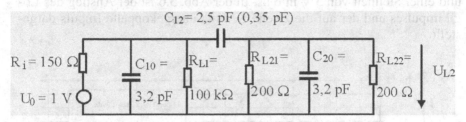

Abb. 3.4 Ersatzschaltbild für die kapazitive Kopplung zwischen zwei Leiterbahnen

Für diese Ersatzanordnung errechnen sich mit dem Programm HLEITER folgende Ersatzkapazitäten: $C_{L10} = C_{L20} = 1,27$ pF, $C_{L12} = 1,0$ pF, die für $\varepsilon_r = 1$ gelten, für $\varepsilon_r = 2,5$ ergeben sich folgende Werte: $C_{10} = C_{20} = 3,2$ pF, $C_{12} = 2,5$ pF. Mit den gewählten Innen- und Lastwiderständen und den errechneten Werten lässt sich nun ein Ersatzschaltbild aufstellen (Siehe Abb. 3.4!). In der Abbildung 3.5 ist die in den beeinflussten Kreis eingekoppelte Spannung (über $R_{L22} = 200\ \Omega$), die mit einem Netzwerkanalyseprogramm berechnet wurde, dargestellt (Kurve a).

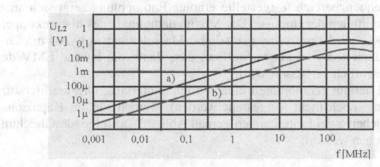

Abb. 3.5 Übergekoppelte Spannung a) ohne zusätzliche Masseleitung b) mit Masseleitung

Im zweiten Teil des Beispiels wird zwischen beiden Leitern ein zusätzlicher Masseleiter (Leiter 3) eingebracht. Die analysierten Verhältnisse sind als Detail c) in der Abb. 3.2 angegeben. Durch den zusätzlichen Masseleiter ergibt sich eine von 2,5 pF auf 0,35 pF reduzierte Koppelkapazität C_{12}. Die Kapazitäten C_{10} und C_{20} ändern sich nur unwesentlich durch die Anwesenheit des 3. Leiters (< 10%). Der Frequenzverlauf für die eingekoppelte Spannung bei Anwesenheit einer zusätzlichen Masseschleife ist als Kurve

b) in die Abb. 3.5 eingezeichnet. Man erkennt eine um ca. 17 dB erhöhte Entkopplung. Auf Parameterstudien wird an dieser Stelle verzichtet.

Interessant ist die Auswirkung auf die Amplitude und die Steilheit eines Impulses. Die Logikfamilie 74HC arbeitet mit einem Signalhub von 5 V und einer Steilheit von 5 V in 6 ns. In der Abb. 3.6 ist der Anstieg des Logikimpulses und der auf die zweite Leitung übergekoppelte Impuls dargestellt.

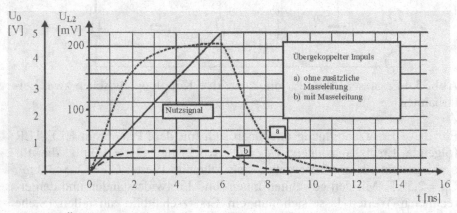

Abb. 3.6 Übergekoppelter Impuls a) ohne zusätzliche Masseleitung, b) mit Masseleitung

Die im Frequenzbereich festgestellte erhöhte Entkopplung zeigt sich auch in den Amplituden der Impulse. Die Maximalamplitude des übergekoppelten Impulses wird durch die zusätzliche Masseleitung von 204 mV auf 29 mV reduziert. Es ist gut vorstellbar, dass damit die interne EMV der Platine wesentlich verbessert wird.

In der Literatur (entnommen einer Seminarunterlage, Originalliteraturstelle konnte noch nicht festgestellt werden), werden für die Kapazitätswerte zwischen zwei Leiterbahnen gemäß Abb. 3.2 (a) folgende Gleichungen angegeben werden:

$$C_{10} = C_{20} \approx l[m] \cdot \left\{ \frac{9w\varepsilon_r}{h} \cdot \frac{56(\varepsilon_r - 1)}{\ln\left(\frac{2h}{t} + \sqrt{\frac{4h^2}{t^2} - 1}\right)} \right\} \ pF \qquad (3.8)$$

$$C_{12} \approx l[m] \cdot 6{,}4 \cdot \left(1 + \frac{\varepsilon_{rL} + \varepsilon_r}{2}\right) \cdot \frac{w}{d} \ pF \qquad (3.9)$$

ε_{rL} = Dielektrizitätszahl für den Bereich oberhalb der Leiterbahnen,

ε_r = Dielektrizitätszahl des Trägermaterials zur Masse hin.

Aufgaben

Aufgabe 3.1 Zwei Signalkreise werden im Sternvierer (Siehe Abb. 3.7) verlegt. Aufgrund einer ungleichmäßigen Isolation sind zwei Leiter leicht um einen Winkel von $\varphi = 20°$ aus der Symmetrieebene verschoben. Welche kapazitive Beeinflussung des Kreises 2-2' tritt auf, wenn der Kreis 1-1' eine Signalspannung von 100 V führt,

a) für den Fall vollkommener Symmetrie ($\varphi = 0°$),

b) für den Fall ungleichmäßiger Isolation ($\varphi = 20°$)?

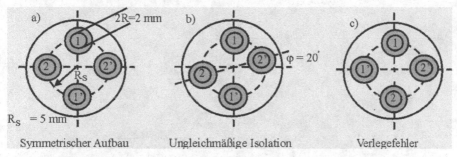

Symmetrischer Aufbau   Ungleichmäßige Isolation   Verlegefehler

Abb. 3.7 Fertigungs- und Verlegemängel bei einem Sternviererkabel, Durchmesser aller Einzelleiter 2R = 2 mm

Aufgrund eines Montagefehlers wird der Sternvierer falsch angeschlossen (Detail c) in Abb. 3.7.

c) Wie groß ist jetzt die Störspannung 2-2'?

Anmerkung: Berechnen Sie die Teilkapazitäten und bestimmen Sie die Potentialdifferenz 2-2' über die kapazitive Teilung auf beiden Wegen von 1 nach 1'!

4 Magnetische Felder

Es ist schon ausgeführt worden, dass jeder Strom um sich herum ein magnetisches Feld erzeugt. Im Sinne der EMV wird dieses Feld als magnetisches Streufeld bezeichnet. Um angepasste Maßnahmen gegen das Streufeld ergreifen zu können, muss dieses Streufeld bestimmt oder abgeschätzt werden. In Anordnungen, in denen keine hochpermeablen Materialien eingesetzt werden, ist diese Abschätzung im Rahmen der für die EMV benötigten Genauigkeit durch einfache Handformeln und über entsprechende Streufeldprogramme möglich. Möchte man die Felder in der Nähe hochpermeabler Materialien wissen, muss auf Messwerte zurückgegriffen werden, im Einzelfall kann der Einsatz eines Programms basierend auf der Methode der Finiten Elemente nötig sein. Im Unterabschnitt 4.1 werden noch einmal die Wirkungen magnetischer Felder wiederholt, in den Unterabschnitten 4.2 bis 4.4 werden dann Formeln für die Abschätzung geliefert bzw. wird ein Programm zur Berechnung von Streufeldern in seiner Anwendung beschrieben.

4.1 Wirkung magnetischer Felder

Die Wirkung niederfrequenter Magnetfelder lässt sich unterscheiden in eine

a) direkte Wirkung: z. B. ungewollte Auslenkung eines Elektronenstrahls entsprechend der Kraft

$$\vec{F} = Q \cdot \left(\vec{v} \times \vec{B} \right),$$ (4.1)

b) indirekte Wirkung: Induzierung von Strömen und Spannungen entsprechend dem Induktionsgesetz

$$u_i = - \frac{d\phi}{dt}.$$ (4.2)

Während die Wirkung a) direkt dem Magnetfeld proportional ist, ist die Wirkung b) der zeitlichen Ableitung des Feldes proportional.

Die ganze Breite der Beeinflussung von Rechnerkomponenten durch niederfrequente Magnetfelder und eine Diskussion der möglichen Gegenmaßnahmen ist in der Veröffentlichung [GON88] zusammengefasst.

An dieser Stelle seien nur einige *Beeinflussungswerte für Rechnerkomponenten* genannt:

- sichtbare Bewegung von Bildpunkten auf einem Monitorschirm durch magnetische Wechselfelder: 2 A/m

- Farbverfälschungen auf Monitoren: 20 A/m

- Beeinflussungen während eines Schreib- bzw. Lesevorgangs auf/von magnetischen Speichermedien: 500 A/m

- unzulässige Spannungsinduktionen in elektrischen Schaltkreisen durch 50 Hz-Felder: 2000 A/m

- Informationsänderungen auf magnetischen Speichermedien: > 5000 A/m

Interessant in diesem Zusammenhang ist es auch, dass man mit einem Monitor magnetische Streufelder von Bahnstromanlagen und technischem Wechselstrom in ihrer Höhe (bis auf den Faktor 2) und ihrer Richtung bestimmen kann und damit mit einfachen Mitteln möglicherweise auf die Quelle geschlossen werden kann.

1. Höhe
Sichtbare, ganz leichte, kaum wahrnehmbare Bewegung: 1 bis 2 A/m
Ungewünschte Auslenkung von d = 1 mm: 10 bis 20 A/m

2. Richtung
Gemäß Gl. 4.1 ist die Kraft auf sich bewegende Ladungsträger proportional zur Ladung, zur Geschwindigkeit und zur Höhe der magnetischen Flussdichte. Die Kraft steht senkrecht auf der Geschwindigkeit und senkrecht auf der Richtung der magnetischen Feldlinien. Geht man davon aus, dass die Ladungsträger in der Bildröhre von hinten auf den Bildschirm geschossen werden, lassen sich grob vereinfacht 3 Fälle darstellen (Siehe Abb. 4.1). Interessant ist, dass ein Feld, das achsparallel zur Röhrenachse verläuft, eine spiralförmige Beeinflussung erzeugt. Man denke an die Geschwindigkeitskomponente quer zur Achse zur Erzeugung des Bildes an den Rändern und in den Ecken.

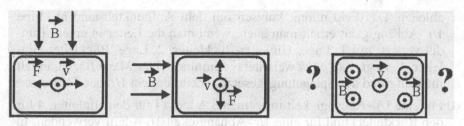

Abb. 4.1 Beeinflussung von Monitoren durch niederfrequente Magnetfelder

4.2 Berechnung der magnetischen Feldstärke von Ein- und Mehrleitern

a) Eine der wichtigsten Formeln der Elektromagnetischen Verträglichkeit lautet

$$H_\varphi = \frac{I}{2 \cdot \pi \cdot r} \;. \tag{4.3}$$

Damit wird die magnetische Feldstärke beschrieben, die ein einzelner (unendlich langer) Draht, der den Strom I trägt, um sich herum erzeugt. Die Feldstärke zeigt in φ-Richtung, steht also senkrecht auf dem Radiusvektor von der Drahtachse zum Aufpunkt. Die Orientierung ist die einer Rechtsschraube.

b) Ordnet man Hin- und Rückleiter eines elektrischen Kreises in einem Aderabstand d voneinander an, lässt sich das magnetische Feld für Aufpunktabstände r, die wesentlich größer als der Aderabstand d sind, mit

$$H_\varphi \approx \frac{I \cdot d}{2 \cdot \pi \cdot r^2} \tag{4.4}$$

mit genügender Genauigkeit abschätzen. Das Feld nimmt quadratisch mit wachsendem Abstand von den Leitern, der Leitung, ab.

c) Verwendet man für den Hin- und den Rückleiter in einer streufeldarmen Verlegung jeweils 2 Adern und belegt man die Adern in der Folge Hinleiter-Rückleiter-Rückleiter-Hinleiter lässt sich eine Formel der Form

$$H_\varphi \approx \frac{2 \cdot I \cdot d^2}{2 \cdot \pi \cdot r^3} \tag{4.5}$$

ableiten. Das Feld nimmt kubisch mit dem Aufpunktabstand ab. Eine $1/r^3$-Abhängigkeit erhält man auch, wenn man die Leiter in einem Bündel verlegt, mit 1. Lage: Hinleiter-Rückleiter, 2. Lage: Rückleiter-Hinleiter. Verlegt man ein Zweileitersystem über einer Massefläche, erhält man aufgrund des Spiegelungsgesetzes wiederum ein $1/r^3$ des Feldes.

d) Für eine $1/r^4$-Abhängigkeit muss man 8 Adern (4 für den Hinleiter, 4 für den Rückleiter) und für eine $1/r^5$-Abhängigkeit 16 Adern verwenden. In der Abb. 4.2 sind die zuvor angesprochenen Fälle zusammengestellt. Eine nähere Betrachtung des kompensierenden Effekts enthält der Anhang A2.1.

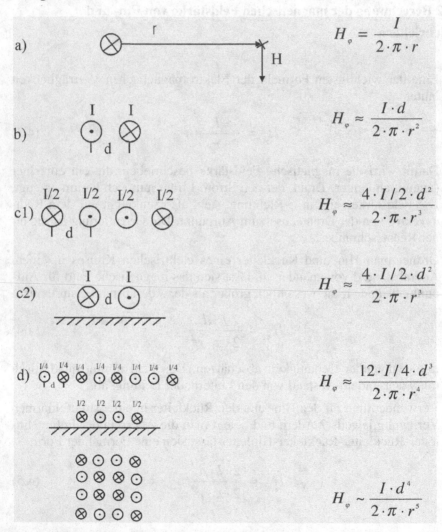

Abb. 4.2 Streufeldarme Verlegung von Kabeln

Aufgaben

Aufgabe 4.1: Ein Energiekabel soll als Vieraderkabel in einer streufeld-armen Verlegung installiert werden. Der Strom im Kabel (insgesamt) beträgt 2000 A.

a) Welches Streufeld tritt in 2 m Abstand auf, wenn der Aderabstand (Stromschienenabstand) d = 4 cm beträgt?

Aufgrund eines Montagefehlers wird eine Phasenfolge + - +- gewählt.

b) Wie groß ist jetzt das Magnetfeld in 2 m Abstand?

Aufgabe 4.2: Für Patientenmessplätze zur Aufnahme des EKG's (Elektro-kardiogramm) wird nach VDE 0107 ein maximales Streufeld von 0,4 μT_{ss} bei 50 Hz gefordert. Ein in 0,8 m Abstand installiertes Versorgungskabel führt einen maximalen Strom von 40 A.

Wie groß darf der Aderabstand d des Energiekabels maximal sein, damit der Grenzwert nach VDE 0107 sicher eingehalten wird?

4.3 Magnetfelder von Geofoltrafos

Eine ernste Quelle magnetischer Störfelder bilden die Mittelspannungs-transformatoren, die eine Mittelspannung von 10/6 kV auf die Versor-gungsspannung 400/230 V herabsetzen. In der Planungsphase sollte man zumindest in der Lage sein, eine Abschätzung ihres Streufeldes vorzuneh-men. Besonders kritisch stellt sich noch heute die Situation der elektri-schen Versorgung von Hochhäusern dar. Die Mittelspannungstrafos sind in vielen Fällen in einem Kellerraum installiert. Ihre Felder waren im Vor-fernseh- und Vorcomputerzeitalter für die Bewohner kaum ein Problem. Mit der Nutzung der Elektronenstrahlmonitore traten dann aber verstärkt Beeinflussungen und Beschwerden auf.

Für die Abschätzung der magnetischen Felder von Trafos hat sich die im Hause Siemens aus vielen Messwerten empirisch ermittelte Formel für Geofoltrafos (Trockentrafos) als recht brauchbar erwiesen:

$$H_{max} = H_{0,5} \cdot \frac{u_{kurz}[\%]}{6\ \%} \cdot \sqrt{\frac{P_{nenn}[kVA]}{630\ kVA}} \cdot \left(\frac{0,5\ m}{r\ [m]}\right)^2 \qquad (4.6)$$

$H_{0,5}$ = Wert der magnetischen Feldstärke in 0,5 m Abstand von der Oberfläche des Trafos,

u_{kurz} = Kurzschlussspannung in %,

P_{nenn} = Nennleistung in kVA,

r = Abstand von der Trafooberfläche in m.

Sollte kein Messwert für $H_{0,5}$ vorliegen, kann für eine erste Abschätzung ein Wert von 100 A/m angesetzt werden.

Ein Trafo mit einer Nennleistung P_{nenn} von 200 kVA und einer Kurzschlussspannung u_{kurz} von 6 % erzeugt z. B. in einem Abstand r von 2,5 m eine magnetische Feldstärke von H_{max} = 2 A/m. Dieser Wert ist mit den schon spezifizierten Festigkeitswerten (Kap. 4.1) zu vergleichen.

Beim Ansatz dieser Formel ist aber zu berücksichtigen, dass in vielen Fällen die Stromschienen ein höheres Feld erzeugen. Zu einer Einschätzung der Gesamtsituation ist es also nötig, sowohl das Feld des Trafos als auch die Felder der Schienen (Kap. 4.4) zu betrachten. In vielen Fällen erreicht man schon eine Lösung des Beeinflussungsproblems, wenn man die Schienen näher zusammen bringt (Kompensation) oder sie von der Decke auf den Fußboden verlegt.

Aufgaben

Aufgabe 4.3:

a) Welche magnetische Flussdichte erzeugt ein Geofoltrafo in 3 m Abstand, der die folgenden Daten aufweist, u_{kurz} = 4 %, P_{nenn} = 100 kVA?

b) Geben Sie eine Erklärung, warum das Feld in erster Näherung nicht vom Belastungszustand des Trafos abhängt?

4.4 Magnetische Streufelder beliebiger Anordnungen dünner Drähte

Für einen endlich langen geraden Draht auf der y-Achse von y = 0 bis y = a, der den Strom I trägt, lässt sich für einen Aufpunkt in der yx-Ebene eine Gleichung für die magnetische Feldstärke ableiten (Siehe hierzu Anhang A2.2 und speziell Abb. A2.6):

$$\underline{\vec{H}} = \frac{\underline{I}}{4\pi} \left(\frac{y-a}{x\sqrt{x^2+(y-a)^2}} - \frac{y}{x\sqrt{x^2+y^2}} \right) \vec{e}_z. \qquad (4.7)$$

Die Unterstriche (komplexe Größen) deuten darauf hin, dass sich die Phase des Stromes in die Phase des Feldes überträgt. Mit Hilfe dieser Gleichung und einigen Koordinatentransformationen, umgesetzt in einem Rechnerprogramm, ist es nun möglich, näherungsweise die Magnetfelder beliebiger Anordnungen zu bestimmen. Im Kapitel A2.2.4 ist der Quellcode für das Programm SFELD abgedruckt. Ausgegeben wird die magnetische Flussdichte B, die sich in einfacher Weise ($B = \mu H$) aus H errechnet. Es lassen sich die magnetischen Flussdichten von Einzelelektroden, geknickten Linienleitern (Polygone), Spulen und verdrillten Kabeln berechnen und natürlich auch die von beliebigen Kombinationen aus diesen Elementen.

4.4.1 Magnetfeld einer Vierleiteranordnung

Um die Wichtigkeit der Phasenfolge noch einmal zu zeigen, werden im nachfolgenden Beispiel zwei Vierleiteranordnungen mit dem im Anhang A2.2 beschriebenen Programm untersucht. Zum Vergleich wurde auch das Feld der entsprechenden Zweileiteranordnung (hier: $d_{Zweileiter} = d$) betrachtet.

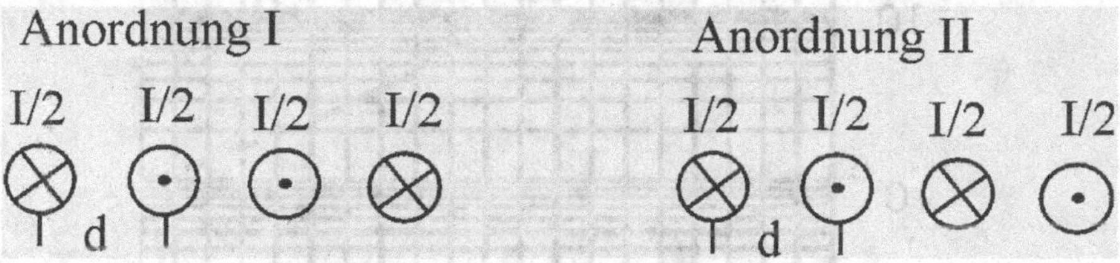

Abb. 4.3 Vierleiteranordnung in kompensierender und nicht kompensierender Anordnung

Als Länge der Leiter wurde 100 m (in die Zeichenebene hinein) angesetzt, die Felder wurden bei 50 m im Abstand $r = 1\,m$ bis $r = 10\,m$ senkrecht zu den Achsen bestimmt. Der Aderabstand d war zu $5\,mm$ und der Strom zu $I = 1000\,A$ gewählt.

In der Abb. 4.4 sind die Ergebnisse dargestellt. Man erkennt, dass die Anordnung I tatsächlich eine Feldabnahme proportional $1/r^3$ hat, während die Anordnung II weiterhin nur eine Proportionalität von $1/r^2$ zeigt und, wie nicht anders zu erwarten war, mit der Kurve der Zweileiteranordnung zusammenfällt.

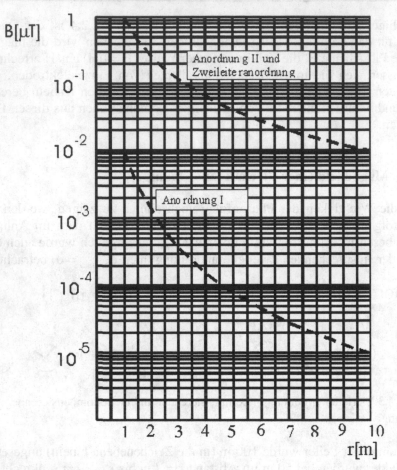

Abb. 4.4 Felder von Vierleiteranordnungen

4.4.2 Magnetfeld eines verdrillten Kabels

Als ein probates Mittel zur Reduzierung der Einkopplung in ein (Zweilei-ter-) Kabel hinein bzw. der Auskopplung aus einem (Zweileiter-) Kabel heraus, hat sich die Verdrillung herausgestellt. Hin- und Rückleiter sind umeinander herum gewickelt, so dass sich eine Anordnung wie zwei inein-ander geschobene Spulen ergibt. Man definiert bei einem verdrillten Kabel einen *Seelenradius*. Dies ist der Radius von der geometrischen Mitte des verdrillten Kabels zur Achse der Einzelader. Der Seelenradius wird haupt-sächlich durch die Isolation der Einzeladern und die Steifheit der Adern bestimmt. In erster Näherung ist der Seelenradius gleich der Dicke der Iso-lation plus dem Radius der Einzelader. Weiterhin definiert man die *Schlag-*

weite oder Schlaglänge, dies ist die Länge des betrachteten Kabels, nach der eine Ader eine gesamte Drehung um die gedachte Mittelachse des Kabels vollzogen hat. Bei Nachrichtenkabeln hat man Schlagweiten von 0,1 bis 0,2 m, bei Energiekabeln von 0,8 bis 1,2 m.

Die Berechnung des Magnetfeldes eines verdrillten Kabels führt man am besten mit einem entsprechenden Programm durch. Das zuvor schon genannte, im Quellcode im Abschnitt A2.2.4 beigefügte Programm SFELD ist in der Lage, magnetische Streufelder verdrillter Kabel zu berechnen. Die notwendigen Beziehungen zur Erstellung eines solchen Programms sind im Anhang A2.0 angegeben. Unter dem Ansatz, die Schraubenlinie einer Ader durch ein Polygon zu ersetzen, reduziert sich das Problem der Magnetfeldbestimmung eines verdrillten Kabels auf eine geometrische Betrachtung.

Umfangreiche Ausführungen zu magnetischen Streufeldern von verdrillten Kabeln sowie die Kopplung dieser Felder in verdrillte und unverdrillte Zweidrahtleitungen hinein sind in [GON85] enthalten.

Anmerkung: Berechnungen zu verdrillten Kabeln können nur Tendenzen aufzeigen, da

a) der Anfang der Verdrillung i.Allg. willkürlich ist,

b) das verdrillte Kabel auch Anschlussstellen haben muss und

c) die Verdrillung nicht eindeutig ist.

Verdrillte Kabel werden heute auch mit einem sogenannten Pendelhub hergestellt. Unter Pendelhub versteht man eine nachträgliche mechanische Verdrillung von ursprünglich parallelen Adern durch eine Vorrichtung, die auf das Bündel paralleler Drähte fasst und dann eine vorgegebene Anzahl von Umdrehungen ausführt. Danach wird das Kabel eine definierte Strecke durch die Vorrichtung gezogen und der Vorgang wiederholt sich mit umgekehrter Drehrichtung. Die Verdrillungsrichtung ändert sich damit im Verlauf des Kabels.

Um den Einfluss der Verdrillung sichtbar zu machen, sind in der Abb. 4.5 die magnetischen Felder von vier Zweileiterkabeln einander gegenübergestellt. Der Strom beträgt in allen vier Fällen I = 1 A, der Seelenradius ist in allen vier Fällen R = 1,5 mm. Für die Schlaglänge wurden die Längen 10 cm, 30 cm, 90 cm und unendlich gewählt.

Dargestellt ist der Betrag der magnetischen Flussdichte auf einer Aufpunktlinie senkrecht zur Kabelachse von r = 0,01 m bis r = 1 m.

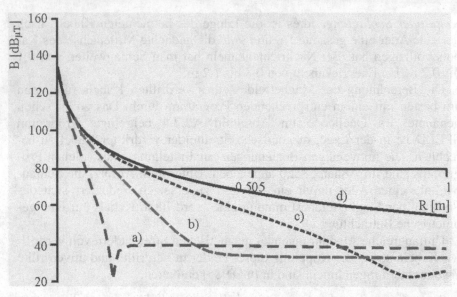

Abb. 4.5 Magnetfelder verdrillter Kabel (um den Faktor 10^6 vergrößert) für einen Seelenradius von 1,5 mm und einen Strom von 1 A für eine bestimmte Aufpunktlinie senkrecht zur Kabelachse, a) Schlaglänge SL = 0,1 m, b) Schlaglänge SL = 0,3 m, c) Schlaglänge SL = 0,9 m, d) Unverdrilltes Zweileiterkabel

4.4.3 Beispiel für die Berechnung mit dem mitgelieferten Programm

Das nachfolgende Beispiel (Magnetfeld eines verdrillten Kabels) soll nur den Gebrauch des im Anhang A2.2 beschriebenen Programms demonstrieren und zum Nachrechnen animieren. Zum Verhalten von verdrillten Kabeln werden im nächsten Unterabschnitt noch nähere Ausführungen gemacht.

Die Daten des untersuchten Kabels lauten:
Länge: 2 m
Schlagweite: 25 cm
3 Adern, Aderabstand (doppelter Seelenradius):   4 mm
Ströme: I_1 = 10 A, 0°, I_2 = 10 A, 120°, I_3 = 10 A, 240°

Untersucht werden zwei Fälle:

a) Magnetfeld auf der Achse des verdrillten Kabels: Ergebnisse in Tab. 4.1 ,

b) Magnetfeld in 1 cm Abstand zur Achse: Ergebnisse in Tab. 4.2 .

Tab. 4.1 Magnetfeld auf der Achse eines verdrillten Kabels

```
AUFPUNKTGERADE  1
-------------------
```

XA	BXR	BXI	BYR	BYI	BZR	BZI	BB(μT)
0.75	-6.5E-07	-1.1E-06	-1.5E+02	+3.9E-06	+9.7E-06	-1.5E+02	+1.5E+02
0.78	-5.7E-08	-4.2E-07	-1.2E+02	+9.7E+01	-9.7E+01	-1.2E+02	+1.5E+02
0.81	-2.1E-06	-5.9E-07	-2.6E+01	+1.5E+02	-1.5E+02	-2.6E+01	+1.5E+02
0.83	+1.0E-06	-1.2E-06	+7.4E+01	+1.3E+02	-1.3E+02	+7.4E+01	+1.5E+02
0.86	+2.1E-07	-2.5E-06	+1.4E+02	+5.2E+01	-5.2E+01	+1.4E+02	+1.5E+02
0.89	-2.2E-06	-1.3E-06	+1.4E+02	-5.2E+01	+5.2E+01	+1.4E+02	+1.5E+02
0.92	+9.2E-07	-1.8E-06	+7.4E+01	-1.3E+02	+1.3E+02	+7.4E+01	+1.5E+02
0.94	+1.4E-06	-1.8E-06	-2.6E+01	-1.5E+02	+1.5E+02	-2.6E+01	+1.5E+02
0.97	-3.2E-07	-9.7E-07	-1.2E+02	-9.7E+01	+9.7E+01	-1.2E+02	+1.5E+02
1.00	+1.2E-06	-7.2E-07	-1.5E+02	+1.2E-04	-1.2E-04	-1.5E+02	+1.5E+02
1.03	+1.3E-06	+2.5E-07	-1.2E+02	+9.7E+01	-9.7E+01	-1.2E+02	+1.5E+02
1.06	+1.3E-06	+3.0E-07	-2.6E+01	+1.5E+02	-1.5E+02	-2.6E+01	+1.5E+02
1.08	+2.6E-06	+2.7E-06	+7.4E+01	+1.3E+02	-1.3E+02	+7.4E+01	+1.5E+02
1.11	+1.7E-06	+9.0E-07	+1.4E+02	+5.2E+01	-5.2E+01	+1.4E+02	+1.5E+02
1.14	+9.8E-08	+1.7E-06	+1.4E+02	-5.2E+01	+5.2E+01	+1.4E+02	+1.5E+02
1.17	+3.1E-06	+2.3E-08	+7.4E+01	-1.3E+02	+1.3E+02	+7.4E+01	+1.5E+02
1.19	+1.4E-06	+2.1E-06	-2.6E+01	-1.5E+02	+1.5E+02	-2.6E+01	+1.5E+02
1.22	+8.8E-07	+1.6E-06	-1.2E+02	-9.7E+01	+9.7E+01	-1.2E+02	+1.5E+02
1.25	+3.2E-06	+1.6E-06	-1.5E+02	+2.4E-04	-2.3E-04	-1.5E+02	+1.5E+02

Tab. 4.2 Magnetfeld eines verdrillten Kabels auf einer Aufpunktlinie parallel zur Achse in 1 cm Abstand von der Kabelachse

```
AUFPUNKTGERADE  2
-------------------
```

XA	BXR	BXI	BYR	BYI	BZR	BZI	BB(μT)
0.75	+2.7E-01	-1.4E+00	-6.3E+00	+1.3E+00	-1.1E+00	+5.6E+00	+7.2E+00
0.78	-8.8E-01	-7.8E-01	-5.9E+00	+4.1E+00	+3.4E+00	+3.2E+00	+7.3E+00
0.81	-1.7E+00	-1.7E-01	-1.5E+00	+5.0E+00	+6.6E+00	+6.1E-01	+7.0E+00
0.83	-1.3E+00	+4.7E-01	+4.2E+00	+4.8E+00	+5.4E+00	-1.9E+00	+7.2E+00
0.86	-2.4E-01	+1.2E+00	+6.5E+00	+3.0E+00	+1.1E+00	-4.5E+00	+7.3E+00
0.89	+6.9E-01	+1.5E+00	+5.1E+00	-1.2E+00	-2.8E+00	-6.1E+00	+7.0E+00
0.92	+1.1E+00	+9.3E-01	+2.0E+00	-6.1E+00	-4.3E+00	-3.8E+00	+7.2E+00
0.94	+1.1E+00	-3.7E-01	-6.4E-01	-7.2E+00	-4.4E+00	+1.3E+00	+7.3E+00
0.97	+9.8E-01	-1.4E+00	-3.6E+00	-3.8E+00	-3.8E+00	+5.4E+00	+7.0E+00
1.00	+2.7E-01	-1.4E+00	-6.3E+00	+1.3E+00	-1.1E+00	+5.6E+00	+7.2E+00
1.03	-8.8E-01	-7.8E-01	-5.9E+00	+4.1E+00	+3.4E+00	+3.2E+00	+7.3E+00
1.06	-1.7E+00	-1.7E-01	-1.5E+00	+5.0E+00	+6.6E+00	+6.1E-01	+7.0E+00
1.08	-1.3E+00	+4.7E-01	+4.2E+00	+4.8E+00	+5.4E+00	-1.9E+00	+7.2E+00
1.11	-2.4E-01	+1.2E+00	+6.5E+00	+3.0E+00	+1.1E+00	-4.5E+00	+7.3E+00
1.14	+6.9E-01	+1.5E+00	+5.1E+00	-1.2E+00	-2.8E+00	-6.1E+00	+7.0E+00
1.17	+1.1E+00	+9.3E-01	+2.0E+00	-6.1E+00	-4.3E+00	-3.8E+00	+7.2E+00
1.19	+1.1E+00	-3.7E-01	-6.4E-01	-7.2E+00	-4.4E+00	+1.3E+00	+7.3E+00
1.22	+9.8E-01	-1.4E+00	-3.6E+00	-3.8E+00	-3.8E+00	+5.4E+00	+7.0E+00
1.25	+2.7E-01	-1.4E+00	-6.3E+00	+1.3E+00	-1.1E+00	+5.6E+00	+7.2E+00

4.4.4 Besonderheiten von Magnetfeldern verdrillter Kabel

Betrachtet man die magnetischen Streufelder verdrillter Kabel, treten einige Besonderheiten auf.

1. Das Magnetfeld auf der Achse eines symmetrisch betriebenen Dreiphasenkabels ist zirkular polarisiert.

2. Durch Kompensationseffekte im Zusammenhang mit der Verdrillung nehmen die Felder in der Nähe des Kabels sehr stark ab, stärker als beim unverdrillten Kabel. In größerem Abstand (schätzungsweise ab einem Abstand, der ungefähr der Schlagweite entspricht) geht das Verhalten in das eines unverdrillten Kabels über.

3. Beim Vieraderkabel, das mit einem symmetrischen Dreiphasenstrom belegt ist, treten zusätzlich Nullstellen, die auch messtechnisch nachweisbar sind, im Feld auf. Der Nullstellenabstand in Achsrichtung entspricht wiederum der Schlagweite. In Abb. 4.6 ist die magnetische Flussdichte eines Kabels NYM 4 x 4 über einer Fläche dargestellt.

Für weitergehende Untersuchungen an verdrillten Kabeln wird auf die Literaturstelle [GON85] verwiesen.

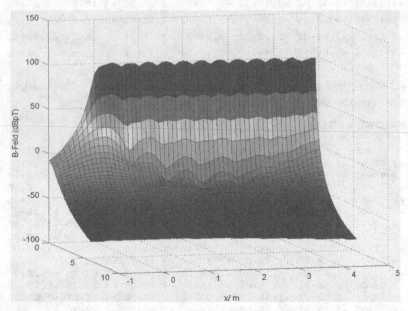

Abb. 4.6 Magnetische Flussdichte eines verdrillten Kabels NYM 4x4, das einen symmetrischen dreiphasigen Strom von 1 A führt, das Kabel verläuft auf der x-Achse von x = 0 m bis x = 6 m, die Darstellung in radialer Richtung beginnt bei r = 0,1 m

Aufgaben

Aufgabe 4.4: Über das mitgelieferte Programm SFELD sind die Ergebnisse zweier Berechnungen von verdrillten Kabeln zu vergleichen.

1. Rechnung:
Ein verdrilltes Kabel aus zwei Adern mit einem Seelenradius von 5 mm und einer Schlaglänge von SL = 40 cm, das einen Strom von I = 1 A trägt, wird als solches mit dem Programm SFELD berechnet. Länge des Kabels l = 2 m.

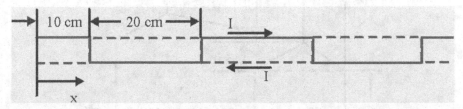

Abb. 4.7 Nachbildung eines verdrillten Kabels durch Zellen mit wechselnder Flächenorientierung

2. Rechnung:
Das verdrillte Kabel wird in einen ebenen Aufbau transformiert (Siehe Abb. 4.7) und berechnet.

a) Die Ergebnisse beider Rechnungen sind für eine Aufpunktlinie von 1 m Länge (beginnend bei x = 0) in 10 cm Abstand von der Kabelachse (parallel zur Achse) in einem Diagramm darzustellen.

b) Wie groß ist der Unterschied D (in dB) in den Maximalwerten beider Rechnungen?

Aufgabe 4.5: Ein endlich langer Leiter auf der y-Achse (von $y_1 = 0$ bis $y_2 = 2$ m) führt einen Strom von I = 10 A.

a) Berechnen Sie die magnetische Feldstärke bei (0,5 m; 1 m; 0) über das Durchflutungsgesetz (Gleichung 4.3)!

b) Berechnen Sie die magnetische Feldstärke bei (0,5 m; 1 m; 0) über die Gleichung 4.7!

c) Liefern Sie eine Erklärung, warum die Ergebnisse aus a) und b) voneinander abweichen! Welche Randbedingungen müssen bei den beiden Gleichungen erfüllt werden?

d) Bis zu welchem Abstand x weichen die Ergebnisse weniger als 1 % voneinander ab?

Aufgabe 4.6: Ein Blitz (maximaler Blitzstrom I = 100 kA, Steilheit 100 kA/ 8 µs) schlägt in die Fangstange einer Blitzschutzanlage (Abb. 4.8) ein! Der Blitzstrom teilt sich symmetrisch auf die vier Ableiter an den Ecken des zu schützenden Gebäudes auf!

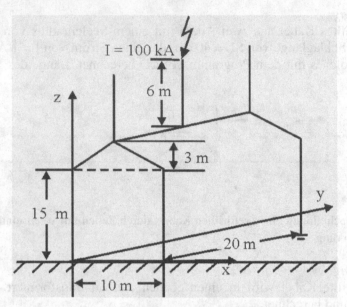

Abb. 4.8 Blitzableitersytem mit 3 Fangstangen und 4 Ableitern

a) Welche magnetische Flussdichte entsteht in der Mitte einer Außenwand (10 m; 10 m; 7,5 m)?

b) Welche Leerlaufspannung entsteht in einer Schleife (0,1 m^2) in der Mitte einer Außenwand, durch die die magnetische Flussdichte senkrecht hindurch tritt?

c) Welche magnetische Feldstärke entsteht in 30 cm Abstand von einem Ableiter (0; 0,3 m; 5 m)?

Anmerkung: Der Blitzkanal bis zur Fangstange wird nicht berücksichtigt! Laufzeiten und auch die Ströme im Erdreich sollen vernachlässigt werden!

5 Elektromagnetische Felder

Elektromagnetische Felder im Sinne der EMV sind Felder, bei denen die beiden Feldkomponenten ‚elektrische Feldstärke E' und ‚magnetische Feldstärke H' nicht mehr losgelöst voneinander betrachtet werden dürfen, sondern als Ergebnis *einer* Anregung immer in Form einer elektromagnetischen Welle bzw. Feldausbreitung in ihrem Zusammenspiel betrachtet werden müssen. Zusätzlich müssen bei den elektromagnetischen Feldern die natürlichen Laufzeiteffekte, die sich im Frequenzbereich als Phasendifferenzen bemerkbar machen, berücksichtigt werden. Elektromagnetische Felder breiten sich im Vakuum und in guter Näherung auch in Luft mit Lichtgeschwindigkeit $c_0 = 3 \cdot 10^8$ m/s aus. Im Dielektrikum wird die Ausbreitungsgeschwindigkeit um die Wurzel aus der Dielektrizitätszahl reduziert:

$$v = \frac{c_0}{\sqrt{\varepsilon_r}} \quad .$$

Betrachtet man die Welle in einer Leitung (Kabel) als eine elektromagnetische Welle, dann wird auch klar, dass die Welle sich nicht mit Lichtgeschwindigkeit ausbreitet, sondern mit einer geringeren Geschwindigkeit. Für Standardlaborkabel gilt $\varepsilon_r = 2{,}25$, so dass sich eine Ausbreitungsgeschwindigkeit von 2/3 c_0 ergibt. Damit reduziert sich natürlich auch die Wellenlänge im Kabel. In einer Nanosekunde bewegt sich eine elektromagnetische Welle in einem Standardlaborkabel um 20 cm voran.

Eine elektromagnetische Welle hat eine Zeit- und eine Ortsabhängigkeit. In der Abb. 5.1 ist eine Welle über der Zeit für zwei verschiedene Orte dargestellt.

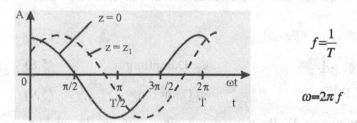

$$f = \frac{1}{T}$$

$$\omega = 2\pi f$$

Abb. 5.1 Welle als Funktion der Zeit für zwei verschiedene Orte

$$z = 0 : a(t) = A \cdot \cos\frac{2\pi t}{T} = A \cdot \cos 2\pi f \cdot t = A \cdot \cos \omega t \qquad (5.1)$$

$$z = z_1 : a_1(t) = A \cdot \cos \omega (t-\tau) \qquad (5.2)$$

$$\tau = \frac{z_1}{v}; \; v = \lambda \cdot f = \frac{\lambda \cdot \omega}{2\pi}; \; \lambda = \frac{v}{f} \qquad (5.3)$$

An einem Ort z_1 erreicht die Welle, die von $z = 0$ nach $z = z_1$ läuft, ihren Maximalwert etwas später. Die Vorgänge bei z_1 eilen gegenüber denjenigen bei $z = 0$ nach. Aus dieser zeitabhängigen Darstellung lässt sich auch eine ortsabhängige ableiten, mit der Zeit als Parameter (Siehe Abb. 5.2).

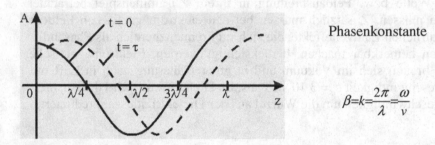

Phasenkonstante

$$\beta = k = \frac{2\pi}{\lambda} = \frac{\omega}{v}$$

Abb. 5.2 Welle als Funktion des Ortes mit der Zeit als Parameter

Für eine *Welle, die in +z - Richtung* läuft, lässt sich eine Beschreibung der Form

$$a(t) = A \cdot \cos(\omega t - \beta \cdot z + \varphi) \qquad (5.4)$$

mit $\underline{a}(t) = \underline{A} \cdot e^{j(\omega t - \beta z)}$ ohne Dämpfung   (5.5)

und $\underline{a}(t) = \underline{A} \cdot e^{-\alpha z} \cdot e^{j(\omega t - \beta z)}$ mit Dämpfung   (5.6)

finden.

Entsprechend beschreibt man eine Welle, *die in –z - Richtung* läuft, durch

$$a(t) = A \cdot \cos(\omega t + \beta \cdot z + \varphi) \qquad (5.7)$$

Mit $\underline{a}(t) = \underline{A} \cdot e^{j(\omega t + \beta z)}$ ohne Dämpfung   (5.8)

und $\underline{a}(t) = \underline{A} \cdot e^{\alpha z} \cdot e^{j(\omega t + \beta z)}.$ mit Dämpfung   (5.9)

Eine elektromagnetische Welle wird durch einen Vektor der elektrischen Feldstärke $\vec{E}$ und/oder einen Vektor der magnetischen Feldstärke $\vec{H}$ beschrieben, die Welle hat eine Ausbreitungsrichtung, die senkrecht auf diesen beiden Vektoren steht. Der Ausbreitungsvektor, der sogenannte Poyntingvektor $\vec{S}$ ergibt sich als Kreuzprodukt aus $\vec{E}$ und $\vec{H}$:

$$\vec{S} = \vec{E} \times \vec{H} \tag{5.10}$$

Betrachtet man eine elektromagnetische Welle, die sich in r-Richtung ausbreitet, so hat diese Welle die Komponenten E_ϑ und H_φ, die Gleichung 5.10 vereinfacht sich zu

$$S_r = E_\vartheta H_\varphi \tag{5.11}$$

Im Fernfeld einer Antenne sind E_ϑ und H_φ in Phase und das Verhältnis von E_ϑ und H_φ beträgt 377 Ω:

$$\Gamma_0 = \frac{E_\vartheta}{H_\varphi} = 377\,\Omega \tag{5.12}$$

Dieser Wert wird als Feldwellenwiderstand Γ_0 des freien Raumes bezeichnet. Im Nahfeld einer Antenne (einer elektromagnetischen Quelle) überwiegt im Allgemeinen das elektrische Feld, man spricht dann von einem Hochimpedanzfeld, oder das magnetische Feld mit der Bezeichnung Niederimpedanzfeld. Im Nahfeld einer Antenne befinden sich $\vec{E}$ und $\vec{H}$ im Allgemeinen auch nicht in Phase, so dass sich ein komplexes Verhältnis, eine komplexe Wellenimpedanz ergibt. Die Verhältnisse werden besonders deutlich bei den Elementarstrahlern, die im Kap. 5.2 behandelt werden.

Man unterscheidet elektromagnetische Wellen in Bezug auf eine leitende Ebene in

a) *horizontal polarisierte Wellen* (Abb. 5.3),
   Der E-Vektor liegt in der Reflexionsebene.

b) *vertikal polarisierte Wellen* (Abb. 5.4),
   Der H-Vektor liegt in der Reflexionsebene.

c) *elliptische polarisierte Wellen* (Siehe Anhangkapitel A5.).
   Der E-Vektor besteht aus 2 oder 3 orthogonalen Komponenten mit unterschiedlichen zeitlichen Phasen.

In der Abb. 5.3 ist eine ebene elektromagnetische Welle (horizontal polarisiert) dargestellt, die unter einem Winkel α auf eine Metallwand einfällt und an dieser Wand total reflektiert wird. Man erkennt das Reflexionsmuster einer stehenden Welle.

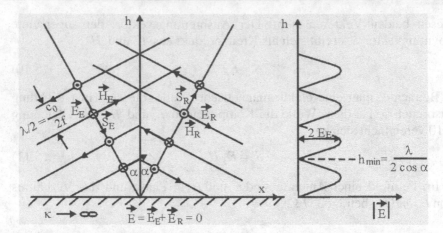

Abb. 5.3 Reflexion einer ebenen Welle an einer Metallwand (Welle mit horizontaler Polarisation)

Bei der Messung elektromagnetischer Felder (mit horizontaler Polarisation) über einer reflektierenden Ebene ist zu berücksichtigen, dass sich dieses Reflexionsmuster einstellt. Das erste Maximum in der elektrischen Feldstärke tritt bei

$$h_{max} = \frac{\lambda}{4 \cdot \cos \alpha} \ \text{auf.} \tag{5.13}$$

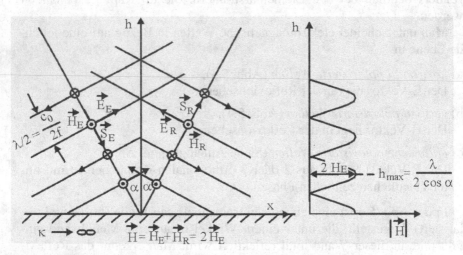

Abb. 5.4 Reflexion einer ebenen Welle an einer Metallwand (Welle mit vertikaler Polarisation)

Bei der vertikal polarisierten Welle muss der E-Vektor für eine genauere Betrachtung, die im Allgemeinen für die Beurteilung von Unverträglichkeiten nicht nötig ist, in einen horizontalen Anteil, der in der Ebene zu null werden muss ($E_{tan} = 0$), und einen Vertikalanteil (der sich in der Ebene verdoppelt) unterteilt werden.

Aufgaben

Aufgabe 5.1: Eine ebene elektromagnetische Welle (10 MHz, vertikal polarisiert) fällt unter dem Winkel $\alpha = 60°$(Winkel zur Senkrechten) auf eine Metallwand ein. Die elektrische Feldstärke des einfallenden Feldes hat eine Amplitude (Effektivwert) von 1 V/m.

a) Wie groß ist die Leistungsdichte (Betrag des Poyntingvektors) in Richtung parallel zur Oberfläche (Richtung x in der Abb. 5.4)?

b) Wie groß ist die Ausbreitungsgeschwindigkeit in x-Richtung?

c) Wie groß ist der Maximalwert (maximale Effektivwert) der magnetischen Feldstärke? In welchen Höhen tritt er auf?

Aufgabe 5.2: Eine ebene elektromagnetische Welle (horizontal polarisiert) fällt unter einem Winkel ß = 20° (Winkel gegen die Ebene) auf eine Metallwand ein. Die elektrische Feldstärke des einfallenden Feldes hat eine Amplitude (Effektivwert) von 1 V/m.

a) Welche Feldstärken (elektrisch, magnetisch) treten in der Ebene auf?

b) Teilen Sie die einfallende Leistungsdichte in einen zur Ebene parallelen und einen senkrechten Anteil auf! Wie groß sind die Anteile?

c) Was geschieht mit den Anteilen in der Ebene?

5.1 Wirkung elektromagnetischer Felder

Trifft eine elektromagnetische Welle auf eine metallische, gut leitfähige Struktur, entsteht ein rückgestreutes elektromagnetisches Feld. Auf der Oberfläche einer gut leitfähigen Struktur muss die tangentiale Komponente der elektrischen Feldstärke nahezu null sein, anderenfalls müsste sich eine sehr große Oberflächenstromdichte ergeben. Zur Berechnung hochfrequenter Felder wird im Allgemeinen die Bedingung $E_{tan} = 0$ verwendet.

Eine elektromagnetische Welle im Fernfeld einer Antenne kann als ebene elektromagnetische Welle betrachtet werden, $\vec{E}$ und $\vec{H}$ stehen senkrecht auf $\vec{S}$ und damit auf der Ausbreitungsrichtung, $\vec{E}$ und $\vec{H}$ sind in Phase, ihr Verhältnis beträgt $\Gamma_0 = 377\ \Omega$. Eine elektromagnetische Welle mit $\vec{S} = 2{,}65\ \text{mW/m}^2$ hat damit eine elektrische Feldstärke von

$$\left|\vec{E}\right| = \sqrt{\left|\vec{S}\right| \cdot \varGamma_0} = 1 \; V/m \tag{5.14}$$

und eine magnetische Feldstärke von

$$\left|\vec{H}\right| = \frac{\left|\vec{E}\right|}{\varGamma_0} = \sqrt{\frac{\left|\vec{S}\right|}{\varGamma_0}} = \frac{1}{377} \; A/m = 2{,}65 \quad mA/m. \tag{5.15}$$

Trifft diese elektromagnetische Welle auf eine Metallwand, wird sie fast vollständig reflektiert. Die reflektierte elektrische Feldstärke E_R lässt sich über den E-Feld-Reflexionsfaktor

$$r_E = \frac{\varGamma_m - \varGamma_0}{\varGamma_m + \varGamma_0} \tag{5.16}$$

mit

$$E_R = r_E \cdot E_E \tag{5.17}$$

berechnen. E_E ist die einfallende elektrische Feldstärke, $\varGamma_m$ der Wellenwiderstand der Metallwand, der sich über

$$\varGamma_m = (1+j) \cdot \sqrt{\frac{\omega \mu}{2\kappa}} = (1+j) \cdot \frac{1}{\kappa d} \tag{5.18}$$

bestimmen lässt ($\omega = 2\pi f$ = Kreisfrequenz, μ = Permeabilität, κ = Leitfähigkeit, d = Eindringtiefe). Für Kupfer und 10 kHz erhält man beispielsweise $\varGamma_m = (1+j) \; 26{,}3 \; \mu\Omega$, einen sehr kleinen Wert.

Für sehr kleine Werte von $\varGamma_m$ lässt sich die Gleichung 5.16 vereinfachen zu

$$r_E \approx -1 + \frac{2\varGamma_m}{\varGamma_0}, \tag{5.19}$$

so dass man für den Reflexionsfaktor erhält:

$$r_E \approx -1 + \frac{2}{\kappa d \varGamma_0} + j \frac{2}{\kappa d \varGamma_0}. \tag{5.20}$$

Der Betrag der reflektierten elektrischen Feldstärke wird damit $\left|E_R\right| = \left|r_E\right| \cdot \left|E_E\right|$. Für $E_E = 1$ V/m, Kupfer und 10 kHz ergibt sich somit $\left|E_R\right| = 0{,}99999986$ V/m. Der Ansatz der Totalreflexion ist für Ausbreitungsrechnungen wohl erlaubt. Bei Schirmdämpfungsrechnungen ist aber der ins Metall eindringende Anteil entscheidend. Siehe hierzu Kap. 7.4!

Es gilt festzuhalten:

1) Trifft eine elektromagnetische Welle auf eine Metallwand, wird sie nahezu total reflektiert.

2) Die tangentiale Feldstärke auf einer metallischen Oberfläche ist nahezu null.

Damit die tangentiale elektrische Feldstärke null wird, muss in der Oberfläche ein Strom fließen, der ein Kompensationsfeld erzeugt, das Gesamtfeld aus einfallendem Feld und Kompensationsfeld muss sich zu null ergeben.

Betrachtet man eine Anordnung oberhalb einer ausgedehnten metallischen Fläche, lässt sich die Randbedingung $E_{tan} = 0$ auch dadurch erfüllen, dass man unterhalb der Ebene eine an der Ebene gespiegelte, virtuelle Anordnung ansetzt (*Spiegelungsprinzip*). In der Abb. 5.5 ist eine Schleife mit ihrem Spiegelbild dargestellt. Das Koordinatensystem entspricht der allgemeinen Konvention. Man beachte, dass die Ströme in z-Richtung Spiegelströme wiederum in z-Richtung verlangen. Ströme in x- und y-Richtung kehren in der Spiegelanordnung ihre Richtung um.

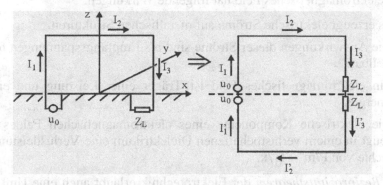

Abb. 5.5 Schleife auf leitfähigem Grund mit Spiegelanordnung

Bei der Analyse von Anordnungen über leitender Ebene über entsprechende Spiegelanordnungen ist nur zu beachten, dass sich die Felder in Wirklichkeit nur in einem Halbraum einstellen bzw. nur in einen Halbraum abgestrahlt werden:

• Die Kapazität eines Stabes auf leitendem Grund gegen Masse (Grund) ist doppelt so groß wie die Kapazität des in der Mitte gespeisten, doppelt so langen Stabes im freien Raum.

• Die Induktivität einer Schleife auf leitendem Grund ist halb so groß wie die Induktivität der entsprechenden Schleife im freien Raum.

• Ein λ/2-Dipol im freien Raum hat den doppelten Strahlungswiderstand (73,2 Ω) wie ein λ/4-Monopol auf der Ebene (36,6 Ω).

Der Ansatz von Spiegelanordnungen gestattet darüber hinaus,

a) die Normalkomponente des elektrischen Feldes auf der Ebene

b) und damit auch die Ladungsverteilung auf der Ebene,

c) die Tangentialkomponente des magnetischen Feldes auf der Ebene

d) und damit auch die Flächenströme in der Ebene zu bestimmen.

Diese Vorstellung, dass ein einfallendes Feld selbst ein Kompensationsfeld erzeugt, ist sehr hilfreich zum Verständnis elektromagnetischer Felder und Kopplungen. Betrachtet man beispielsweise eine Stabantenne, die sich in einem elektromagnetischen Feld befindet, mit der Stabachse parallel zur Richtung der elektrischen Feldstärke, so wird sich auf dem Stab ein Strom (eine Strombelegung) einstellen, der auf der Oberfläche des Stabes an jedem Punkt zu jedem Zeitpunkt die tangentiale Feldstärke zu null kompensiert. Schneidet man den Stab in der Mitte (quer zu seiner Achse) und schließt über den Schlitz einen Empfänger an, wird man die Wirkung des Kompensationsstromes als Empfangsspannung messen können.

Ein elektromagnetisches Feld hat folgende Wirkungen:

1) Es erzeugt elektrische Ströme auf metallischen Strukturen.

2) Die Auswirkungen dieser Ströme sind als Empfangsspannungen feststellbar.

3) Ein elektromagnetisches Feld ist Träger einer Leistung und einer Energie.

4) Die elektrische Komponente eines elektromagnetischen Feldes erzeugt in einem verlustbehafteten Dielektrikum eine Verlustleistungsdichte von $P/m^3 = E^2/\kappa$.

Das *Reziprozitätstheorem* der Elektrotechnik erlaubt auch eine Umkehrung der Argumentation:

1. Fließt auf einer metallischen Oberfläche ein hochfrequenter Strom, wird von dieser Oberfläche ein elektromagnetisches Feld abgestrahlt.

2. Regt man eine Struktur mit einer hochfrequenten Spannung an, werden auf ihr hochfrequente Ströme erzeugt.

Das *Reziprozitätstheorem* hat zwei entscheidende Auswirkungen:

1. Die Eingangsimpedanz einer Antenne (einer beliebigen Struktur) ist für den Sende- und den Empfangsfall gleich.

2. Das Antennendiagramm einer Antenne ist für den Sende- und den Empfangsfall gleich.

Elektromagnetische Felder lassen sich nur für sehr einfache Anordnungen (Hertzscher Dipol, Stromschleife, $\lambda/2$-Dipol, $\lambda/4$-Monopol) analytisch aus den Maxwellschen Gleichungen bestimmen, so dass man bei praxisrelevanten Aufgaben auf Näherungen oder Feldanalyseprogramme zurückgreifen muss.

Aufgaben

Aufgabe 5.3: Ein sehr langer Leiter (Radius R = 1 mm) ist in h = 10 cm Höhe (z-Richtung) über einer leitenden Ebene angeordnet. Der Leiter hat eine Spannung von U_0 = 10 V gegen die Ebene und führt einen Strom von I = 1 A (in die Zeichenebene hinein, y-Richtung).

a) Wie ist die Flächenladungsverteilung σ = f(x) in der Ebene unterhalb des Leiters?

b) Wie ist die Flächenstromverteilung J_F = f(x) in der Ebene unterhalb des Leiters?

c) Welche Maximalwerte treten direkt unter dem Leiter auf?

5.2 Die Elementardipole

Die einfachste Antenne ist der *Hertzsche Dipol*. Er ist dadurch charakterisiert, dass seine Länge klein gegenüber der betrachteten Wellenlänge ist. Für diesen kurzen Dipol wird angesetzt, dass über seiner Länge ein örtlich konstanter, zeitlich sich ändernder Strom fließt. Da der Strom an den Enden aber nicht zu- oder abfließen kann, müssen sich hier Ladungen ansammeln. Es entstehen somit zwei Ladungspakete (ein Dipol) mit unterschiedlichem Vorzeichen, die ständig umgeladen werden (Abb. 5.6).

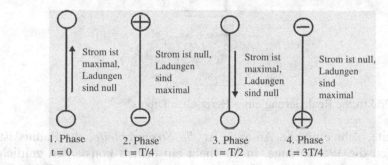

Abb. 5.6 Umladevorgänge beim Hertzschen Dipol, T = Periodendauer einer Cosinusschwingung

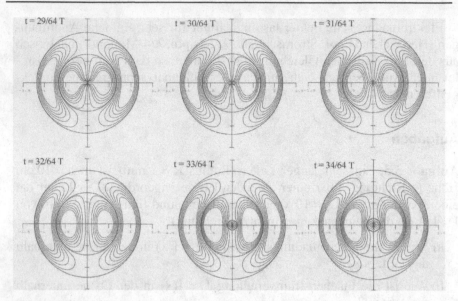

Abb. 5.7 Elektrisches Feld eines Hertzschen Dipols kurz vor, während und kurz nach der Ladungsumkehr

Zwischen diesen Ladungspaketen ergeben sich Feldlinien, die den Änderungen der Ladungsmenge folgen. Zusätzlich entsteht ein Ausbreitungsvorgang in den Raum hinein. In der Abb. 5.7 sind die Feldbilder des elektrischen Feldes für die Zeit kurz vor, während (3. Phase aus Abb. 5.6) und kurz nach der Ladungsumkehr gezeichnet.

Ein Hertzscher Dipol lässt sich näherungsweise durch einen in der Mitte gespeisten kurzen Stab mit zwei Endplatten herstellen. Siehe Abb. 5.8!

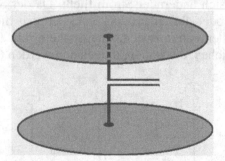

Abb. 5.8 Praktische Realisierung eines Hertzschen Dipols

Eine zweite, sehr einfache Antenne ist *die Stromschleife*, ihr Radius ist klein gegen die Wellenlänge, in ihr fließt ein örtlich konstanter, zeitlich sich ändernder Strom. Dieser Strom erzeugt ein magnetisches Feld, das sich wiederum als elektromagnetisches Feld in den Raum ausbreitet. Der

Strom in der Schleife erzeugt quasi einen magnetischen Dipol. Das Feldbild der Stromschleife hat das gleiche Aussehen wie das Feldbild des
Hertzschen Dipols, nur dass die Feldlinien nun für das H-Feld gelten. Die
1. Phase in Bezug auf Abb. 5.6 ist die Phase, in der der Strom in der
Schleife null ist.

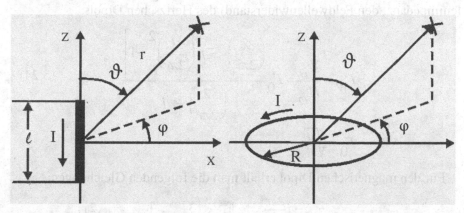

Abb. 5.9 Orientierung des elektrischen und des magnetischen Dipols

In der Abb. 5.9 sind die beiden Elementardipole in ihren Koordinatensys-
temen dargestellt. Alle im Folgenden verwendeten Komponentenbezeich-
nungen beziehen sich auf diese Systeme.

*Anmerkung: Die mathematischen Ableitungen der Gleichungen für den
Hertzschen Dipol und auch für den magnetischen Dipol, die Stromschleife,
sind im Anhangkapitel A4 enthalten.*

Die Gleichungen der Elementardipole sind leicht zu überschauen, das
Strahlungsverhalten realer Linearantennen lässt sich über die Dipolglei-
chungen ableiten, sie gestatten eine näherungsweise Umrechnung von
Feldwerten, sie bilden die Grundlage für die Schirmungstheorie nach
Schelkunoff.

Für den Hertzschen Dipol ergeben sich folgende Gleichungen in komplexer Form:

$$E_\vartheta = \frac{\hat{I}l\pi}{\lambda^2}\sqrt{\frac{\mu}{\varepsilon}} \cdot e^{-j\frac{2\pi r}{\lambda}} \sin\vartheta \left\{ \left(\frac{\lambda}{2\pi r}\right)^2 - j\left[\left(\frac{\lambda}{2\pi r}\right)^3 - \frac{\lambda}{2\pi r}\right]\right\}, \quad (5.21)$$

$$E_r = \frac{2\hat{I}l\pi}{\lambda^2}\sqrt{\frac{\mu}{\varepsilon}} \cdot e^{-j\frac{2\pi r}{\lambda}} \cos\vartheta \left\{ \left(\frac{\lambda}{2\pi r}\right)^2 - j\left(\frac{\lambda}{2\pi r}\right)^3 \right\}, \quad (5.22)$$

$$H_\varphi = \frac{\hat{I}l\pi}{\lambda^2} \cdot e^{-j\frac{2\pi r}{\lambda}} \sin\vartheta \left[\left(\frac{\lambda}{2\pi r}\right)^2 + j\frac{\lambda}{2\pi r} \right].$$ (5.23)

Teilt man E_ϑ durch H_φ erhält man den Strahlungswiderstand (die Wellenimpedanz, den Feldwellenwiderstand) des Hertzschen Dipols:

$$\Gamma_W = \frac{E_\vartheta}{H_\varphi} = \Gamma_0 \frac{\left(\frac{\lambda}{2\pi r}\right) - j\left[\left(\frac{\lambda}{2\pi r}\right)^2 - 1\right]}{\left(\frac{\lambda}{2\pi r}\right) + j}$$ (5.24)

$$\Gamma_0 = \sqrt{\frac{\mu}{\varepsilon}}.$$

Für den magnetischen Dipol erhält man die folgenden Gleichungen:

$$H_\vartheta = \hat{I}\, R^2 \frac{2\pi^3}{\lambda^3} \cdot e^{-j\frac{2\pi r}{\lambda}} \sin\vartheta \left\{ \left[\left(\frac{\lambda}{2\pi r}\right)^3 - \frac{\lambda}{2\pi r} \right] + j \cdot \left(\frac{\lambda}{2\pi r}\right)^2 \right\},$$ (5.25)

$$H_r = \hat{I}\, R^2 \frac{4\pi^3}{\lambda^3} \cdot e^{-j\frac{2\pi r}{\lambda}} \cos\vartheta \left\{ \left(\frac{\lambda}{2\pi r}\right)^3 + j \cdot \left(\frac{\lambda}{2\pi r}\right)^2 \right\},$$ (5.26)

$$E_\varphi = \hat{I} \cdot R^2 \cdot \frac{2\pi^3}{\lambda^3} \sqrt{\frac{\mu}{\varepsilon}} \cdot e^{-j\frac{2\pi r}{\lambda}} \sin\vartheta \cdot \left\{ \frac{\lambda}{2\pi r} - j \cdot \left(\frac{\lambda}{2\pi r}\right)^2 \right\},$$ (5.27)

$$\Gamma_W = \frac{-E_\varphi}{H_\vartheta} = \Gamma_0 \frac{1 - j \cdot \left(\frac{\lambda}{2\pi r}\right)}{\left[1 - \left(\frac{\lambda}{2\pi r}\right)^2\right] - j \cdot \left(\frac{\lambda}{2\pi r}\right)}$$ (5.28)

In der Abb. 5.10 sind die Feldwellenwiderstände als Funktion des Verhältnisses $r/(\lambda/2\pi)$ dargestellt. Der Feldwellenwiderstand des Hertzschen Dipols ist im Nahbereich (Nahfeld) wesentlich größer als $\Gamma_0 = 377\ \Omega$, der des magnetischen Dipols kleiner als Γ_0. Man bezeichnet das Feld des Hertzschen Dipols auch als Hochimpedanzfeld, das Feld des magnetischen Dipols als Niederimpedanzfeld.

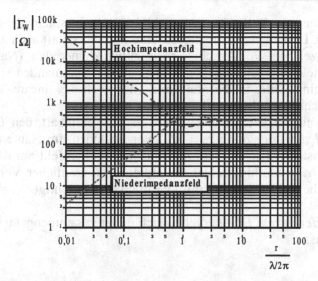

Abb. 5.10 Verlauf der Feldwellenwiderstände der Elementarstrahler

Im Zeitbereich ergeben sich für die Elementardipole die nachfolgenden Gleichungen:

Hertzscher Dipol

$$E_\vartheta(t) = \frac{\hat{I}l\pi}{\lambda^2}\sqrt{\frac{\mu}{\varepsilon}}\sin\vartheta\left\{\left[\left(\frac{\lambda}{2\pi r}\right)^3 - \frac{\lambda}{2\pi r}\right]\sin\left(\omega\left(t-\frac{r}{v}\right)\right) + \left(\frac{\lambda}{2\pi r}\right)^2\cos\left(\omega\left(t-\frac{r}{v}\right)\right)\right\}, \quad (5.29)$$

$$E_r(t) = \frac{2\hat{I}l\pi}{\lambda^2}\sqrt{\frac{\mu}{\varepsilon}}\cos\vartheta\left\{\left(\frac{\lambda}{2\pi r}\right)^2\cos\left(\omega\left(t-\frac{r}{v}\right)\right) + \left(\frac{\lambda}{2\pi r}\right)^3\sin\left(\omega\left(t-\frac{r}{v}\right)\right)\right\}, \quad (5.30)$$

$$H_\varphi(t) = \frac{\hat{I}l\pi}{\lambda^2}\sin\vartheta\left\{\frac{-\lambda}{2\pi r}\sin\left(\omega\left(t-\frac{r}{v}\right)\right) + \left(\frac{\lambda}{2\pi r}\right)^2\cos\left(\omega\left(t-\frac{r}{v}\right)\right)\right\} \quad (5.31)$$

Magnetischer Dipol

$$H_\vartheta(t) = \hat{I}\,R^2\frac{2\pi^3}{\lambda^3}\sin\vartheta\left\{\left[\left(\frac{\lambda}{2\pi r}\right)^3 - \frac{\lambda}{2\pi r}\right]\cos\left(\omega\left(t-\frac{r}{v}\right)\right) - \left(\frac{\lambda}{2\pi r}\right)^2\sin\left(\omega\left(t-\frac{r}{v}\right)\right)\right\}, \quad (5.32)$$

$$H_r(t) = \hat{I}\cdot R^2\cdot\frac{4\pi^3}{\lambda^3}\cdot\cos\vartheta\cdot\left\{\left(\frac{\lambda}{2\pi r}\right)^3\cdot\cos\left(\omega\left(t-\frac{r}{v}\right)\right) - \left(\frac{\lambda}{2\pi r}\right)^2\cdot\sin\left(\omega\left(t-\frac{r}{v}\right)\right)\right\} \quad (5.33)$$

$$E_\varphi(t) = \hat{I}\cdot R^2\cdot\frac{2\pi^3}{\lambda^3}\cdot\sqrt{\frac{\mu}{\varepsilon}}\cdot\sin\vartheta\cdot\left\{\frac{\lambda}{2\pi r}\cdot\cos\left(\omega\left(t-\frac{r}{v}\right)\right) + \left(\frac{\lambda}{2\pi r}\right)^2\cdot\sin\left(\omega\left(t-\frac{r}{v}\right)\right)\right\} \quad (5.34)$$

Eine besondere Rolle in den Feldgleichungen spielt der Abstand $r = r_0 = \lambda/2\pi$. Er wird als Übergangsabstand und scherzhaft auch als *magic distance* bezeichnet. Für Abstände r wesentlich kleiner als r_0 (Nahbereich, Nahfeld) spielen nur die höchsten Potenzen der Summanden $(r_0/r)^3$ und/oder $(r_0/r)^2$ eine Rolle, im Fernfeld muss nur noch das lineare Verhältnis r_0/r berücksichtigt werden.

Für die weiteren Betrachtungen wird darum vereinbart, den *Übergang von Nahfeld zu Fernfeld bei* $r_0 = \lambda/2\pi$ vorzunehmen. Im Nahfeld werden nur die höchsten Potenzen von r_0/r betrachtet, im Fernfeld nur das lineare Verhalten r_0/r. Weiterhin werden Retardierungen (zeitlicher Verzug zwischen Ursache und Wirkung) nur im Fernfeld berücksichtigt.

Für den *Hertzschen Dipol* ergeben sich damit zusammengefasst folgende Verhältnisse:

Nahfeld

$$E_\vartheta = -j\frac{\hat{I}l\pi}{\lambda^2}\sqrt{\frac{\mu}{\varepsilon}} \cdot \sin\vartheta \cdot \left(\frac{\lambda}{2\pi r}\right)^3, \tag{5.35}$$

$$E_r = -j\frac{2\hat{I}l\pi}{\lambda^2}\sqrt{\frac{\mu}{\varepsilon}} \cdot \cos\vartheta \cdot \left(\frac{\lambda}{2\pi r}\right)^3, \tag{5.36}$$

$$H_\varphi = \frac{\hat{I}l\pi}{\lambda^2}\sin\vartheta \cdot \left(\frac{\lambda}{2\pi r}\right)^2, \tag{5.37}$$

$$\Gamma_W = \frac{E_\vartheta}{H_\varphi} = -j\,\Gamma_0 \cdot \left(\frac{\lambda}{2\pi r}\right). \tag{5.38}$$

Fernfeld

$$E_\vartheta = j\frac{\hat{I}l\pi}{\lambda^2}\sqrt{\frac{\mu}{\varepsilon}} \cdot e^{-j\frac{2\pi r}{\lambda}}\sin\vartheta \cdot \frac{\lambda}{2\pi r}, \tag{5.39}$$

$$E_r = 0, \tag{5.40}$$

$$H_\varphi = j\frac{\hat{I}l\pi}{\lambda^2} \cdot e^{-j\frac{2\pi r}{\lambda}}\sin\vartheta \cdot \frac{\lambda}{2\pi r}, \tag{5.41}$$

$$\Gamma_W = \Gamma_0.$$

Für den *magnetischen Dipol* lassen sich folgende Näherungen angeben:

Nahfeld

$$H_\vartheta = \hat{I}\,R^2 \frac{2\pi^3}{\lambda^3}\sin\vartheta\cdot\left(\frac{\lambda}{2\pi r}\right)^3, \tag{5.42}$$

$$H_r = \hat{I}\,R^2 \frac{4\pi^3}{\lambda^3}\cos\vartheta\cdot\left(\frac{\lambda}{2\pi r}\right)^3, \tag{5.43}$$

$$E_\varphi = -j\cdot\hat{I}\cdot R^2\cdot\frac{2\pi^3}{\lambda^3}\cdot\sqrt{\frac{\mu}{\varepsilon}}\sin\vartheta\cdot\left(\frac{\lambda}{2\pi r}\right)^2, \tag{5.44}$$

$$\Gamma_W = \frac{-E_\varphi}{H_\vartheta} = j\,\Gamma_0\cdot\left(\frac{2\pi r}{\lambda}\right). \tag{5.45}$$

Fernfeld

$$H_\vartheta = -\hat{I}\,R^2 \frac{2\pi^3}{\lambda^3}\cdot e^{-j\frac{2\pi r}{\lambda}}\sin\vartheta\cdot\frac{\lambda}{2\pi r}, \tag{5.46}$$

$$H_r = 0, \tag{5.47}$$

$$E_\varphi = \hat{I}\cdot R^2\cdot\frac{2\pi^3}{\lambda^3}\cdot e^{-j\frac{2\pi r}{\lambda}}\sqrt{\frac{\mu}{\varepsilon}}\sin\vartheta\cdot\frac{\lambda}{2\pi r}, \tag{5.48}$$

$$\Gamma_W = \frac{-E_\varphi}{H_\vartheta} = \Gamma_0.$$

Aufgaben

Aufgabe 5.4: Bestimmen Sie die maximale Ladung, die sich an den Enden des Hertzschen Dipols einstellt,

a) formelmäßig,

b) zahlenwertmäßig für l = 1 m, f = 1 MHz und $\hat{I}$ = 1 A!

Aufgabe 5.5: Im Nahfeld einer Versorgungsschleife von 2R = 1 m Durchmesser wird bei f = 100 kHz ein elektrisches Feld (Ebene der Schleife, Abstand zum Mittelpunkt der Schleife r = 5 m) von 1 mV/m gemessen. Welcher Strom fließt in der Schleife?

Aufgabe 5.6: Warum muss in der Gleichung 5.28 zur Berechnung des Feldwellenwiderstandes des magnetischen Dipols ein Minuszeichen eingebracht werden, $$\Gamma_W = \frac{-E_\varphi}{H_\vartheta}\ ?$$

5.2.1 Abstandsumrechnung

In der EMV-Messtechnik sind häufig Abstandsumrechnungen durchzuführen. Das elektrische Feld eines Prüflings wurde z. B. bei 3 m Abstand gemessen, es hätte aber in 10 m Abstand gemessen werden sollen. Wie ist der Wert von 3 m auf 10 m umzurechnen? Die Grenzwerte der zivilen Normen werden im Allgemeinen für einen Messabstand von 10 m bzw. 30 m angegeben. Wird ein zivil getestetes Gerät in eine militärische Umgebung gebracht, stellt sich die Frage, wie die Grenzwerte des 10 m-Abstandes (30 m-Abstandes) in Feldwerte bei 1 m umgerechnet werden können. Ganz generell stellt sich häufig die Frage: Welchen Feldstärkewert erhalte ich im Abstand r_1, wenn ich den Wert im Abstand r_2 kenne.

Eine allgemein gültige Aussage lässt sich nicht treffen. Aber eine erste Abschätzung lässt sich über die Gleichungen der Elementardipole gewinnen. Dabei ist anzumerken, dass diese Abschätzungen nur erlaubt sind,

d) für Linearantennen (Stabantennen),

e) für Abstände, die größer sind als die Antennenlänge.

Für flächige Strahler gelten andere Abstandsgesetze. Und da man im Allgemeinen nicht weiß, wie ein Prüfling strahlt oder was am Prüfling strahlt, ist eine Abstandsumrechnung immer problematisch. Sicherlich ist der CISPR-Ansatz, eine Messung auch im kleineren Abstand zuzulassen, aber die Einhaltung der 10 m Grenzwerte zu verlangen, zu rigoros, entbehrt aber nicht jeglicher Logik. In den meisten Fällen werden wohl die Kabel und Leitungen strahlen, im höheren Frequenzbereich ist aber nicht auszuschließen, dass eine ganze Fläche als Flächenantenne wirkt.

Die Gleichungen der Elementardipole zeigen jeweils für die Hauptkomponente des Feldes (E des Hertzschen Dipols, H des magnetischen Dipols) Summanden mit $(r_0/r)^3$-, $(r_0/r)^2$- und (r_0/r)-Abhängigkeiten. Folgt man der rigorosen Vorgehensweise, bis $r = r_0$ eine $(r_0/r)^3$ und ab $r = r_0$ eine (r_0/r)-Abhängigkeit anzusetzen, lässt sich sehr leicht, unter den zuvor genannten Bedingungen, eine Abstandsumrechnung eines Messwertes von einem Abstand auf einen anderen Abstand durchführen.

Vorgehensweise:

1) Aus der Frequenz errechnet man den Übergangsabstand r_0,

$$r_0 = \frac{\lambda}{2\pi} = \frac{c_0}{2\pi f} \cdot$$

2) Befinden sich beide Punkte im Nahfeld ($r_1 < r_2$), wird mit $1/r^3$ umgerechnet,

$$E_1 = E_2 \cdot \frac{r_2^3}{r_1^3} \tag{5.49}$$

3) Befinden sich beide Punkte im Fernfeld, wird mit $1/r$ umgerechnet,

$$E_1 = E_2 \cdot \frac{r_2}{r_1} \tag{5.50}$$

4) Befindet sich ein Punkt im Fernfeld (r_2) und der zweite Punkt im Nahfeld (r_1), wird von r_2 bis r_0 mit $1/r$ und von r_0 bis r_1 mit $1/r^3$ umgerechnet,

$$E_1 = E_2 \cdot \left(\frac{r_2}{r_0}\right) \cdot \left(\frac{r_0}{r_1}\right)^3 \tag{5.51}$$

Beispiel 5.1: In einem Abstand $r_2 = 20$ m von einer elektrischen Quelle wurde bei $f = 3$ MHz eine elektrische Feldstärke von $E_2 = 80$ dB$_{\mu V/m}$ gemessen. Welche Feldstärke ergibt sich für $r_1 = 3$ m?

Lösung: Für $f = 3$ MHz erhält man einen Übergangsabstand von 15,9 m. Damit ist r_2 im Fernfeld und r_1 im Nahfeld. Es ergibt sich

$$E_1 = 10\, mV/m \cdot \left(\frac{20}{15,9}\right) \cdot \left(\frac{15,9}{3}\right)^3 = 1,873 \quad V/m \quad = \quad 125,4\, dB_{\mu V/m} \cdot$$

Die Zusammenhänge werden besonders deutlich bei einer grafischen Auswertung der vereinfachten Dipolgleichungen. Bezieht man alle Abstände auf einen Normierungsabstand von einem Meter, so lässt sich das in der Abbildung Abb. 5.11 dargestellte Diagramm konstruieren.

Bei $r = r_0 = 1$ m hat die Frequenz $f = 48$ MHz ihren Übergangsabstand. Für $f = 48$ MHz befindet man sich für Abstände r kleiner als 1 m im Nahfeld (60 dB/Abstandsdekade) und für Abstände r größer als 1 m im Fernfeld (20 dB/Abstandsdekade). Für Frequenzen f kleiner als 48 MHz beginnt der $1/r$-Bereich entsprechend später, für 10 MHz beispielsweise bei $r - 4,8$ m. Für Frequenzen f größer als 48 MHz beginnt der $1/r$-Bereich entsprechend früher, für $f = 1$ GHz z.B. bei 4,8 cm. Die Frequenz $f = 48$ MHz ist willkürlich, führt aber auf ein gut auswertbares Diagramm.

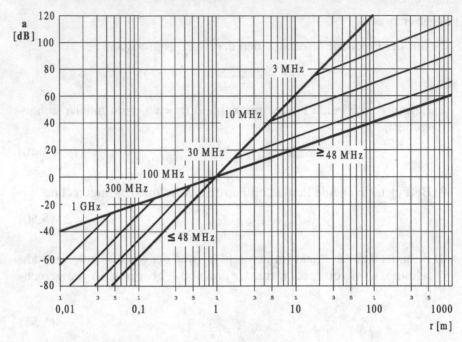

Abb. 5.11 Diagramm zur Abstandsumrechnung

Möchte man eine Abstandsumrechnung vornehmen, fährt man auf den entsprechenden Frequenzlinien vom Abstand r_1 zum Abstand r_2, bildet Δa und wertet eine der nachfolgenden Gleichungen aus:

$$E(r_2) = E(r_1) \cdot 10^{-\frac{\Delta a}{20}} \tag{5.52}$$

bzw.

$$H(r_2) = H(r_1) \cdot 10^{-\frac{\Delta a}{20}} \tag{5.53}$$

$$\Delta a = a(r_2) - a(r_1)$$

Beispiel 5.2: Das Feld einer elektrischen Antenne bei 10 MHz und 100 m Abstand sei $40\,dB\mu V\,/\,m$. Für 3 m Abstand ergibt sich (Abb. 5.12):

$$E(3m) = 40\,dB\mu V\,/\,m + 38\,dB = 78\,dB\mu V\,/\,m \,.$$

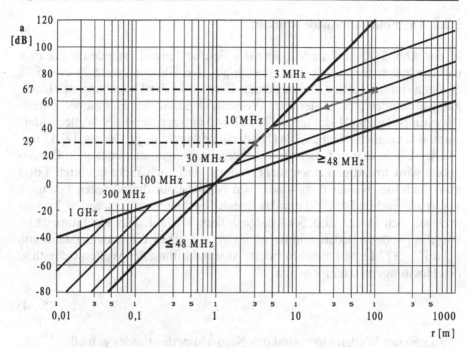

Abb. 5.12 Ermittlung von Δa für das vorangehende Beispiel

Aufgaben

Aufgabe 5.7: Im Abstand $r_1 = 3$ m einer elektrischen Quelle ist bei $f = 3$ MHz eine elektrische Feldstärke von $E = 10$ μV/m gemessen worden. Welche Feldstärke ergibt sich für r_2,

a) 10 m,

b) 25 m?

Aufgabe 5.8: Eine magnetische Quelle (Vermutung) erzeugt bei $f = 1$ MHz im Abstand $r_2 = 200$ m eine elektrische Feldstärke von $E = 46$ dB$_{\mu V/m}$.

a) Wie groß ist die magnetische Feldstärke im Abstand $r_1 = 5$ m?

Als Quelle wird eine Signalschleife mit einem Radius von $R = 30$ cm ausgemacht!

b) Wie groß ist der Strom in dieser Schleife?

5.2.2 Die Feldwellenwiderstände

In der Abb. 5.10 sind die Verläufe der Feldwellenwiderstände für die Elementarstrahler dargestellt, wie sie sich aus den Gleichungen 5.24 und 5.28 ergeben. Interessant ist, dass es einen Bereich in der Umgebung des Übergangsabstandes gibt, in dem der Wellenwiderstand des Hertzschen Dipols (Hochimpedanzfeld) kleiner als 377 Ω und entsprechend der Wellenwiderstand des magnetischen Dipols (Niederimpedanzfeld) größer als 377 Ω ist.

Die sich in diesen Unter- bzw. Überschreitungen ausdrückende Genauigkeit wird im Allgemeinen nicht genutzt und auch nicht benötigt. Folgt man auch hier wieder dem Ansatz, im Nahfeld nur die höchsten Potenzen von $(r_0/r)^x$ und im Fernfeld nur das lineare Verhalten zu verwenden, kommt man auf den in der Abb. 5.13 dargestellten Verlauf. Das Hochimpedanz- und das Niederimpedanzfeld haben ab $r/r_0 = 1$ einen Wellenwiderstand von $\Gamma_W = \Gamma_0 = 377\ \Omega$. Mit abnehmendem Abstand nimmt der Wellenwiderstand des Hochimpedanzfeldes gemäß

$$\left|\Gamma_W\right| \approx \frac{r_0}{r} \cdot \Gamma_0 \tag{5.54}$$

zu und der Wellenwiderstand des Niederimpedanzfeldes gemäß

$$\left|\Gamma_W\right| \approx \frac{r}{r_0} \cdot \Gamma_0 \tag{5.55}$$

ab.

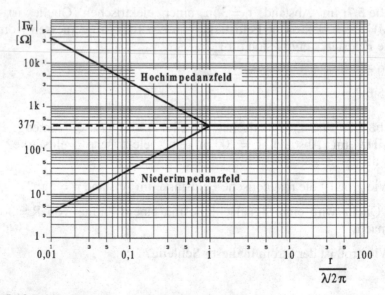

Abb. 5.13 Feldwellenwiderstände der Elementarstrahler

Welchen Wert hat nun das Wissen um die Feldwellenwiderstände?

Zwei Vorzüge lassen sich nennen:

1) Ist der Charakter der Quelle (Linearantenne bzw. Stab oder Schleife) bekannt, kann eine näherungsweise Umrechnung zwischen der elektrischen und der magnetischen Komponente vorgenommen werden.

2) Ist der Charakter der Quelle nicht bekannt, kann über die Messung der Komponenten (E, H) auf den Charakter der Quelle geschlossen werden. Aus dem Wissen um den Charakter der Quelle kann auf angepasste Schirmungsmaßnahmen bzw. bei einer Störungssuche auf die Störquelle geschlossen werden.

Beispiel 5.3 zu 1: Die elektrische Feldstärke einer elektrischen Antenne bei $f = 10$ MHz beträgt in $r = 3$ m Abstand $78\ dB_{\mu V/m}$. Wie groß ist die magnetische Komponente des Feldes?

Lösung: Der Übergangsabstand für $f = 10$ MHz beträgt $r_0 = 4,8$ m. Daraus errechnet sich ein Verhältnis r/r_0 von $0,625$. Bei $r/r_0 = 0,625$ beträgt der Feldwellenwiderstand der elektrischen Quelle $\Gamma_w = 600\ \Omega$.

Daraus lässt sich die magnetische Feldstärke zu

$$H(3\,m) = 78\ dB_{\mu V/m} - 56\ dB_{\mu V/\mu A} = 22\ dB_{\mu A/m}$$

berechnen.

Beispiel 5.4 zu 2: Ein elektronisches Gerät für den militärischen Einsatz zeigt bei $f = 100$ kHz eine Grenzwertüberschreitung von 15 dB (im elektrischen Feld, in Bezug auf den Grenzwert gemäß MIL-STD-461). Durch eine zusätzliche Schirmungsmaßnahme soll der Grenzwert eingehalten werden. Welche Vorgehensweise empfehlen Sie?

Lösung: Am Ort der Grenzwertüberschreitung (1 m Abstand von der Geräteoberfläche) wird mit einer Schleifenantenne auch die magnetische Feldstärke gemessen. Ist das Verhältnis von E/H wesentlich größer als 377 Ω, handelt es sich um eine elektrische Störquelle. Ist noch kein Schirmgehäuse vorhanden, ist jetzt ein metallisches Gehäuse zu wählen (Plastik mit innenliegender Metallisierung dürfte ausreichend sein!). Ist schon ein Schirmgehäuse vorhanden, muss nach der schlechten Kontaktierung bzw. ungenügenden Kabelschirmauflegung gesucht werden.

Ist das Verhältnis von E/H wesentlich kleiner als 377 Ω handelt es sich um eine magnetische Störquelle. Mit den Ansätzen von Schelkunoff (Kap. 7.4) ist ein problemangepasstes Schirmgehäuse auszulegen.

Aufgaben

Aufgabe 5.9: Vor dem Bildschirm eines Radargerätes wird bei f = 22,5 kHz in 1 m Abstand von der Oberfläche eine elektrische Feldstärke von $E = 83$ dB$_{\mu V/m}$ gemessen. Wir groß ist die magnetische Feldstärke, wenn man voraussetzt, dass es sich

a) um eine elektrische Quelle,

b) eine magnetische Quelle handelt?

Aufgabe 5.10: Für eine elektronische Schaltung soll ein Schirmgehäuse ausgelegt werden. Die Schaltung arbeitet mit einer Taktfrequenz von 1 MHz. In 1 m Abstand von der Quelle misst man eine elektrische Feldstärke von 10 mV/m und eine magnetische Feldstärke von 0,6 μA/m.

a) Stellt die Elektronik eine elektrische oder eine magnetische Störquelle dar?

b) Welche generellen Regeln können Sie zur Auslegung des Gehäuses angeben?

5.3 Effektive Höhe, wirksame Fläche und Strahlungswiderstand

Im Kapitel 5.2 sind die Strahlungsfelder für den elektrischen und den magnetischen Dipol betrachtet worden.

Oft interessiert auch das Verhalten (Strahlungswiderstand, Richtfaktor, effektive Antennenhöhe, Feldstärke in Hauptstrahlrichtung) von Antennen, die den Bedingungen dieser Dipole nicht entsprechen. Dabei bilden die Beziehungen der Elementardipole die theoretische Grundlage für die Ableitung der Kennwerte der in der nachfolgenden Tab. 5.1 dargestellten Antennen.

In der Tab. 5.1 sind die wichtigsten Kenngrößen einiger für die EMV wichtigen Antennen zusammengestellt. Die in dieser Tabelle aufgeführten Antennenkenngrößen werden im Folgenden erklärt und anhand von Beispielen verdeutlicht.

Tab. 5.1 Kenngrößen einiger für die EMV wichtiger Antennen

Antenne	Strombelegung	Richt-faktor	Wirksame Antennen-fläche	Effektive Antennen-höhe	Strahlungs-Widerstand R in Ohm	Feldstärke in Hauptstrahlrichtung E in V/m I in A (P in W), r in m
Isotrope Antenne		1	$\dfrac{\lambda^2}{4\pi}$			$\dfrac{5{,}48 \cdot}{r}\cdot\sqrt{P}$
Hertzscher Dipol	← L →	1,5	$1{,}5 \cdot \dfrac{\lambda^2}{4\pi}$	L	$80\pi^2 \dfrac{L^2}{\lambda^2}$	$60 \cdot \dfrac{\pi}{\lambda \cdot r} I\,L$
Kurze Antenne über leitendem Grund mit Dachkapazität	h	3	$3 \cdot \dfrac{\lambda^2}{16\pi}$	h	$160\pi^2 \dfrac{h^2}{\lambda^2}$	$120 \cdot \dfrac{\pi}{\lambda \cdot r} I\,h$
Kurzer Dipol ohne Endkapazität	← L →	1,5	$1{,}5 \cdot \dfrac{\lambda^2}{4\pi}$	$\dfrac{L}{2}$	$20\pi^2 \dfrac{L^2}{\lambda^2}$	$30 \cdot \dfrac{\pi}{\lambda \cdot r} I\,L$
Kurze Antenne über leitendem Grund ohne Dachkapazität	h	3	$3 \cdot \dfrac{\lambda^2}{16\pi}$	$\dfrac{h}{2}$	$40\pi^2 \dfrac{h^2}{\lambda^2}$	$60 \cdot \dfrac{\pi}{\lambda \cdot r} I\,h$
$\lambda/2$ -Dipol		1,64	$1{,}64 \cdot \dfrac{\lambda^2}{4\pi}$	$\dfrac{\lambda}{\pi}$	73,1	$60 \cdot \dfrac{I}{r}$
$\lambda/4$ - Antenne über leitendem Grund	$\lambda/4$	3,28	$3{,}28 \cdot \dfrac{\lambda^2}{16\pi}$	$\dfrac{\lambda}{2\pi}$	36,6	$60 \cdot \dfrac{I}{r}$
Kleine Schleife im freien Raum	Rahmenfläche F beliebige Form	1,5	$1{,}5 \cdot \dfrac{\lambda^2}{4\pi}$	$\dfrac{2\pi F}{\lambda}$	$80\pi^2 \dfrac{4\pi^2 F^2}{\lambda^4}$	$120 \cdot \dfrac{\pi^2 F^2 I}{\lambda^2\,r}$
Ganzwellen-dipol		2,41	$2{,}41 \cdot \dfrac{\lambda^2}{4\pi}$		199,1	$120 \cdot \dfrac{I}{r}$

Richtfaktor D bzw. Gewinn G_k:

$$D = \frac{\text{Maximale Strahlungsintensität der Antenne}}{\text{Mittlere Strahlungsintensität der Antenne}}$$

$$D = \frac{\text{Maximale Strahlungsintensität der Antenne}}{\text{Strahlungsintensität eines isotropen Strahlers}}$$

Verbal ausgedrückt ist der Richtfaktor bzw. der Gewinn einer Antenne der Faktor, mit dem die Strahlungsintensität eines isotropen Strahlers zu multiplizieren ist, um bei gleicher Eingangsleistung die maximale Strahlungsintensität der betrachteten Antenne zu erhalten. Bezieht man sich auf einen festen Abstand im Fernfeld, lässt sich der Gewinn auch in folgender Weise erklären: Der Gewinn ergibt den Faktor, mit dem man die einer Antenne zugeführte Leistung multiplizieren muss, um bei einer isotrop abstrahlenden Antenne die gleiche Strahlungsdichte in Hauptstrahlrichtung zu erlangen wie bei der betrachteten Antenne.

Der Gewinn G_k wird häufig in dB angegeben. Es besteht die Beziehung

$$G_k = 10 \cdot \log D \tag{5.56}$$

für den in aller Regel erlaubten Fall, dass die Wärmeverluste in der Antenne vernachlässigt werden können.

Beispiel 5.5: Ein $\lambda/2$-Dipol hat gegenüber dem isotropen Strahler einen Gewinn von

$$G_k = 10 \cdot \log 1{,}64 = 2{,}15 \; dB.$$

Um mit einer isotrop abstrahlenden Antenne die gleiche Feldstärke zu erhalten, wie mit dem $\lambda/2$-Dipol (in Hauptstrahlrichtung), muss man der isotrop abstrahlenden Antenne eine Leistung zuführen, die 1,64 mal so hoch ist, wie die Leistung der $\lambda/2$-Antenne.

Wirksame Antennenfläche A_w:

Die wirksame Antennenfläche A_w einer Empfangsantenne, multipliziert mit der Strahlungsdichte am Ort der Antenne

$$S = \frac{1}{2} E \cdot H = \frac{1}{2} \frac{E^2}{\Gamma_0} \tag{5.57}$$

(Γ_0 = Feldwellenwiderstand, E und H hier Spitzenwerte),

ergibt die von der Antenne einem angepassten Empfänger maximal zuführbare Leistung.

$$P_{max} = \frac{1}{2} E \cdot H \cdot A_w = \frac{1}{2} \frac{E^2}{\Gamma_0} \cdot A_w \tag{5.58}$$

Maximale Leistungsaufnahme erhält man, wenn der Empfängereingangswiderstand konjugiert komplex zur Antennenimpedanz ist.

Effektive Antennenhöhe l_w:

Die effektive Antennenhöhe l_w ist eine fiktive Größe, die, multipliziert mit der Feldstärke am Ort der Antenne, die Leerlaufspannung der Antenne liefert:

$$U_L = l_w \cdot E. \tag{5.59}$$

Strahlungswiderstand R_r:

Der Strahlungswiderstand R_r einer verlustlosen Antenne ist gleich dem Realteil der Eingangsimpedanz. Er kann in gleicher Weise genutzt werden wie der ohmsche Widerstand eines beliebigen Verbrauchers:

$$P = \frac{1}{2} \cdot I^2 \cdot R_r, \tag{5.60}$$

I = Spitzenwert des strahlungswirksamen Fußpunktstromes.

Für eine Antenne lässt sich im Allgemeinen das in der Abb. 5.14 angegebene Ersatzschaltbild verwenden:

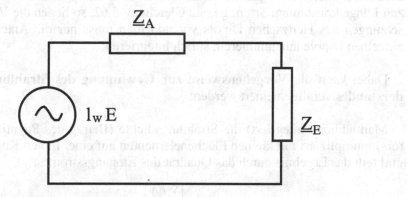

$\underline{Z}_A$ = Antennenfußpunktimpedanz, Eingangsimpedanz
$\underline{Z}_E$ = Empfängereingangsimpedanz

Abb. 5.14 Ersatzschaltbild einer Antenne für den Empfangsfall

Unter dem Ansatz, dass sich die maximal einer Empfangsantenne entnehmbare Leistung P_{max} ergibt, wenn die Empfängereingangsimpedanz $\underline{Z}_E$ konjugiert komplex zur Antennenfußpunktimpedanz $\underline{Z}_A$ ist ($\underline{Z}_E = \underline{Z}_A^*$), lässt sich ein Zusammenhang zwischen der wirksamen Antennenfläche, der effektiven Antennenhöhe und dem Strahlungswiderstand angeben:

$$A_w = \frac{l_w^2 \cdot \Gamma_0}{4 R_r}. \tag{5.61}$$

Feldstärke in Hauptstrahlrichtung:

Als Hauptstrahlrichtung wird die Richtung bezeichnet, in der die Antenne im Fernfeld die höchste Feldstärke erzeugt. Bei den oben angegebenen Stabantennen ist es die Richtung senkrecht zur Antennenachse und bei der Rahmenantenne die Richtung der Fläche (senkrecht zur Flächennormalen).

Zur Berechnung von l_w und R_r

Die Größen l_w und R_r lassen sich, wie angedeutet, aus den Gleichungen der Elementardipole ableiten. Für reale, mittengespeiste Linearantennen kann dabei in erster Näherung ein Antennenstrom gemäß

$$I(z) = I_0 \cdot \sin\frac{2\pi}{\lambda}\left(\frac{l}{2} - |z|\right)$$ (5.62)

angesetzt werden (Antenne auf der z-Achse, gespeist bei z = 0).

Die Ableitung der Beziehungen ist aufwendig, aber elementar. Wählt man kurze Antennensegmente dz mit einem über dieser infinitesimal kurzen Länge konstantem Strom gemäß Gleichung 5.62, so liegen die Voraussetzungen des Hertzschen Dipols vor und man muss nur die Anteile der einzelnen Dipole aufsummieren, sprich integrieren.

Dabei kann die **Vorgehensweise zur Gewinnung des Strahlungswiderstandes** verallgemeinert werden:

Man addiert (integriert) die Strahlungsdichte (Betrag des Poyntingvektors) multipliziert mit kleinen Flächenelementen auf einer fernen Kugel auf und teilt das Ergebnis durch das Quadrat des Eingangsstromes:

$$R_r = \frac{\int\limits_{Kugel} \vec{S} \cdot d\vec{A}}{I^2}.$$ (5.63)

Ableitung der Radarformel

Mit der wirksamen Antennenfläche ist auch eine einfache, anschauliche Ableitung der Radargleichung möglich, die in vielen Fällen schon erste Aussagen über das Störpotential einer Quelle in Bezug auf eine möglicherweise gestörte Senke liefert.

Eine isotrope Antenne erzeugt in einem Abstand r eine Strahlungsdichte von

$$\vec{S} = \frac{P_{ab}}{4\pi r^2} \cdot \vec{e}_r = S_{Si} \cdot \vec{e}_r.$$ (5.64)

Eine Antenne mit dem Gewinn G_s erzeugt in Hauptstrahlungsrichtung eine Strahlungsdichte S_s von

$$S_s = \frac{P_{ab} \cdot G_s}{4\pi r^2}.$$ (5.65)

Befindet sich im Abstand r eine zweite Antenne mit der Wirkfläche A_E, ergibt sich eine maximale Empfängerleistung für diese zweite Antenne von

$$P_{Empf} = S_S \cdot A_E = \frac{P_{ab} \cdot G_S}{4\pi r^2} \cdot A_E \qquad (5.66)$$

und mit $A_E = G_E \cdot \frac{\lambda^2}{4\pi}$ ergibt sich schließlich

$$P_{Empf} = P_{ab} \cdot G_S \cdot G_E \cdot \left(\frac{\lambda}{4\pi r}\right)^2. \qquad (5.67)$$

Um die Gültigkeit der Gleichung zu überprüfen, werden zwei $\lambda/2$-Dipole betrachtet, die sich in 100 m Abstand optimal gegenüberstehen. Der Sendedipol strahlt bei f = 14 MHz eine Leistung von 100 W ab. Gesucht ist die Empfangsleistung, die einem angepassten Empfänger am Empfangsdipol zugeführt werden kann.

Ein $\lambda/2$-Dipol hat gemäß Tab. 5.1 eine Eingangsimpedanz von Z_{ein} = 73,1 Ω. Damit ergibt sich ein Antennenstrom von I = 1,17 A. Dieser Strom erzeugt in 100 m Abstand eine elektrische Feldstärke von 0,7 V/m und damit eine Leistungsdichte von 1,3 mW/m^2. Multipliziert man diese Leistungsdichte mit der Antennenwirkfläche (Tab. 5.1), die sich für den betrachteten $\lambda/2$-Dipol zu A_E = 59,9 m^2 ergibt, erhält man eine Empfangsleistung von P_{Empf} = 78 mW. Wendet man die Gleichung 5.67 an, ergibt sich ebenfalls P_{Empf} = 78 mW.

Aufgaben

Aufgabe 5.11: Für eine Yagi-Antenne wird vom Hersteller ein Gewinn von 8,2 dB$_i$ spezifiziert (Anmerkung: Der Index i deutet auf den Gewinn gegenüber dem Isotropenstrahler hin.). Von der Antenne wird eine Leistung von P_{ab} = 100 W abgestrahlt.

    a) Welche elektrische Feldstärke erzeugt die Antenne theoretisch in 2 km Abstand?

    b) Welche Leistung müsste einem $\lambda/2$-Dipol zugeführt werden, um die gleiche Feldstärke zu erreichen?

Aufgabe 5.12: Am Ort einer stark bündelnden Antenne liegt eine Empfangsfeldstärke von E_{eff} = 100 μV/m vor. Einem an die Antenne angepassten Empfänger kann eine Leistung von 100 nW zugeführt werden.

Wie groß ist die wirksame Antennenfläche dieser Antenne?

Aufgabe 5.13: Am Eingang einer hochohmigen Schaltung wird bei f = 550 kHz mit einem Tastkopf (10 MΩ, 1 pF) eine Störspannung von U_{ss} =100 mV gemessen. Am Ort der Schaltung herrscht eine elektrische Feldstärke von E_{eff} = 1 V/m vor. Wie groß ist die effektive Antennenlänge der Leitung zum Eingang der Schaltung?

Aufgabe 5.14: Ein Kran mit seinem Ausleger bildet eine Empfangs-schleife.

a) Wie groß ist die effektive Antennenhöhe der Schleife aus Kran und Ausleger für eine Schleifenfläche von A = 10 m^2 bei f = 1 MHz (spiegelnde Ebene wird vernachlässigt!)?

b) Welche Leerlaufspannung tritt auf, wenn durch einen nahen Mittel-wellensender eine Feldstärke von E_{eff} = 50 V/m am Ort des Krans er-zeugt wird?

c) Berechnen Sie die Leerlaufspannung über das (entsprechend ange-passte) Induktionsgesetz!

Aufgabe 5.15: Bei welcher Frequenz ist beim $\lambda/2$-Strahler die Leerlauf-spannung in Volt gleich der elektrischen Feldstärke am Ort der Antenne in Volt/m?

Aufgabe 5.16: Von einem Mittelwellensender (f = 980 kHz) wird eine Leistung von 1 MW abgestrahlt. Der Sendemast (h = 30 m) kann als kurze Antenne über Grund aufgefasst werden. In r = 300 m Abstand vom Sen-demast verläuft eine Autobahn.

a) Wie groß ist die Feldstärke auf der Autobahn?

b) Geben Sie eine Begründung, warum kaum ernsthafte Beeinflussun-gen in den Fahrzeugen auf der Autobahn auftreten!

Aufgabe 5.17: Eine elektronische Schaltung erzeugt bei f = 100 MHz eine Störstrahlung von P_{ab} = 100 µW. In r = 5 m Abstand befindet sich eine Rundfunkantenne, die als $\lambda/2$-Strahler beschrieben werden soll. Wie groß ist die maximal in die Rundfunkantenne eingekoppelte Leerlaufspannung, wenn für den Störer ein Gewinn von 1,5 (als Faktor) angesetzt wird?

Aufgabe 5.18: Es soll eine h = 10 m hohe Vertikalantenne auf ideal lei-tendem Erdboden benutzt werden, um bei einer Frequenz f = 2 MHz eine Leistung P_{ab} von 100 W auszusenden. Die Antenne besteht aus einem run-den Kupferstab von 2R = 12 mm Durchmesser, in dem am unteren Ende die Leistung eingespeist wird.

a) Man berechne für den verlustlosen Idealfall den Fußpunktstrom I_0!

b) Wie groß sind die Feldstärken E und H in 10 km Entfernung?

c) Beschreiben Sie, wie Sie näherungsweise die Verlustleistung P_V bestimmen! Wie groß ist die Verlustleistung?

d) Berechnen Sie den Wirkungsgrad $\eta = \dfrac{P_{ab}}{P_{ab} + P_V} \cdot 100\,\%$!

e) Wie groß ist das Verhältnis von Wirk- zu Blindleistung?

Aufgabe 5.19: Zur Antennenanpassung werden häufig π-Netzwerke mit Drehkondensatoren zur Masse hin und einer Drehspule im Längszweig verwendet. Auffällig ist der große Plattenabstand bei den Drehkondensatoren. Geben Sie eine Erklärung!

Aufgabe 5.20: In einer Modellanordnung aus h_1 = 30 cm langem Stab über Grund wird bei f_1 = 250 MHz in r_1 = 5 m Abstand eine elektrische Feldstärke von E_1 = 1 V/m gemessen. Welche Feldstärke ergibt sich für einen h_2 = 3 m langen Stab bei f_2 = 25 MHz in r_2 = 50 m Abstand, wenn die Speisespannung U_0 in beiden Fällen gleich groß ist.?

5.4 Feldstärkeabschätzungen für Flächenantennen

Bei allen bisherigen Ausführungen ist vom Ansatz der Linearantennen (Antennenstrukturen aus Linienelementen, Stäben, Drähten, Leitungen) ausgegangen worden. Häufig ist der EMV-Ingenieur aber auch gefordert, Aussagen über die von Flächenantennen erzeugten Feldstärken zu machen.

Die Abschätzung der Feldstärken im Fernfeld ist relativ einfach, wenn der Gewinn oder die Öffnungswinkel der Antenne bekannt sind. Schwieriger werden die Aussagen für den sogenannten Strahlbildungsbereich, also den Bereich, in dem durch konstruktive und destruktive Überlagerung der einzelnen Strahlanteile sich erst der eigentliche Radarstrahl (die Strahlungskeule) ausbildet.

Im Folgenden werden einige Aussagen und Formeln geliefert, mit denen zumindest die Größenordnung der Abstrahlungen von Flächenantennen abgeschätzt werden kann.

Bei einer Antenne muss zwischen dem Nahfeldbereich, der bei Flächenantennen auch Fresnel-Region genannt wird, und dem Fernfeldbereich, der Fraunhofer-Region, in dem das Bündel geformt ist und die Bedingung der 1/r-Abnahme der Feldstärke gilt, unterschieden werden. In der Fresnel-Region treten, wie bereits angedeutet, Interferenzerscheinungen auf, die zu typischen Interferenzmustern mit Minima und Maxima führen. Siehe hierzu auch die Anlage A1 zum Kap. V in [GO/NE93].

5.4.1 Leistungsdichte und elektrische Feldstärke im Fernfeld

Die Leistungsdichte S (Betrag des Poynting-Vektors) ergibt sich im Fernfeld, wenn also das elektrische Feld E und das magnetische Feld H senkrecht aufeinander stehen und die gleiche Phase besitzen, aus

$$S = E \cdot H = E^2 / \Gamma_0 \qquad (5.68)$$

E und H sind Effektivwerte, $\Gamma_0 = 377 \ \Omega$.

Diese Gleichung gilt bis zu einem kleinsten Abstand von der Antenne von

$$r_0 = \frac{2 \cdot D^2}{\lambda} \qquad (5.69)$$

D = Durchmesser bei runden Flächenantennen, λ = Wellenlänge. Der Durchmesser muss dabei größer als die Wellenlänge sein (D > λ).

Der Abstand r_0 wird als Übergangsabstand bezeichnet.

Für einen isotropen Kugelstrahler, der die Leistung P abstrahlt, errechnet sich für das Fernfeld eine Leistungsdichte von

$$S_i = \frac{P}{4\pi r^2} \qquad (5.70)$$

Für eine Antenne mit dem Gewinn G (als Faktor) gilt

$$S = \frac{P \cdot G}{4\pi r^2} \qquad (5.71)$$

Aus den obigen Gleichungen folgt damit für das Fernfeld:

$$E = \frac{5,5}{r[m]} \sqrt{P[W] \cdot G} \quad V/m \qquad (5.72)$$

Der Gewinn einer Flächenantenne ist im Normalfall vorgegeben. Unter ‚worst-case'-Ansätzen lässt sich aber schon aus der Größe der Fläche auf den Gewinn schließen. Der Gewinn G hängt von der wirksamen Fläche A_e der Antenne und der Wellenlänge λ der Strahlung ab. Es gilt

$$G = \frac{4\pi \cdot A_e}{\lambda^2} \qquad (5.73)$$

Die wirksame Fläche A_e ist kleiner als die geometrische Fläche A einer Flächenantenne. Das Verhältnis von wirksamer Fläche A_e zur geometrischen Fläche A wird Wirkungsgrad η genannt:

$$A_e = \eta A \tag{5.74}$$

Damit folgt für den Gewinn:

$$G = \eta \cdot \frac{4\pi \cdot A}{\lambda^2} \tag{5.75}$$

Weiter gilt für eine runde Antenne:

$$A = \frac{\pi \cdot D^2}{4} \tag{5.76}$$

für elliptische Antennen mit den Abmessungen L_a und L_b setzt man:

$$A = \frac{\pi \cdot L_a \cdot L_b}{4} \tag{5.77}$$

Mit den Gleichungen (5.75) bis (5.77) kann nun aus den Abmessungen der Antenne eine Abschätzung des Gewinns vorgenommen werden. Die einzige Schwierigkeit liegt darin, einen realistischen Wert für den Wirkungsgrad der Antenne zu finden. Da die Antennenbauer aber bestrebt sind, einen hohen Wirkungsgrad zu erreichen, und im Sinne einer ‚worst-case'-Abschätzung sollte, sofern keine bessere Information vorliegt, mit $\eta = 1$ gerechnet werden. Damit wird es dann auch möglich, aus der Kenntnis der geometrischen Fläche und der abgestrahlten Leistung, das Fernfeld abzuschätzen.

5.4.2 Leistungsdichte und elektrische Feldstärke im Nahfeld

Das Nahfeld ist der Bereich zwischen Antenne $(r > D)$ und dem Übergangsabstand r_0. Aus (5.69) in Verbindung mit (5.76) errechnet sich

$$r_0 = 2,55 \cdot A / \lambda \tag{5.78}$$

Für diesen Übergangsabstand r_0 folgt aus (5.71) wiederum eine Leistungsdichte von

$$S_0 = \frac{P \cdot G}{4\pi r_0^2} \tag{5.79}$$

Ausgehend von dieser Beziehung wird in [BI/HA59] eine Gleichung für die Leistungsdichte S_n im Nahfeld angegeben:

$$S_n = 26,1 \cdot S_0 \cdot \left[1 - \frac{2}{w}\sin(w) + \frac{2}{w^2}\cdot(1-\cos(w))\right] \qquad (5.80)$$

mit $\qquad\qquad w = \frac{\pi}{8x}$ und $x = \frac{r}{r_0}$.

Das Maximum dieser Funktion (5.80) erhält man für $x = 0,1$, entsprechend $r = 0,1\ r_0$. Es besitzt den Wert $S_n = 41,3\ S_0$,

Maximum: $S_n = 41,3\ S_0$ bei $r = 0,1\ r_0$.

Wird ein Wert für die elektrische Feldstärke benötigt, sollte man diesen über

$$E_n = \sqrt{S_n \cdot \Gamma_0} \qquad (5.81)$$

berechnen (Effektivwert).

In der Abbildung Abb. Abb. 5.15 ist die Leistungsdichte, normiert auf S_0, wie sie sich aus den Gleichungen (5.80) und (5.71) errechnen lässt, dargestellt.

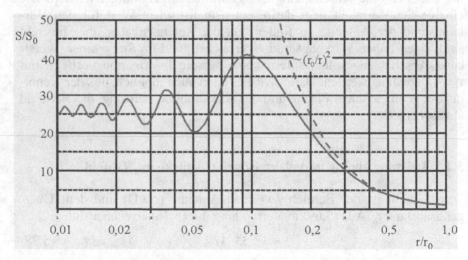

Abb. 5.15 Verlauf der elektrischen Feldstärke einer runden Flächenantenne

Im folgenden Abschnitt ist der Quellcode des Programms *APERTUR* abgedruckt, mit dem bei Vorgabe der Leistung P, des Antennengewinns G, des Durchmessers der Antenne D, der Frequenz f und des Abstandes r von der Antennenoberfläche die elektrische Feldstärke bestimmt werden kann.

Für eine runde Flächenantenne mit $D = 0,4$ m, einem Gewinn von $G = 2000$ (33 dB$_i$) ergibt sich für eine Frequenz von $f = 12$ GHz und einer abgestrahlten Leistung von $P = 1\,MW$ eine elektrische Feldstärke von $E = 122,5\,V/m$ in 2 km Entfernung von der Oberfläche der Antenne.

5.4.3 Quellcode des Programms APERTUR

```
10      PI=3.1415926536#
20      KEY OFF
30      CLS
40      PRINT "PROGRAMM ZUR BERECHNUNG DER ELEKTRISCHEN FELDSTAERKE"
50      PRINT "EINER FLAECHENANTENNE"
60      PRINT "COPYRIGHT: Prof. Dr. Karl-Heinz Gonschorek ****************"
70      PRINT "***************STAND 11.06.2004******************"
80      PRINT "==================================================="
90      PRINT ""
100     PRINT "Nach Vorgabe der abgestrahlten Leistung P, des"
110     Print "Antennengewinns, des Durchmessers der Antenne D,"
120     Print "der Frequenz f und des Abstandes r von der
        Antennenoberflaeche"
130     Print "wird die Leistungsdichte und die elektrische Feldstaerke
        fuer den"
140     Print "Abstand r berechnet!"
150     Print " "
160     Input "Abgestrahlte Leistung in Watt?          ",P
170     Print
180     input "Gewinn als Faktor?                      ",G
190     print
200     INPUT "Antennendurchmesser in Metern?          ",D
210     PRINT
240     INPUT "Frequenz in GHz?                        ",F
250     R0=6.66666667#*D*D*F
260     PRINT
270     Input "Abstand fuer die Berechnung in Metern?  ",r
280     If r < d then print "":Print "Abstand r kleiner als
        Antennendurchmesser ist nicht erlaubt!":goto 260
290     x = r/r0 : w = PI/8/x
300     S0 = P*G/4/pi/r0/r0
310     if x >= 1 then s = s0/x/x:goto 400
320     Sn = 26.1*S0*(1-2/w*sin(W)+2/w/w*(1-cos(w)))
330     s = sn
400     cls:print:print "Feld einer Flaechenantenne"
405     print"-------------------------": print
410     Print "Abgestrahlte Leistung =",P,"Watt
```

```
420    Print "Gewinn in dB = ",10*log10(G)
430    Print "Antennendurchmesser = ",D,"m"
440    Print "Frequenz =          ",f,"GHz"
450    Print "Abstand =           ",r,"m"
460    print
470    Print "Strahlungsdichte =  ",s,"Watt/m"
480    Print "Elektrische Feldstraeke = ",sqr(s*377),"V/m"
490    Print "========================================================="
500    print " "
510    input "Bitte Taste betaetigen! ",A$
600    End
```

6 Das Beeinflussungsmodell

Bei der Analyse einer tatsächlich auftretenden oder einer nur vermuteten Störung hat es sich als sehr sinnvoll herausgestellt, auf ein Beeinflussungsmodell zurückzugreifen. Es besteht aus einer Störquelle, dem Übertragungsweg und der Störsenke.

In der Abb. 6.1 ist ein solches Beeinflussungsmodell dargestellt. In dieser Abbildung ist auch schon angedeutet, welche grundsätzlichen Maßnahmen zur Minderung der Kopplung in Erwägung gezogen werden sollten.

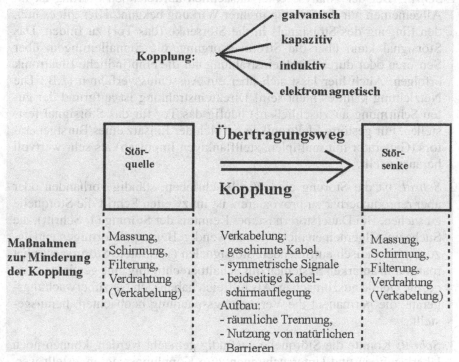

Abb. 6.1 Beeinflussungsmodell

Die Kopplung von der Störquelle zur Störsenke kann

- galvanisch (über gemeinsame Impedanzen),
- kapazitiv (durch die Wirkung des elektrischen Feldes),
- induktiv (durch die Wirkung des magnetischen Feldes) oder
- elektromagnetisch

geschehen. Physikalisch ist eine Kopplung immer elektromagnetisch. Die Einteilung, wie dargestellt, hat aber den Vorzug, in die Fülle der möglichen Kopplungswege eine gewisse Ordnung zu bringen, um dann die zur Störung werdende Kopplung besser aufspüren zu können. Häufig hilft ein Ausschlussverfahren, bei dem man im ersten Ansatz alle Möglichkeiten ins Auge fasst, um dann nach und nach das Modell zu reduzieren, bis dann nur wenige, genauer zu analysierende Kopplungswege übrig bleiben.

Drei-Schritt-Verfahren

1. *Schritt:* Bei der Analyse einer tatsächlich auftretenden Störung ist im Allgemeinen nur die Störung in ihrer Wirkung bekannt. Hier gilt es nun, den Eingang des Störsignals in die Störsenke (das Tor) zu finden. Das Störsignal kann über die Stromversorgung, die Signalleitungen, über Sensoren oder durch Direkteinstrahlung auf die empfindliche Elektronik erfolgen. Auch hier lässt sich über ein Ausschlussverfahren (z.B.: Die Netzleitung kann es nicht sein! Direkteinstrahlung ist aufgrund der guten Schirmung auszuschließen!) häufig das Tor für das Störsignal feststellen. Für gestörte Elektroniken hat sich der Einsatz eines Burstgenerators (Generator mit multiplen, steilflankigen Impulsen) als sehr wertvoll herausgestellt.

2. *Schritt*: Ist die Störung eindeutig beschrieben, ständig vorhanden oder aber reproduzierbar zu provozieren, ist im zweiten Schritt die Störquelle zu suchen. Bei Dauerstörern ist, bei Kenntnis der Störung (1. Schritt), die Suche im Allgemeinen nicht sehr aufwendig. Bei impulsförmigen und dazu nur sporadisch auftretenden Störsignalen (vermutete Störursache) hat man nur in autarken Systemen mit Schaltberechtigung eine gewisse Chance, die Quelle auszumachen. Als hilfreich haben sich Netzüberwachungsgeräte, die permanent die Versorgungsspannung beobachten, herausgestellt.

3. *Schritt:* Konnte die Störquelle ausfindig gemacht werden, können noch Überlegungen und Untersuchungen zum Kopplungsweg angestellt werden. Dies wird immer dann nötig sein, wenn die Störsenke nach Labortest (Testbericht, eigene Störfestigkeitsuntersuchungen) eine ausreichende Störfestigkeit hat und der Störer Störsignale im üblichen Rahmen erzeugt. Bei einer trotzdem auftretenden Unverträglichkeit

kann dann vermutet werden, dass ein gravierender Fehler in der Verkabelung oder Massung vorliegt.

Um diese verbalen Aussagen etwas zu untermauern, werden drei Beeinflussungsfälle dargestellt, die über ein Störmodell mit systematischer Abarbeitung der möglichen Störwege gelöst werden konnten.

Beispiel 6.1: (Quellproblem) In einem Rechenzentrum mit 25 Monitoren traten in einem bestimmten Raumbereich Bildstörungen auf den Monitoren auf.

Störung, bzw. Störsenke: Auf den Monitoren traten leicht wackelnde Bilder bzw. verschwommene Zeichen auf. Diese Art der Beeinflussung deutete auf die Einwirkung unzulässig hoher niederfrequenter Magnetfelder hin. Eine Messung am Ort eines Monitors mit einer Spule und einem Echtzeitspektrumanalysator zeigte 50 Hz-Felder von 3 bis 6 A/m.

Störquelle: Niederfrequente Magnetfelder dieser Größenordnung können nur von unsymmetrischen Strömen bzw. von Mittelspannungstransformatoren oder Werkzeugmaschinen erzeugt werden. Vermutet wurden neben anderem Ausgleichsströme auf Erdleitungen zwischen den Gebäuden. Es wurde keine offensichtliche Störquelle ausgemacht. Optisch auffällig war ein Versorgungskabel für eine Klimaanlage im Kellerbereich unter dem Rechenzentrum. Eine Abschätzung zeigte, dass mindestens 30 A unsymmetrisch auf diesem Kabel fließen mussten, damit das gemessene Feld am Ort der Monitore durch dieses Kabel erzeugt wird. Tatsächlich wurden 35 A festgestellt. Ein Defekt in der Klimaanlage war letztendlich die Ursache.

Beispiel 6.2: (Senkenproblem) In einem Schauspielhaus fiel sporadisch (Abstände zwischen 2 Tagen und einem Monat) die gesamte, über eine Lichtsteueranlage geführte Beleuchtung aus. Der Fall war kritisch, da damit bei abendlichen Veranstaltungen kurzzeitig totale Finsternis herrschen konnte. Es musste für eine erhöhte Notbeleuchtung gesorgt werden.

Störsenke: Es wurde sofort vermutet, dass die Lichtsteueranlage mit einer Vielzahl von Schiebepotentiometern für den Ausfall des Lichtes verantwortlich war. Die Sollwertgeber waren analog (Schiebepotentiometer) und nach Augenschein auch nicht sehr gut geschirmt.

Störquelle: Die Störquelle war im Rahmen einer eintägigen Untersuchung nicht feststellbar.

Kopplungsweg: Vermutet wurde eine Direkteinstrahlung in die Analogsteuerung.

Diagnose: Mit einem Burstgenerator wurden im Raum der Sollwertgeber Feldimpulse erzeugt (Ausgang des Burstgenerators direkt auf ein Kupferband von 2 m Länge). Durch diese undefinierten Feldimpulse konnte die gesamte Lichtsteueranlage reproduzierbar zum Ausfall gebracht werden. Es war zur Erzeugung eines Systemstillstandes keine normgerechte Einkopplung auf die Netz- oder Signalleitungen nötig, womit unzureichende Störfestigkeit der Lichtsteueranlage festgestellt wurde.

Beispiel 6.3: (Problem des Kopplungsweges) Auf einem U-Boot wurde der VLF-Empfang gestört (Außensignale waren aufgrund der Tauchtiefe auszuschließen).

Störsenke: Im VLF-Empfänger (VLF = very low frequency, U-Boot Empfang zwischen 20 und 50 kHz) waren eindeutig Empfangsignale im 4 kHz-Raster zu hören, die vom eigenen System kommen mussten. Weiterhin war sehr stark zu vermuten, dass die Signale über die sehr empfindliche Antenne eingekoppelt wurden.

Störquelle: Sehr schnell wurde der Anker- und Erregerstromsteller für den Fahrmotor, der mit einer Grundfrequenz von 4 kHz arbeitete, als Störquelle erkannt. Durch Abschalten konnte die Vermutung bestätigt werden.

Kopplungsweg: Durch Vorgaben in der EMV-Designrichtlinie für das System (hier U-Boot) sollten alle Kabel, die den Druckkörper verlassen, mit ihren Schirmen an der Durchtrittsstelle aufgelegt werden. Es stand zu vermuten, dass hier die Schwachstelle lag. Die Suche war sehr aufwendig, führte aber letztendlich zum Erfolg. Es war ein Fremdmodul in den Druckkörper eingeschweißt worden, das durch ungenügende Kabelschirmbehandlung zu einer Signalverschleppung von innen nach außen führte.

Erfahrungen sind nur schwer weiterzugeben, aber

- 30 Minuten für die Erstellung eines Störmodells mit einer Charakterisierung der Quelle, der möglichen Übertragungswege und der Störsenke, mit anschließender Reduzierung der Schwachstellen in einem Ausschlussverfahren, können über Erfolg oder Misserfolg entscheiden,

- bei sporadisch auftretenden Störungen ist vom Beschwerdeführer ein Störungsbuch zu führen, in dem die Art der Störung, die Uhrzeit, die klimatischen Bedingungen und mögliche Besonderheiten zum Zeitpunkt der Störung aufgezeichnet werden,

- Störungen im unteren Frequenzbereich (bis 1 MHz), schließt man Störungen des Funkempfangs aus, gehen mit hoher Wahrscheinlichkeit auf geleitete Störsignale oder ungenügende oder fehlerhafte Massungsmaßnahmen zurück,

- Störungen elektronischer Schaltungen im Mittelfrequenzbereich (von 1 bis 100 MHz) treten nur im Nahbereich starker Sender auf, die

Störsenken müssen Kabellängen ($\lambda/4$, $\lambda/2$) besitzen, die zu effektiven Empfangsantennen werden,

- mit weiter zunehmender Frequenz (oberhalb von 100 MHz) treten zur Begrenzung der Störaussendung und zur Erhöhung der Störfestigkeit zunehmend Fragen des Aufbaus und der Schirmung auf,

- digitale Schaltungen werden im Allgemeinen nur durch geleitete Störungen (transiente Signale von Schalthandlungen, Kurzschlüssen in parallelen Stromkreisen, Blitzüberspannungen) gestört,

- Grenzwertüberschreitungen im Störstrom oberhalb von 1 bis 5 MHz deuten auf fehlende Filterung oder fehlerhaften Einbau des Filters hin,

- zu Beginn der Rechnerzeit waren auch elektrostatische Entladungen des Menschen auf die Interface-Komponenten der Rechenanlagen ein Problem.

Für eine erfolgreiche Arbeit auf dem Gebiet der elektromagnetischen Verträglichkeit muss auch das Wissen über die absolute Höhe von Störsignalen und Empfindlichkeiten vorliegen. 1 bis 10 V/m als Sendesignal und 1 bis 10 μV/m als auswertbares Empfangssignal eines lizenzierten Funkdienstes müssen als absolut üblich eingeschätzt werden. In der Abb. 6.2 ist eine Situation mit Störaussendungen und Störfestigkeiten für sinusförmige Dauersignale (Funksignale) dargestellt.

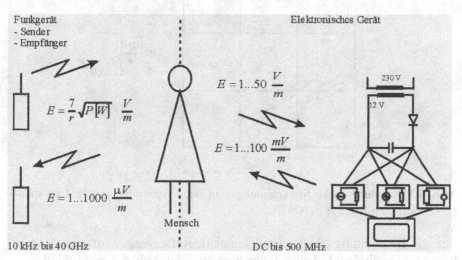

Abb. 6.2 Elektromagnetische Nutz- und Störsignale

Neben den Werten der Abb. 6.2, die natürlich nur eine Groborientierung darstellen können, sollte aber auch eine gewisse Vorstellung über Störfestigkeitswerte für elektronische Schaltungen vorliegen.

Wiederum als grobe Orientierung kann man von

1 kV Impulsspannung für den Burst
(Impulsfolgen mit steilen, schnell aufeinander folgenden, energiearmen Impulsen) und
1 kV Impulsspannung für den Surge
(energiereicher Einmalimpuls mit einer Anstiegszeit von ca. 1 μs) und
4-8 kV Impulsspannung für den ESD
(elektrostatische Entladung)
ausgehen.

Mit der Abb. 6.3 wird ein Überblick geliefert, mit welchen unsymmetrischen Impulsspannungen man in Niederspannungsnetzen zu rechnen hat.

Dargestellt ist die Überspannungshäufigkeit, die angibt, wie viele Überspannungen mit einer Amplitude u > $\hat{u}$ in 1000 Stunden auftreten. Nach diesem Diagramm ist in normalen Niederspannungsnetzen z. B. mit mehr als 90 Impulsen pro 1000 h zu rechnen, die eine Spitzenamplitude von mehr als 1 kV haben.

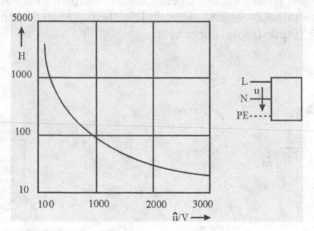

Abb. 6.3 Unsymmetrische Störspannungen in Niederspannungsnetzen Überspannungshäufigkeit H(u > $\hat{u}$)/1000 h

Für die Bearbeitung einer hartnäckigen Beeinflussung wird eine Vorgehensweise nach dem Entscheidungsdiagramm der Abb. 6.4 empfohlen.

Mit dem CENELEC Projekt 4743 wird eine Richtlinie zur Detektion einer Störquelle erarbeitet. In dieser Richtlinie (CLC/prTS 50217 „Guide for in situ measurements – In situ measurement of disturbance emission") werden Vorgehensweisen beschrieben und auch Entscheidungsdiagramme angegeben, die eine Hilfe leisten sollen, wenn eine Beeinflussungssituation zu bewerten und zu beseitigen ist.

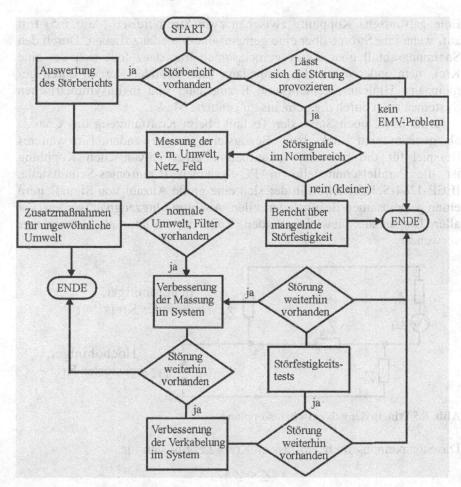

Abb. 6.4 Entscheidungsdiagramm für die Störungssuche

Aufgaben

Aufgabe 6.1: In einem Kraftwerk tritt in einem Überwachungssystem, vor allen Dingen in den Abendstunden, eine Störung auf, die eindeutig durch einen Temperatursensor eingeschleppt wird. Das Sensorkabel ist geschirmt, aber nur am Elektronikschrank mit seinem Schirm auf Masse aufgelegt. Eine beidseitige Massung das Kabels wird vom Betriebsingenieur abgelehnt. Die Auswechslung des 5,3 m langen Kabels durch ein 6,5 m langes Kabel beseitigt die Störungen. Bewerten Sie die Situation!

6.1 Galvanische Kopplung

Eine galvanische Kopplung zwischen zwei Stromkreisen (Abb. 6.5) tritt auf, wenn ihre Ströme über eine gemeinsame Impedanz fließen. Durch den Spannungsabfall über dieser gemeinsamen Impedanz teilt sich der eine Kreis dem anderen mit. Die Impedanz kann gebildet werden durch gemeinsame Hinleiter, gemeinsame Bezugsleiter und in unsymmetrischen Systemen auch durch die gemeinsam genutzte Masse.

Es ist heute noch Stand der Technik, beim Kraftfahrzeug das Chassis als gemeinsamen Rück- bzw. Bezugsleiter zu verwenden. Ein weiteres Beispiel für die bewusste Inkaufnahme einer galvanischen Kopplung ist die Parallelschnittstelle in PC-Systemen (Centronics-Schnittstelle, IEEE-1284-Schnittstelle), in der sich eine große Anzahl von Signalleitern einen gemeinsamen Bezugsleiter teilen. Auch im Flugzeugbau werden, vor allen Dingen aus Gewichtsgründen, Teile der Struktur als Bezugsleiter verwendet.

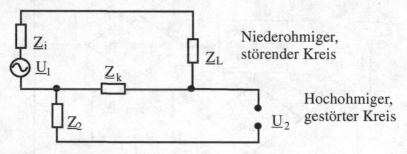

Abb. 6.5 Prinzip der galvanischen Kopplung

Die Störspannung im beeinflussten Kreis 2 ergibt sich für

$$\underline{Z}_k \ll \underline{Z}_i + \underline{Z}_L$$

zu

$$\underline{U}_2 = \frac{U_1}{\underline{Z}_i + \underline{Z}_L} \cdot \underline{Z}_k. \tag{6.1}$$

Das sehr einfache Beispiel der Abb. 6.5 macht deutlich, wann die galvanische Kopplung zu einem Problem werden kann. Solange die übergekoppelte Spannung $\underline{U}_2$ kleiner bleibt als die kleinste Signalspannung im beeinflussten Kreis, tritt keine unzulässige Beeinflussung auf.

Daraus ist zu schließen, dass in einem System, in dem man bewusst die galvanische Kopplung in Kauf nimmt, nur dann keine Probleme zu erwarten sind, wenn

- die Störquellen, einschließlich der Fremdstörquellen richtig eingeschätzt wurden,

- ein ausreichender Störabstand einkalkuliert wurde und

- man sich bei jeder Systemerweiterung über die Kopplung der Kreise im Klaren ist.

Ein EMV- Planer wird, im ersten Schritt, eine symmetrische Signalübertragung verlangen, bei der beide Signalleiter (Hin- und Rückleiter) in bezug auf die Masse elektrisch gleich sind (gleiche Ausgangsimpedanzen, gleiche Eingangsimpedanzen gegen Masse, 2 Signalleiter geometrisch gleich verlegt in Bezug auf die Masse).

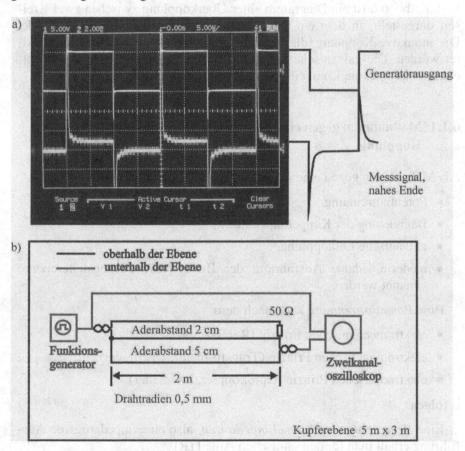

Abb. 6.6 Überkopplung zwischen 2 Signalkreisen, die gemeinsam einen Bezugsleiter nutzen a) Messergebnisse, b) Messaufbau fernes Ende

Viele unsymmetrische Systeme funktionieren nur dadurch, dass man eingekoppelte Störsignale softwaremäßig detektiert und eliminiert. Spürbar werden die Beeinflussungen dadurch, dass die Datenrate rapide sinkt.

Die für die Kopplung verantwortliche Impedanz (Z_k in der Abb. 6.5) besteht im Allgemeinen aus einem ohmschen und einem induktiven Anteil,

$$Z_k = R + j\omega L \ . \tag{6.2}$$

Der ohmsche Anteil wird in niederfrequenten Systemen mit sehr niedrigen Signalpegeln (Videosignale, Mikrofonkreise) störwirksam. Mit zunehmender Frequenz bzw. mit zunehmender Steilheit der Störimpulse wird mehr und mehr der induktive Anteil für eine mögliche Störung wirksam. In der Abb. 6.6 ist ein Diagramm einer Überkopplung zwischen zwei Kreisen dargestellt, in dem ein gemeinsamer Bezugsleiter verwendet wurde. Die induktive Kopplung, die hier klar dominiert, konnte nicht ausgeschaltet werden. Die galvanische Kopplung ist aber gut sichtbar an der Rechteckimpulsfolge, die kaum eine Verformung erfahren hat.

6.1.1 Maßnahmen gegen eine galvanische Beeinflussung bzw. Kopplung

Als Maßnahmen gegen eine galvanische Beeinflussung können

- Potentialtrennung,
- Begrenzung der Koppelimpedanzen,
- galvanische Entkopplung,
- niederimpedante Ausführung der Bezugsleiter (Bezugsleiterebene) genannt werden.

Eine *Potentialtrennung* kann nach dem

- elektromechanischen Prinzip (Relais),
- elektromagetischen Prinzip (Transformator, Übertrager),
- elektrooptischen Prinzip (Optokoppler, Lichtleiter)

erfolgen.

Eine *Begrenzung der Koppelimpedanzen,* also eine impedanzarme Ausführung erhält man für den ohmschen Anteil (R)

- durch ausreichende Querschnitte,
- niedrige Übergangswiderstände an den Verbindungsstellen,

für den induktiven Anteil (ωL)

- durch kurze Leitungslängen,

- Querschnitte mit hohem Verhältnis von Breite zu Dicke (mind. 5:1),

- breite Massebändern mit einem Verhältnis von Länge zu Breite von maximal 5,

- kleinem Abstand zwischen Hin- und Rückleiter.

Eine *galvanische Entkopplung* ergibt sich, wenn alle abgesetzten Peripheriesysteme jeweils mit 2 Adern betrieben werden (symmetrische Systeme mit Massebezug an nur einer zentralen Stelle).

Zur Schaffung einer *niederimpedanten Ausführung der Bezugsleiter* wird eine Bezugsleiterebene angestrebt. In ausgedehnten Systemen und in Installationen sind alle Metallteile in das Bezugsleitersystem einzubeziehen. Wo immer möglich sollten die Metallteile verbunden, auch vielfach verbunden werden.

Im Übrigen wird auf die umfangreiche Literatur zur galvanischen Beeinflussung, der galvanischen Kopplung und die Ausführung von Bezugsleitersystemen hingewiesen (EMV-Vorlesung an der TU Hamburg-Harburg, EMV-Vorlesung an der TU Dresden).

Warnung!!

> Die einseitige Kabelschirmauflegung kann im Einzelfall ein Beeinflussungsproblem lösen, sie ist aber, betrachtet man die gesamte Breite möglicher Beeinflussungen, einschließlich der Begrenzung der Störaussendungen, von vornherein abzulehnen.

Aufgaben

Aufgabe 6.2: Zwei Signalkreise nutzen einen gemeinsamen Bezugsleiter. Der Bezugsleiter besteht aus einem zylindrischen Kupferleiter mit einem Radius von $R = 1$ mm und einer Länge von $l = 2$ m. Im beeinflussenden Kreis fließt ein Strom von $I = 1$ A.

Wie groß ist die in den beeinflussten, leerlaufenden Kreis allein aufgrund der galvanischen Kopplung eingekoppelte Spannung bei

a) $f = 50$ Hz,

b) $f = 500$ kHz,

c) $f = 50$ MHz?

6.2 Kapazitive Kopplung

Von einer kapazitiven Kopplung spricht man, wenn die Kopplung durch das elektrische Feld verursacht wird.

Voraussetzungen für eine kapazitive Störbeeinflussung sind:

1. eine Störquelle mit hoher Spannung bzw. hohen Spannungsänderungen (Leiter 1 gegen Masse in der Abb. 6.7),

2. ein Störempfänger, der entsprechend hochohmig ist (Leiter 2 gegen Masse in der Abb. 6.7).

Zur näheren Betrachtung der kapazitiven Kopplung wird noch einmal das Beispiel aus [GO/SI92, Bild 1.1-9] aufgegriffen.

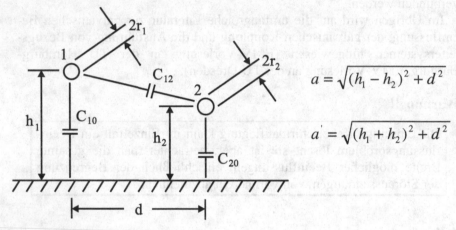

Abb. 6.7 Kapazitive Kopplung

Führt man die Größen a, als Abstand zwischen dem Leiter 1 und dem Leiter 2, und a', als Abstand zwischen Leiter 1 und dem Spiegelleiter des Leiters 2 ein, lassen sich nach Anhang A1.2 folgende Teilkapazitäten angeben:

$$C_{10} = 2\pi\varepsilon l \frac{\ln\frac{2h_2}{r_2} - \ln\frac{a'}{a}}{\ln\frac{2h_1}{r_1} \cdot \ln\frac{2h_2}{r_2} - \ln^2\frac{a'}{a}}, \tag{6.3}$$

$$C_{20} = 2\pi\varepsilon l \frac{\ln\frac{2h_1}{r_1} - \ln\frac{a'}{a}}{\ln\frac{2h_1}{r_1} \cdot \ln\frac{2h_2}{r_2} - \ln^2\frac{a'}{a}}, \tag{6.4}$$

Within the figure:
$$a = \sqrt{(h_1 - h_2)^2 + d^2}$$
$$a' = \sqrt{(h_1 + h_2)^2 + d^2}$$

$$C_{12} = 2\pi\varepsilon l \frac{\ln\dfrac{a'}{a}}{\ln\dfrac{2h_1}{r_1}\cdot\ln\dfrac{2h_2}{r_2}-\ln^2\dfrac{a'}{a}}. \tag{6.5}$$

Die elektrischen und geometrischen Daten des Beispiels lauteten:

$U_1 = 1$ V, f = 1 kHz,

$h_1 = 10$ cm, $h_2 = 10$ cm, d = 25 cm

$r_1 = r_2 = 6$ mm.

Aus diesen Daten lassen sich die Kapazitätsbeläge

$C'_{10} = 14{,}8$ pF/m,

$C'_{20} = 14{,}8$ pF/m,

$C'_{12} = 1{,}122$ pF/m,

bestimmen.

Rechnet man die Kapazitätswerte für z.B. l = 10 m lange Leitungen in Impedanzen um, erhält man für f = 1 kHz:

$Z_{10} = Z_{20} = -j\,1{,}08$ MΩ,

$Z_{12} = -j\,14{,}2$ MΩ.

Schließt man die zweite Leitung kurz, fließt über die Kurzschlussstrecke ein Strom von

$$I_k = -jU_1\omega C_{12} = -j70{,}4nA\,.$$

$1/(j\omega C_{12})$ bildet den Innenwiderstand der Quelle. Belastet man die Quelle mit z. B. $R_L = 1$ kΩ, so ergibt sich ein Strom durch die Last der nahezu gleich dem zuvor berechneten Kurzschlussstrom ist. Die Spannung über der Last wird damit aber sehr klein, nämlich

$$U_{2L} = I_k R_1 = -jU_1\omega C_{12}R_1 = -j70{,}4\mu V\,.$$

Zur Wiederholung:

Bei der kapazitiven Kopplung treten sehr schnell sehr hohe Beeinflussungsspannungen auf. Der Innenwiderstand einer elektrischen Störquelle, der sich aus den Kapazitäten errechnet (in vielen Fällen der Kapazität zwischen spannungsführender Elektrode und Signalleiter) ist aber im Allgemeinen sehr groß, so dass nennenswerte Beeinflussungsspannungen sich nur in hochohmigen Kreisen ergeben.

Die Behandlung der kapazitiven Kopplung läuft fast immer auf die Bestimmung von Streukapazitäten hinaus. Mit den im Anhang A1.0 beschriebenen Verfahren zur näherungsweisen Bestimmung elektrischer Felder in

Anordnungen schlanker Elektroden (Drähte, Kabel, Leitungen, Linearantennen) lassen sich die Kapazitäten entsprechender Anordnungen berechnen.

6.2.1 Maßnahmen zur Verringerung der kapazitiven Kopplung

Folgende Maßnahmen können zur Verminderung der kapazitiven Kopplung genannt werden:

1) Störendes und störbares Gerät sind so aufzubauen und im System anzuordnen, dass die Koppelkapazitäten klein werden. Dies bedeutet: größtmöglicher Abstand zwischen den Geräten, Nutzung natürlicher Schirmungen, kompakte Bauweise der einzelnen Geräte.

2) Die Störquelle und/oder die Störsenke sind zu schirmen (Siehe Kap. 7.2!).

3) Bei kapazitiven Kopplungen in Verkabelungssystemen kann auch durch eine Symmetrierung eine Entkopplung erreicht werden. In der Abb. 6.8 ist noch einmal die Sternviererverseilung dargestellt.

   Ist die Spannungsteilung zwischen 1 und 1' über $C_{12'}$ und $C_{1'2'}$ gleich der Spannungsteilung über C_{12} und $C_{1'2}$, tritt keine Beeinflussungsspannung durch eine kapazitive Kopplung im System 22' auf. Generell lautet die Forderung:

$$C_{12'} : C_{1'2'} = C_{12} : C_{1'2} \tag{6.6}$$

4) Die Höhe und Steilheit der Spannungsänderungen im störenden System sind möglichst klein zu halten.

5) Das störbare System ist möglichst niederohmig aufzubauen.

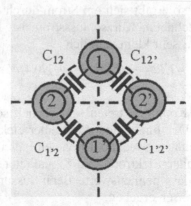

Abb. 6.8 Verseilung im Sternvierer

Aufgaben

Aufgabe 6.3: Es ist die kapazitive Kopplung zwischen 2 Zweileitersystemen (Siehe Abb. 6.9!) zu untersuchen.

a) Bestimmen Sie die Teilkapazitäten C_{10}' bis C_{24}' (Kapazitätsbelege, Kapazität pro Längeneinheit)!

b) Wie groß ist die sich im System 34 aufgrund der kapazitiven Kopplung einstellende Spannung U_{34}, wenn das System 12 mit $U_0 = 1$ kV ($\pm 500\,V$ gegen Masse) bei $f = 50$ Hz betrieben wird?

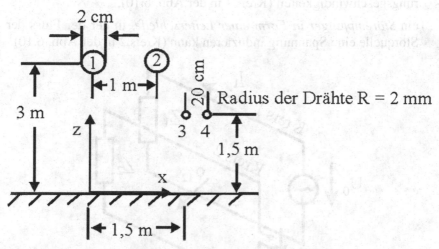

Abb. 6.9 Kapazitive Kopplung zwischen 2 Zweileitersystemen

Aufgabe 6.4: Ein Auto steht in der Nähe einer Sendeantenne für den U-Boot-Funk ($f = 18$ kHz). Die Kapazität des Autos gegen den Sendemasten wird mit $C_{MA} = 3$ pF abgeschätzt. Das Auto selbst hat eine Kapazität von $C_{A0} = 400$ pF gegen Masse. Im Sendebetrieb treten Spannungen des Sendemasten gegen Masse von ca. $U_{eff} = 10$ kV auf.

a) Wie groß ist die Leerlaufspannung $U_{eff,A}$ des Autos gegen Masse?

b) Der Fahrer des Autos, dessen Widerstand gegen Masse mit $R_M = 300\,\Omega$ abgeschätzt wird, berührt das Fahrzeug. Welcher Strom $I_{eff,F}$ fließt durch den Fahrer vom Fahrzeug zur Masse?

6.3 Induktive Kopplung

Mit der induktiven Kopplung wird die Signalübertragung von einem System auf ein zweites aufgrund des magnetischen Feldes beschrieben. Alle Betriebsmittel, die zeitlich veränderliche Ströme führen, sind somit potentielle Störquellen. Hierzu zählen insbesondere Versorgungskabel, die zu elektrischen Maschinen, Thyristoranlagen, Versorgungseinrichtungen, Aufzügen u.s.w. führen.

Voraussetzungen für *eine induktive Störbeeinflussung* sind:

1) eine Störquelle mit hohen Wechselströmen bzw. hohen Stromänderungsgeschwindigkeiten (Kreis 1 in der Abb. 6.10),

2) ein *Störempfänger in Form einer Leiterschleife,* in der der Fluss der Störquelle eine Spannung induzieren kann (Kreis 2 in der Abb. 6.10).

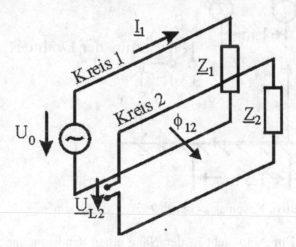

Abb. 6.10 Induktive Kopplung zwischen 2 Stromkreisen

An den offenen Klemmen des Kreises 2 tritt eine Leerlaufspannung von

$$u_{L2} = -M_{12} \cdot \frac{di_1}{dt} = -\frac{d\phi_{12}}{dt} \tag{6.7}$$

auf. Bei sinusförmigen Größen ergibt sich

$$\underline{U}_{L2} = -j\omega M_{12} \cdot \underline{I}_1. \tag{6.8}$$

Schließt man den zweiten Kreis kurz, fließt in ihm ein Kurzschlussstrom, der durch die äußere Beschaltung ($\underline{Z}_2$ in der Abb. 6.10) begrenzt wird. Geht $\underline{Z}_2$ gegen 0, wird der Strom durch die Eigenimpedanz ($\underline{Z}_{eigen} = R + j\omega L_2$, R = Widerstand, L_2 = Eigeninduktivität) der Schleife 2 begrenzt. Bei Vernachlässigung der Rückwirkung des zweiten Kreises auf den ersten Kreis und für Frequenzen, bei denen $\omega L_2 \gg R$ ist, ergibt sich damit die für die EMV sehr wichtige Gleichung:

$$\underline{I}_2 = \frac{j\omega M_{12} \cdot \underline{I}_1}{j\omega L_2} = \frac{M_{12}}{L_2} \cdot \underline{I}_1. \tag{6.9}$$

Verbal: *Der Strom I_2 in einer Masseschleife (für übliche Kreise ab 1 kHz) ist gleich dem in der Nähe fließenden Betriebsstrom I_1, multipliziert mit dem Verhältnis aus Gegen- (M_{12}) zu Eigeninduktivität (L_2).*

Muss auch die Rückwirkung berücksichtigt werden, ist das Ersatzschaltbild nach Abb. 6.11 aufzustellen und zu analysieren. Für das gegebene Beispiel lassen sich bei sinusförmiger Spannung $u_0(t)$ folgende Gleichungen gewinnen:

$$\underline{U}_0 = \underline{I}_1 \cdot \underline{Z}_1 - \underline{I}_2 \cdot j\omega M_{12},$$
$$0 = \underline{I}_2 \cdot \underline{Z}_2 - \underline{I}_1 \cdot j\omega M_{21} = \underline{I}_2 \cdot \underline{Z}_2 - \underline{I}_1 \cdot j\omega M_{12} \tag{6.10}$$

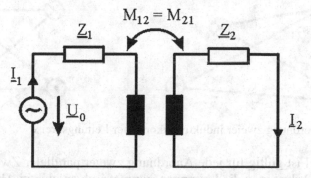

Abb. 6.11 Ersatzschaltbild für den kurzgeschlossenen Kreis nach Abb. 6.10

Löst man das Gleichungssystem 6.10 nach $\underline{I}_2$ auf, erhält man

$$\underline{I}_2 = \frac{U_0 \cdot j\omega M_{12}}{\omega^2 M_{12}^2 + \underline{Z}_1 \underline{Z}_2} = \underline{I}_1 \cdot \frac{j\omega M_{12}}{\dfrac{\omega^2 M_{12}^2}{\underline{Z}_1} + \underline{Z}_2}. \tag{6.11}$$

Für $\underline{Z}_2 = 0$ ist, wie ausgeführt, $j\omega L_2$ zu berücksichtigen. Es ergibt sich

$$\underline{I}_2 = \underline{I}_1 \frac{j\omega M_{12}}{\dfrac{\omega^2 M_{12}^2}{\underline{Z}_1} + j\omega L_2}. \tag{6.12}$$

Aus dieser Gleichung 6.12 erkennt man, im Vergleich zu Gleichung 6.9, dass die Rückwirkung des Kreises 2 auf den Kreis 1 vernachlässigt werden kann, wenn

$$\omega^2 M_{12}^2 \ll \underline{Z}_1 \cdot \omega L_2 \tag{6.13}$$

ist, was in fast allen Fällen der EMV angenommen werden darf.

6.3.1 Magnetische Entkopplung

Betrachtet man zwei Leiterpaare, die parallel verlegt sind, wie in Abb. 6.12 a) und b) dargestellt, lässt sich für die Gegeninduktivität zwischen den beiden Leiterpaaren die Gleichung 6.14 ableiten.

$$M_{12} = \mu_0 \cdot \frac{l}{2\pi} \ln \frac{s_{14} \cdot s_{23}}{s_{13} \cdot s_{24}}. \tag{6.14}$$

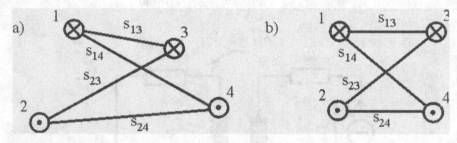

Abb. 6.12 Anordnung zweier induktiv gekoppelter Leitungskreise

Diese Formel ist gültig für jede Anordnung zweier paralleler Zweileiteranordnungen. Ordnet man die Leitungen symmetrisch an, wie in Abb. 6.12 b) dargestellt, erhält man eine optimale magnetische Kopplung. Eine magnetische Entkopplung erhält man z. B., wenn der Kreis 3/4 um 90° räumlich gedreht wird (Abb. 6.13 a)), zusätzlich ergibt sich auch eine elektrische Entkopplung; die Kapazitäten C_{13} und C_{23} werden gleich, ebenso die Kapazitäten C_{14} und C_{24}. Der Kreis 3/4 befindet sich quasi im Brückenzweig einer kapazitiven Brückenschaltung. Verallgemeinert kann man sagen:
Jede Anordnung mit

$$s_{14} : s_{13} = s_{24} : s_{23} \tag{6.15}$$

führt auf eine magnetische Entkopplung.

gut   besser

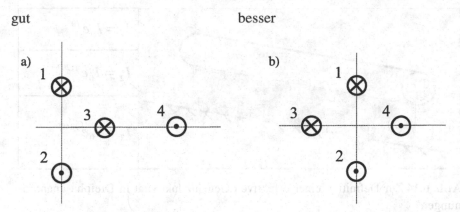

Abb. 6.13 Magnetische Entkopplung

Mechanisch und auch elektrisch besonders stabile Verhältnisse ergeben sich, wenn der Kreis 3/4 soweit nach links verschoben wird, dass sich eine Viereranordnung (Sternvierer), wie in Abb. 6.13 b) dargestellt, ergibt. In der Realität wird man Entkopplungen von 20 bis 40 dB erreichen. Verseilt oder verdrillt man diese Viereranordnung noch, kommt zur magnetischen und elektrischen Entkopplung der beiden Kreise noch eine hohe Entkopplung zur Umwelt hinzu.

Die Behandlung der induktiven Kopplung läuft damit fast immer auf die Bestimmung von Eigen- und Gegeninduktivitäten hinaus.

Im Anhang A3.0 ist ein Verfahren zur näherungsweisen Bestimmung dieser Induktivitäten beschrieben. Das entsprechende Programm GEGEN ist im Quellcode abgedruckt.

6.3.2 Definition einer effektiven Gegeninduktivität für Mehrphasenkabel

Betrachtet man die Kopplung zwischen Dreiphasenanordnungen und Beeinflussungsschleifen, dann kann man eine sogenannte effektive Gegeninduktivität einer Dreiphasenanordnung definieren, die das Phasenverhalten der Ströme im geometrischen Ausdruck berücksichtigt. Um dies zu verdeutlichen, wird die Anordnung aus Abb. 6.14 betrachtet. Gesucht wird die Einkopplung in eine Fläche (nur als Beispiel) durch eine in der Nähe verlegte symmetrisch betriebene Dreiphasenleitung.

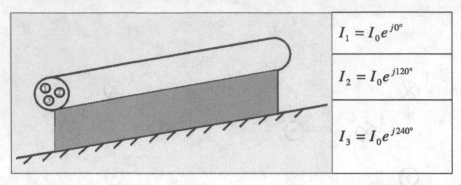

$$I_1 = I_0 e^{j0°}$$

$$I_2 = I_0 e^{j120°}$$

$$I_3 = I_0 e^{j240°}$$

Abb. 6.14 Zur Definition einer effektiven Gegeninduktivität in Dreiphasenanordnungen

Die beeinflusste Schleife besteht im Beispiel aus der Schleife zwischen dem Schirm des Dreiaderkabels und der Massefläche.

Für jede Phase lässt sich eine Gegeninduktivität errechnen, so dass sich die Einkopplung zu

$$\underline{U}_i = -j\omega M_1 \cdot I_0 - j\omega M_2 \cdot I_0 e^{j120^0} - j\omega M_3 \cdot I_0 e^{j240^0}. \tag{6.16}$$

ergibt. Schreibt man diese Gleichung um zu

$$\underline{U}_i = -j\omega \cdot I_0 \left(M_1 + M_2 \cdot e^{j120^0} + M_3 \cdot e^{j240^0} \right) \tag{6.17}$$

drängt sich die Definition

$$M_{eff} = M_1 + M_2 \cdot e^{j120^0} + M_3 \cdot e^{j240^0} \tag{6.18}$$

nahezu auf. Mit den Größen

$$e^{j120°} = -0{,}5 + j\frac{\sqrt{3}}{2} \quad und \quad e^{j240°} = -0{,}5 - j\frac{\sqrt{3}}{2} \tag{6.19}$$

erhält man:

$$M_{eff} = M_1 - \frac{1}{2}M_2 - \frac{1}{2}M_3 + j\frac{\sqrt{3}}{2}M_2 - j\frac{\sqrt{3}}{2}M_3 \tag{6.20}$$

$$= \sqrt{M_1^2 + M_2^2 + M_3^2 - M_1 M_2 - M_1 M_3 - M_2 M_3} \cdot e^{j\varphi}, \tag{6.21}$$

$$\varphi = \arctan \frac{\sqrt{3} \cdot M_2 - \sqrt{3} \cdot M_3}{2M_1 - M_2 - M_3}. \tag{6.22}$$

Ist man nur an der maximalen Einkopplung interessiert, reduziert sich die Berechnung auf die Bestimmung des Betrages der effektiven Gegeninduktivität.

Die Einkopplung wird damit

$$|\underline{U}_i| = \omega I_0 \cdot \sqrt{M_1^2 + M_2^2 + M_3^2 - M_1 M_2 - M_1 M_3 - M_2 M_3}\;. \qquad (6.23)$$

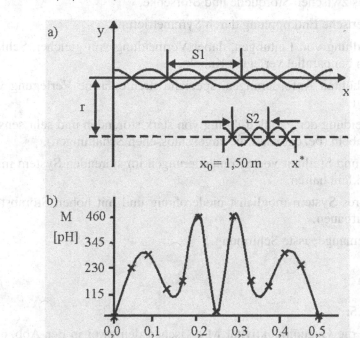

Abb. 6.15 Beispiel für die Definition einer effektiven Gegeninduktivität, r = 10 cm, S1 = 1 m, S2 = 0,5 m, Seelenradien für beide Zweidrahtleitungen R_s = 1 cm

Effektive Gegeninduktivitäten lassen sich immer dann definieren, wenn die Phasenbeziehungen der Störquelle bekannt sind und man die Phasen der Ströme in die Berechnung der Gegeninduktivität übernehmen kann. Der Vorteil der effektiven Gegeninduktivitäten liegt im geringeren Aufwand für Mehrfachauswertungen in einer gegebenen Situation. Ein weiterer Vorteil liegt aber auch darin, dass das grundsätzliche induktive Kopplungsverhalten besser sichtbar wird.

In der Abb. 6.15 ist ein Beispiel für den Verlauf einer Gegeninduktivität zwischen zwei unterschiedlich verdrillten Zweidrahtleitungen dargestellt, dass aus der Veröffentlichung [GON85] entnommen wurde.

6.3.3 Maßnahmen zur Verringerung der induktiven Kopplung

Folgende Maßnahmen zur Verringerung der induktiven Kopplung können genannt werden:

1) Minimierung der Flächen von Leiterschleifen, Vergrößerung des Abstandes zwischen Störquelle und Störsenke,

2) magnetische Entkopplung durch Symmetrierung,

3) Verdrillung von Leitungen, dabei Vermeidung von gleichen Schlaglängen bei parallel verlegten Kabeln,

4) bei erhöhten Anforderungen, spezielle streufeldarme Verlegung von Kabeln,

5) Vermeidung der Parallelführung von stark störenden und sehr sensiblen Kabeln (bezogen auf die angeschlossenen Schaltungen),

6) Höhe und Steilheit von Stromänderungen im störenden System möglichst klein halten,

7) störbares System möglichst niederohmig und mit hohen Störabständen aufbauen,

8) problemangepasste Schirmung.

Aufgaben

Aufgabe 6.5:

a) Es ist die Gegeninduktivität M zwischen den zwei in der Abb. 6.16 dargestellten Zweileitersystemen zu bestimmen (Länge der Beeinflussungsstrecke l = 10 m)!

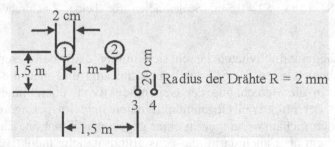

Abb. 6.16 Zwei induktiv gekoppelte Zweileitersysteme

b) Wie groß ist die Gegeninduktivität M zwischen den zwei Kreisen, wenn sie sich, wie in der Abb. 6.17 dargestellt, über leitender Ebene befinden?

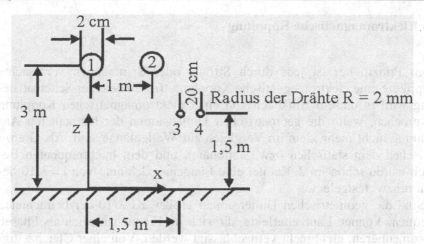

Abb. 6.17 Zwei induktiv gekoppelte Zweileitersysteme über einer leitenden Ebene

Aufgabe 6.6: Im Zweileitersystem 12 der Abb. 6.17 fließt ein Strom von $I_1 = 10$ A.

a) Wie groß ist der Kurzschlussstrom I_2 in der Schleife 34 bei einer Beeinflussungsstrecke $l = 10$ m, wenn man den ohmschen Widerstand der Schleife 34 vernachlässigen kann?

b) Bei welcher Frequenz $f_ü$ ist der ohmsche Widerstand R_{34} ($\kappa = 57 \cdot 10^6$ S/m) gleich der Induktanz ωL_{34} der Schleife 34?

c) Die Schleife 12 wird aus einem Generator mit 10 Ω Innenwiderstand betrieben. Ist bei $f = 10 \, f_ü$ die Rückwirkung des induzierten Stromes in der Schleife 34 auf die Schleife 12 zu vernachlässigen? Begründen Sie Ihre Antwort!

Aufgabe 6.7: Nach Gleichung 6.14 ergibt sich maximale magnetische Kopplung zwischen zwei Leiterpaaren, wenn sie parallel bei gemeinsamer Symmetrieebene angeordnet sind (Abb. 6.12 b).

a) Welche zusätzliche Entkopplung (Verringerung der Gegeninduktivität) erhält man, wenn der Abstand $s_{13} = s_{24} = s$ bei gegebenem Abstand $d_{12} = d_{34} = d$ zwischen den Leitern der Leiterpaare verdoppelt wird (formelmäßig)?

b) Der Ausgangsabstand beträgt $s_{13} = s_{24} = 10$ cm, der Leiterabstand $d_{12} = d_{34} = 10$ cm. Um wieviel dB nimmt die Kopplung zwischen den beiden Leiterpaaren bei Verdoppelung des gegenseitigen Abstandes auf $s_{13} = s_{24} = 20$ cm ab?

6.4 Elektromagnetische Kopplung

Vom Prinzip her ist jede durch Ströme oder Spannungen verursachte Kopplung eine elektromagnetische Kopplung. Im Sinne einer Schematisierung wird in diesem Hilfsbuch von einer elektromagnetischen Kopplung gesprochen, wenn die geometrischen Dimensionen der betrachteten Anordnung nicht mehr klein im Vergleich zur Wellenlänge sind. Als Grenze zwischen dem statischen bzw. stationären und dem hochfrequenten Bereich wurde schon im 2. Kapitel eine Längenausdehnung von $l = \lambda/10$ definiert bzw. festgelegt.

Sind die geometrischen Dimensionen größer als $\lambda/10$ der betrachteten Frequenz können Laufzeiteffekte, die sich im Frequenzbereich als Phasen dokumentieren, nicht mehr vernachlässigt werden. Von einer Gleichzeitigkeit der Vorgänge kann nicht mehr ausgegangen werden. Eine generelle Vorgehensweise zur Abschätzung der elektromagnetischen Kopplung kann nicht mehr angegeben werden. Im Rahmen der in einer EMV-Analyse benötigten Genauigkeit lassen sich aber doch Ansätze der Antennentheorie verwenden, um zu ersten Ergebnissen zu kommen und um Aussagen treffen zu können,

ob eine ernsthafte Gefahr einer gegenseitigen Beeinflussung über das elektromagnetische Feld vorliegt oder nicht oder

ob mit einer Beeinflussung des Funkempfangs durch Störaussendungen der Elektronik zu rechnen ist oder nicht oder

ob eine Elektronik durch die gewollten Aussendungen einer Funkanlage gestört wird oder nicht.

Ein probates Mittel neben den Elementardipolen ist der Ansatz eines $\lambda/2$-Strahlers, für den es sowohl für den Empfangsfall als auch für den Sendefall einfach zu überblickende Beziehungen gibt. Sicherlich ist der Ansatz eines $\lambda/2$-Strahlers im gewissen Sinne eine ‚worst-case'-Annahme. Mit diesem Ansatz kommt man aber recht schnell zu ersten Zahlenwerten.

Die Gleichungen für die $\lambda/2$-Antenne werden im nachfolgenden Kapitel 6.4.1 angegeben. Sie lassen in der angegebenen Form aber nur Aussagen für das Fernfeld zu, für das die Bedingung

> „Abstand größer als $\lambda/2$ (Antennenlänge)"

erfüllt sein muss.

Bei Strukturgrößen kleiner als $\lambda/10$ kann mit statischen bzw. stationären Ansätzen gerechnet werden, so dass eigentlich nur ein Unsicherheitsbereich für Anordnungen zwischen $\lambda/10$ und $\lambda/2$ bleibt. Für diesen Bereich wird vorgeschlagen, Abschätzungen über das $\lambda/2$-Modell und über das

statische/stationäre Modell durchzuführen und mit dem Wert weiterzu-
rechnen, der im Sinne der EMV eine größere Unverträglichkeit aufzeigt.

Anmerkungen:
Die vorstehenden Ausführungen haben die Aufgabe, den Leser für Geo-
metriegrößen, Laufzeiten und Wellenlängen sensibel zu machen, um Er-
gebnisse auch einschätzen zu können. Im Allgemeinen wird man heute ein
Rechnerprogramm benutzen, das für Anordnungen zwischen $\lambda/1000$ und
$100\,\lambda$ bei Linearstrukturen (Strukturen aus linienförmigen Elektroden)
vertrauensvolle Ergebnisse liefert.
Vom Arbeitsbereich Theoretische Elektrotechnik der TU Hamburg-
Harburg wird eine Demo-Version des Programms CONCEPT zur Verfü-
gung gestellt, mit der schon eine Vielzahl von EMV-Aufgaben gelöst wer-
den kann.
Es wird dem ernsthaften Leser empfohlen, mit diesem Programm eine
größere Anzahl von Anordnungen durchzurechnen, um den Wert zu erken-
nen, die Grenzen festzustellen und um Vertrauen zu gewinnen.
Im Kapitel 6.4.3 ist ein Beispiel einer strahlenden Antenne mit zwei Pa-
rasitärstrahlern näher beleuchtet. Es werden Hinweise für Parameterän-
derungen und Plausibilitätsbetrachtungen geliefert.
Weiterhin wird auch noch einmal auf die Beiblätter 1 und 2 zur
VG 95374-4 hingewiesen, in denen verschiedene Einkopplungsmodelle mit
Lösungen angegeben sind.

6.4.1 Maßnahmen zur Verringerung der elektromagnetischen Kopplung

Die elektrische und die magnetische Kopplung sind nur Spezialfälle der
elektromagnetischen Kopplung. Die in den vorangegangenen Kapiteln
genannten Maßnahmen zur Verringerung der Kopplung gelten auch hier.
Der Übergang von der elektrischen und magnetischen Kopplung zur elektromagnetischen Kopplung war mit $l < \lambda/10$ (l = größte Geometrieabmes-
sung, λ = Wellenlänge der betrachteten oder der höchsten zu berücksichtigenden Frequenz) angegeben worden. Somit lassen sich die Maßnahmen
zur Verringerung der elektromagnetischen Kopplung etwas genauer fassen:

1) kompakte Bauweise der Geräte,

2) symmetrische Signalführung,

3) Massung der Geräte mit Erdungsbändern, die kürzer als $\lambda/10$ sind,

4) Schirmung der Quelle, Schirmung der Senke,

5) Vermeidung von Löchern, Schlitzen und Öffnungen (Leckagen) an Schirmgehäusen,

6) notwendige Öffnungen mit einer max. Länge von $\lambda/10$,

7) Filterung der Netzleitungen,

8) durch Vielfachmassung Verschiebung der ersten Systemresonanz in den höheren Frequenzbereich.

9) Es sollte möglichst nur eine Stelle an einem Gerät für den Netz- und die Signalein- und ausgänge (Single-Point-Entree) geben, um HF-Ströme über das Gehäuse zu vermeiden.

10) Kabelschirme und Masseleitungen sind *!! immer !!* auf der Außenoberfläche eines Geräts mit dem Gehäuse zu verbinden!

6.4.2 Das $\lambda/2$-Kopplungsmodell

In der elektromagnetischen Verträglichkeit werden zwei Antennenmodelle in besonderer Weise betrachtet. Das ist zum einen das Modell der Elementardipole (Kap. 5.2), aus denen man Abstandsgesetze und Feldimpedanzen ableitet. Beim zweiten Modell handelt es sich um das $\lambda/2$-Modell (Siehe auch Kap. 5.3!), mit dem man Abstrahlungen und Einkopplungen abschätzen kann. Das $\lambda/2$-Modell hat eine Reihe von Vorzügen:

1. Bei einer Länge eines Drahtes (Kabel, Leitung) von $\lambda/2$ ist die Eingangsimpedanz in der Mitte des durchgeschnittenen Drahtes reell und gleich 73,1 Ω:

$$Z_{ein} = 73,1 + j\,0 \;\; \Omega \;\; . \tag{6.24}$$

2. Man sagt: Bei einer Länge eines Drahtes von $\lambda/2$ kommt dieser Draht das erste Mal in Resonanz, auf dem Draht befindet sich eine stehende Stromwelle mit den Nullstellen am Ende und dem Maximum in der Mitte. Daraus lässt sich ableiten, dass ein Draht, der eine Länge von $\lambda/2$ hat, zu einem guten Strahler bzw. zu einer guten Empfangsantenne wird.

3. Die effektive Antennenhöhe einer $\lambda/2$-Antenne ergibt sich zu

$$l_w = \frac{\lambda}{\pi} \;\; . \tag{6.25}$$

4. Die wirksame Antennenfläche wird damit

$$A_w = 1,64 \frac{\lambda^2}{4\pi} \;\; . \tag{6.26}$$

5. Die λ/2-Antenne wird häufig als Referenzantenne angesetzt, auf die sich der Gewinn der anderen Antennen bezieht. Die λ/2-Antenne hat einen Gewinn von 1,64 gegenüber der isotrop strahlenden Antenne. Im englischen Sprachraum wird der Bezug auf die λ/2-Antenne mit der Abkürzung ERP ausgedrückt *(ERP = effective radiated power)*. Wenn ein Sender mit einer für seine Frequenz typischen Antenne eine effektive Strahlungsleistung von 1 kW hat, dann bedeutet dies, dass die von ihm in Hauptstrahlrichtung erzeugte Feldstärke gleich groß ist wie die eines mit 1 kW gespeisten λ/2-Strahlers. Hat die verwendete Antenne einen Gewinn von 6 dB (Faktor 4), dann heißt dies wiederum, dass die Eingangsleistung der betrachteten Antenne nur 250 W beträgt (Anpassungs- und Wärmeverluste werden vernachlässigt). Wählt man die isotrop abstrahlende Antenne als Bezugsantenne, so ist der Gewinn der betrachteten Antenne um den Gewinn des λ/2-Strahlers größer. Ein Index i an der Gewinnangabe deutet auf die isotrop abstrahlende Antenne als Referenzantenne hin. Es gilt:

$$G_i = G_{\lambda/2} + 2{,}15 dB \qquad (6.27)$$

Um den Bezug auf die isotrop abstrahlende Antenne deutlich zu machen, wird der Ausdruck EIRP *(EIRP = equivalent isotropically radiated power)* benutzt. Zwischen den Größen ERP und EIRP besteht die Beziehung

$$EIRP = 1{,}64 \cdot ERP \qquad (6.28)$$

6. Bei der Ableitung der Grenzwerte für strahlungsgebundene Störgrößen wird i.Allg. die λ/2-Antenne als Empfangsantenne für die Umsetzung von Feldstärken auf Ströme und Spannungen verwendet.

Beispiel 6.4: Liegt z. B. am Ort eines λ/2-Strahlers (100 MHz) eine Feldstärke (Effektivwert) von 100 mV/m vor, so ergibt sich in der Mitte der Antenne eine Leerlaufspannung von

$$U_L = \ 100 \cdot 10^{-3} \frac{3}{\pi} \ \ V/m \ = 95{,}5 \ \ mV,$$

einem an 73,1 Ω angepassten Empfänger kann damit eine Leistung von

$$P_{max} = \ \frac{U_L^2}{4 \cdot 73{,}1 \, \Omega} \ = 31{,}2 \ \ \mu W$$

zugeführt werden. Die gleiche Leistung hätte man auch bekommen, wenn man eine Rechnung über die wirksame Antennenfläche vorgenommen hätte.

Beispiel 6.5: Zu untersuchen ist die folgende Beeinflussungssituation: Eine elektrische Steuerung arbeitet mit einer Taktfrequenz von 20 MHz. Die fünfte Oberwelle (100 MHz) erzeugt auf der Netzseite einen unsymmetrischen Störstrom von 1 mA. In 30 m Entfernung befindet sich eine UKW-Antenne mit einem Gewinn von G_i = 8 dB (Gewinn gegenüber einem Isotropenstrahler). Der Empfänger benötigt bei 100 MHz eine Nutzspannung von 10 µV für einen störungsfreien Empfang.

Frage: Tritt eine Störung auf?

Untersuchung der Situation

a) Die Frequenz f = 100 MHz führt auf eine Wellenlänge von λ = 3 m.

b) Das Netzkabel kann für eine Abschätzung als $\lambda/2$-Strahler angesetzt werden. Damit ergibt sich eine Eingangsimpedanz von $Z = 73,1\ \Omega$.

c) Die abgestrahlte Leistung ergibt sich zu $P_{ab}=I^2\cdot Z = \underline{73\ \mu W}$.

d) Verteilt sich diese Leistung auf eine Kugel mit dem Radius R = 30 m, ergibt sich eine Strahlungsdichte von

$$S=\frac{E^2}{\Gamma}=\frac{P_{ab}}{A_{Kugel}}=\frac{P_{ab}}{4\pi R^2}=\frac{73\cdot 10^{-6}}{4\pi\cdot 30\cdot 30m^2}\ \frac{W}{}=6,45nW/m^2.$$

e) Ein $\lambda/2$-Strahler hat einen Gewinn von $G_i=2,15\ dB \ \hat{=}\ Faktor\ 1,64$. Damit errechnet sich für einen Abstand von 30 m eine Strahlungsdichte in Hauptstrahlrichtung von $S_{Hauptk.}=10nW/m^2$. $10\ nW/m^2$ führen auf eine Feldstärke von $E=\sqrt{\Gamma\cdot S_{Hauptk.}}=\sqrt{377\cdot 10^{-8}}\ \frac{V}{m}=\underline{2\ \frac{mV}{m}}$.

f) An einer $\lambda/2$- Empfangsantenne wird man eine Leerlaufspannung von

$$U_L=\frac{\lambda}{\pi}\cdot E=\frac{3\ m}{3,14158}\cdot 2\ \frac{mV}{m}=\underline{1,9\ mV}\ \text{ messen}.$$

g) Ersetzt man die $\lambda/2$- Antenne durch eine Yagi-Antenne mit einem Gewinn gegenüber dem Isotropenstrahler von $G_i=8\ dB$, entsprechend einem Gewinn von $G_{\lambda/2}$ = 5,85 dB gegenüber dem $\lambda/2$-Dipol, erhält man eine Leerlaufspannung an der Yagi-Antenne von

$$U_Y\approx U_L\cdot 10^{\frac{5,85}{20}}=1,9\ m\ V\cdot 1,95=\underline{U_Y\approx 3,7\ mV}.$$

h) Für den Empfänger lässt sich damit ein vereinfachtes Ersatzschaltbild angeben:

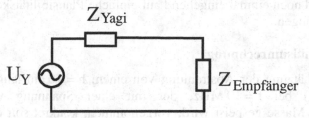

i) Unter der Annahme, dass $Z_{yagi} = Z_{Empf.} = 50\,\Omega$ ist, erhält man eine Störspannung von $\underline{U_{stör} \approx 2mV}$

Es ist mit einer Störung zu rechnen. Es wird eine Dämpfung von mindestens 46 dB benötigt! Folgende Maßnahmen können die Situation bereinigen:

  a) Gehäuseschirmung, komplett, Schlitzlänge max: 30 cm (aber höhere Oberwellen sind zu beachten!),

  b) Netzfilter.

Aufgaben

Aufgabe 6.8: Für eine Yagi-Antenne (f = 144 MHz) wird vom Hersteller eine maximale Eingangsleistung von 100 W und ein Gewinn von $G_i = 9{,}4$ dB spezifiziert.

  a) Welche Feldstärke erreicht man mit dieser Antenne theoretisch in 12 km Abstand?

  b) Welche Leistung kann man in 12 km Abstand einem 50 Ω–Empfänger zuführen, dessen Eingang ohne Anpassungsschaltung mit einem λ/2-Dipol verbunden ist? Welche Spannung tritt am Eingang auf?

6.4.3 Zur Abschätzung der elektromagnetischen Kopplung

Die nachfolgenden Beispiele zur Abschätzung der elektromagnetischen Kopplung sollen zeigen,

  • dass es auch mit elektromagnetischen Grundkenntnissen möglich ist, Abschätzungen über Kopplungen und Feldstärken im Hochfrequenzbereich vorzunehmen,

- Hinweise liefern zur Kontrolle und für Plausibilitätsbetrachtungen von Ergebnissen, die mit Rechnerprogrammen erzeugt wurden. Im Kap. 10.2 wird noch einmal eingehend auf einfache Plausibilitätskontrollen eingegangen.

Beispiel 6.6: Abstandsumrechnung

Es wird eine Abschätzung der Abstrahlung von einem $h = 10\,cm$ langen Draht ($2R = 1\,mm$) bei $f = 10\,MHz$, der mit einer Spannung von $U = 100\,mV$ gegen Masse gespeist wird, vorgenommen, konkret soll das Feld des Drahtes für einen Abstand von $r = 1\,m$ bestimmt werden.

In diesem Beispiel sollen die Ansätze der Kapitel 3.1 *(Wirkung elektrischer Felder und ihre Berechnung)*, 5.2 *(Abstandsumrechnung)* und 5.3 *(Effektive Höhe, wirksame Fläche und Strahlungswiderstand)* angewendet werden. Das Beispiel zeigt nicht nur die Güte der Näherungen, es hat auch einen pädagogischen Wert. Es zeigt, dass man mit elektromagnetischen Grundkenntnissen sehr wohl in der Lage ist, auch scheinbar komplexere Aufgaben zu lösen. Weiterhin ist das Beispiel nicht allzu realitätsfern und kann leicht auf ähnliche Fragestellungen umgesetzt werden.

Im Folgenden wird ein Vergleich zwischen zwei Modellen vorgenommen.

1. Modell: kurzer Monopol über Grund, Nahfeld

Ein kurzer Monopol über Grund hat eine Eingangsimpedanz von:

$$Z_{ein} \approx R_r - j\,\frac{1}{\omega C_{stat.}}, \tag{6.29}$$

$$mit\ R_r\,(\text{Strahlungswiderstand}) \approx 40 \cdot \pi^2 \left(\frac{h}{\lambda}\right)^2 = 4{,}38\,m\Omega \tag{6.30}$$

$$und\quad C_{stat.} = \frac{2\pi\varepsilon \cdot h}{\ln \dfrac{h}{1{,}71 \cdot R}} = 1{,}17\,pF. \tag{6.31}$$

Es ergibt sich somit

$$Z_{ein} \approx 4{,}38\,m\Omega - j\,13{,}6\,k\Omega\,.$$

Der Monopol hat eine Spannung von 100 mV gegen Masse, daraus lässt sich eine äquivalente Linienladung errechnen, die eine solche Spannung auf der Oberfläche erzeugt. Das Potential einer senkrechten Linienladung über Grund von 0 bis z_2 errechnet sich zu

$$\phi(r,z) = \frac{\lambda}{4\pi\varepsilon} \cdot \ln \frac{z_2 - z + \sqrt{(z_2-z)^2 + r^2}}{-z + \sqrt{z^2 + r^2}} \cdot \frac{z + \sqrt{z^2 + r^2}}{z_2 + z + \sqrt{(z_2+z)^2 + r^2}}. \quad (6.32)$$

Geht man davon aus, dass die Spannung von 100 mV auf der gesamten Länge des Monopols vorliegt und wählt man als Aufpunkt zur Bestimmung der Ersatzladung den Punkt $z = \frac{h}{2}$, $r = R$, erhält man

$$\Rightarrow \overline{\lambda} = \frac{\lambda}{4\pi\varepsilon} = \frac{U}{\ln \frac{\frac{h}{2} + \sqrt{\left(\frac{h}{2}\right)^2 + R^2}}{-\frac{h}{2} + \sqrt{\left(\frac{h}{2}\right)^2 + R^2}} \cdot \frac{\frac{h}{2} + \sqrt{\left(\frac{h}{2}\right)^2 + R^2}}{\frac{3h}{2} + \sqrt{\left(\frac{3h}{2}\right)^2 + R^2}}}, \quad (6.33)$$

$$\overline{\lambda} \approx 10,5\, mV.$$

Die Feldstärke dieser Linienladung für einen Aufpunkt auf der Ebene $(r, z = 0)$ errechnet sich zu:

$$E_z(r, z = 0) = \overline{\lambda}\left(\frac{2}{\sqrt{r^2 + z_2^2}} - \frac{2}{r}\right) \Rightarrow \quad (6.34)$$

$$\underline{\underline{E_z(r = 1\,m, z = 0)}} \approx 10,5\, \frac{mV}{m}\left(\frac{2}{\sqrt{1 + 0,1^2}} - \frac{2}{1}\right) = \underline{\underline{-104\, \frac{\mu V}{m}}}. \quad (6.35)$$

2. Modell: kurzer Monopol über Grund, Berechnung des Fernfeldes und Rückrechnung ins Nahfeld

Die Eingangsimpedanz wird aus dem ersten Modell übernommen: $Z_{ein} \approx 4,38\, m\Omega - j\,13,6\, k\Omega$.

Daraus errechnet sich ein Speisestrom des Monopols von:

$$|I| \approx \frac{100mV}{13,6k\Omega} = 7,35\mu A.$$

Die abgestrahlte Leistung wird damit:

$$\underline{\underline{P_{ab}}} = |I|^2 \cdot R_e(Z_{ein}) = 2,366 \cdot 10^{-13}\, W.$$

Verteilt man diese Leistung auf eine Halbkugelfläche (Isotroper Strahler für einen Halbraum) bei z.B. $r_2 = 100\, m$ ergibt sich:

$$P_{ab} = \frac{2\pi r^2 \cdot E^2}{\Gamma} \Rightarrow E = \frac{1}{r}\sqrt{\frac{P_{ab} \cdot \Gamma}{2\pi}} = \frac{1}{100}\sqrt{\frac{2,366 \cdot 10^{-13} \cdot 377}{2\pi}}\, \frac{V}{m},$$

$$\Rightarrow E_{100m} = 37{,}7 \ \frac{nV}{m}.$$

Berücksichtigt man eine Richtwirkung des kurzen Monopols von $D = 1{,}5$ (es wird nur ein Halbraum betrachtet) ergibt sich:

$$\underline{\underline{E_{100m}}} = 37{,}7 \ \frac{nV}{m} \cdot \sqrt{1{,}5} = 46{,}1 \ \frac{nV}{m}.$$

Setzt man für das Verhalten des Monopols das Verhalten eines Hertz-schen Dipols in Bezug auf die Abstandsabhängigkeit des Feldes an, lässt sich folgendes berechnen:

Von 100 m bis $r = r_0 = \dfrac{\lambda}{2\pi} = 4{,}8 \ m$ nimmt das Feld proportional zu r

zu, von $r = r_0$ bis $r = r_x = 1 \ m$ nimmt das Feld proportional zu r^3 zu.

$$\Rightarrow \ E_{4,8m} = E_{100m} \cdot \frac{100}{4{,}8} = 0{,}96 \ \frac{\mu V}{m}$$

$$\underline{\underline{E_{1m}}} = E_{4,8m} \cdot \frac{4{,}8^3}{1^3} = 106 \ \frac{\mu V}{m}.$$

Nachbetrachtungen

1) Berechnet man das Beispiel mit einem Programm zur Berechnung elektromagnetischer Felder nach der Integralgleichungsmethode (konkret: CONCEPT) erhält man:

$$Z_{ein} = 4{,}0 \ m\Omega - j12{,}2 \ k\Omega,$$

$$\underline{\underline{E_{1m}}} = 107{,}7 \ \frac{\mu V}{m}.$$

2) Betrachtet man die radiale Abhängigkeit des elektrischen Feldes der endlich langen Linienladung über Grund für Abstände $r \gg h$, kann man folgende Näherung ableiten:

$$E_{z(r,z=0)} = \overline{\lambda} \cdot 2\left(\frac{1}{\sqrt{r^2+h^2}} - \frac{1}{r}\right) = \frac{\overline{\lambda} \cdot 2}{r}\left(\frac{1}{\sqrt{1+\dfrac{h^2}{r^2}}} - 1\right)$$

$$\sqrt{1+\left(\frac{h}{r}\right)^2} \approx 1 + \frac{1}{2}\left(\frac{h}{r}\right)^2$$ (6.36)

$$\frac{1}{1+\dfrac{1}{2}\left(\dfrac{h}{r}\right)^2} \approx 1 - \frac{1}{2}\left(\frac{h}{r}\right)^2$$

$$\Rightarrow E_{z(r\gg h,\,z=0)} \approx \frac{-\overline{\lambda} \cdot h^2}{r^3}.$$

Es ergibt sich, wie zu erwarten war, im Nahbereich eine $\frac{1}{r^3}$-Abhängigkeit. Nimmt man $h \ll r$ $(0{,}1\,\text{m} \ll 1\,\text{m})$ an, lässt sich $E_z(r=1\,m,\,z=0)$ abschätzen zu

$$\underline{E_{z(r=1m,\,z=0)} \approx -105\,\frac{\mu V}{m}}.$$

Beispiel 6.7: Schleife im Nahbereich einer Stabantenne

Für die dargestellte Anordnung ist die Eingangsimpedanz Z_{ein} der Antenne, ihr Fußpunktstrom I, die Spannung U der Antenne gegen Masse, der kapazitive Strom $I_{kap,2}$ und der induktive Strom $I_{ind,2}$ in der Schleife zu bestimmen!

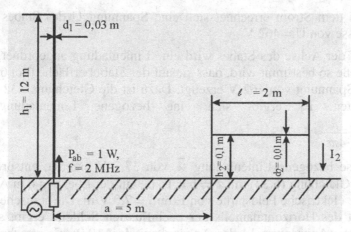

Abb. 6.18 Modell für die Abschätzung der Einkopplung in eine Schleife

Die Analyse läuft in Anlehnung an das in [GO/SI92] dargestellte Beispiel in folgender Weise ab:

1. Es wird die Eingangsimpedanz der Stabantenne $Z_{ein} \approx R_r - j\dfrac{1}{\omega C_{stat.}}$,

   mit R_r = Strahlungswiderstand, C_{stat} = statische Kapazität des Stabes gegen Masse, bestimmt.

2. Über $I^2 \, Re(Z_{ein}) = P_{ab}$ wird der Fußpunktstrom I berechnet.

3. Der Ansatz U =I Im(Z_{ein}) führt auf die Spannung U des Stabes gegen Masse.

4. Der Ansatz einer Linienladung $\overline{\lambda}$ zur Nachbildung des Stabfeldes gestattet die Bestimmung der elektrischen Feldstärke E in der Mitte der Schleife.

5. Über $I_{kap,2} = 0{,}5 I_{kap} = \dfrac{1}{2} E \cdot h_2 \cdot \omega C_{Schleife}$ lässt sich der kapazitive Strom über die rechte Kurzschlussstelle bestimmen.

6. Über $H = \dfrac{I}{2\pi r}$ wird die magnetische Feldstärke in der Mitte der Schleife berechnet.

7. $I_{ind,2}$ ergibt sich zu $I_{ind,2} = \mu H h_2 l_2 / L_{Schleife}$.

Auswertung:

1. Wertet man die Gleichungen 6.30 und 6.31 mit den Daten dieses Beispieles aus, erhält man Z_{ein} = 2,53 - j 733 Ω.

2. $I^2 \, Re(Z_{ein}) = P_{ab}$ führt auf I = 0,63 A.

3. Aus dem Strom errechnet sich eine Spannung U des Stabes gegen Masse von U = 462 V.

4. Auf der Achse des Stabes wird eine Linienladung angeordnet, deren Größe so bestimmt wird, dass sie auf der Staboberfläche (bei 6 m) eine Spannung von 462 V erzeugt. Dazu ist die Gleichung 6.32 auszuwerten. Es ergibt sich eine bezogene Linienladung von $\overline{\lambda} = \dfrac{\lambda}{4\pi\varepsilon} \approx 37{,}7\,V$.

5. Diese bezogene Linienladung $\overline{\lambda}$ von 37,7 V erzeugt, entsprechend der Gleichung (6.34) mit z_2 = h = 12 m, auf der Ebene in 6 m Abstand eine elektrische Feldstärke von E(6m) = 7,0 V/m. Die statische Kapazität des Horizontalanteils der beeinflussten Schleife ergibt sich zu 30 pF (Anordnung 14 des Anhangkapitels A10.0). Es errechnet sich

ein kapazitiver Strom durch die rechte Kurzschlussstelle von $I_{kap,2} = 0,5I_{kap} = 0,5 \cdot 6,6 \cdot 0,1 \cdot 2 \cdot \pi \cdot 2 \cdot 10^6 \cdot 30 \cdot 10^{-12} A = 124$ µA.

6. Die magnetische Feldstärke in der Mitte der Schleife beträgt 16,7 mA/m.

7. Mit einer Eigeninduktivität der Schleife von $L_{Schleife} = 1,48$ µH (Anordnung 11 des Anhangkapitels A 10.0) erhält man einen induktiven Strom durch die rechte Kurzschlussstelle von

$$I_{ind,2} = 0,4 \cdot \pi \cdot 10^{-6} \cdot 16,7 \cdot 10^3 \cdot 0,1 \cdot 2 / 1,48 \cdot 10^{-6} A = 2,83 mA.$$

Das Beispiel der Abb. 6.18 wurde auch mit CONCEPT berechnet. In der Tabelle 6.1 sind die Werte der Computersimulation den Werten der Abschätzung gegenübergestellt. Dabei ist zu berücksichtigen, dass das Programm CONCEPT für den Kurzschlussstrom nur einen Gesamtwert ausgibt.

Man erkennt, dass die Werte für den Gesamtstrom durch die Kurzschlussstelle und für das magnetische Feld am schlechtesten übereinstimmen. Dies ist nicht verwunderlich, da die Abschätzung der magnetischen Feldstärke von einem unendlich langen Leiter mit konstantem Strom ausgeht. Für einen 24 m langen Leiter mit zu den Enden hin linear abfallendem Strom und einem Aufpunktabstand von 6 m ist das eine sehr grobe Nachbildung. Die Abschätzung liefert auf jeden Fall größere Werte und beinhaltet damit eine gewisse Sicherheit.

Tab. 6.1 Vergleich der Ergebnisse aus einer Computersimulation und aus Abschätzungen; *Werte ohne Schleife

	CONCEPT	Abschätzung	
Eingangsimpedanz	2,43-j610	2,53-j733	Ω
Fußpunktstrom	0,64	0,63	A
Spannung an der Antenne	391	462	V
Gesamtstrom durch die Kurzschlussstelle	1,61	2,83	mA
Elektrische Feldstärke in 6m Abstand	6,0*	7,0	V/m
Magnetische Feldstärke in 6m Abstand	10,7*	16,7	mA/m

7 Intrasystemmaßnahmen

EMV-Intrasystemmaßnahmen ist der Oberbegriff aller Maßnahmen, die man in einem System umsetzt, um aus einem Kollektiv von Geräten mit bekannten (und auch unbekannten) EMV-Merkmalen ein verträgliches Gesamtsystem zu erstellen.

Die zivile Normung ist eine Gerätenormung. Sie stellt Anforderungen an das einzelne Gerät. Die Zusammenschaltung mehrerer Geräte zur Erfüllung einer gemeinsamen Aufgabe, also die Anlage oder das System, werden nur in Ansätzen behandelt (Anlagenparagraph).

Geräte werden nach vorgegebenen Aufbauten unter definierten Verhältnissen auf die Einhaltung der Grenzwerte überprüft. Dabei kommt dem Aspekt der Reproduzierbarkeit ein hoher Stellenwert zu. Die Situation im System kann aber anders sein, Netzimpedanzen zeigen nicht unbedingt den Normverlauf und sind überdies zeitvariant, Kabellängen sind von den Längen in den Testaufbauten verschieden und auch die Systemumgebung kann durch eine andere kapazitive Belastung zu einem anderen EMV-Verhalten der Geräte führen.

Um dieser Situation gerecht zu werden, sind bei der Zusammenschaltung gewisse Regeln einzuhalten, eben die Intrasystemmaßnahmen, die als Richtlinien für die Konstrukteure vorliegen sollten. Die Intrasystemmaßnahmen umfassen

- die Massung,
- die Schirmung,
- die Verkabelung und
- die Filterung.

Die militärische Normung, die auch Verfahrensweisen vorgibt, behandelt sowohl die Geräte als auch deren Zusammenschaltung, die Systeme. An dieser Stelle sei noch einmal auf die Normenreihe VG 95 37x verwiesen, in der man für alle Intrasystemmaßnahmen entsprechende Teile findet. Die Verfahrensnormen sind dabei

- VG 95 374 Teil 2: Programm für Systeme,
- VG 95 374 Teil 4: Verfahren für Systeme.

Die Vorschrift *VG 95 374 Teil 2* beschreibt, *was* in einer EMV-Systemplanung zu tun ist, die Vorschrift *VG 95 374 Teil 4* führt aus, *wie* die einzelnen Schritte auszuführen sind.

Anmerkung: Unter Inter-Systemmaßnahmen oder Intersystemmaßnahmen werden alle Maßnahmen zusammengefasst, um eine Verträglichkeit zur Umgebung (Umwelt) sicherzustellen.

Massung: Anschluss eines Gehäuses, eines Bezugsleiters, von passiven metallischen Aufbauten an die Masse

Die Masse ist nach VDE 847 T2 die Gesamtheit der untereinander elektrisch leitend verbundenen Metallteile einer elektrischen Einrichtung, die für den betrachteten Frequenzbereich den Ausgleich unterschiedlicher Potentiale bewirkt und damit ein Bezugspotential bildet. Die Masse darf in keinem Falle mit der Schutzerde, die allein die Aufgabe hat, den Berührungsschutz sicherzustellen, verwechselt werden. Im Sinne der EMV ist immer ein flächenförmiges Massungssystem anzustreben.

Schirmung: räumliche elektromagnetische Entkopplung zweier Bereiche, um eine ungewünschte Kopplung zwischen Bereichen mit unterschiedlichem elektromagnetischem Klima zu verhindern bzw. zu reduzieren

Die Schirmung im Sinne der elektromagnetischen Verträglichkeit besteht i. Allg. aus metallischen Materialien. Die Güte und Wirkung der Schirmung ist u.a. vom zu schirmenden Feld, vom Material, vom Schirmaufbau, der Schirmintegrität, den Leckagen und der Frequenz abhängig.

Verkabelung: System der metallischen Verbindungsleiter für die definierte Fortleitung elektrischer Signale

Die Verkabelung im Sinne der EMV umfasst alle Maßnahmen, einschließlich der Behandlung der Kabelschirme an den Geräteeingängen, zur definierten Übertragung der Nutzsignale und zur Verhinderung bzw. Reduzierung der Abstrahlung der geführten Signale in die Umgebung bzw. der Einkopplung von Außensignalen in die Signalkreise hinein. Beim Koaxialkabel bildet der Außenleiter sowohl den Signalrückleiter als auch den Kabelschirm. Kabelschirme sind ausnahmslos beidseitig aufzulegen. Koaxial geführte Video-, Lautsprecher- und Mikrofonsignale mit Brummeinstreuungen erfordern eine Spezialbehandlung ihrer Kabel.

Filterung: Maßnahme zur Entkopplung leitungsgeführter Signale zweier unterschiedlicher Bereiche

Die Filterung im Sinne der EMV umfasst alle Maßnahmen, einschließlich des elektrischen und mechanischen Aufbaus der Filterelemente, des Filtergehäuseanschlusses und einer Widerstandsbelegung der Leitung zur

Reduzierung leitungsgeführter Signale. EMV-Filter werden, außer in Spezialfällen, als LC-Kombinationen aufgebaut. Filter wirken i. Allg. in beiden Richtungen. Wichtig ist es, Filter als reaktive Kreise zu begreifen, die keine Leistung in Wärme umsetzen. Sie sollen nur für die ungewünschten Frequenzanteile einen idealen Kurzschluss oder idealen Leerlauf bilden und damit eine totale Fehlanpassung erzeugen. Die Signaldämpfung eines Filters wird mit der Einfügungsdämpfung beschrieben. Die Signaldämpfung soll für das Störsignal möglichst hoch, für das Nutzsignal möglichst gering sein.

Die Ausführungen zur Massung und zur Filterung im Kapitel 7.1 fassen nur die wichtigsten Regeln zusammen. Ausführliche Darstellungen zur Massung und Filterung sind in [GO/SI92] zu finden.

EMV- Designrichtlinie

Im Rahmen einer EMV-Planung eines komplexen Systems (mit Funkanlagen) sind die für das zu planende System zugeschnittenen Intrasystemmaßnahmen in einer EMV-Designrichtlinie zusammenzufassen. Im Anhangkapitel A7.0 ist ein Gerüst einer EMV-Designrichtlinie vorhanden, das als Grundlage für eine systemspezifische Richtlinie verwendet werden kann.

7.1 Allgemeines zur Massung, Schirmung, Verkabelung und Filterung

7.1.1 Massung

Nach VG 95 375 Teil 6 ist die Masse die Gesamtheit der untereinander elektrisch leitend verbundenen Metallteile eines Geräteträgers (Systems) oder eines Geräts, deren Potentiale in der Regel das Bezugspotential (Massepotential) darstellen.

Grundsätzliche Aussagen

- *Elektrische/elektronische Geräte* sollten auf einem metallischen Geräteträger in folgender Weise gemasst werden:

  Abmessungen $< \lambda/10 \Rightarrow$ Massung an einem Punkt,
  Abmessungen $> \lambda/10 \Rightarrow$ mehrere Massepunkte (abhängig vom Aufbau und der Art des Gerätes).

- Auch *Metallteile nichtelektrischer Einrichtungen* sollten in das Massungssystem mit einbezogen werden. Dadurch erreicht man

- Annäherung an ein flächenförmiges Massungssystem,
- Herabsetzung der Wirkung als Sekundärstrahler,
- Verringerung von Potentialdifferenzen,
- Vermeidung von HF-Korona.

- Für die *Stromversorgungskreise* ist eine Massung betriebsstromführender Leiter aus EMV- Gründen nicht erforderlich. Erfordern besondere Fälle eine Massung, so darf sie bei Wechsel- und Drehstromsystemen nur an einem Punkt erfolgen.

- Bei *Frequenzen f < 100 kHz* dürfen bei der symmetrischen Signalübertragung nur die Symmetriepunkte gemasst werden. Bei unsymmetrischer Signalübertragung ist der Bezugsleiter an einem Punkt zu massen.

- Bei *Frequenzen f ≥ 100 kHz* und bei Impulsübertragung ist ein sternförmiges Bezugsleitersystem nicht mehr sinnvoll. Es muss durch eine Bezugsfläche ersetzt werden.

- Bei der *Massung von größeren Geräten über Massebänder* sollte ein Verhältnis von Länge L zu Breite B des Erdungsbandes von kleiner 5 angestrebt werden: $L/B \leq 5$.

- Zur *Überprüfung der guten Masseverbindung* hat sich eine Messung des Gleichstromübergangswiderstandes R_{DC} als sehr wertvoll herausgestellt. Ein Wert von $R_{DC} < 10\ m\Omega$ zwischen Gerät und Masse kann als brauchbar bezeichnet werden. Dieser Wert sollte in Spezifikationen auch verlangt werden. Ein Nachweis (auch bei 50 Hz möglich) erfordert eine Vierpunktmessung.

- Die *Sicherheitserde (grün-gelb) ist keine HF-Masse.* Die Verwendung der HF-Masse als Sicherheitserde ist möglich, diese Lösung sollte aber nur als Kompromiss angesehen werden.

7.1.2 Schirmung

Unter der Schirmung versteht man alle Hardwaremaßnahmen zur Verringerung des elektrischen, magnetischen und elektromagnetischen Feldes in einem räumlich durch die Schirmungsmaßnahme begrenzten Raum.

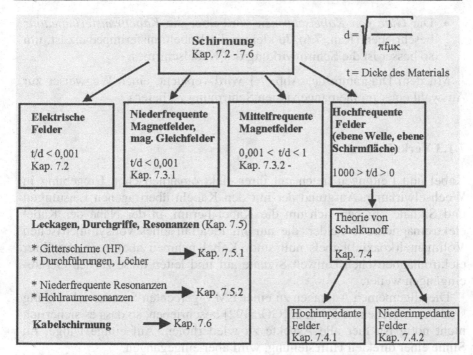

Abb. 7.1 Wegweiser zur Auswahl der problemangepassten Schirmung

Grundsätzliche Aussagen:

- *Elektrische Felder lassen sich gut schirmen (Kap. 7.2).* Die Schirmung kann aus dünnen leitfähigen Folien bestehen. Leckagen (Felddurchgriffe) sind zu vermeiden.

- *Magnetische Felder lassen sich schlecht abschirmen (Kap. 7.3).* Für die Schirmung statischer magnetischer Felder werden dickwandige hochpermeable Schirmgehäuse benötigt. Je kleiner das zu schirmende Volumen ist, um so höher ist die Schirmwirkung. Für die Schirmung niederfrequenter Magnetfelder werden dickwandige Schirmgehäuse mit hoher Leitfähigkeit benötigt. Je größer das zu schirmende Volumen ist, um so höher ist die Schirmwirkung.

- *Bei der Schirmung gegen hochfrequente Felder (Kap. 7.4) spielt das Material eine untergeordnete Rolle.* Bei sehr dünnen Schirmen, wie z. B. Metallisierung von Kunststoffträgern oder Gläsern, spielt das eingesetzte Material nur in Bezug auf ihr Umweltverhalten (Korrosion) eine größere Rolle. Leckagen *(Kap. 7.5)* bestimmen zunehmend die integrale Schirmwirkung. Sie sind unbedingt zu vermeiden.

- Die *Güte von Kabelschirmen* wird über die *Kabeltransferimpedanz* beschrieben (Kap. 7.6). Je kleiner die Kabeltransferimpedanz ist, um so besser ist die Schirmwirkung des Kabelschirmes.

Mit dem Diagramm der Abb. 7.1 wird versucht, einen Wegweiser zur Auswahl einer problemangepassten Schirmung zu liefern.

7.1.3 Verkabelung

Kabel und Leitungen treten mit ihrer elektromagnetischen Umgebung in Wechselwirkung. Aufgrund der mit den Kabeln übertragenen Leistungen und Signale ergeben sich um die Kabel herum, in der Nähe der Kabel elektromagnetische Felder, die nur im Idealfall eines vollsymmetrischen Vollmantel(koaxial)kabels null sind. Kabel nehmen aber auch aus ihrer elektromagnetischen Umwelt Signale auf und leiten diese zu den Geräteeingängen weiter.

Die allgemeinen Aussagen zu einer EMV-gerechten Systemverkabelung sind in hinreichender Form in [GO/SI92] beschrieben, so dass es sicherlich nicht nötig ist, hier alle Aspekte zu wiederholen. Auf einige Dinge, im Sinne einer direkten Hilfestellung, wird aber eingegangen.

Systemverkabelung

Innerhalb einer Systemverkabelung hat es sich als sehr sinnvoll erwiesen, Kabel aufgrund der von ihnen transportierten Signale in Kabelkategorien einzuteilen. Alle Kabel einer Kategorie haben gleiche oder ähnliche EMV-Eigenschaften, sie sind entweder sehr empfindlich, empfindlich, störend, stark störend oder indifferent, natürlich immer bezogen auf die angeschlossenen Schaltungen. Es ergibt sich also kein erhöhtes Kopplungsrisiko, wenn man Kabel einer Kabelkategorie dicht nebeneinander (auf gleicher Kabelbahn) verlegt. Ganz abgesehen davon, dass die Systeme wesentlich überschaubarer werden.

In der Abb. 7.2 ist ein Beispiel für die Definition von Kabelkategorien in Anlehnung an VG 95 375 T 3 dargestellt. In der Abb. 7.3 sind für das Beispiel der Abb. 7.2 die geforderten Verlegeabstände zwischen Kabeln verschiedener Kategorien spezifiziert.

Kabel-kategorie	Beispiele für			Typische Leitungsart
	Nutzsignale	Störwirkung	Typische Vertreter	
1 unempfindlich störend	12 bis 1000 V DC, 50, 60, 400 Hz schmalbandig	schmalbandig, breitbandig	Stromversorgungskabel allgemeine Steuerkabel, Kabel für Beleuchtungsanlagen Kabel für Alarmanlagen	verseilt, verdrillt
2 unempfindlich nicht störend	bis 115 V RF schmalbandig	—	Fernsprechkabel, Fernmelde- und Signalkabel, Kabel für Synchronverbindungen, Trägerfrequenzkabel	verdrillt, geschirmt und verseilt geschirmt
3 empfindlich nicht störend	bis 15 V MF, breitbandig bis 115 V NF	breitbandig	Kabel für Kleinsignale, Synchronisations- und Impulskabel	geschirmt oder koaxial
4 sehr empfindlich nicht störend	~0,1 µV bis 500 mV DC, RF, HF schmalbandig	schmalbandig, breitbandig	Empfangsantennenkabel, Fernmelde- und Nachrichtenkabel, Kabel für Radarwarnempfänger	geschirmt oder koaxial
5 unempfindlich nicht störend	10 bis 1000 V RF, HF schmalbandig	schmalbandig	Kabel für Sonderschaltungen und Sendeantennen	koaxial
Sonderkabel Siehe Anmerkung!	—	schmalbandig, breitbandig	Sende-/empfängerkabel, Stromrichterkabel (ungefiltert), Kabel für Zündkreise, Mikrofonkabel	—

Anmerkung: Für jedes Sonderkabel ist eine Einzelanalyse durchzuführen und seine Verlegung zu spezifizieren.

Abb. 7.2 Beispiel für die Definition von Kabelkategorien in Anlehnung an VG 95 375 T 3

In jedem komplexen System sollte man die Kabel in Kabelkategorien einteilen. Ob man 5 Kategorien braucht, ist fraglich. In den meisten Fällen wird man mit 3 Kategorien (empfindlich, indifferent, störend) auskommen. Ob die Verlegeabstände in der spezifizierten Form benötigt werden oder ob größere Abstände gewählt werden sollten, muss dem EMV-Systemplaner überlassen bleiben. Die Erfahrungen im militärischen Schiffbau haben aber gezeigt, dass die Einteilung in Kategorien, wie in Abb. 7.2 dargestellt, mit den Verlegeabständen nach Abb. 7.3 einen guten Kompromiss zwischen Aufwand und Minderung des EMV-Risikos darstellen.

Die Tabelle der Kabelkategorien mit den Verlegeabständen ist ein wesentlicher Teil der EMV-Designrichtlinie. Einem Gerätelieferanten ist diese Tabelle zur Verfügung zu stellen. Er ist zu verpflichten, für alle sein Gerät verlassenden Kabel eine Aussage über die zu wählende Kabelkategorie zu machen.

Kategorie	1	2	3	4	5
1		0,1	0,1	0,1	0,1
2	0,1		0,1	0,1	0,1
3	0,1	0,1		0,1	0,2
4	0,1	0,1	0,1		0,2
5	0,1	0,1	0,2	0,2	

Abb. 7.3 Verlegeabstände in Metern für die Parallelverlegung von Kabeln verschiedener Kategorien

Das Thema Kabelkopplung ist unerschöpflich und wird die EMV-Ingenieure noch eine Weile beschäftigen. Um eine gewisse Systematik in die Kabelkopplung zu bringen und eine Hilfe zu bieten, wird mit der Abb. 7.4 versucht, einen Wegweiser zur Navigation zu den entsprechenden Stellen im Buch zu liefern.

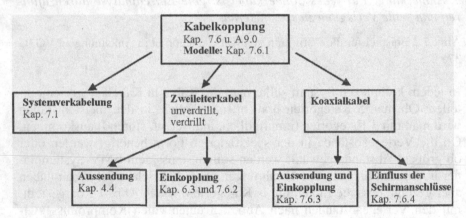

Abb. 7.4 Wegweiser zur Kabelkopplung

Einige Fragen zur Kabelkopplung werden offen bleiben, wie z.B.

- Leitungsstrom und Antennenstrom bei leicht unsymmetrischen Leitungen über Grund,
- Symmetrie- oder Unsymmetriedämpfung,
- Behandlung von verdrillten Kabeln im HF-Bereich,
- Optimierung von Kabelschirmen,
- Anbindung von Kabeln an große Streukörper in der numerischen Simulation.

7.1.4 Filterung

Die Filterung im Sinne der EMV umfasst alle Maßnahmen, einschließlich des elektrischen und mechanischen Aufbaus der Filterelemente, des Filtergehäuseanschlusses und einer Widerstandsbelegung der Leitung zur Reduzierung leitungsgeführter Signale. Neben der Einhaltung von Grenzwerten auf Leitungen, vor allem auf Netzleitungen, haben Filter aber auch die Aufgabe, die Schirmwirkung von Gehäusen und Räumen sicherzustellen.

Beispielhaft sei an folgende Situation gedacht :

Ein starkes Rundfunksignal koppelt auf eine Versorgungsleitung. Die Versorgungsleitung transportiert das Signal leitungsgebunden in den geschirmten Bereich. Durch Abstrahlung tritt das Rundfunksignal dann im geschirmten Bereich wieder auf.

Um auch diesen Weg eines ungewünschten Signals zu verhindern, müssen, abgesehen von Spezialfällen, alle elektrischen Leitungen in den geschirmten Bereich hinein gefiltert werden. Diese Filterung hat natürlich den Nutzfrequenzbereich der Signale zu berücksichtigen.

Für Standardanwendungen (Spannungsversorgung, Telefonleitungen, niederfrequente Signalleitungen) sind konfektionierte Filter auf dem Markt vorhanden. Da aber nicht ausgeschlossen werden kann, dass in Einzelfällen eine Filterauslegung durchgeführt werden muss, wird an dieser Stelle zur Vervollständigung der Thematik exemplarisch die Auslegung von Filtern mit Butterworth-Charakteristik dargestellt.

Butterworth-Tiefpass

Ein Butterworth-Filter zeichnet sich dadurch aus, dass es im Durchlassbereich keine Welligkeit hat, aber dafür im Vergleich zu anderen Filtertypen einen flacheren Abfall im Übergang zum Sperrbereich besitzt.

Die Netzwerkfunktion des auf $\omega=\omega_{go}=1\dfrac{1}{sek.}$ normierten Butterworth-Tiefpasses ($\omega=k\cdot\omega_{go}$) lautet.

$$N(\omega) = \frac{U_2(s)}{U_1(s)} = \frac{1}{a_0+a_1\cdot s+a_2\cdot s^2 +...a_n\cdot s^n}\cdot K, \qquad (7.1)$$

$s=j\omega.$ n ist die Ordnung des Tiefpasses. Die Koeffizienten bestimmen sich nach der folgenden Tabelle Tab.: 7.1 .

Tab.: 7.1 Koeffizienten für die Auslegung eines Butterworth-Tiefpasses, Dimension der Koeffizienten: $\dim(a_x) = \sek^x$

n	a_0	a_1	a_2	a_3	a_4	a_5	a_6
1	1	1					
2	1	$\sqrt{2}$	1				
3	1	2	2	1			
4	1	2,613	3,414	2,613	1		
5	1	3,236	5,236	5,236	3,236	1	
6	1	3,864	7,464	9,141	7,464	3,864	1

Aus dieser Netzwerkfunktion ergibt sich der normierte Amplitudengang zu

$$|N(\omega)| = \frac{1}{\sqrt{1 + \left(\dfrac{\omega}{\omega_{g0}}\right)^{2n}}} \cdot K, \tag{7.2}$$

aus dem sich die benötigte Ordnung bei vorgegebener Filtersteilheit errechnen lässt. K ist ein Normierungsfaktor, der für die nachfolgenden Betrachtungen zu 1 gewählt werden kann.

Beispiel 7.1: Berechnung der benötigten Ordnung n eines Butterworth-Filters, wenn bei $\omega = 2\omega_{go}$ die Ausgangsspannung $U_{aus} \leq 0{,}01 \cdot U_{eing.}$ sein soll.

Unter Ansatz der Gleichung (7.2) erhält man bei K = 1

$$|N|(\omega = 2\omega_{go}) \leq 10^{-2} \geq \frac{1}{\sqrt{1+2^{2n}}}.$$

Daraus folgt

$$1+2^{2n} \geq 10^4, 2^{2n} \geq 10^4,$$

$$2n \cdot \log 2 \geq 4, n \geq \frac{2}{\log 2} = 6{,}64,$$

$$\underline{\underline{n=7.}}$$

Mit einem Butterworth-Tiefpass der Ordnung n = 7 erhält man einen Amplitudengang, bei dem die Amplitude bei der doppelten Eckkreisfrequenz (bzw. Grenzkreisfrequenz) auf mindestens 0,01 der Eingangsamplitude abgesunken ist.

In der Abb. 7.5 sind die Amplitudengänge des Butterworth-Tiefpasses für die Ordnungen 1 bis 4 dargestellt. Eine charakteristische Frequenz im Amplitudengang ist die Eckkreis- bzw. Grenzkreisfrequenz ω_{g0}. Bei dieser Frequenz ist die Amplitude 1 auf den Wert $1/\sqrt{2}$ abgesunken.

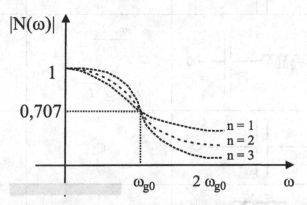

Abb. 7.5 Amplitudengang der Butterworth-Netzwerkfunktion

Vorgehensweise bei der Filterauslegung:

1) Berechnung des benötigten Dämpfungsverlaufes und damit der Ordnung des Filters,

2. Auswahl einer Schaltung, Im Allgemeinen führt jedes zusätzliche, unabhängige Blindelement auf eine Erhöhung der Ordnung um 1.

3. Berechnung der normierten Schaltungswerte (R_{0i}, C_{0i}, L_{0i}),

4. Umrechnung der Schaltungswerte auf die tatsächliche Grenzfrequenz.

Für die Transformation der Frequenz gelten folgende Beziehungen:

$$R_i = R_{0i}, \tag{7.3a}$$

$$C_i = \frac{C_{0i}}{B}, L_i = \frac{L_{0i}}{B}. \tag{7.3b}$$

Der Index 0 bezeichnet die Werte des normierten Tiefpasses. $B = \dfrac{\omega_g}{\omega_{g0}}$ ist das Verhältnis aus tatsächlicher Grenzfrequenz zur Normierungsgrenzfrequenz (Kreisfrequenz).

TP	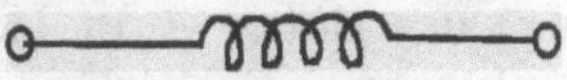	L_0	(7.4)
HP	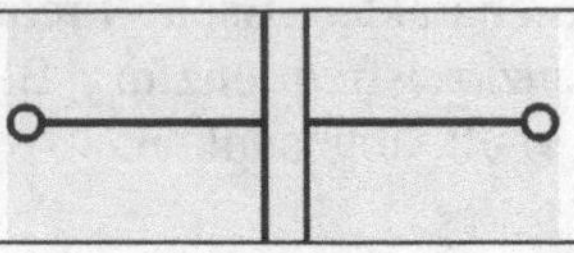	$\dfrac{1}{\omega_{g0} \cdot \omega_g \cdot L_0}$	(7.5)
BP		$\dfrac{\omega_{g0} \cdot L_0}{\Delta\omega}$	(7.6a)
		$\dfrac{\Delta\omega}{\omega_{g0} \cdot \omega_m^2 \cdot L_0}$	(7.6b)
TP	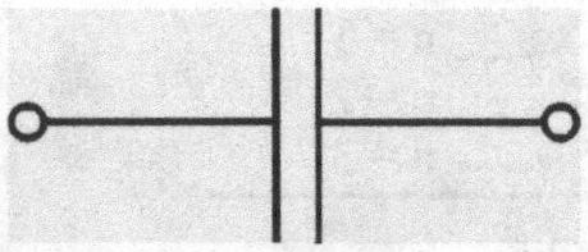	C_0	(7.7)
HP		$\dfrac{1}{\omega_{g0} \cdot \omega_g \cdot C_0}$	(7.8)
BP		$\dfrac{\Delta\omega}{\omega_{g0} \cdot \omega_m^2 \cdot C_0}$	(7.9a)
		$\dfrac{\omega_{g0} \cdot C_0}{\Delta\omega}$	(7.9b)
	$\omega_m^2 = \omega_{g1} \cdot \omega_{g2},$		(7.10)
	$\Delta\omega = \omega_{g2} - \omega_{g1}.$		(7.11)

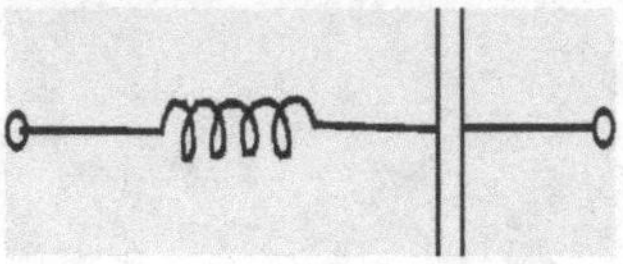

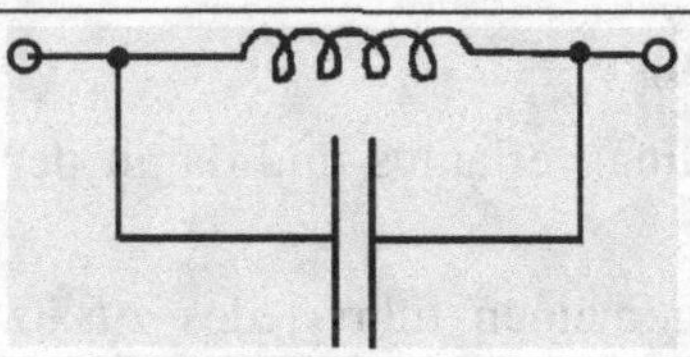

Abb. 7.6 Umwandlung von Tiefpass in Hochpass und Bandpass

Diese Abbildung ist in folgender Weise zu lesen:

Man legt einen normierten Tiefpass (TP) mit der gewünschten Steilheit aus. Möchte man dann z. B. einen Hochpass (HP) mit der tatsächlichen Eckkreisfrequenz ω_g haben, sind alle Induktivitäten (7.4) durch Kapazitäten nach Gleichung (7.5) und alle Kapazitäten (7.7) durch Induktivitäten nach Gleichung (7.8) zu ersetzen. Für die Auslegung eines Bandpasses ändern sich Induktivitäten in Serienschwingkeise und Kapazitäten in Parallelschwingkeise.

Einfügungsdämpfung

Die Einfügungsdämpfung ist die Dämpfung einer hochfrequenten Sinusspannung, die sich ergibt, wenn zwischen eine Störquelle (HF-Generator)

mit dem Innenwiderstand Z_0 (Z_0 im Allgemeinen 50 Ω) und eine Störsenke mit dem Widerstand Z_0 das Entstörelement geschaltet wird (Siehe
Abb. 7.7). Es ergibt sich:

$$a_E = 20 \cdot_{10} \log \frac{U_0}{2U_a} [dB] \tag{7.12}$$

U_0 = Leerlaufspannung der Störquelle,
U_a = Spannung an der Störsenke.

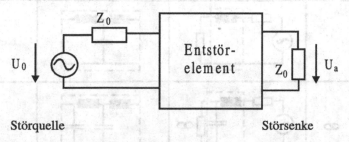

Abb. 7.7 Entstörelement zwischen Störquelle und Störsenke

> Die Einfügungsdämpfung kann nur zum Vergleich verschiedener
> Filter dienen, denn sie gibt im Allgemeinen keinen direkten Auf-
> schluss über die Wirkung im realen Aufbau (unbekannte Impedanz-
> verhältnisse!).

In der Abb. 7.8 ist der grundsätzliche Aufbau von Tiefpassfiltern dargestellt (aus [GO/SI92]). Man beachte, bei einer niederohmigen Störquelle
(Thyristor) beginnt man mit einer Induktivität, um den Innenwiderstand
der Quelle zu erhöhen.

Beispiel 7.2: Auslegung eines Butterworth-Tiefpasses 3. Ordnung

a) Für den in der Abb. 7.9 dargestellten Tiefpass sind die Größen der
   Reaktanzen so zu bestimmen, dass sich ein normierter Butterworth-
   Tiefpass 3. Ordnung ergibt.

b) Der Tiefpass ist in einen Hochpass und

c) in einen Bandpass mit der Bandbreite $\Delta\omega$ zu transformieren.

d) Die realen Elemente des Tiefpasses sind für $R_1 = R_2 = 50\ \Omega$ und eine
   Grenzfrequenz von $f_0 = 100$ kHz zu bestimmen.

Z_G	Z_L	Einfachstes Filter	besseres Filter	Gefahr einer Signalverstärkung
∞	∞	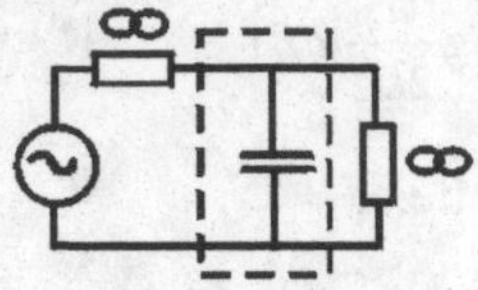	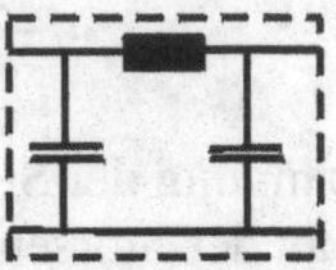	Nein
0	0	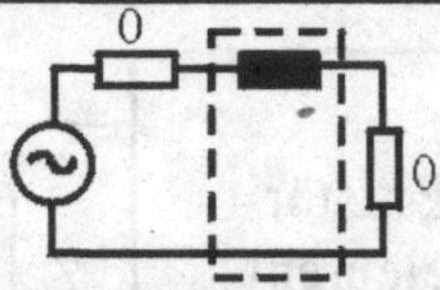	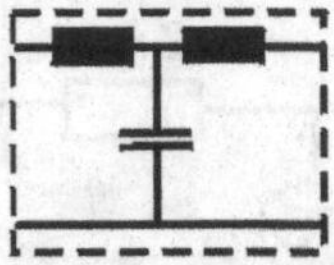	Nein
0	∞	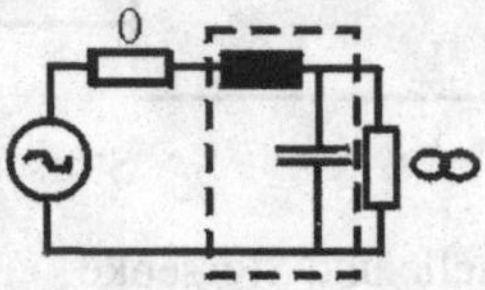	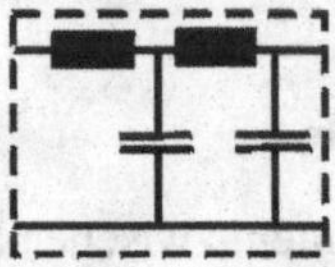	Ja
∞	0	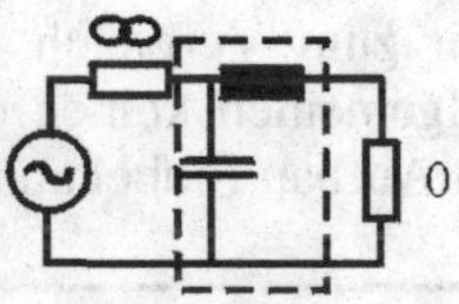	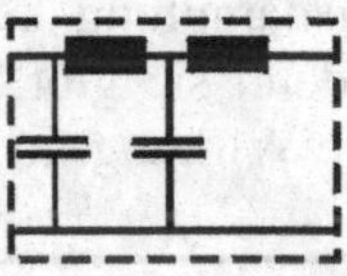	Ja

Abb. 7.8 Grundsätzlicher Aufbau von Tiefpassfiltern

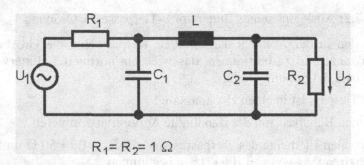

$R_1 = R_2 = 1\,\Omega$

Abb. 7.9 Schaltung zur Auslegung eines Butterworth-Tiefpasses 3. Ordnung

a) Unter der Voraussetzung $R_1 = R_2 = R$ lässt sich die Übertragungsfunktion zu

$$N(\omega) = \frac{U_2}{U_1} = \frac{1}{2} \cdot \frac{1}{s^3 \dfrac{L_0 RC_{01}C_{02}}{2} + s^2 \dfrac{L_0(C_{01}+C_{02})}{2} + s \dfrac{RC_{01}+RC_{02}+\dfrac{L_0}{R}}{2} + 1} \qquad (7.13)$$

bestimmen.

Gemäß Tab.: 7.1 lassen sich damit die drei Bestimmungsgleichungen aufstellen,

$$L_0 RC_{01}C_{02} = 2\ sek^3 \qquad (7.14)$$

$$L_0(C_{01}+C_{02}) = 4\ sek^2 \qquad (7.15)$$

$$R(C_{01}+C_{02}) = 4\ sek - \frac{L_0}{R} \qquad (7.16)$$

Löst man diese 3 Gleichungen nach den 3 Unbekannten auf, erhält man

$$L_0 = 2H, C_{01} = C_{02} = 1F \qquad (7.17)$$

b) Die Umwandlung eines Tiefpasses in einen Hochpass geschieht über die Transformationsgleichungen:

$$L_i = \frac{1}{\omega_g \cdot \omega_{g0} \cdot C_{i0}}$$

$$C_i = \frac{1}{\omega_g \cdot \omega_{g0} \cdot L_{i0}}$$

mit ω_g = tatsächliche Grenzkreisfrequenz,

ω_{g0} = Normierungsgrenzkreisfrequenz.

c) Die Umwandlung eines Tiefpasses in einen Bandpass geschieht über die nachfolgenden Transformationsgleichungen. Aus einer Induktivität wird ein Serienresonanzkreis mit:

$$C_i = \frac{\Delta\omega}{\omega_{g0} \cdot \omega_m^2 \cdot L_{0i}}$$

$$L_i = \frac{\omega_{g0}\ L_{i0}}{\Delta\omega}$$

aus einer Kapazität wird ein Parallelresonanzkreis mit:

$$L_i = \frac{\Delta\omega}{\omega_{g0} \cdot \omega_m^2 \cdot C_{i0}}$$

$$C_i = \frac{\omega_{g0} \cdot C_{i0}}{\Delta\omega}$$

mit $\omega_m = \sqrt{\omega_{g1}\omega_{g2}}$, $\Delta\omega = \omega_{g1} - \omega_{g2}$, ω_{g1}, ω_{g2} = obere und untere Grenzkreisfrequenz.

d) Ersetzt man in der Teilaufgabe a) die Widerstände R_1 und R_2 durch 50 Ω, erhält man als neue Werte für L_0 und C_{0i}: $L_0 = 100\,H$, $C_{01} = C_{02} = 20\,mF$.

Mit den Frequenzumrechnungsbeziehungen der Gleichungen (7.3b) erhält man schließlich die realen Werte: $L = 159\ \mu H$, $C_1 = C_2 = 31{,}8\ nF$. In der Abb. 7.10 ist der Amplitudengang des Tiefpasses dargestellt.

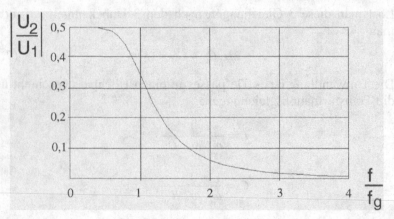

Abb. 7.10 Amplitudengang des berechneten Butterworth-Tiefpasses 3. Ordnung

Bei der Eckfrequenz beträgt das Amplitudenverhältnis

$$|N(\omega_0)| = 0{,}707 \cdot \frac{1}{2} = 0{,}3535,$$

für $\omega = 2\omega_0$ errechnet es sich zu

$$|N(2\omega)| = \frac{1}{\sqrt{1+2^6}} \cdot \frac{1}{2} = 0{,}062 \ .$$

In der Abb. 7.11 sind die drei gefragten Schaltungen dargestellt.

Tiefpass

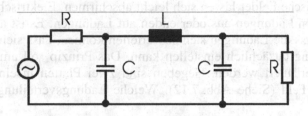

Hochpass

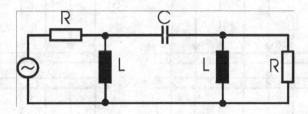

Bandpass

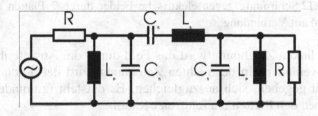

Abb. 7.11 Umwandlung eines Tiefpasses in einen Hoch- bzw. Bandpass

Aufgaben

Aufgabe 7.1: Es ist ein Netzfilter für eine Thyristorsteuerung mit folgenden Anforderungen auszulegen:

1. Das Filter soll eine Grenzfrequenz von 200 Hz haben und
2. für f = 10 kHz eine Dämpfung ($|N(\omega)|$) von 60 dB aufweisen.

   a) Welche Ordnung muss der Butterworth-Tiefpass haben?
   b) Machen Sie einen Vorschlag für den Aufbau und begründen Sie die Anordnung der Filterelemente!

7.2 Schirmung gegen elektrische Felder – Gitterschirme

Elektrische Felder lassen sich leicht abschirmen. Elektrische Feldlinien gehen von Ladungen aus oder enden auf Ladungen. Es ist also sicherzustellen, dass die Ladungen sich so verteilen können, dass sich die schirmende Wirkung tatsächlich einstellen kann. Das Prinzip soll am folgenden Beispiel erläutert werden. Gegeben sind zwei Platten in einem elektrostatischen Feld (Siehe Abb. 7.12). Welche Ladungsverteilungen stellten sich ein?

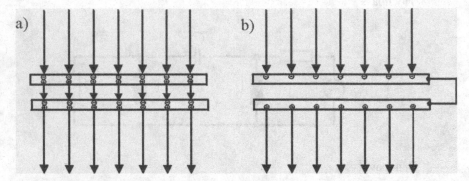

Abb. 7.12 Schirmung gegen elektrische Felder durch 2 Platten a) ohne Verbindung, b) mit Verbindung

In der linken Zeichnung wird das Feld durch die Anwesenheit der Platten kaum verändert. In der rechten Zeichnung wird den Ladungen die Möglichkeit gegeben, sich auszugleichen. Es entsteht (zumindest theoretisch) zwischen den Platten ein feldfreier Raum.

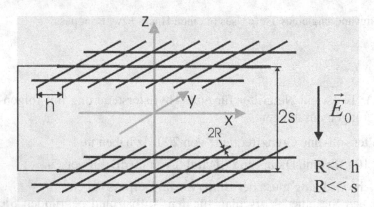

Abb. 7.13 Schirmung elektrischer Felder durch ein Drahtgitter

In vielen Fällen ist die Installation von Platten mit einem erhöhten Aufwand verbunden, so dass zur Schirmung elektrischer Felder auch die Verwendung von Gitterschirmen in Betracht gezogen werden kann. In Abb. 7.13 ist ein solches Schirmgitter dargestellt.

Dieses Schirmgitter hat eine Schirmdämpfung [SIN69] gegen elektrische Felder von

$$a_s = 20 \cdot \log \left| \frac{2\pi s}{h \cdot \ln \frac{h}{2\pi R}} \right| \qquad (7.18)$$

Der Wert, der sich mit dieser Gleichung ausrechnen lässt, gilt für die Mitte des durch das Drahtgitter abgeschirmten Raumes.

Ein Schirmgitter (Raumschirm) mit den folgenden Daten:

Höhe des Raumes	$2s = 2$ m,
Radius der Gitterdrähte	$R = 2$ mm,
Maschenweite	$h = 10$ cm

weist danach eine Schirmdämpfung von 29,6 dB auf.

Damit der Ladungsausgleich auch tatsächlich stattfinden kann,

- sollten alle Kreuzungspunkte leitend verbunden sein,

- ist die elektrische Verbindung vom oberen zum unteren Gitter unerlässlich.

Aufgaben

Aufgabe 7.2: Für einen Kinosaal wird eine Schirmdämpfung von $a_s = 40$ dB gegen elektrostatische Felder verlangt. Der Raum hat eine Höhe von $2s = 10$ m.

a) Wie groß darf die Maschenweite h eines Drahtgitters sein, wenn der Radius der Gitterdrähte $R = 2$ mm beträgt?

b) Für die Schirmung des Raumes soll die Stahlbewehrung verwendet werden. Der Radius der Stäbe der Stahlmatten ist $R = 5$ mm, die Maschenweite ist $h = 20$ cm. Wie groß ist die Schirmdämpfung in diesem Fall?

c) In der Nähe des Raumes (Abstand $d = 200$ m) befindet sich ein Mittelwellensender ($f = 1$ MHz). Er erzeugt am Ort des Raumes ein elektromagnetisches Feld von 10 V/m, vertikal. Ist es erlaubt, die Beziehungen für elektrische Felder anzusetzen (Begründung)? Wird die tatsächliche Schirmdämpfung höher oder niedriger sein als der Wert, der sich nach den Beziehungen für elektrostatische Felder ergibt?

Aufgabe 7.3: Ein Raumschirm wird als Gitterschirm verwirklicht. In der Decke (2,7 m hoch) und im Boden ist jeweils ein Gitter installiert (Radius der Gitterdrähte R = 3 mm, Maschenweite h = 5 cm). Der Raum hat eine Größe von A = 15 m². Das Boden- und das Deckengitter sind durch einen einfachen Draht verbunden. In der Nähe des geschirmten Raumes befindet sich eine Oberspannungsleitung (50 Hz), die am Ort des Raumes eine elektrische Feldstärke (vertikal) von 10 V/m erzeugt.

a) Mit welcher Feldstärke ist in der Mitte des Raumes zu rechnen?

b) Welcher Strom ist auf dem Verbindungsdraht zwischen Decken- und Bodengitter messbar?

c) Ist es nötig, das Decken- oder Bodengitter auf Masse zu legen? Welcher Vorteil ergibt sich, wenn man das Gitter masst?

7.3 Schirmung gegen Magnetfelder

Magnetische Felder lassen sich nur schwer abschirmen. Ganz besonders gilt diese Aussage für niederfrequente Magnetfelder oder auch magnetische Gleichfelder.

In der Planungsphase eines Systems, in der die Orte für Geräte und Sensoren festgelegt werden müssen, die empfindlich auf niederfrequente Magnetfelder reagieren (Monitore, Mikrophone, Elektronenmikroskope, Videoanlagen), ist es häufig ein sehr ökonomischer Weg, die Maßnahme ‚Abstand zwischen Störquelle und Störsenke' auch ins Auge zu fassen.

Die Schirmung gegen magnetische Felder lässt sich wiederum schematisieren in Schirmung

a) gegen Gleichfelder und sehr niederfrequente Felder – Schirmung durch Umlenkung des Feldes (Kap. 7.3.1),

b) gegen *mittelfrequente Felder* – Schirmung durch Nutzung des Skineffekts *(Kap. 7.3.2)*,

c) gegen *hochfrequente Felder* – Schirmung durch Reflexion und Absorption (Theorie von Schelkunoff, *Kap. 7.4*).

7.3.1 Schirmung gegen magnetische Gleichfelder und sehr niederfrequente Felder

Bei der Schirmung sehr niederfrequenter Felder (DC, Bahnstrom von 16 2/3 Hz, mit Einschränkung: technischer Wechselstrom von 50 Hz) nutzt man den Effekt aus, dass magnetische Felder in magnetischen Materialien geführt werden. Man führt das Magnetfeld um den zu schützenden Bereich herum. Daraus ergibt sich schon anschaulich, dass die Schirmung

- *um so effektiver ist, je höher die Permeabilität des Materials ist,*
- *um so effektiver ist, je dicker das Material ist,*
- *um so effektiver ist, je kleiner das zu schützende Volumen ist.*

Setzt man einen Zylinder mit dem Innenradius von R und eine Dicke von t bei einer relativen Permeabilität von μ_r an, lässt sich elementar die Formel

$$a_S = 20 \cdot \log\left(\frac{H_a}{H_i}\right) = 20 \cdot \log\left(1 + \frac{\mu_r \cdot t}{2R}\right) \tag{7.19}$$

ableiten. Die in der Form

$$a_S = 20 \cdot \log\left(\frac{\mu_r \cdot t}{2R}\right) \tag{7.20}$$

genügend genaue Ergebnisse liefert.

In der Abb. 7.14 ist die Draufsicht auf einen Hohlzylinder gezeichnet, eingetragen ist ebenfalls die Draufsicht auf ein rechteckförmiges Monitorgehäuse. Für eine ‚worst-case'-Abschätzung sollte man als Durchmesser 2R des Ersatzzylinders die Diagonale des Schirmgehäuses wählen (Je größer das Gehäuse ist, um so geringer sind die Schirmdämpfungswerte!)

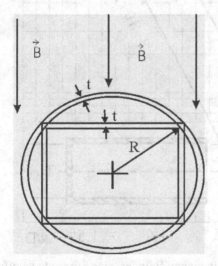

Abb. 7.14 Draufsicht auf Zylinder und Monitor in einem magnetischen Querfeld

Die Formel wurde abgeleitet für ein Magnetfeld quer zur Achse eines sehr langen Zylinders.

Bedienungs- und Sichtöffnungen in magnetischen Schirmen

Da man bei einem realen Schirm aber eine Zugangsöffnung (Sicht auf den Monitorschirm) benötigt, stellt sich die Frage, inwieweit hier noch Abschätzungen möglich sind. In Abb. 7.15 sind Messwerte der Fa. Vakuumschmelze [VAC80] für die Schirmdämpfung angegeben, die nur den Einfluss einer Öffnung bewerten. Die Dämpfung durch das Material wird als sehr hoch angesetzt. Dargestellt ist der Schirmfaktor, der sich über $a_s = 20 \log S$ in eine dB-Dämpfung umrechnen lässt. Ist sowohl der Einfluss des Materials als auch der Einfluss der Öffnung zu berücksichtigen, wird eine lineare Überlagerung beider Einflussgrößen empfohlen.

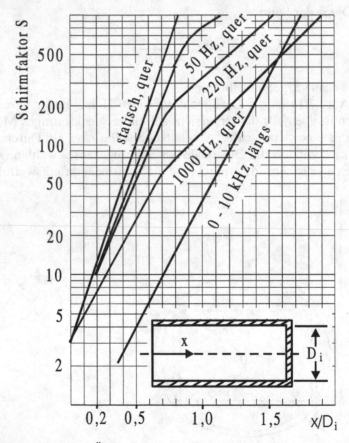

Abb. 7.15 Einfluss einer Öffnung in einem Zylinder, eine Stirnseite ist offen

Beispiel 7.3: Es ist die Schirmdämpfung eines Monitorgehäuses (17 Zoll Diagonale) aus 2 mm-starkem Mumetall (μ_r = 20.000) für ein magnetisches Querfeld zu bestimmen. Einmal für ein allseits geschlossenes Gehäuse (Fall a), einmal für ein vorn offenes Gehäuse und einen Punkt 10 cm hinter der vorderen Öffnung (Fall b).

a) Setzt man die Gleichung 7.20 an, erhält man a_s = 39 dB.

b) Aus dem Diagramm der Abb. 7.15 kann man für x/D = 0,23 einen Wert von S = 15 entnehmen, was einer Dämpfung von a_{SM} = 23,5 dB entspricht. Da die Materialdämpfung fast 16 dB größer ist als die Dämpfung durch die Front, kann sie in diesem Fall vernachlässigt werden. Falls sich ähnliche Werte ergeben, ist über die nachfolgende Formel eine genauere Abschätzung möglich.

$$a_{Sg} = -20 \cdot \log\left(10^{-\frac{a_S}{20}} + 10^{-\frac{a_{SM}}{20}} \right)$$ (7.21)

Doppelwandige Schirme

In der Firmenschrift [VAC88], die sehr empfehlenswert ist, wenn man sich häufig mit Fragen der Magnetfeldabschirmung befassen muss, wird auch eine Formel für einen doppelwandigen Schirm angegeben:

$$a_S = 20 \cdot \log\left(S_1 \cdot S_2 \cdot \frac{2 \cdot \Delta}{R_2} \right)$$ (7.22)

R_2 ist der Innenradius des äußeren Zylinders,
S_1, S_2 sind die Schirmfaktoren der Einzelschirme und
Δ ist der Luftabstand zwischen den beiden Schirmen.

Er wird dabei vorausgesetzt, dass der Luftabstand Δ wesentlich kleiner ist als der Innenradius R_2 des äußeren Zylinders.

Beispiel 7.4: Es ist der Schirmdämpfungswert eines doppelwandigen Gehäuses mit dem Wert zu vergleichen, den man mit einem einwandigen Gehäuse und entsprechender Dicke erzielt.

- Daten für das doppelwandige Gehäuse: μ_r = 25.000, t = 1 mm, R_1 = 25 cm, R_2 = 30 cm
- Daten für das einwandige Gehäuse: μ_r = 25.000, t = 2 mm, R = 25 cm

Beim doppelwandigen Gehäuse erhält man als Schirmfaktoren der Einzelschirme die Werte S_1 = 51 und S_2 = 43 und als Gesamtschirmdämpfung den Wert 57 dB. Beim einwandigen Gehäuse errechnet sich eine Schirmdämpfung von 40 dB.

Kompensationsspulen

Als Maßnahme zur Reduzierung niederfrequenter Magnetfelder werden auch Kompensationsspulen eingesetzt, die das vorhandene Feld dreidimensional messen und ein Gegenfeld zur Kompensation erzeugen.

Abb. 7.16 Mumetallgehäuse und Kompensationsspule mit Elektronik zur Reduzierung magnetischer Felder a) links: leeres Mumetallgehäuse, rechts: Kompensationsspule, Mitte: Elektronik b) Mumetallgehäuse mit Monitor c) Kompensationsspule mit Monitor

In der Abb. 7.16 sieht man eine solche kommerzielle Kompensationseinrichtung (jeweils rechts) und ein kommerzielles Abschirmgehäuse aus Mumetall (jeweils links). Die dargestellte Kompensationsspule kompensiert magnetische Wechselfelder von 16 2/3 Hz und 50 Hz bis zu 20 A/m sehr gut. Sie zeigt nur Schwächen beim Zu- und Abschalten hoher Felder. Weiterhin wurde festgestellt, dass eine Kompensation nur gegen das Feld einer Quelle zufriedenstellend durchgeführt wird. In Umgebungen mit verschiedenen niederfrequenten Magnetfeldquellen (Werkhalle mit mehreren unabhängig arbeitenden Schweißgeräten) sollte lieber auf ein Abschirmgehäuse, heute vielleicht besser auf einen TFT-Bildschirm, zurückgegriffen werden.

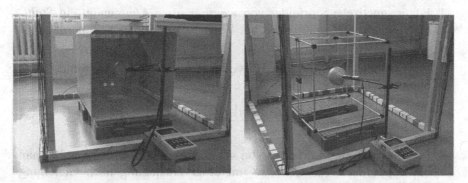

Abb. 7.17 Messaufbauten zur Messung der Schirmwirkung

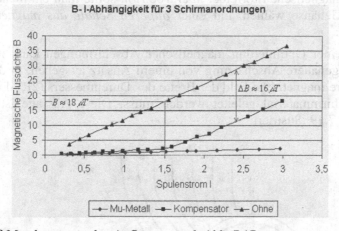

Abb. 7.18 Messkurven zu den Aufbauten nach Abb. 7.17

In der Abb. 7.17 sind die Anordnungen dargestellt, mit denen die Schirmwirkung des Mumetallgehäuses (Materialstärke d = 1 mm) und der Kompensationsspule gemessen wurden. In der Abb. 7.18 sind die Messkurven angegeben. Die Abhängigkeit des Feldes vom Strom ergab sich aus der im Labor verwendeten Felderzeugungsspule. Die Untersuchungen wurden von Herrn Stephan Pfennig im Rahmen seiner Studienarbeit durchgeführt.

Hinweise zur Auslegung eines Schirmgehäuses

Die zuvor genannten Formeln für Schirmgehäuse gehen davon aus, dass die Permeabilität konstant ist und bei sehr hohen Feldstärken auch keine

Sättigungseffekte eintreten. Dies entspricht nicht ganz der physikalischen Wirklichkeit. Aus der Erfahrung mit Abschirmungen werden in der nachfolgenden Aufstellung einige Richtwerte zur wirtschaftlichen Auslegung angegeben.

1. Für magnetische Störfelder von *weniger als 2 A/m* genügt ein *Stahlblechgehäuse* ($\mu_r = 200$), das *mit Vitrovac* (amorphes hochpermeables Material) bewickelt ist.

2. Für magnetische Störfelder H_{tat} von *2 A/m bis 40 A/m* verwendet man ein Mumetallgehäuse einer Dicke t von

$$t[mm] = \frac{H_{tat}[A/m] \cdot Diagonale[cm]}{1000} \qquad (7.23)$$

3. Für magnetische Störfelder von *40 A/m bis 100 A/m* verwendet man ein *doppelwandiges Gehäuse* mit einer Auslegung nach Gleichung (7.22).

4. Für magnetische Störfelder *über 100 A/m* sollte man ein mehrwandiges Gehäuse wählen, mit einer *äußeren Schale aus magnetischem Stahl*.

5. Bei einer Optimierung magnetischer Abschirmungen kann man für eine genauere Abschätzung von einem Ansatz ausgehen, in dem das äußere magnetische Feld der Breite des Durchmessers (2R) durch das Abschirmmaterial geleitet werden muss. Diese Aussage ist in der Abb. 7.19 illustriert.

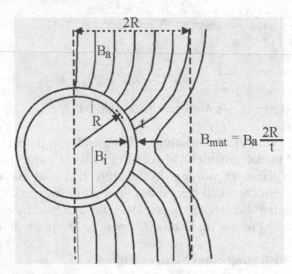

Abb. 7.19 Konzentrierung der magnetischen Flussdichte durch einen magnetischen Leitwert

7.3.2 Schirmung gegen mittelfrequente magnetische Felder

Bei der Abschirmung magnetischer Gleichfelder ergibt sich die Schirmwirkung durch eine Umlenkung der Felder (Kap. 7.3.1). Magnetische Wechselfelder induzieren in metallischen Kreisen und Materialien Induktionsspannungen. Werden diese Spannungen kurzgeschlossen, treten Induktionsströme auf, die so gerichtet sind, dass sie die stromerzeugenden Felder kompensieren.

Setzt man diese Rückwirkung mikroskopisch an, kommt man zur Theorie des Skineffekts. Setzt man diese Rückwirkung makroskopisch an, kommt man zum Kompensationsstrom. Beide Effekte sind nicht immer klar trennbar. Zum Verständnis der Wirbelstromdämpfung im Sinne der EMV ist ein grundsätzliches Verständnis des Skineffekts nötig. Eine einfache Einführung wird im Anhang A6.1 geliefert. Aus der makroskopischen Betrachtung lässt sich wiederum ableiten, dass man zur Erzeugung einer guten Schirmwirkung den Kompensationsstrom braucht, also dafür sorgen muss, dass der Kompensationsstrom auch fließen kann. Bezogen auf die nachfolgende Zeichnung bedeutet dies, dass die Plattenanordnung nur eine Schirmwirkung zeigt, wenn die Platten auch oben und unten mit einem Kurzschlussbügel versehen sind.

Die nachfolgenden Gleichungen (7.24) bis (7.27) werden nicht abgeleitet. Der Weg zu den Gleichungen ist aber immer gleich. Man setzt ein magnetisches Wechselfeld in entsprechender Richtung an, erzeugt aus dem Durchflutungssatz und dem Induktionsgesetz eine Differentialgleichung für das magnetische Feld und erfüllt an den Übergängen Luft/Material und Material/Luft die Randbedingungen

* $H_{tan1} = H_{tan2}$,
* $E_{tan1} = E_{tan2}$,

also die Stetigkeit der magnetischen und der elektrischen Tangentialfeldstärken.

7.3.3 Zwei Parallele Platten gegen magnetische Wechselfelder

$$\frac{H_i}{H_a} = \frac{1}{\cosh k \cdot t + K \cdot \sinh k \cdot t} \tag{7.24}$$

$$a_s = 20 \cdot \log \left| \frac{H_a}{H_i} \right|$$

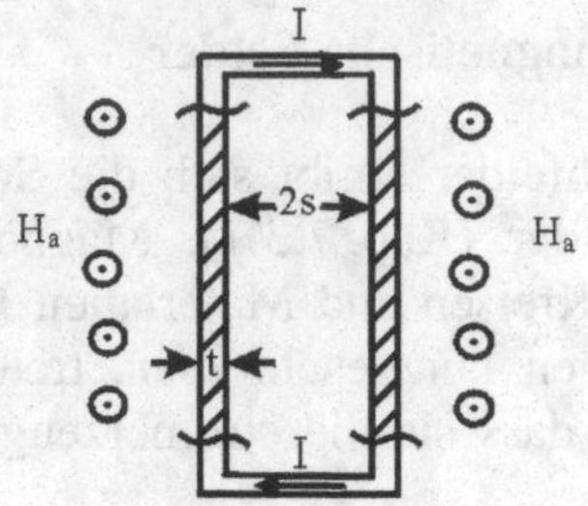

$$\omega = Kreisfrequenz = 2 \cdot \pi \cdot f$$

$$\kappa = Leitfähigkeit$$

$$\mu = Permeabilitätszahl$$

$$k = \sqrt{j\,\omega\,\mu\,\kappa} = (1+j) \cdot \frac{1}{d}$$

$$K = k \cdot \frac{\mu_0}{\mu} \cdot s$$

Abb. 7.20 Zwei ebene Platten gegen magnetisches Wechselfeld

7.3.4 Hohlkugel gegen Magnetfelder

$$\frac{H_i}{H_a} = \frac{1}{\cosh k \cdot t + \frac{1}{3}\left(K + \frac{2}{K}\right) \cdot \sinh k \cdot t} \tag{7.25}$$

$$a_s = 20 \cdot \log\left|\frac{H_a}{H_i}\right|$$

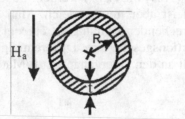

$$K = k \cdot \frac{\mu_0}{\mu} \cdot R$$

Abb. 7.21 Hohlkugel im magnetischen Wechselfeld

7.3.5 Hohlzylinder im magnetischen Querfeld

$$\frac{H_i}{H_a} = \frac{1}{\cosh k \cdot t + \frac{1}{2}\left(K + \frac{1}{K}\right) \cdot \sinh k \cdot t} \tag{7.26}$$

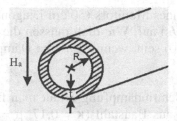

Abb. 7.22 Hohlzylinder im magnetischen Wechselfeld (Magnetfeld senkrecht zur Zylinderachse)

7.3.6 Hohlzylinder im magnetischen Längsfeld

$$\frac{H_i}{H_a} = \frac{1}{\cosh k \cdot t + \frac{1}{2} K \cdot \sinh k \cdot t} \qquad (7.27)$$

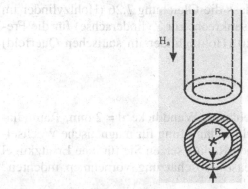

Abb. 7.23 Hohlzylinder im magnetischen Wechselfeld (Magnetfeld parallel zur Zylinderachse)

Aufgaben

Aufgabe 7.4: In einem Büroraum nahe einer Bahnstrecke treten Bildstörungen (wackelnde Bilder) mit einer Maximalauslenkung aus einer mittleren Lage heraus von d = 3 mm auf. Die Bildstörungen treten in einem Abstand von 5 bis 10 Minuten mit einer Dauer von ca. 10 s auf. Zum Zeitpunkt der Störungen ist aber kein vorbeifahrender Zug auszumachen.

a) Analysieren Sie die Situation!

b) Schlagen Sie Entstörmaßnahmen vor und begründen Sie ihre Entscheidungen!

Aufgabe 7.5: Am Ort eines Monitors (50 cm Diagonale) tritt ein magnetisches Querfeld von 8 A/m auf. Wie dick müssen die Wände eines Mumetallgehäuses (μ_r = 25.000) sein, wenn man eine Dämpfung von 30 dB verwirklichen möchte?

Aufgabe 7.6: Welche Schirmdämpfung erhält man für ein Metallgehäuse (Wanddicke d = 2 mm) aus Baustahl (κ_r = 0,17, μ_r = 200), das die Innenabmessungen Länge l = 60 cm, Breite b = 30 cm und Höhe h = 30 cm aufweist, bei f = 50 Hz?

a) Bestimmen Sie die Schirmdämpfung nach der Gleichung für ebene Platten (Plattenabstand 2s = b)!

b) Bestimmen Sie die Schirmdämpfung nach der Gleichung für die Hohlkugel (Radius R = b/2!)!

c) Bestimmen Sie die Schirmdämpfung nach der Gleichung für den Hohlzylinder im magnetischen Querfeld (Radius R = b/2)!

Aufgabe 7.7: Weisen Sie nach, dass die Gleichung 7.26 (Hohlzylinder im magnetischen Wechselfeld, Feld senkrecht zur Zylinderachse) für die Frequenz f = 0 in die Gleichung 7.20 (Hohlzylinder im statischen Querfeld) übergeht!

Aufgabe 7.8:

a) Für ein kubisches Schirmgehäuse (Wanddicke d = 2 mm, Raumdiagonale D = 60 cm) ist die Schirmdämpfung für magnetische Wechselfelder zu bestimmen! Welchen Radius setzen Sie für eine Ersatzkugel an, wenn Sie eine ‚worst-case'-Abschätzung vornehmen möchten? Begründen Sie Ihre Antwort!

b) Welchen Radius setzen Sie für einen Ersatzzylinder an, wenn Sie die Schirmung für ein magnetisches Gleichfeld bestimmen wollen? Begründen Sie Ihre Antwort!

Aufgabe 7.9: Ein magnetisches Wechselfeld (50 Hz) von 2 A/m fällt unter einem Winkel von 30° zur Achse auf einen Hohlzylinder ein. Der Hohlzylinder hat einen Innenradius von 10 cm, eine Wandstärke von 2 mm und besteht aus Dynamoblech IV (κ_r = 0,032, μ_r = 600). Wie groß ist das Magnetfeld auf der Achse des Hohlzylinders?

Aufgabe 7.10: In einem Raum der Größe 5 m x 5 m x 2,5 m sind 5 Monitore (Diagonale 60 cm) aufgestellt, die einer Beeinflussung durch ein starkes magnetisches Gleichfeld einer MSR-Anlage ausgesetzt sind. Für die Störbeseitigung werden Mumetallgehäuse von 1 mm Wandstärke vorgeschlagen. Es wird der Einsatz einer Raumschirmung diskutiert. Warum ist die integrale Raumschirmung keine Alternative zur Einzelmonitorschirmung?

7.4 Schirmung nach Schelkunoff – kurz und knapp

Die Schirmungstheorie von Schelkunoff baut auf einem Impedanzkonzept auf. Die auf eine Schirmwand auftreffende (ebene) Welle hat eine bestimmte Wellenimpedanz Γ_a, die sich aus dem Abstand zwischen Feldquelle und Schirmwand ergibt. Die Schirmwand selbst hat eine Wellenimpedanz Γ_m, die nur von den elektrischen Parametern und der Frequenz abhängt. In der Grenzfläche kommt es aufgrund der Fehlanpassung $\Gamma_a \# \Gamma_m$ zu einer teilweisen Reflexion. Ein Teil der Welle tritt in das Material ein und wird hier entsprechend der Theorie des Skineffekts gedämpft und in der Phase gedreht. Bei Auftreffen auf die zweite Grenzfläche findet, wegen der erneut vorliegenden Fehlanpassung, wiederum eine Reflexion statt, ein Teil der Welle wird reflektiert, ein Teil tritt aus. Für den zurücklaufenden Anteil beginnt das Spiel aus Dämpfung, Phasendrehung, Auftreffen auf eine Grenzfläche, Reflexion u.s.w. erneut. In der Abb. A6.1 ist dieses Verhalten schematisch dargestellt.

Beschreibt man die auftreffende Welle mit der elektrischen Feldstärke von 1 V/m, dann tritt auf der anderen Seite eine Summenfeldstärke von t_w V/m aus (Gleichung 7.28).

$$t_w = t_{am} \cdot t_{ma} \cdot e^{-\gamma t} \cdot \frac{1}{1 - r_{ma}^2 \cdot e^{-2\gamma t}} \tag{7.28}$$

Die Schirmdämpfung ergibt sich zu

$$a_s = 20 \cdot \log \left| \frac{1}{t_w} \right| \tag{7.29}$$

Die für die Gleichung 7.28 benötigten Größen sind in einfacher Weise bestimmbar:

$$t_{am} = \frac{2\Gamma_m}{\Gamma_m + \Gamma_a} \tag{7.30}$$

$$t_{ma} = \frac{2\Gamma_a}{\Gamma_m + \Gamma_a} \tag{7.31}$$

$$r_{ma} = \frac{\Gamma_a - \Gamma_m}{\Gamma_a + \Gamma_m} \qquad (7.32)$$

$$\Gamma_m = (1+j)\sqrt{\frac{\pi \cdot f \cdot \mu}{\kappa}} \qquad (7.33)$$

$$\gamma = \sqrt{j\,\omega\mu\,(\kappa + j\omega\varepsilon)} \qquad (7.34)$$

Die Größe Γ_a hängt von der Art der Feldquelle und dem Abstand der Quelle von der Wand ab.

Für *eine elektrische Quelle (Stab, Dipol)*, die ein *Hochimpedanzfeld* erzeugt, ergibt sich:

$$\Gamma_a = 377 \cdot \frac{\dfrac{j\omega r}{v} + 1 + \dfrac{v}{j\omega r}}{\dfrac{j\omega r}{v} + 1} \;\; \Omega \qquad (7.35)$$

Für *eine magnetische Quelle (eine Stromschleife)*, die ein *Niederimpedanzfeld* erzeugt, ergibt sich:

$$\Gamma_a = 377 \cdot \frac{j\dfrac{\omega r}{v} - \left(\dfrac{\omega r}{v}\right)^2}{1 + j\dfrac{\omega r}{v} - \left(\dfrac{\omega r}{v}\right)^2} \;\; \Omega \qquad (7.36)$$

$\omega = 2\,\pi\,f$ = Kreisfrequenz, v = c_0 = $3 \cdot 10^8$ m/s, r = Abstand der Quelle von der Wand.

Für die Auswertung der Gleichungen hat man zwei Möglichkeiten:

a) Programmierung und Nutzung eines Rechners (Kap. 7.4),

b) Vereinfachung der Beziehungen mit Unterteilung in Nahfeld und Fernfeld und in elektrisch dicke und elektrisch dünne Materialien, Auswertung der Formeln mit einem Taschenrechner oder aber graphisch (Kap. A6.2).

Die Nutzung eines entsprechenden Programms hat den Vorteil, weitestgehend Tipp- und Auswertefehler zu vermeiden und keine Überlegungen zum Übergang vom Nahfeld zum Fernfeld mehr anstellen zu müssen. Der vom Rechner ausgegebenen Zahl muss nur geglaubt werden. In der Abb. 7.24 sind Schirmdämpfungskurven für Kupfer, verschiedene Dicken (0,2 mm und 20 μm) und verschiedene Abstände (3 m und 0,3 m) dargestellt.

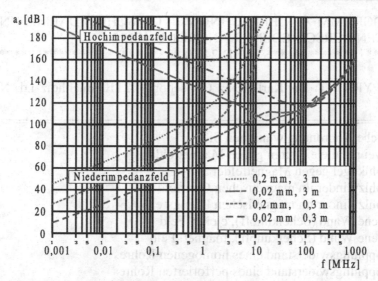

Abb. 7.24 Schirmdämpfungskurven für Kupfer

Interessant, wenn auch nur von akademischem Interesse, ist das Ergebnis, dass es jeweils einen kleinen Frequenzbereich gibt, in dem die Schirmdämpfung für elektrische Felder kleinere Werte einnimmt als die Schirmdämpfung für magnetische Felder. Bei näherer Betrachtung wird dieses Verhalten klar, wenn man sich die Verläufe der Wellenwiderstände anschaut (Kap. 5.2.2). Der Wellenwiderstand für das elektrische Feld wird in einem kleinen Abstandsbereich kleiner als der Wellenwiderstand für das magnetische Feld, damit erhält man in diesem Bereich eine bessere Anpassung und damit einen besseren Feldeintritt ins Material.

Der Charme einer manuellen oder graphischen Auswertung der vereinfachten Beziehungen liegt darin, dass man die verschiedenen Einflüsse (Nahfeld, Fernfeld, niederimpedantes Feld, Hochimpedanzfeld, Reflexionsanteil, Absorptionsanteil) erkennt und daraus vielleicht sogar Optimierungen ableiten kann.

Braucht man nur Schirmdämpfungswerte im Rahmen einer Qualitätskontrolle oder einer Abschätzung, wird man sicherlich auf die Rechnerlösung zurückgreifen. Hat man häufiger mit Schirmungsfragen zu tun und sucht nach optimalen Schirmungslösungen, dann wird empfohlen, das Anhangkapitel A6.2 durchzuarbeiten.

Für die Auswertung der zuvor angegebenen Gleichungen benötigt man Materialwerte. Für das Programm SCHIRM sind Werte für Materialien zusammengetragen, die für die Schirmung in Frage kommen können.

Im Kap. 7.4.1 ist der Quellcode des Programms SCHIRM zur Berechnung von Schirmdämpfungswerten abgedruckt. Die Möglichkeiten des Programms sind der nachfolgenden Abb. 7.25 zu entnehmen.

PROGRAMM ZUR BERECHNUNG VON SCHIRMDAEMPFUNGS-WERTEN VERSCHIEDENER ANORDNUNGEN
*****************STAND 24.10.88**************************

COPYRIGHT: Dr. Karl-Heinz Gonschorek, 2110 Buchholz i.d. Nordheide
===

Welche Anordnung wünschen Sie?	Id
Zwei parallele Platten gegen Magnetfelder	1
Hohlkugel gegen Magnetfelder	2
Hohlzylinder im magnetischen Querfeld	3
Hohlzylinder im magnetischen Laengsfeld	4
Ebene Wand (Schelkunoff), elektr. Feld	5
Ebene Wand (Schelkunoff), magnet. Feld	6
Kopplungswiderstand eines homogenen Rohres	7
Kopplungswiderstand eines perforierten Rohres	8
Umrechnung Kopplungswiderstand <-> Schirmdaempfung	9
Materialtabelle	10
Abbruch des Programms	11

Id = ?

Abb. 7.25 Möglichkeiten des Programms SCHIRM

Aufgaben

Aufgabe 7.11: Für die Größe γ (Gleichung 7.34) kann mit guter Näherung der Ausdruck $\gamma = (1+j)\cdot\frac{1}{d}$, d = Eindringtiefe angesetzt werden. Berechnen Sie für Kupfer die Frequenz f_G, bei der $\kappa = \omega\cdot\varepsilon$ ist! Für ε soll ε_0 = 8,854 pF/m angesetzt werden.

Aufgabe 7.12:

a) Schreiben Sie die Gleichungen für die Wellenimpedanzen (7.35 und 7.36) in eine Abhängigkeit r/r_0, mit $r_0 = \lambda/2\pi$ um!

b) Welcher Wert ergibt sich für $r = r_0$ und eine elektrische Quelle?

c) Welcher Wert ergibt sich für $r = r_0$ und eine magnetische Quelle?

Aufgabe 7.13: Schreiben Sie die Gleichung für die Wellenimpedanz des Schirmmaterials Γ_m (7.33) in eine Abhängigkeit von d, der Eindringtiefe, um! Interpretieren Sie das Ergebnis!

Aufgabe 7.14: Man hört häufig Aussagen in der Form: „Unsere Kabine hat eine Schirmdämpfung von mehr als 100 dB!" Warum ist diese Aussage nahezu unbrauchbar?

Aufgabe 7.15: Auf eine Kupferwand fällt eine elektromagnetische Welle mit einer Frequenz f = 10 MHz und einer Amplitude von E = 1 V/m ein. Die Quelle des Feldes befindet sich in einem Abstand t = 10 m vor der Wand.

a) Wie groß ist der Reflexionsfaktor $\underline{r}_{am} = \underline{t}_{am}$ -1?

b) Welche Amplitude hat die Stromdichte J_0 auf der Oberfläche der Kupferwand?

7.4.1 Quellcode des Programms SCHIRM

```
10    DEF FNLGT(X)=.43429448#*LOG(X)
20    PI=3.1415926536#
30    KEY OFF
40    CLS
50    PRINT "PROGRAMM ZUR BERECHNUNG VON SCHIRMDAEMPFUNGSWERTEN "
60    PRINT "             VERSCHIEDENER ANORDNUNGEN"
70    PRINT "*******************STAND 24.10.88*******************"
80    PRINT
120   PRINT "COPYRIGHT: Dr. Karl-Heinz Gonschorek,
      2110 Buchholz i.d. Nordheide"
130   PRINT
      "================================================================"
140   PRINT
150   PRINT " Welche Anordnung wuenschen Sie?            Id"
160   PRINT " Zwei parallele Platten gegen Magnetfelder       1"
170   PRINT " Hohlkugel gegen Magnetfelder              2"
180   PRINT " Hohlzylinder im magnetischen Querfeld           3"
190   PRINT " Hohlzylinder im magnetischen Laengsfeld         4"
200   PRINT " Ebene Wand (Schelkunoff), elektr. Feld          5"
210   PRINT " Ebene Wand (Schelkunoff), magnet. Feld          6"
220   PRINT " Kopplungswiderstand eines homogenen Rohres      7"
230   PRINT " Kopplungswiderstand eines perforierten Rohres   8"
240   PRINT " Umrechnung Kopplungswiderstand <-> Schirmdaempfung 9"
250   PRINT " Materialtabelle                          10"
260   PRINT " Abbruch des Programms                     11"
270   PRINT
280   INPUT "Id = ?  ", ID
```

```
290  PRINT
300  IF ID=11 THEN GOTO 6390
310  CLOSE #1
320  PRINT "Wuenschen Sie die Ergebnisausgaben auf dem Bildschirm
     (Eingabe: B)"
330  PRINT "oder auf dem Drucker (Eingabe: D)?    "
340  PRINT
350  INPUT "B oder D?  ",A$
360  IF A$ = "B" OR A$ = "b" THEN OPEN "con" FOR OUTPUT AS # 1
370  IF A$ = "D" OR A$ = "d" THEN OPEN "lpt1:" FOR OUTPUT AS # 1
380  IF ID=10 THEN GOTO 5240
390  INPUT "Frequenz in Hz = ?  ", F
400  OM=2*PI*F
410  IF ID=8 THEN GOTO 4500
420  IF ID=9 THEN GOTO 4810
430  INPUT "My relativ = ?  ", MYR
440  INPUT "My relativ = f(f)?  (>JA< oder >NEIN<)    ",D$
450  IF D$<>"NEIN" THEN GOSUB 6330
460  MY=MYR*.4*PI*.000001
470  INPUT "Kappa relativ (bezogen auf Cu) = ?  ",KAPR
480  KAP=KAPR*56*1000000!
490  INPUT "Materialstaerke in mm = ?  ",T
500  T=.001 *T
510  ON ID GOTO 520,1050,1640,2230,2750,2750,4060,4500,4810,5240,300
520  REM   Zwei parallele Platten gegen Magnetfelder
530  INPUT "Plattenabstand in m = ?  ",S
540  S=S/2
550  ARG=OM*MY*KAP
560  A=0
570  B=ARG
580  GOSUB 6000
590  RKK=X
600  IKK=Y
610  RGK=RKK*S/MYR
620  IGK=IKK*S/MYR
630  A=RKK*T
640  B=IKK*T
650  GOSUB 6060
660  RCO=X
670  ICO=Y
680  GOSUB 6120
690  RSI=X
700  ISI=Y
```

```
710  A=RGK
720  B=IGK
730  C=RSI
740  D=ISI
750  GOSUB 5910
760  RKSI=X
770  IKSI=Y
780  R=RCO+RKSI
790  I=ICO+IKSI
800  AR=10*FNLGT(R*R+I*I)
810  A=1
820  B=0
830  C=R
840  D=I
850  GOSUB 5950
860  RHI=X
870  IHI=Y
880  PRINT#1, "" :PRINT#1,""
890  PRINT#1, "Zwei parallele Platten gegen Magnetfelder"
900  PRINT#1, "======================================="
910  PRINT#1, ""
920  PRINT#1, USING "Frequenz in Hz =         #.####^^^^";F
930  PRINT#1, USING "Myr =                    #.####^^^^";MYR
940  PRINT#1, USING "Kapr =                   #.####^^^^";KAPR
950  PRINT#1, USING "Plattenabstand in m =    #.####^^^^";2*S
960  PRINT#1, USING "Materialstaerke in mm =  #.####^^^^";T*1000
970  PRINT#1, USING "Real (Hi) =             +#.####^^^^";RHI
980  PRINT#1, USING "Imag (Hi) =             +#.####^^^^";IHI
990  PRINT#1,""
1000 PRINT#1, USING "Daempfung =             +#.####^^^^ dB";AR
1010 PRINT#1, "======================================="
1020 PRINT#1,""
1030 IF A$ = "b" OR A$ = "B" THEN PRINT: INPUT "Bitte Return
     druecken!",AAA$
1040 GOTO 140
1050 REM  Hohlkugel gegen Magnetfelder
1060 INPUT "Innenradius in m = ? ",S
1070 ARG=OM*MY*KAP
1080 A=0
1090 B=ARG
1100 GOSUB 6000
1110 RKK=X
1120 IKK=Y
```

```
1130 RGK=RKK*S/MYR
1140 IGK=IKK*S/MYR
1150 A=RKK*T
1160 B=IKK*T
1170 GOSUB 6060
1180 RCO=X
1190 ICO=Y
1200 GOSUB 6120
1210 RSI=X
1220 ISI=Y
1230 A=2
1240 B=0
1250 C=RGK
1260 D=IGK
1270 GOSUB 5950
1280 RS1=X
1290 IS1=Y
1300 A=(RGK+RS1)/3
1310 B=(IGK+IS1)/3
1320 C=RSI
1330 D=ISI
1340 GOSUB 5910
1350 RKSI=X
1360 IKSI=Y
1370 R=RCO+RKSI
1380 I=ICO+IKSI
1390 AR=10*FNLGT(R*R+I*I)
1400 A=1
1410 B=0
1420 C=R
1430 D=I
1440 GOSUB 5950
1450 RHI=X
1460 IHI=Y
1470 PRINT#1,"":PRINT#1,""
1480 PRINT#1, "Hohlkugel gegen Magnetfelder"
1490 PRINT#1, "============================="
1500 PRINT#1, ""
1510 PRINT#1, USING "Frequenz in Hz =          #.####^^^^";F
1520 PRINT#1, USING "Myr =                     #.####^^^^";MYR
1530 PRINT#1, USING "Kapr =                    #.####^^^^";KAPR
1540 PRINT#1, USING "Innenradius in m =        #.####^^^^";S
1550 PRINT#1, USING "Materialstaerke in mm =   #.####^^^^";T*1000
```

```
1560 PRINT#1, USING "Real (Hi) =                    +#.####^^^^";RHI
1570 PRINT#1, USING "Imag (Hi) =                    +#.####^^^^";IHI
1580 PRINT#1, ""
1590 PRINT#1, USING "Daempfung =                    +#.####^^^^ dB";AR
1600 PRINT#1, "========================================================="
1610 PRINT#1,""
1620 IF A$ = "b" OR A$ = "B" THEN PRINT: INPUT "Bitte Return
     druecken!",AAA$
1630 GOTO 140
1640 REM  Hohlzylinder im magnetischen Querfeld
1650 INPUT "Innenradius in m = ?  ",S
1660 ARG=OM*MY*KAP
1670 A=0
1680 B=ARG
1690 GOSUB 6000
1700 RKK=X
1710 IKK=Y
1720 RGK=RKK*S/MYR
1730 IGK=IKK*S/MYR
1740 A=RKK*T
1750 B=IKK*T
1760 GOSUB 6060
1770 RCO=X
1780 ICO=Y
1790 GOSUB 6120
1800 RSI=X
1810 ISI=Y
1820 A=1
1830 B=0
1840 C=RGK
1850 D=IGK
1860 GOSUB 5950
1870 RS1=X
1880 IS1=Y
1890 A=(RGK+RS1)/2
1900 B=(IGK+IS1)/2
1910 C=RSI
1920 D=ISI
1930 GOSUB 5910
1940 RKSI=X
1950 IKSI=Y
1960 R=RCO+RKSI
1970 I=ICO+IKSI
```

```
1980 AR=10*FNLGT(R*R+I*I)
1990 A=1
2000 B=0
2010 C=R
2020 D=I
2030 GOSUB 5950
2040 RHI=X
2050 IHI=Y
2060 PRINT#1, "":PRINT#1, ""
2070 PRINT#1, "Hohlzylinder im magnetischen Querfeld"
2080 PRINT#1, "=========================================================="
2090 PRINT#1, ""
2100 PRINT#1, USING "Frequenz in Hz =            #.####^^^^";F
2110 PRINT#1, USING "Myr =                       #.####^^^^";MYR
2120 PRINT#1, USING "Kapr =                      #.####^^^^";KAPR
2130 PRINT#1, USING "Innenradius in m     =      #.####^^^^";S
2140 PRINT#1, USING "Materialstaerke in mm =     #.####^^^^";T*1000
2150 PRINT#1, USING "Real (Hi) =                +#.####^^^^";RHI
2160 PRINT#1, USING "Imag (Hi) =                +#.####^^^^";IHI
2170 PRINT#1, ""
2180 PRINT#1, USING "Daempfung =                +#.####^^^^ dB";AR
2190 PRINT#1, "========================================="
2200 PRINT#1, ""
2210 IF A$ = "b" OR A$ = "B" THEN PRINT: INPUT "Bitte Return
     druecken!",AAA$
2220 GOTO 140
2230 REM  Hohlzylinder im magnetischen Laengsfeld
2240 INPUT "Innenradius in m = ?  ",S
2250 ARG=OM*MY*KAP
2260 A=0
2270 B=ARG
2280 GOSUB 6000
2290 RKK=X
2300 IKK=Y
2310 RGK=RKK*S/MYR
2320 IGK=IKK*S/MYR
2330 A=RKK*T
2340 B=IKK*T
2350 GOSUB 6060
2360 RCO=X
2370 ICO=Y
2380 GOSUB 6120
2390 RSI=X
```

```
2400 ISI=Y
2410 A=RGK/2
2420 B=IGK/2
2430 C=RSI
2440 D=ISI
2450 GOSUB 5910
2460 RKSI=X
2470 IKSI=Y
2480 R=RCO+RKSI
2490 I=ICO+IKSI
2500 AR=10*FNLGT(R*R+I*I)
2510 A=1
2520 B=0
2530 C=R
2540 D=I
2550 GOSUB 5950
2560 RHI=X
2570 IHI=Y
2580 PRINT#1, "":PRINT#1, ""
2590 PRINT#1, "Hohlzylinder im magnetischen Laengsfeld"
2600 PRINT#1, "===================================="
2610 PRINT#1, ""
2620 PRINT#1, USING "Frequenz in Hz =            #.####^^^^";F
2630 PRINT#1, USING "Myr =                       #.####^^^^";MYR
2640 PRINT#1, USING "Kapr =                      #.####^^^^";KAPR
2650 PRINT#1, USING "Innenradius in m      =     #.####^^^^";S
2660 PRINT#1, USING "Materialstaerke in mm =     #.####^^^^";T*1000
2670 PRINT#1, USING "Real (Hi) =                +#.####^^^^";RHI
2680 PRINT#1, USING "Imag (Hi) =                +#.####^^^^";IHI
2690 PRINT#1, ""
2700 PRINT#1, USING "Daempfung =                +#.####^^^^ dB";AR
2710 PRINT#1, "========================================="
2720 PRINT#1, ""
2730 IF A$ = "b" OR A$ = "B" THEN PRINT: INPUT "Bitte Return
     druecken!",AAA$
2740 GOTO 140
2750 REM  Ebene Wand (Schelkunoff)
2760 INPUT "Abstand der Quelle von der Wand in m = ?  ",R
2770 OMR=OM*R
2780 IF ID=6 THEN GOTO 2840
2790 RZ=377
2800 IZ=(OMR/9E+16-1/OMR)/8.854201E-12
2810 RN=1
```

```
2820 INN=OMR/3E+08
2830 GOTO 2890
2840 REM  Magnetfeld
2850 RZ=377*(OMR/3E+08)^2
2860 IZ=-377*OMR/3E+08
2870 RN=1-(OMR/3E+08)^2
2880 INN=OMR/3E+08
2890 REM Mw
2900 A=RZ
2910 B=IZ
2920 C=RN
2930 D=INN
2940 GOSUB 5950
2950 RGA=X
2960 IGA=Y
2970 RGM=SQR(PI*F*MY/KAP)
2980 IGM=SQR(PI*F*MY/KAP)
2990 A=RGA-RGM
3000 B=IGA-IGM
3010 C=RGA+RGM
3020 D=IGA+IGM
3030 GOSUB 5950
3040 RRMA=X
3050 IRMA=Y
3060 A=RRMA
3070 B=IRMA
3080 C=RRMA
3090 D=IRMA
3100 GOSUB 5910
3110 RRMAQ=X
3120 IRMAQ=Y
3130 OMMY=OM*MY
3140 OMEPS=OM*8.854201E-12
3150 A=0
3160 B=OMMY
3170 C=KAP
3180 D=OMEPS
3190 GOSUB 5910
3200 RSGAM=X
3210 ISGAM=Y
3220 A=RSGAM
3230 B=ISGAM
3240 GOSUB 6000
```

```
3250 RGAM=X
3260 IGAM=Y
3270 RE=EXP(-2*RGAM*T)*COS(-2*IGAM*T)
3280 IE=EXP(-2*RGAM*T)*SIN(-2*IGAM*T)
3290 A=RRMAQ
3300 B=IRMAQ
3310 C=RE
3320 D=IE
3330 GOSUB 5910
3340 RS2=X
3350 IS2=Y
3360 A=1
3370 B=0
3380 C=1-RS2
3390 D=-IS2
3400 GOSUB 5950
3410 RE4=X
3420 IE4=Y
3430 RE3=EXP(-RGAM*T)*COS(-IGAM*T)
3440 IE3=EXP(-RGAM*T)*SIN(-IGAM*T)
3450 A=2*RGA
3460 B=2*IGA
3470 C=RGM+RGA
3480 D=IGM+IGA
3490 GOSUB 5950
3500 RTMA=X
3510 ITMA=Y
3520 A=2*RGM
3530 B=2*IGM
3540 C=RGM+RGA
3550 D=IGM+IGA
3560 GOSUB 5950
3570 RTAM=X
3580 ITAM=Y
3590 A=RTAM
3600 B=ITAM
3610 C=RTMA
3620 D=ITMA
3630 GOSUB 5910
3640 REZ=X
3650 IEZ=Y
3660 A=REZ
3670 B=IEZ
```

```
3680 C=RE3
3690 D=IE3
3700 GOSUB 5910
3710 REZ2=X
3720 IEZ2=Y
3730 A=REZ2
3740 B=IEZ2
3750 C=RE4
3760 D=IE4
3770 GOSUB 5910
3780 RTW=X
3790 ITW=Y
3800 A=1
3810 B=0
3820 C=RTW
3830 D=ITW
3840 GOSUB 5950
3850 RAS=X
3860 IAS=Y
3870 AR=10*FNLGT(RAS*RAS+IAS*IAS)
3880 PRINT#1, "":PRINT#1, ""
3890 IF ID=5 THEN PRINT#1, "Ebene Wand (Schelkunoff), elektrisches Feld"
3900 IF ID=6 THEN PRINT#1, "Ebene Wand (Schelkunoff), magnetisches Feld"
3910 PRINT#1, "========================================="
3920 PRINT#1, ""
3930 PRINT#1, USING "Frequenz in Hz =            #.####^^^^";F
3940 PRINT#1, USING "Myr =                       #.####^^^^";MYR
3950 PRINT#1, USING "Kapr =                      #.####^^^^";KAPR
3960 PRINT#1, USING "Abstand Quelle_-Wand in m =  #.####^^^^";R
3970 PRINT#1, USING "Materialstaerke in mm =     #.####^^^^";T*1000
3980 PRINT#1, USING "Rai =                      +#.####^^^^";RTW
3990 PRINT#1, USING "Iai =                      +#.####^^^^";ITW
4000 PRINT#1, ""
4010 PRINT#1, USING "Daempfung =                +#.####^^^^ dB";AR
4020 PRINT#1, "========================================="
4030 PRINT#1, ""
4040 IF A$ = "b" OR A$ = "B" THEN PRINT: INPUT "Bitte Return
     druecken!",AAA$
4050 GOTO 140
4060 REM Kopplungswiderstand eines homogenen Rohres
4070 PRINT ""
4080 PRINT "Innenradius >>Materialstaerke !!!!!!!!!"
4090 PRINT ""
```

```
4100 INPUT "Innenradius in mm = ?                  ",S
4110 S=S*.001
4120 ARG=OM*MY*KAP
4130 A=0
4140 B=ARG
4150 GOSUB 6000
4160 RKK=X
4170 IKK=Y
4180 A=RKK*T
4190 B=IKK*T
4200 GOSUB 6120
4210 RSI=X
4220 ISI=Y
4230 A=RKK
4240 B=IKK
4250 C=RSI
4260 D=ISI
4270 GOSUB 5950
4280 RZKSR =X
4290 IZKSR=Y
4300 DIV=2*PI*S*KAP
4310 RZK=RZKSR/DIV
4320 IZK=IZKSR/DIV
4330 PRINT#1, "": PRINT#1, ""
4340 PRINT#1, "Kopplungswiderstand eines homogenen Rohres"
4350 PRINT#1, "========================================="
4360 PRINT#1, ""
4370 PRINT#1, USING "Frequenz in Hz =            #.####^^^^";F
4380 PRINT#1, USING "Myr =                       #.####^^^^";MYR
4390 PRINT#1, USING "Kapr =                      #.####^^^^";KAPR
4400 PRINT#1, USING "Innenradius in mm =         #.####^^^^";S*1000
4410 PRINT#1, USING "Materialstaerke in mm =     #.####^^^^";T*1000
4420 PRINT#1, ""
4430 PRINT#1, USING "Zk  =               +#.####^^^^ Ohm/m";RZK
4440 PRINT#1, USING "     _+ j _*         +#.####^^^^ Ohm/m";IZK
4450 PRINT#1, USING "/Z/ =              #.####^^^^ Ohm/m";SQR(RZK^2+IZK^2)
4460 PRINT#1, "============================================="
4470 PRINT#1, ""
4480 IF A$ = "b" OR A$ = "B" THEN PRINT: INPUT "Bitte Return druecken!",AAA$
4490 GOTO 140
4500 REM Kopplungswiderstand eines perforierten Rohres
4510 INPUT "Innenradius in mm = ?  ",S
4520 S=S*.001
```

```
4530 PRINT ""
4540 PRINT "Perforierungsgrad = Verhaeltnis der gesamten Oeffnungs-"
4550 PRINT "                    flaeche PI*r*r*n der Loecher"
4560 PRINT "                    zur ges. Oberflaeche 2*PI*R*L"
4570 PRINT "                    des Rohres je m Laenge"
4580 INPUT "Perforierungsgrad?   ",P
INPUT "Lochradius in mm ?   ", R0
4595 R0=R0*.001
4600 ZKS=.6666667/PI/PI*OM*.4*PI*.000001*P*R0/S
4610 PRINT#1, ""
4620 PRINT#1, ""
4630 PRINT#1, "Kopplungswiderstand eines perforierten Rohres"
4640 PRINT#1, "============================================="
4650 PRINT#1, ""
4660 PRINT#1, USING "Innenradius in mm =        #.####^^^^";S*1000
4670 PRINT#1, USING "Frequenz in Hz =           #.####^^^^";F
4680 PRINT#1, USING "Perforationsgrad =         #.####^^^^";P
4690 PRINT#1, USING "Lochradius in mm =         #.####^^^^";R0
4700 PRINT#1, ""
4710 PRINT#1, USING "Zks =           j _*        +#.####^^^^ Ohm/m";ZKS
4720 PRINT#1, "============================================="
4730 PRINT#1, ""
4740 PRINT#1, "ACHTUNG: Gesamter Kopplungswiderstand eines perforier-"
4750 PRINT#1, "     ten Rohres ergibt sich auf der Serienschaltung"
4760 PRINT#1, "   des Kopplungswiderstandes fuer das homogene Rohr"
4770 PRINT#1, "  und des Kopplungswiderstandes fuer die Perforation"
4780 PRINT#1, ""
4790 IF A$ = "b" OR A$ = "B" THEN PRINT: INPUT "Bitte Return
     druecken!",AAA$
4800 GOTO 140
4810 REM  Umrechnung Kopplungswiderstand<>Schirmdaempfung
4820 PRINT ""
4830 PRINT "Wuenschen Sie eine Umrechnung Kopplungswiderstand in"
4840 PRINT "Schirmdaempfung (EINGABE: 1) oder eine Umrechnung"
4850 PRINT "Schirmdaempfung in Kopplungswiderstand (EINGABE: 2)?"
4860 PRINT ""
4870 INPUT "Umrechnungsrichtung (1  oder  2 )?  ",IK
4880 ON IK GOTO 4890,5090
4890 REM  Kopplungswiderstand in Schirmdaempfung
4900 INPUT "Betrag des Kopplungswiderstandes in Ohm/m = ?   ",ZKS
4910 AR=20*FNLGT(F*.2*PI*.000001/ZKS)
4920 PRINT#1, "": PRINT#1,""
4930 PRINT#1, "Umrechnung Kopplungswiderstand in Schirmdaempfung"
```

```
4940 PRINT#1, "=================================================="
4950 PRINT#1, ""
4960 PRINT#1, USING "Frequenz in Hz =              #.####^^^^";F
4970 PRINT#1, USING "Kopplungswiderstand in Ohm/m =  #.####^^^^";ZKS
4980 PRINT#1, ""
4990 PRINT#1, USING "Daempfung =                  +#.####^^^^ dB";AR
5000 PRINT#1, "=================================================="
5010 PRINT#1, ""
5020 IF A$ = "b" OR A$ = "B" THEN PRINT: INPUT "Bitte Return
     druecken!",AAA$
5030 GOTO 140
5040 PRINT#1, "Randbedingung Innenradius/Eindringtiefe >>1 nicht
     beachtet!"
5050 PRINT#1,
     "=================================================="
5060 PRINT#1, ""
5070 IF A$ = "b" OR A$ = "B" THEN PRINT: INPUT "Bitte Return
     druecken!",AAA$
5080 GOTO 140
5090 REM  Umrechnung Schirmdaempfung in Kopplungswiderstand
5100 INPUT "Schirmdaempfung in dB?  ",AR
5110 ZKS=F*.2*PI*.000001/10^(AR/20)
5120 PRINT#1, "":PRINT#1, ""
5130 PRINT#1, "Umrechnung Schirmdaempfung in Kopplungswiderstand"
5140 PRINT#1, "=================================================="
5150 PRINT#1, ""
5160 PRINT#1, USING "Frequenz in Hz =            #.####^^^^";F
5170 PRINT#1, USING "Schirmdaempfung in dB =     #.####^^^^";AR
5180 PRINT#1, ""
5190 PRINT#1, USING "/Z/ =                       #.####^^^^ Ohm/m";ZKS
5200 PRINT#1, "=================================================="
5210 PRINT#1, ""
5220 IF A$ = "b" OR A$ = "B" THEN PRINT: INPUT "Bitte Return
     druecken!",AAA$
5230 GOTO 140
5240 REM Materialtabelle
5250 PRINT
5260 IF A$ = "d" OR A$ = "D" THEN LPRINT CHR$(12)
5270 IF A$ = "b" OR A$ = "B" THEN PRINT#1,""
5280 PRINT#1, "Materialtabelle"
5290 PRINT#1, "==============="
5300 PRINT#1, ""
5310 PRINT#1, "Metall      Rel. Leitfaehig-       Permeabilitaetszahl"
```

```
5320 PRINT#1, "              keit (Kapr),          (Myr)"
5330 PRINT#1, "              bezogen auf Cu        (Anfangsperm.)"
5340 PRINT#1, "              (57E6 S/m)"
5350 PRINT#1, "_____        _____      _____"
5360 PRINT#1, ""
5370 PRINT#1, "Kupfer        1                     1"
5380 PRINT#1, "Aluminium                         "
5390 PRINT#1, "(99.6 %)      .603                  1"
5400 PRINT#1, "Beryllium     .28                   1"
5410 PRINT#1, "Blei          .085                  1"
5420 PRINT#1, "Cadmium       .232                  1"
5430 PRINT#1, "Chrom         .664                  1"
5440 PRINT#1, "Gold          .763                  1"
5450 PRINT#1, "Magnesium     .386                  1"
5460 PRINT#1, "Mangan        .039                  1"
5470 PRINT#1, "Messing  "
5480 PRINT#1, " (66 % Cu,"
5490 PRINT#1, "  35 % Zn)    .35                   1"
5500 IF A$ = "b" OR A$ = "B" THEN PRINT#1,"":PRINT#1,"":INPUT "Bitte
     Return druecken!",AA$:PRINT#1,""
5510 PRINT#1, "Monel         .04                   1"
5520 PRINT#1, "Neusilber     .06                   1"
5530 PRINT#1, "Platin        .16                   1"
5540 PRINT#1, "Quecksilber   .018                  1"
5550 PRINT#1, "Silber        1.09                  1"
5560 PRINT#1, "Stahl"
5570 PRINT#1, "(X5 CrNi 189 rf).02                 1"
5580 PRINT#1, "Tantal        .12                   1"
5590 PRINT#1, "Titan         .036                  1"
5600 PRINT#1, "Wolfram       .293                  1"
5610 PRINT#1, "Zink          .280                  1"
5620 PRINT#1, "Zinn          .147                  1"
5630 PRINT#1, "========================================================="
5640 PRINT#1, "Eisen rein    .175                  200...2000"
5650 PRINT#1, "Chrom-Nickel-"
5660 PRINT#1, "Stahl"
5670 PRINT#1, "(18% Cr,10% Ni) .023                80"
5680 IF A$ = "b" OR A$ = "B" THEN PRINT#1, "":PRINT#1, "":INPUT "Bitte
     Return druecken!",AA$:PRINT#1, ""
5690 PRINT#1, "Dynamoblech I  .097                 150"
5700 PRINT#1, "Dynamoblech IV .032                 300...600"
5710 PRINT#1, "Hypernick      .0345                4500"
5720 PRINT#1, "Kobalt         .07                  70"
```

```
5730 PRINT#1, "Mangan-Zink-"
5740 PRINT#1, "Ferrite          (1.5...9)E-8          1000...2500"
5750 PRINT#1, "Mumetall"
5760 PRINT#1, "(76 % NI,5% Cu,"
5770 PRINT#1," 2% Cr)          .032                   25000
5780 PRINT#1, "Nickel-Zink-"
5790 PRINT#1, "Ferrite         1E-12...1E-11          20...2000"
5800 PRINT#1, "Nickel-Zink-"
5810 PRINT#1, "Ferrite         1E-11...1E-9           100...2000"
5820 PRINT#1, "Nickel          .206                   250"
5830 PRINT#1, "Permalloy       .0314                  20000"
5840 PRINT#1, "Stahl (kaltge-"
5850 PRINT#1, "walzt)          .17                    180"
5860 PRINT#1, "Stahl (ST 12 03 m) .14                 200"
5870 PRINT#1, "Supermalloy     .029                   130000"
5880 PRINT#1, " "
5890 IF A$ = "b" OR A$ = "B" THEN PRINT: INPUT "Bitte Return
     druecken!",AAA$
5900 GOTO 140
5910 REM ****UNTERPROGRAMM Cmul****
5920 X=A*C-B*D
5930 Y=A*D+B*C
5940 RETURN
5950 REM **** UNTERPROGRAMM Cdiv****
5960 Z=C*C+D*D
5970 X=(A*C+B*D)/Z
5980 Y=(B*C-A*D)/Z
5990 RETURN
6000 REM **** UNTERPROGRAMM Cwur ****
6010 GOSUB 6180
6020 W=(A*A+B*B)^.25
6030 X=W*COS(P/2)
6040 Y=W*SIN(P/2)
6050 RETURN
6060 REM **** UNTERPROGRAMM Ccoh *****
6070 CH=(EXP(A)+EXP(-A))/2
6080 SH=(EXP(A)-EXP(-A))/2
6090 X=CH*COS(ABS(B))
6100 Y=SGN(B)*SH*SIN(ABS(B))
6110 RETURN
6120 REM **** UNTERPROGRAMM Csih *****
6130 CH=(EXP(A)+EXP(-A))/2
6140 SH=(EXP(A)-EXP(-A))/2
```

```
6150 X=SH*COS(ABS(B))
6160 Y=SGN(B)*CH*SIN(ABS(B))
6170 RETURN
6180 REM ***** UNTERPROGRAMM Atan *****
6190 IF B>0 AND A=0 THEN GOTO 6270
6200 IF B<0 AND A=0 THEN GOTO 6300
6210 IF A>0 THEN GOTO 6240
6220 P=PI+ATN(B/A)
6230 GOTO 6320
6240 REM M1
6250 P=ATN(B/A)
6260 GOTO 6320
6270 REM M2
6280 P=PI/2
6290 GOTO 6320
6300 REM M3
6310 P=-PI/2
6320 RETURN
6330 REM ****UNTERPROGRAMM My *****
6340 IF F<10000 THEN GOTO 6370
6350 IF F>=10000 AND F<500000! THEN MYR=10^(FNLGT(MYR)*(1-
     FNLGT(F/10000)/FNLGT(50)))
6360 IF F>=500000! THEN MYR=1
6370 RETURN
6380 B$="Lochradius =                    ":B=R0
6390 END
```

7.5 Leckagen, Durchgriffe, Hohlraumresonanzen

Der Gesamtbereich der Schirmung, beginnend mit der Abschirmung magnetischer Gleichfelder, bis hin zur Auslegung von Schirmen im Radarbereich, lässt sich nur schwer in ein Schema pressen. Trotzdem lassen sich einige grundsätzliche Aussagen treffen.

1. Bei Metallschirmen mit Dicken über 0,1 mm spielen zunehmend die Leckagen (Fehlstellen) eine Rolle.

2. Ungenügende Werte (Abweichungen von der Theorie) im unteren Frequenzbereich gehen auf Probleme mit der Leitfähigkeit zurück, z. B. schlechte Kontakte zwischen Schirmblechen, korrodierte Türkontakte und Vorreiber, nicht leitwertgleiche Verschweißung der Bleche.

3. Ungenügende Werte (Abweichungen von der Theorie) im oberen Frequenzbereich gehen auf echte Löcher zurück. Dabei, das dürfte bekannt sein, spielt die längste Ausdehnung eines Loches die entscheidende Rolle.

4. Sind Öffnungen nötig, z.B. zur Ventilation, ist bei vorgegebener Öffnungsfläche eine große Anzahl kleiner (runder) Löcher einer kleineren Anzahl von großen Löchern vorzuziehen. Siehe hierzu auch Kap. 7.6!

Aus den Aussagen 2. und 3. lässt sich ableiten, dass es für eine qualitative Überprüfung einer Schirmung ausreichend ist, die Schirmwirkung bei zwei Frequenzen zu überprüfen.

1. Sniffer-Methode (200 – 500 kHz) – Schnüffel-Test

Um das Schirmgehäuse (Kabine) herum wird eine Schleifenantenne gelegt, in die ein HF-Strom (200-500 kHz) eingespeist wird. Im Gehäuse sind alle Nahtstellen oder möglichen Leckagen mit einer Sonde abzusuchen. Diese Methode lässt sich auch umdrehen, in dem im Gehäuse ein Draht diagonal zwischen zwei Raumecken gespannt wird, in den der Strom einzuspeisen ist. Außen werden alle Nähte auf mögliche Fehlstellen abgesucht. Der Generator im Gehäuse sollte batteriebetrieben sein. Als Sensor und Empfänger lässt sich ein PLL-Mittelwellenradio verwenden. Eine einwindige Spule (10 mm^2) auf einer Stange kann gute Dienste als Empfangsantenne leisten. Mit dieser Methode lassen sich alle Fehlstellen, die auf schlechte Kontaktierung zurückgehen, finden.

2. Leakage-Test (400 MHz – 1 GHz) – Test zum Auffinden von Leckagen

Das Gehäuse (die Kabine) wird mit einer der Frequenz angepassten Antenne bestrahlt. Im Gehäuse ist an mehreren Stellen (je nach Größe) das Feld zu messen (Prinzip lässt sich auch umkehren). Schon wenige Testpunkte im Gehäuse machen deutlich, ob eine genügende Schirmdämpfung vorliegt. Ist eine Fehlstelle vorhanden, aber nicht durch Augenschein zu detektieren, gestaltet sich die Suche sehr aufwendig. Es hat sich als sinnvoll erwiesen, über eine Leistungs- oder Energiebetrachtung die Fehlstelle zu suchen. Dazu wird im Innern eine HF-Quelle aufgestellt und ihre Strahlungsleistung so weit heruntergeregelt, bis außen bei höchster Empfindlichkeit des Empfangssystems gerade kein Feld mehr feststellbar ist. Danach wird innen die Leistung erhöht, bis beim Absuchen des Gehäuses ein Signal (eine Rauschänderung) feststellbar ist. Im Allgemeinen wird diese Rauschänderung in der Nähe der Fehlstelle (Loch) auftreten.

7.5.1 Leckagen, Durchgriffe

Gitterschirme

Im Kap. 7.2 wurde für die Abschirmung elektrischer Felder eine Gleichung (7.18) angegeben, die bei Betrachtung reiner elektrischer Felder (auch 16 2/3 Hz, 50 Hz) auch ihre Berechtigung hat.

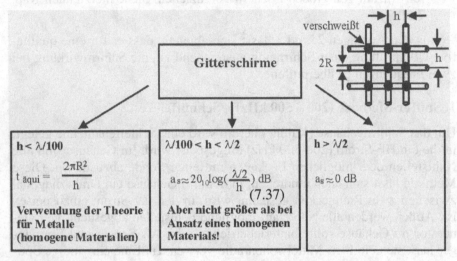

Abb. 7.26 Abschätzung der Schirmwirkung von Gitterschirmen

Auch für die Abschirmung magnetischer und elektromagnetischer Felder werden Gitterschirme häufig als eine Alternative diskutiert. Zur Abschätzung ihrer Wirkung wird die im Diagramm der Abb. 7.26 dargestellte Vorgehensweise vorgeschlagen.

Beispiel 7.5: Gesucht ist die Schirmdämpfung eines Drahtgitters ($\kappa = 10^7$ S/m) mit R = 0,5 mm, h = 50 mm gegen niederimpedante Störfelder, Abstand der magnetischen Störquelle von der Schirmwand r = 1 m.

a) Untersuchung des Bereichs $h < \lambda/100$

1. Berechnung der äquivalenten Metalldicke und der Eckfrequenz, bei der die Eindringtiefe gleich der äquivalenten Metalldicke ist. $t_{äqui}$ = 0,031415 mm, d = $t_{äqui}$ → f = 23,6 MHz

2. Bis zu dieser Eckfrequenz kann das Material als elektrisch dünn bezeichnet werden. Die Schirmdämpfung lässt sich in einfacher Weise über $\quad a_s = 20 \log \dfrac{188,6 \, \Omega}{R_s} \dfrac{2\pi r}{\lambda} \quad$ mit $\quad R_s = \dfrac{1}{\kappa t_{äqui}} \quad$ bestimmen. Siehe

hierzu Kap. 7.4. Für f = 23,6 MHz erhält man 89 dB, mit einem Abfall von 20 dB/Frequenzdekade zu niedrigen Frequenzen hin.

b) Untersuchung des Bereichs $\lambda/100 < h < \lambda/2$

Setzt man die Gittergleichung (7.37) an, erhält man für h = $\lambda/2$ (Frequenz f = 3 GHz) eine Schirmdämpfung von 0 dB, die dann mit 20 dB/Frequenzdekade zu niedrigen Frequenzen hin ansteigt.

c) Einzeichnen beider Ergebnisse in ein Diagramm.

Die Kurven aus a) und b) schneiden sich in einem Punkt. Bis zum Schnittpunkt ist als Schirmdämpfung das Ergebnis aus a) zu verwenden, ab dem Schnittpunkt das Ergebnis aus b). Siehe Abb. 7.27

Anmerkung: An die Abstände von Quelle und Senke zum Gitter werden keine Bedingungen gestellt. Man sollte aber davon ausgehen, dass die Schirmdämpfungswerte erst erreicht werden, wenn man mindestens einen Abstand gleich der 10fachen Gitterweite einhält.

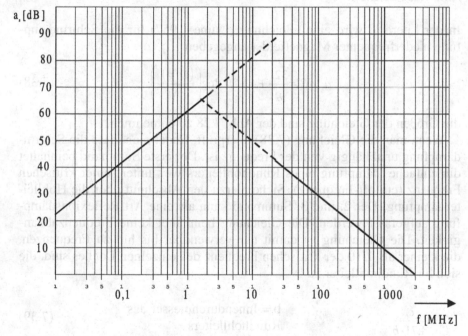

Abb. 7.27 Schirmdämpfung eines Drahtgitterschirmes für Magnetfelder

Lochplatten

In einigen Fällen stellen Metallplatten mit eingestanzten Löchern eine Alternative zu Gitterschirmen dar, z.B. für die Konvektionskühlung von metallenen Gehäusen mit elektronischen Schaltungen.

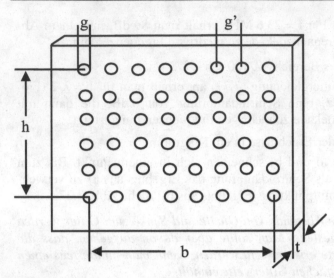

Für ein Rechteck-
blech der Höhe h
und der Breite b
wird $D=\sqrt{h \cdot b}$.
N = Gesamte An-
zahl der Löcher

Abb. 7.28 Lochblech

In der Literatur wird eine Gleichung (Quine, 1957) für die Schirmdämpfung niederfrequenter Magnetfelder angegeben:

$$a_s[dB]=\frac{32t}{g}+4+20\cdot\log\left(\frac{(D/g)^3}{N}\right) \qquad (7.38)$$

die Größen der Gleichung sind der Abb. 7.28 zu entnehmen.

Wenn man die Gleichung (7.38) überprüft, findet man, dass die Schirmdämpfung unabhängig von der Frequenz ist. Der erste Summand beinhaltet
die einfache Dämpfung eines Rundhohlleiters weit unter seiner kritischen
Frequenz (cut off-Frequenz). Siehe hierzu den Abschnitt über die Hohlleiterdämpfung. Der 2. und 3. Summand kann als eine Art Reflexionsdämpfung aufgefasst werden. Die Gleichung beinhaltet keine Frequenzabhängigkeit. Die Gleichung ist damit nur verwendbar bis hin zu Frequenzen,
die kleiner als 1/10 der kritischen Frequenz des einzelnen Loches sind, die
sich für Rundhohlleiter zu

$$f_{krit}=\frac{c_0}{1,71\cdot b} \qquad \begin{array}{l} \text{b = Innendurchmesser des} \\ \text{Rundhohlleiters} \end{array} \qquad (7.39)$$

bestimmen lässt. Weiterhin setzt die Gleichung voraus, dass die Dämpfung
durch das Material allein wesentlich höher ist, als die Dämpfung, die sich
aus der Perforation errechnen lässt.

Beispiel 7.6: Eine Lochplatte der Dicke t = 1,6 mm ist mit einer Dichtung auf einem Alu-Gehäuse zu befestigen, das einen Empfänger für den Bereich von 30 MHz bis 250 MHz enthält.

Maße der Platte   h' x b' = 48×35 cm^2
Perforation: h x b = 40×30 cm^2
Lochdurchmesser: g = 6 mm
Lochabstand (Teilung):   g' = 25 mm

Zu berechnen ist die Schirmdämpfung bei 250 MHz für ein Niederimpedanzfeld!

$$D=\sqrt{h \times b}=\sqrt{40 \times 30}cm=34,6cm$$
$$D/g=57,7$$
$$t/g=0,27$$

Es ergibt sich

$$a_s=32 \cdot 0,27+4+20 \cdot \log\frac{57,7^3}{221}\,dB = 71,4\ dB.$$

Möchte man die Gesamtdämpfung unter Berücksichtigung des Materialeinflusses ermitteln, so ist die Dämpfung durch das Material bei der entsprechenden Frequenz zu berechnen (Kap. 7.4) und die Gesamtdämpfung gemäß Gleichung 7.21 zu bestimmen.

Hohlleiterdämpfung

Betreibt man einen Hohlleiter weit unterhalb seiner kritischen Frequenz ($f < 0,1\ f_{krit}$, $f_{krit} = f_g$), erfahren die Felder, die in den Hohlleiter eindringen, eine exponentielle Dämpfung, die sich aus der Phasenkonstanten errechnen lässt (Ausbreitungsrichtung z).

$$E(z_2)= E(z_1) \cdot e^{-\alpha \cdot dz} \tag{7.40}$$

Felder mit einer Wellenlänge $\lambda \gg \lambda_g$ (Grenzwellenlänge) bzw. einer Frequenz $f \ll f_g$ (kritische Frequenz, cut off-Frequenz, Grenzfrequenz) erfahren damit eine Dämpfung, die proportional dem Verhältnis der Tiefe zur Breite eines Hohlleiters (Kaminwirkung) ist.

Für den Fall eines rechteckförmigen, leeren Hohlleiters mit a < b (a, b = Seitenlängen des Rechtecks) ergeben sich für eine Frequenz unterhalb der Grenzfrequenz folgende Beziehungen:

$$\gamma = \alpha = \sqrt{\left(\frac{\pi}{b}\right)^2-\omega^2 \mu \varepsilon} \tag{7.41}$$

$$\alpha = \frac{2\pi f}{c_0}\sqrt{\left(\frac{f_g}{f}\right)^2 - 1} = \frac{2\pi}{\lambda}\sqrt{\left(\frac{f_g}{f}\right)^2 - 1} = \frac{2\pi}{\lambda}\sqrt{\left(\frac{\lambda}{\lambda_g}\right)^2 - 1} \qquad (7.42)$$

mit $\lambda_g = 2b$ bzw. $f_g = c_0/2b$.

Mit der üblichen Definition der Schirmdämpfung lässt sich damit die Hohlleiterdämpfung in dB ausrechnen:

$$a_S = 20\log\frac{E_1}{E_2} = 20\log e^{\alpha l} = 8{,}686\alpha l, \quad l = \Delta z,$$

$$a_S = 8{,}686 \cdot \frac{2\pi}{c} \cdot l \cdot f \cdot \sqrt{\left(\frac{f_g}{f}\right)^2 - 1} \quad dB \quad . \qquad (7.43)$$

Für $f = f_g$ wird die Dämpfung null, für $f \ll f_g$ bzw. $\lambda \gg \lambda_g$ kann der Summand -1 unter dem Wurzelzeichen vernachlässigt werden und die Dämpfung lässt sich in einfacher Weise durch

$$a_S = 27\frac{l}{b} \qquad (7.44)$$

bestimmen.

Für andere Hohlleiter- bzw. Wabenformen erhält man die in der Abb. 7.29 angegebenen Dämpfungswerte.

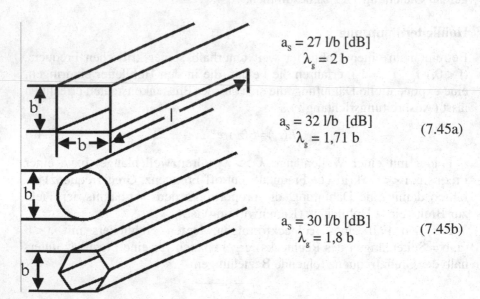

$$a_S = 27\ l/b \ [dB]$$
$$\lambda_g = 2\ b$$

$$a_S = 32\ l/b \ [dB] \qquad (7.45a)$$
$$\lambda_g = 1{,}71\ b$$

$$a_S = 30\ l/b \ [dB] \qquad (7.45b)$$
$$\lambda_g = 1{,}8\ b$$

Abb. 7.29 Hohlleiterdämpfung für verschiedene Hohlleiterformen

Für n parallele Waben erhält man:

$$a_s = 30 \cdot l/b - 20 \cdot_{10} \log n \qquad (7.46)$$

Anmerkung: Diese Formel geht von einer phasen- und vektorgleichen Überlagerung aus und ist damit wiederum eine ‚worst case'-Abschätzung. Für sehr viele parallelgeschaltete Waben ist diese Beziehung nicht gültig.

Zur Abschätzung der Schirmdämpfung sind die Gleichungen der Hohlleiterdämpfung nur bedingt brauchbar, da sie nur die Dämpfung beschreiben, die das Feld im Hohlleiter erfährt. Die Dämpfung, die sich durch die Einkopplung des Feldes in den Hohlleiter hinein ergibt, wird nicht berücksichtigt. In Bezug auf die Schirmungstheorie von Schelkunoff kann man sagen, dass nur die Absorptionsdämpfung berücksichtigt wird, die Reflexionsdämpfung wird vernachlässigt.

Man kann die Hohlleiteransätze aber sehr gut benutzen, wenn man bewusst Durch- und Einführungen in einen geschirmten Raum hinein installieren will oder muss. Werte, die sich aus den Gleichungen 7.43 bis 7.45 ergeben, werden auf jeden Fall erreicht. Möchte man z.B. Druckluft über einen ¾-Zoll-Schlauch in einen geschirmten Raum einbringen, reicht es aus, in die Schirmwand ein Metallrohr einzuschweißen, das 4 x ¾ Zoll = 3 Zoll = 7,5 cm lang ist, um mit Sicherheit die Schirmdämpfung einer Kabine von 100 dB nicht herabzusetzen. Nach Gleichung 7.45a hat ein Rohr, das 4 mal so lang ist wie sein Innendurchmesser, eine Hohlleiterdämpfung von 128 dB (weit unterhalb seiner kritischen Frequenz).

Hohlleiterdämpfung unter Berücksichtigung der Ankoppelverluste

In der Literatur (aus Seminarunterlagen, Urheber nicht bekannt) wird eine Zahlenwertgleichung zur Abschätzung der Schirmdämpfung eines Kamins (Rechteckhohlleiter) unter Berücksichtigung der Reflexionsverluste angegeben. Um vollständig zu sein, wird diese Gleichung an dieser Stelle wiedergegeben.

$$a_s[dB] = 100 - 20 \cdot \log\left(\frac{L}{mm}\frac{f}{MHz}\right) + 20 \cdot \log\left(1 + \ln\left(\frac{L}{S}\right)\right) + 30\frac{D}{L} \qquad (7.47)$$

Als Gültigkeitsbereich für diese Gleichung wird L < λ/2 spezifiziert. Die Größen der Gleichung ergeben sich aus Abb. 7.30.

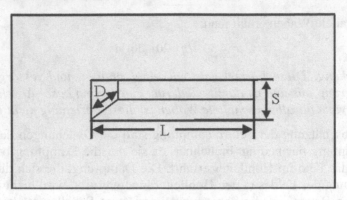

Abb. 7.30 Sichtöffnung in einem Schirmgehäuse

Für die einzelnen Summanden der Gleichung werden folgende Erläuterungen angegeben:

$$100 - 20 \cdot_{10} \log\left(\frac{L}{mm}\frac{f}{MHz}\right)$$

Fernfeldreflexionsanteil für die Fehlanpassung zwischen Wellen- Γ_0 und Oberflächenimpedanz Γ_{Loch},

$$20 \cdot_{10} \log\left(1 + \ln\left(\frac{L}{S}\right)\right)$$

Summand zur Berücksichtigung der Form der Öffnung,

$$30\frac{D}{L}$$

Summand zur Berücksichtigung der Hohlleiterdämpfung.

Aus der Bemerkung für den Fernfeldreflexionsanteil ist zu entnehmen, dass die Dämpfung sich auf ein ebenes Fernfeld bezieht. Weiterhin ist auch hier zu berücksichtigen, dass nur der Einfluss der Leckage betrachtet wird.

Beispiel 7.7: Zu bestimmen ist die Fernfelddämpfung für eine Öffnung mit den Abmessungen L = 10 cm, S = 3 cm und D = 5 cm für eine Frequenz von f = 100 MHz.

Gemäß Gleichung 7.47 ergibt sich ein Wert von 61,9 dB.

Zusammenfassung

Für die Nutzung der verschiedenen Ansätze wird folgende Vorgehensweise empfohlen:

1. Wird eine Durch- oder Einführung zur Einbringung von nicht leitfähigen Medien (Druckluft, Lichtleiter, Kunststoffwellen u. a.) in einen geschirmten Bereich hinein benötigt, reicht es aus, mit den Ansätzen der Hohlleiterdämpfung (Gleichungen 7.43 bis 7.45) zu rechnen.

2. Wird eine Öffnung zur Beobachtung, für den Service oder zur Bedienung benötigt und die Bauhöhe (bzw. die Einbautiefe) spielt eine Rolle, ist die Gleichung der Hohlleiterdämpfung unter Berücksichtigung der Ankoppelverluste (Gleichung 7.47) zu verwenden.

3. Werden zwei oder drei nahe beieinander liegende Öffnungen (Anzahl n) benötigt, ist die Beziehung für die Hohlleiterdämpfung mit oder ohne Ankoppelverluste (Ergebnis für eine Öffnung a_{SE}) zu benutzen und für die Bestimmung der Gesamtdämpfung ist von linearer Überlagerung auszugehen:

$$a_{sges} = a_{SE} - 20 \cdot {}_{10}\log n \qquad (7.48)$$

4. Werden viele Öffnungen (zur Ventilation oder zur Beleuchtung) benötigt, ist bei Verwendung von Lochblechen auf die Gleichung 7.38 und bei Verwendung von Gittern auf die Gleichung 7.36 unter Berücksichtigung des niederfrequenten Bereichs zurückzugreifen.

Aus- bzw. Einkopplungsrechnung nach dem Babinatschen Prinzip

Für eine eingehendere Beschäftigung mit der elektromagnetischen Kopplung durch Öffnungen und Schlitze wird auf die nachfolgende Literatur hingewiesen:

Leone, M.; Mönich, G.: Verkopplung der Innenräume von Gehäusen mit Öffnungen über externe Verkabelung, Beitrag zum EMV-Kongress 2004, Düsseldorf

Mendez, H.A.: Shielding theory of enclosures with apertures, IEEE TEMC, Vol. 20, No. 2, PP. 296-305, May 1978

7.5.2 Niederfrequente Resonanzen; Hohlraumresonanzen

Niederfrequente Resonanzen

Ein Mangel an Homogenität der Abschirmgehäuse kann zu Niederfrequenz-Resonanzen führen. Ungleiche Phasenverschiebungen in der Wellenübertragung auf zwei oder mehr unterschiedlichen Wegen können konstruktive und destruktive Überlagerungen bewirken. Diese Situation ergibt sich z.B., wenn ein Strahl (als Ersatzvorstellung) durch das Material selbst und ein anderer durch ein Fugen-Leck verläuft. Siehe Abb. 7.31

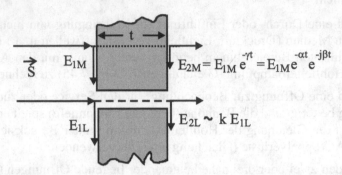

Abb. 7.31 Ausbreitung auf zwei verschiedenen Wegen

Setzt man voraus, dass die Phasenverschiebung durch das Material sich entsprechend der Theorie des Skineffekts einstellt und die Welle durch die Luftstrecke keine nennenswerte Phasendrehung erfährt, ist es möglich, dass es im Inneren zu messbaren Überlagerungen kommen kann. Die erste Resonanzfrequenz (destruktive Überlagerung) erhält man, wenn die Phasenverschiebung aufgrund des Skineffekts 180° beträgt. Theoretisch gibt es bei jeder ungeraden Vielfachen von 180° eine Resonanzstelle, die sich im Allgemeinen aber nicht bemerkbar macht.

So erhält man die kleinste Resonanzfrequenz aus $\beta t = \pi \ (180°\ Verzögerung)$:

$$e^{j\beta t} = e^{j\pi} = e^{jt\sqrt{\pi f \mu \kappa}} \rightarrow f_r = \frac{\pi}{t^2 \mu \kappa} = \frac{4,39 \cdot 10^4}{t_{mm}^2 \mu_r \kappa_r} \tag{7.49}$$

Beispiel 7.8: Gesucht ist die niederfrequente Resonanzfrequenz einer Abschirmung aus 0,8 mm Aluminium und 0,8 mm Stahlblech.

$$Al : t = 0,8mm, \kappa_r = 0,60, \mu_r = 1 \rightarrow f_r = 114kHz$$
$$Fe : t = 0,8mm, \kappa_r = 0,175, \mu_r = 1000 \rightarrow f_r = 392Hz$$

Unterhalb der Resonanzfrequenz ist die Schirmdämpfung gut definiert durch die Gleichungen, die für das Grundmaterial gelten. In der Nähe der Resonanz ist die Schirmdämpfung größer, oberhalb der Resonanzfrequenz kleiner.

Es ist aber zu bemerken, dass dieser Effekt nicht sehr ausgeprägt in Erscheinung tritt und nur in Spezialanwendungen berücksichtigt werden muss.

Stehende Wellen, Hohlraumresonanzen

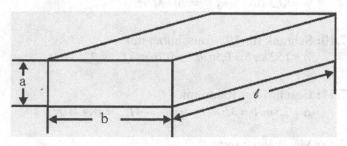

Abb. 7.32 Gehäuse als Hohlraumresonator

Wesentlich größere Aufmerksamkeit ist dem Effekt der stehenden Wellen zu widmen. Ein Würfel oder Raum mit 6 Seiten (Abb. 7.32) wird innere Reflexion erfahren, die stehende Wellen ergeben.

Die Resonanzfrequenzen (abgeleitet aus der Hohlleitertheorie) ergeben sich zu

$$f_r = \frac{c}{2}\sqrt{\left[\left(\frac{m}{a}\right)^2 + \left(\frac{n}{b}\right)^2 + \left(\frac{k}{l}\right)^2\right]}, \qquad (7.50)$$

$$f_r[MHz] = 150 \cdot \sqrt{\left(\frac{m}{a[m]}\right)^2 + \left(\frac{n}{b[m]}\right)^2 + \left(\frac{k}{l[m]}\right)^2}, \qquad (7.51)$$

a,b,l = Seiten des Würfels oder Raumes,
c = Lichtgeschwindigkeit,
m, n, k = 0,1,2,3... unabhängig voneinander, wobei nicht mehr als eine dieser Größen 0 sein kann, um eine Resonanz zu erhalten. Für m = 1, n = 0 und k = 1 erhält man eine TE_{101} bzw. TM_{101}-Resonanz.

Setzt man konkrete Zahlenwerte ein, stellt man fest, dass mit zunehmender Frequenz die Resonanzen immer schneller aufeinander folgen. Man spricht in diesem Zusammenhang auch von Moden und definiert eine Modendichte, also die Anzahl von Resonanzen oder Moden in einer Frequenzdekade.

Für den Sonderfall $a \approx b \approx l \approx w_{(Meter)}$ erhält man für TE_{011} oder TE_{101} oder TE_{110} als Resonanzen niedrigster Ordnung

$$f_{MHz} = 150 \cdot \sqrt{2} \cdot \frac{1}{w} = 212 \cdot \frac{1}{w}. \qquad (7.52)$$

Beispiel 7.9: Gehäuse mit

$$w = 0,3 \text{ m} \quad \rightarrow f_{r_{min}} = 707 \text{ MHz},$$

Beispiel 7.10: Schrank für 19"-Einschübe, mit

$$a = 1,52 \text{ m}, b = 0,56 \text{ m}, l = 0,76 m \rightarrow f_{r_{min}} = 221 \text{ MHz},$$

Beispiel 7.11: Geschirmter Raum mit

$$a = 2,5 \text{ m}, b = 3,6 \text{ m}, l = 6,1 \text{ m} \quad \rightarrow f_{r_{min}} = 48,4 \text{ MHz},$$

Beispiel 7.12: Messkabine mit

$$a = 2,4 \text{ m}, b = 1,8 \text{ m}, l = 2,4 \text{ m} \quad \rightarrow f_{r_{min}} = 88,3 \text{ MHz}$$

Anmerkung: Bei Gehäusen mit Güten von 100 bis 1000 (übliche Güte-werte von leeren Gehäusen und Kabinen) ergeben sich Einbrüche in der Schirmdämpfung von bis zu 60 dB!

Aufgaben

Aufgabe 7.16: Zwischen zwei geschirmten Bereichen ist ein geschirmter, rechteckförmiger Kanal (20 x 40 cm²) von ca. 10 m Länge installiert. Der Kanal ist in beiden Schirmbereichen gut leitend in die Schirmwände einge-schweißt. Im Rahmen der Qualitätskontrolle soll die Schirmwirkung des Kanals überprüft werden. Schlagen Sie ein Verfahren für die Durchfüh-rung des Sniffer-Tests sowie ein Verfahren für die Durchführung des Lea-kage-Tests vor.

Aufgabe 7.17: Eine Raumschirmung wird durch Schirmgitter mit quadra-tischen Zellen realisiert. Das Gitter besteht aus miteinander verschweißten Drähten. Die Drähte haben einen Durchmesser von 0,5 mm und einen lich-ten Abstand von jeweils 3 cm und eine Leitfähigkeit von $\kappa_r = 0,17$. Der Abstand zwischen Gitter in der Decke und Gitter im Fußboden beträgt 2,8 m.

a) Wie groß ist die Schirmdämpfung für statische elektrische Felder (Abschnitt 7.2!)?

b) Wie groß ist die Schirmwirkung für niederfrequente elektrische Fel-der von 50 Hz, wenn die Feldquelle 10 m vom Gitter entfernt ist (nach Schelkunoff)?

c) Erklären Sie die scheinbare Diskrepanz zwischen den Ergebnissen nach a) und b)!

d) Wie groß ist die Schirmdämpfung für niederfrequente magnetische Felder von 50 Hz, wenn die Feldquelle 20 m vom Gitter entfernt ist?

e) Wie groß ist die Schirmdämpfung für Signale des D-Netzes (900 MHz), wenn das Handy in einem Abstand von 30 cm vom Schirmgitter betrieben wird?

Aufgabe 7.18: In eine HF-Messkabine soll Druckluft zur Prüflingsversorgung eingebracht werden. Der Versorgungsschlauch hat einen Außendurchmesser von 24 mm und soll durch ein Schirmrohr mit einem Innendurchmesser von 30 mm in die Kabine eingebracht werden. Das Schirmrohr soll in die Schirmwand eingeschweißt werden. Wie lang muss das Rohr sein, wenn bei f = 1 GHz eine Schirmdämpfung von 120 dB verlangt wird?

Aufgabe 7.19: Eine Messkabine hat die Innenabmessungen 4 x 4 x 3 m^3. Berechnen Sie die Frequenzen der ersten 5 Hohlraumresonanzen.

Aufgabe 7.20: In einer Schirmwand ist ein Rundhohlleiter mit einem Längen- zu Durchmesserverhältnis von 3 eingeschweißt. Der Rundhohlleiter wird unterhalb seiner Grenzfrequenz betrieben.

a) Wie groß ist die Gesamtdämpfung der Signale durch den Hohlleiter?

b) Der Rundhohlleiter soll durch 4 gleiche Rundhohlleiter ersetzt werden, die in ihrer Gesamtquerschnittsfläche der Querschnittsfläche des zu ersetzenden Hohlleiters entsprechen. Wie groß ist die Gesamtdämpfung der neuen Anordnung? Gehen Sie dabei von einer linearen Überlagerung des Feldes aus.

c) Wie lang müssen die 4 Rundhohlleiter gemacht werden, damit dieselbe Gesamtdämpfung erreicht wird wie beim Einzelhohlleiter?

Aufgabe 7.21:

a) Bei welcher tiefsten Frequenz kann in einem Schirmgehäuse aus Aluminium mit 4 mm starken Wänden eine niederfrequente Resonanz auftreten?

b) Um wieviel dB ist das Feld durch das Material bei dieser Resonanzfrequenz mindestens gedämpft (nur Absorptionsanteil)?

7.6 Kabelkopplung und Kabeltransferimpedanz

Unter Kabelkopplung soll an dieser Stelle die Einkopplung elektromagnetischer Signale in ein Kabel hinein, die Auskopplung aus einem Kabel heraus und die Überkopplung von einem Kabel auf ein zweites Kabel verstanden werden. Im Kapitel 7.6.1 werden die grundsätzlichen Modelle der Kabelkopplung dargestellt und Formeln zur Abschätzung der Einkopplung angegeben. Das Kapitel 7.6.2 behandelt recht kurz die Einkopplung in unverdrillte und verdrillte Zweileiter hinein. Die Einkopplung in geschirmte Kabel hinein und die für die Einkopplung wichtige Größe der Kabeltransferimpedanz werden im Kapitel 7.6.3 näher behandelt. Im Anhangkapitel A9 wird ein einfaches Verfahren zur Bestimmung dieser Größe behandelt. Das Kapitel 7.6.4 schließlich beschäftigt sich mit der Kabelschirmauflegung am Geräteeingang.

7.6.1 Kabelkopplung

Grob vereinfacht sind die nachfolgenden Modelle zu untersuchen. In den Modellen sind Koaxialkabel dargestellt. Grundsätzlich müssen aber auch unverdrillte und verdrillte Zweileiter zugelassen bzw. betrachtet werden.

Kopplung Feld - Kabel

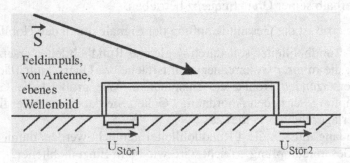

Abb. 7.33 Modell für die Feld - Kabelkopplung

Ein elektromagnetisches Feld einer externen Quelle koppelt in ein Verbindungskabel ein und erzeugt an den Geräteein- und -ausgängen unerwünschte Störsignale.

Kopplung Kabel - Antenne

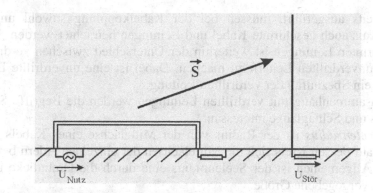

Abb. 7.34 Modell für die Kabel - Antennenkopplung

Das Nutzsignal und seine Oberwellen auf einem Verbindungskabel erzeugen ein elektromagnetisches Feld, das von Antennen aufgenommen wird und sich in den Empfängern als Störsignal dem gewünschten Signal überlagert.

Kopplung Kabel - Kabel

In diesem Modell werden die zwei vorangehenden Modelle verbunden. Das Nutzsignal und seine Oberwellen auf einer Verbindungsleitung erzeugen ein elektromagnetisches Feld, das in eine zweite Leitung einkoppelt und an den Geräteeingängen des mit der zweiten Leitung verbundenen Kreises Störsignale erzeugt. Dieses Modell ist in der Abb. 7.35 schon mit festen Daten versehen; für dieses Modell werden, unter Ansatz eines Koaxialkabels vom Typ RG 58 CU, später einige Ergebnisse dargestellt.

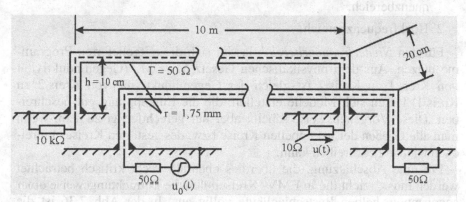

Abb. 7.35 Modell für die Kabel - Kabelkopplung

7.6.2 Einkopplung in verdrillte und unverdrillte Zweileiter hinein

Wie bereits ausgeführt, müssen bei der Kabelkopplung sowohl unge-schirmte als auch geschirmte Kabel und Leitungen betrachtet werden. Bei ungeschirmten Leitungen ist weiterhin der Unterschied zwischen verdrill-ten und unverdrillten Leitern zu machen. Dabei ist eine unverdrillte Lei-tung nur ein Spezialfall der verdrillten Leitung.

Im Zusammenhang mit verdrillten Leitungen werden die Begriffe See-lenradius und Schlaglänge interessant.

Der *Seelenradius* ist der Radius von der Mittelachse eines Kabels ge-rechnet, auf dessen Kreis sich die Mittelachsen der einzelnen Adern befin-den. Im Allgemeinen ist der Seelenradius eine durch die Drahtdicke und Isolation vorgegebene Größe.

Die *Schlaglänge* ist die Länge des Kabels, in der sich eine Ader einmal um 360° um die Mittelache des Kabels herum windet.

Folgende generelle Aussage lässt sich machen:

Umso kleiner der Seelenradius und *umso kleiner die Schlaglänge* eines verdrillten Kabels ist, *desto geringer sind die niederfrequenten Ein- und Auskopplungen.*

Die niederfrequente Auskopplung, besser das magnetische Feld um ein verdrilltes Kabel herum, ist schon hinreichend im Kapitel 4.4 behandelt worden. Das schon mehrfach genannte und mitgelieferte Programm SFELD gestattet entsprechende Berechnungen. An dieser Stelle sollen noch einige Bemerkungen zur Einkopplung gemacht werden. Siehe hierzu auch [GON85] und [VG993].

Bei der Einkopplung sind zwei Frequenzbereiche zu unterscheiden:

1. Frequenzbereich, für den die Kabellänge L elektrisch kurz ist (L < 0,1 λ, λ = Wellenlänge der betrachteten Frequenz f), Niederfre-quenzbereich,

2. Hochfrequenzbereich.

Für den *Niederfrequenzbereich* lassen sich die mitgelieferten Programm-me nutzen. Aus dem physikalischen Gesetz $M_{12} = M_{21}$ (Gegeninduktivität von Kreis 1 zu Kreis 2 ist gleich der Gegeninduktivität von Kreis 2 zu Kreis 1) lassen sich Modelle erstellen, die die Einkopplung gut beschrei-ben. Diese Vorgehensweise scheint aber nur gerechtfertigt zu sein, wenn man alle Größen der gekoppelten Kreise bzw. des gestörten Kreises hinrei-chend genau beschreiben kann.

Für eine Abschätzung, die überdies ebenfalls recht kritisch betrachtet werden muss, reicht die in EMV- Kreisen übliche Betrachtungsweise einer sogenannten halben Restschlaglänge völlig aus. In der Abb. 7.36 ist die Draufsicht auf ein verdrilltes Kabel dargestellt, das sich in einem homoge-nen, sinusförmigen Magnetfeld befindet.

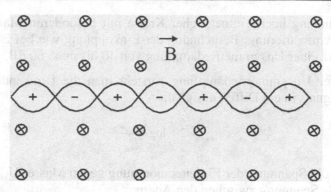

Abb. 7.36 Draufsicht auf ein verdrilltes Kabel, das sich in einem homogenen Magnetfeld befindet

In den Beeinflussungsflächen des verdrillten Kabels findet man Plus- und Minuszeichen. Diese Zeichen sollen darauf hinweisen, dass sich die Beeinflussungsflächen mit ihren Flächennormalen mit jeder halben Schlaglänge um 180^0 drehen. Damit gibt es bei einer geradzahligen Anzahl von Beeinflussungsflächen keine Einkopplung, bei einer ungeradzahligen Anzahl eine maximale Einkopplung, diese lässt sich bei Kenntnis des Magnetfeldes B mit folgender Abschätzung bestimmen:

$$U_i = \omega l_{Schlag} r_{Seele} B$$
$$l_{Schlag} = Schlaglänge, r_{Seele} = Seelenradius$$

(7.53)

Jede genauere Berechnung täuscht eine Sicherheit vor, die nicht vorhanden sein kann.

Für den *Hochfrequenzbereich* kann man versuchen, über den Einsatz von HF-Simulationsprogrammen genaue Ergebnisse zu erzielen. Abgesehen davon, dass der Aufwand sehr hoch ist, ist er höchstens für Parameterstudien gerechtfertigt. Im HF-Bereich gilt mehr noch als im NF-Bereich, dass die Einflussgrößen der Einkopplung (Verdrillung, Lage der Adern, Eingangs- und Ausgangsimpedanzen der angeschlossenen elektrischen Kreise) so unsicher sind, dass ein Simulationsergebnis sehr infrage gestellt werden muss.

Hier ist wiederum eine pragmatische Vorgehensweise angebracht. Diese besteht darin, drei Fälle in Betracht zu ziehen.

1. Verbindung unsymmetrischer Kreise mit verdrillten oder unverdrillten Zweileitern: Einkopplung wie bei Einleiteranordnungen mit Masserückleitung,

2. Verbindung symmetrischer Kreise ohne besondere Maßnahmen zur Symmetrierung: Berechnung der Einkopplung wie bei Einleiteranordnungen, Ansatz einer Unsymmetriedämpfung von 20 dB,

3. Verbindung hochsymmetrischer Kreise mit besonderen Maßnahmen zur Symmetrierung: Berechnung der Einkopplung wie bei Einleitern, Ansatz einer Unsymmetriedämpfung von 40 bis max. 60 dB.

Unter der Unsymmetriedämpfung versteht man die Umwandlung des Summensignals in ein Differenzsignal:

$$a_{unsym} = 20 \cdot \log \frac{U_{gleich}}{U_{diff}}$$

U_{geich} ist die Spannung der Einleiteranordnung gegen Masse, U_{diff} die sich einstellende Spannung zwischen den Adern.

7.6.3 Ein- und Überkopplung bei geschirmten Leitungen

Es wird bei allen nachfolgenden Betrachtungen vorausgesetzt, dass die Schirme der Kabel ihrem Namen gerecht werden, so dass die Kopplungsvorgänge Kabelmantel-Ader und Ader-Kabelmantel als rückwirkungsfrei angesetzt werden dürfen.

Die Kopplungen ins Kabel hinein und aus dem Kabel heraus werden über die Kabeltransferimpedanz Z'_T beschrieben. Die Kopplung über die Kabeltransferadmittanz Y'_T wird nicht betrachtet.

Für die Berechnungen im Frequenzbereich wird nur der Betrag der Kabeltransferimpedanz benötigt. Für Berechnungen im Zeitbereich (Impulsein- und -überkopplungen) muss die komplexe Kabeltransferimpedanz bekannt sein.

7.6.3.1 Berechnung der Einkopplung

Die Analyse einer Einkopplung in ein geschirmtes Kabel hinein läuft nun in folgender Weise ab:

1. *Bestimmung des Stromes I(l)* auf dem Schirm eines Kabels.

2. *Ansatz von Längsspannungsquellen*

$$dU(l) = I(l) \cdot Z'_T \, dl \tag{7.54}$$

im Kabel.

3. *Berechnung der Vorgänge im Kabel* über die Leitungstheorie bei Ansatz verteilter Quellen.

> Das Bindeglied zwischen dem Frequenzbereich und dem Zeitbereich ist die Fourieranalyse bzw. - synthese.

1. Bestimmung des Stromes I(l)

a) Niederfrequente Näherungslösungen

Elektrisches Feld

Die Spannung des Drahtes gegen Masse in der Abb. 7.37 ergibt sich in erster Näherung aus der Multiplikation der Höhe der Leitung mit der am Ort der Leitung vorliegenden Feldstärke E.

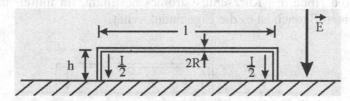

Abb. 7.37 Modell für die elektrische Kopplung

Bei beidseitiger Auflegung des Kabels fließt der kapazitive Strom zu gleichen Teilen nach links und rechts über die Auflegepunkte ab, bei einseitiger Auflegung in voller Höhe nur in einer Richtung,

$$I = \omega C E h, \quad C \approx \frac{2\pi\varepsilon l}{\ln\frac{2h}{R}} \tag{7.55}$$

Magnetisches Feld

Abb. 7.38 Modell für die magnetische Kopplung

Die treibende Spannung des Kreises in der Abb. 7.38 für den Strom ergibt sich aus dem Induktionsgesetz. Wird diese Spannung kurzgeschlossen, fließt ein Kreisstrom, der in erster Näherung nur durch die wirksame Impedanz $\underline{Z} = R + \omega L$ des Außenkreises begrenzt wird. Im sehr tieffrequenten Bereich wird der ohmsche Widerstand R den Strom begrenzen, aber

schon im mittelfrequenten Bereich wird der induktive Anteil strombe-
stimmend,

$$I = \frac{\mu h l H}{L}, \quad L \approx \frac{\mu l}{2\pi} \ln \frac{2h}{R} \tag{7.56}$$

Induktive Kopplung zweier Leitungen

Der Strom in der Schleife 1 der Abb. 7.39 erzeugt in der Schleife 2 einen
magnetischen Fluss, der wiederum eine Spannung induziert. Schließt man
diese Spannung kurz, tritt ein Kurzschlussstrom auf, die strombegrenzende
Größe ist wiederum durch die Impedanz dieses zweiten Kreises gegeben.
Hier gilt wieder, dass im sehr niederfrequenten Bereich der ohmsche Widerstand die Höhe des Kurzschlussstromes bestimmt, im mittel- und hö-
herfrequenten Bereich ist es die Eigeninduktivität.

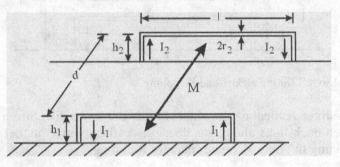

Abb. 7.39 Modell für die induktive Kopplung zwischen zwei Leitungen

Unter Vernachlässigung der Rückwirkung von Schleife 2 auf Schleife 1
erhält man:

$$I_2 = I_1 \cdot \frac{M}{L_2} = I_1 \cdot \frac{\ln \sqrt{\dfrac{(d-r_2)^2 + (h_2 + h_1)^2}{(d-r_2)^2 + (h_2 - h_1)^2}}}{\ln \dfrac{2h_2}{r_2}} \tag{7.57}$$

$$(l_1 = l_2 = l, h_1, h_2, d \ll l)$$

b) Hochfrequenzlösungen

Computersimulation

Im Kap. 6.4.3 wird ein Beispiel für die Abschätzung der Einkopplung in
eine Schleife angegeben, die in der Nähe einer elektrisch kurzen Antenne
angeordnet ist. Die Abschätzung ist aufwendig, fördert aber sehr das Ver-

ständnis über Felder im Nahbereich von Antennen. Heute wird man Anordnungen aus Antennen, Schleifen und Sekundärstrahlern mit entsprechenden Computerprogrammen analysieren.

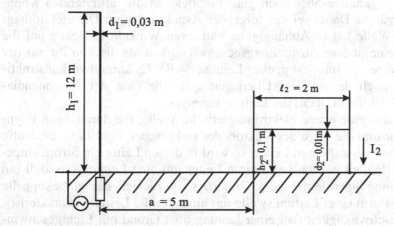

Abb. 7.40 Beispiel für eine Computersimulation

Die Anordnung der Abb. 7.40 wurde mit dem Programm CONCEPT untersucht. Es handelt sich um die gleiche Anordnung wie im Kap. 6.4.3. In der Abb. 7.41 ist der Strom über der rechten Kabelschirmauflegung dargestellt. Im Ergebnisfile der entsprechenden CONCEPT-Simulation steht der Stromverlauf für die gesamte Schleife zur Verfügung.

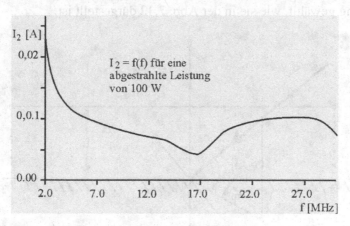

Abb. 7.41 Strom über die rechte Kabelschirmauflegung

Leitungstheorie (Leitung über verlustbehaftetem Grund)

Ist die Einkopplung in ein sehr langes Kabel zu berechnen, das sich möglicherweise noch über verlustbehaftetem Grund befindet, hat sich die Leitungstheorie bei Ansatz verteilter Quellen als sehr wertvolles Werkzeug herausgestellt. Abgesehen davon, dass analytische Lösungen für den Strom und die Spannung eines Leiters gegen Grund erzeugt werden können, liefern die Ergebnisse aber auch gute Einblicke in die auftretenden Kopplungsvorgänge. Dabei sei nur folgender Aspekt genannt: Die elektromagnetische Welle hat in Abhängigkeit von ihren Winkeln in Bezug auf die Leitung eine andere Ausbreitungsgeschwindigkeit als die von ihr auf der Leitung erzeugte (eingekoppelte) Leitungswelle. Es kommt zu konstruktiven und auch destruktiven Überlagerungen, die eine Art Antennendiagramm (Richtfunktionen) der Leitung erzeugen.

Trifft also eine ebene elektromagnetische Welle, die durch ihren Poyntingvektor und die Lage des Vektors der elektrischen Feldstärke eindeutig beschrieben ist, auf einen Leiter, so wird in diesen Leiter ein Strom eingekoppelt. Handelt es sich bei diesem Leiter um eine Leitung (speziell um eine Leitung über leitfähigem Grund), so wird sich der eingekoppelte Strom in Form einer Leitungswelle mit einer für die Leitung charakteristischen Geschwindigkeit (bei einer Leitung über Grund mit Lichtgeschwindigkeit) ausbreiten.

Stellen wir uns eine ebene elektromagnetische Welle vor, deren Poyntingvektor gegen die Leitung einen gewissen Winkel hat, so ist die Ausbreitungsgeschwindigkeit der Welle in Leitungsrichtung kleiner als die Lichtgeschwindigkeit. Dies bedeutet, dass zwischen einkoppelnder elektromagnetischer Welle und Leitungswelle ein zeitlicher Versatz auftritt.

Für die nachfolgenden mathematischen Ableitungen wird eine Leitungsanordnung gewählt, wie sie in der Abb. 7.42 dargestellt ist.

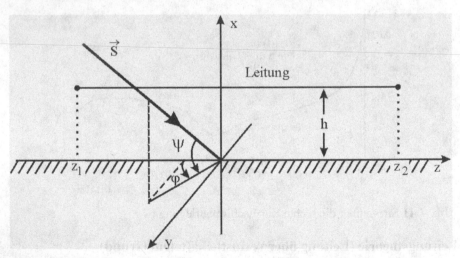

Abb. 7.42 Modell für die Bestimmung eines Einleiterstromes über die Leitungstheorie

Der Winkel φ beschreibt die Drehung des Poyntingvektors gegenüber der positiven z-Achse (Ebenenwinkel), ψ ist der Erhebungswinkel. Die yz-Ebene stellt gleichzeitig die leitende Ebene dar. Um die Einkopplung in eine horizontale Leitung über verlustbehaftetem Grund einigermaßen übersichtlich analysieren zu können, wird für alle nachfolgenden Betrachtungen vorausgesetzt, dass die Leitfähigkeit σ des Erdbodens hinreichend hoch ist, so dass die Ungleichung $\sigma > \omega\varepsilon$ für alle interessierenden Frequenzen erfüllt ist.

Beispiel 7.13: Für Erdboden mit einer Leitfähigkeit von

$$\sigma = 10^{-2}\ \text{S/m wird}\ \sigma = \omega\varepsilon\ \text{bei}\ f = 180\ \text{MHz}.$$

In der Analyse der Einkopplung (Siehe hierzu Abb. 7.43) von elektromagnetischen Wellen in Leitungen über Grund wird die treibende Spannung als verteilt über die Leitungslänge angesetzt. Die für ein differentiell kleines Stück der Leitung wirksame Spannung errechnet sich aus der elektrischen Feldstärke in Leitungsrichtung, multipliziert mit einem differentiell kleinen Stück Weg in Leitungsrichtung. Für die in Abb. 7.42 gewählte Leitung gilt

$$\Delta U = -E_z dz\ . \tag{7.58}$$

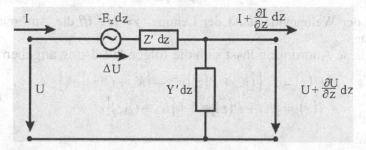

Abb. 7.43 Ersatzschaltbild für den Ausschnitt aus der Leitung

Die Leitungsparameter Z' und Y' werden in erster Näherung in gleicher Weise bestimmt, wie es in der klassischen Leitungstheorie üblich ist. Für eine Anordnung nach Abb. 7.44 ergibt sich z. B.

$$L' = \frac{\mu_0}{2\pi} \cdot \ln\frac{2h}{a} \tag{7.59}$$

$$C' = \frac{\varepsilon_0 \cdot 2\pi}{\ln\dfrac{2h}{a}} \tag{7.60}$$

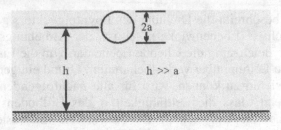

Abb. 7.44 Einleiteranordnung über Grund

Der Längswiderstand R' errechnet sich aus dem Widerstandsbelag des Leiters und dem wirksamen Widerstandsbelag des Erdbodens. Der Querleitwert G' ist für die hier gewählten Leitungen im Allgemeinen zu vernachlässigen.

Aus L', C', R', G' errechnen sich die Größen Z', Y', Γ, γ zu

$$Z' = R' + j\omega L' \tag{7.61}$$

$$Y' = G' + j\omega C' \tag{7.62}$$

$$\underline{\Gamma} = \sqrt{\frac{Z'}{Y'}}, \tag{7.63}$$

$$\gamma = \alpha + j\beta = \sqrt{Z' \cdot Y'}, \tag{7.64}$$

Γ ist der Wellenwiderstand der Leitung, $\gamma = \alpha + j\beta$ die Ausbreitungskonstante.

Für diese Anordnung lässt sich die folgende Lösung angeben:

$$
\begin{aligned}
U(z) &= \Gamma_0 \left\{ \left[K_1 + P(z) \right] e^{-\varkappa} - \left[K_2 + Q(z) \right] e^{\varkappa} \right\}, \\
I(z) &= \left[K_1 + P(z) \right] e^{-\varkappa} + \left[K_2 + Q(z) \right] e^{\varkappa}
\end{aligned}
\tag{7.65}
$$

mit

$$P(z) = \frac{1}{2\Gamma_0} \int_{z_1}^{z} e^{\varkappa} E_z \, dz, \tag{7.66}$$

$$Q(z) = \frac{1}{2\Gamma_0} \int_{z}^{z_2} e^{-\varkappa} E_z \, dz \tag{7.67}$$

$$K_1 = r_1 e^{\varkappa_1} \frac{r_2 P(z_2) e^{-\varkappa_2} - Q(z_1) e^{\varkappa_2}}{e^{\gamma(z_2 - z_1)} - r_1 r_2 e^{-\gamma(z_2 - z_1)}}, \tag{7.68}$$

$$K_2 = r_2 e^{-\varkappa_2} \frac{r_1 Q(z_1) e^{\varkappa_1} - P(z_2) e^{-\varkappa_1}}{e^{\gamma(z_2 - z_1)} - r_1 r_2 e^{-\gamma(z_2 - z_1)}}, \tag{7.69}$$

$$r_1 = \frac{Z_1 - \Gamma_0}{Z_1 + \Gamma_0}, \quad r_2 = \frac{Z_2 - \Gamma_0}{Z_2 + \Gamma_0},$$ (7.70)

Γ_0 =   Wellenwiderstand der Leitung,
γ =   Ausbreitungskonstante der Leitung,
Z_1, Z_2 =   Abschlusswiderstände der Leitung, Z_1 am Anfang, Z_2 am Ende der Leitung.

E_z in den Gleichungen (7.66) und (7.67) ist die „ungestörte" Feldstärke, die am Ort des Leiters vorliegen würde, wenn der Leiter nicht da wäre. Das „ungestörte" Gesamtfeld E_z am Ort des Leiters besteht aus dem einfallenden Feld mit der Amplitude E_o und dem am Erdboden reflektierten Feld. Es ergeben sich folgende Feldstärken

$$E_z(h,z) = E_0 \sin \psi \cos \varphi (1 - R_v e^{-jk2h\sin\psi}) e^{-jkz\cos\psi\cos\varphi}$$ (7.71)

für eine vertikal polarisiert einfallende Welle (Vektor der magnetischen Feldstärke parallel zur Erdoberfläche) und

$$E_z(h,z) = E_0 \sin \varphi (1 - R_v e^{-jk2h\sin\psi}) e^{-jkz\cos\psi\cos\varphi}$$ (7.72)

für eine horizontal polarisiert einfallende Welle (Vektor der elektrischen Feldstärke parallel zur Erdoberfläche).

Die Phase der Feldstärken ist bezogen auf die Phase der einfallenden Welle bei $z = 0$ und $x = h$.

Der Ausdruck

$$k = \omega\sqrt{\mu_o \varepsilon_o} = \frac{2\pi}{\lambda}$$

ist die Ausbreitungskonstante des freien Raumes, R_v und R_h sind die Reflexionsfaktoren für die Reflexion der Welle an der Erdoberfläche.

Die Reflexionsfaktoren lassen sich über

$$R_v = \frac{\varepsilon_r(1 + \frac{\sigma}{j\omega\varepsilon})\sin\psi - \sqrt{\varepsilon_r(1 + \frac{\sigma}{j\omega\varepsilon}) - \cos^2\psi}}{\varepsilon_r(1 + \frac{\sigma}{j\omega\varepsilon})\sin\psi + \sqrt{\varepsilon_r(1 + \frac{\sigma}{j\omega\varepsilon}) - \cos^2\psi}}$$ (7.73)

und

$$R_h = \frac{\sin\psi - \sqrt{\varepsilon_r(1 + \frac{\sigma}{j\omega\varepsilon}) - \cos^2\psi}}{\sin\psi + \sqrt{\varepsilon_r(1 + \frac{\sigma}{j\omega\varepsilon}) - \cos^2\psi}}$$ (7.74)

berechnen.

Für ebene Wellen, wie sie implizit mit (7.71) und (7.72) definiert sind, lassen sich die Gleichungen (7.66) und (7.67) elementar lösen, so dass auch für (7.65) geschlossene Ausdrücke angebbar sind. Die Anschaulichkeit ist dabei aber auf der Strecke geblieben.

Betrachtet man den Spezialfall einer Einkopplung in eine halbunendlich lange offene Leitung, lassen sich anschauliche Verhältnisse erzeugen. Die halbunendlich lange Leitung sei dadurch charakterisiert, dass sie in Bezug auf die Leitung der Abb. 7.41 von links kommt, nach links hin sehr lang ist und bei z = 0 endet. Betrachtet wird die Leerlaufspannung bei z = 0.

Für diese Leerlaufspannung U_L lassen sich Näherungslösungen ableiten. Für die Ableitung dieser Lösungen sowie zur vertiefenden Einarbeitung in die Einkopplung in horizontale Leitungen über verlustbehaftetem Grund wird auf [VAN78] verwiesen.

In kompakter Schreibweise ergibt sich folgende Lösung:

$$U_L = c_o D_{v,h}(\psi,\varphi) \left\{ \frac{1-e^{-j\omega t_o}}{j\omega} + 2\sqrt{\frac{\varepsilon_o}{\sigma}}(\sin\psi)^{\pm 1} \frac{e^{-j\omega t_o}}{\sqrt{j\omega}} \right\} E_o. \tag{7.75}$$

Die vertikale und die horizontale Polarisation unterscheiden sich nur durch den Faktor $D_{v,h}$, die sogenannten Richtfunktionen für die vertikale (D_v) und die horizontale (D_h) Polarisation, und durch den Exponenten des Faktors ($\sin\psi$). Für die vertikale Polarisation gilt -1 und für die horizontale Polarisation +1. Die Größe t_0 (Zeitversatz zwischen dem direkten Auftreffen und dem Auftreffen der an der Ebene reflektierten Welle) berechnet sich zu

$$t_0 = \frac{2h\sin\psi}{c_o} \tag{7.76}$$

Für die vertikale Polarisation lautet die Richtfunktion:

$$D_v(\psi,\varphi) = \frac{\sin\psi\cos\varphi}{\dfrac{\alpha c_o}{j\omega} + \dfrac{\beta}{k} - \cos\psi\cos\varphi} \tag{7.77}$$

und für die horizontale Polarisation:

$$D_h(\psi,\varphi) = \frac{\sin\varphi}{\dfrac{\alpha c_o}{j\omega} + \dfrac{\beta}{k} - \cos\psi\cos\varphi} \tag{7.78}$$

c_0 ist die Lichtgeschwindigkeit, α, ß ergeben sich aus Gleichung (7.64).

Für eine verlustlose Leitung über verlustlosem Grund wird $\alpha = 0$ und $\beta = k = \dfrac{2\pi}{\lambda}$, so dass die Koeffizienten (Richtfunktionen) sich zu

$$D_v(\psi, \varphi) = \frac{\sin\psi \cos\varphi}{1 - \cos\psi \cos\varphi} \tag{7.79}$$

und

$$D_h(\psi, \varphi) = \frac{\sin\varphi}{1 - \cos\psi \cos\varphi} \tag{7.80}$$

vereinfachen. In der Abb. 7.45 sind diese Richtfunktionen ($\alpha = 0$) für mehrere Erhebungswinkel dargestellt.

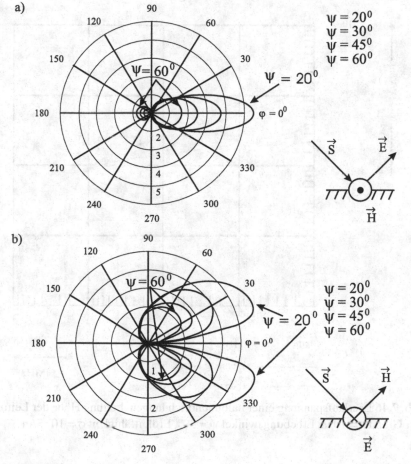

Abb. 7.45 Richtfunktionen a) vertikale Polarisation, b) horizontale Polarisation

Zur Erinnerung: Für die Ableitung der eingekoppelten Spannung wurden Längsspannungsquellen, abgeleitet aus der Feldstärke in Richtung der Leitung, angesetzt.

Betrachtet man die Richtfunktion für die vertikale Polarisation (H-Vektor liegt in der Reflexionsebene) und den Ebenenwinkel $\varphi = 0°$, so wird mit kleiner werdendem Erhebungswinkel ψ das Maximum der Richtfunktion immer größer. Die externe Welle läuft mit der eingekoppelten Welle auf den Leerlauf zu und koppelt ständig Leistung auf die Leitung ein. Mit kleiner werdendem Erhebungswinkel gleichen sich die Ausbreitungsgeschwindigkeiten immer mehr an.

Betrachtet man die Richtfunktion für die horizontale Polarisation (E-Vektor liegt in der Reflexionsebene), so erkennt man, dass die Richtfunktion für $\varphi = 0°$ und $\varphi = 180°$ Nullstellen aufweist. Für diese Winkel wird der E-Vektor in Richtung der Leitung null.

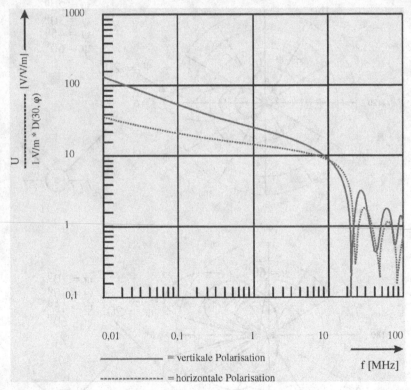

Abb. 7.46 Leerlaufspannung einer halbunendlich langen Leitung Höhe der Leitung über Grund $h = 10$ m, Erhebungswinkel $\psi = 30°$, Erdleitfähigkeit $\sigma = 10^{-2}$ S/m

Mit der Gleichung 7.75 ist es möglich, die Leerlaufspannung einer halbunendlich langen Leitung zu bestimmen. Setzt man für die Feldstärke E_0 einen Wert von 1 V/m an und bezieht die Leerlaufspannung auf den Richtfaktor, so ist eine Darstellung dieser bezogenen Leerlaufspannung für feste Winkel ψ möglich. Um den Einfluss der endlichen Erdleitfähigkeit auf die Höhe der Spannung und damit auch auf die Höhe des Stromes auf der Leitung zu zeigen, sind in den Abb. 7.46 und Abb. 7.47 diese Spannungen als Funktion der Frequenz für zwei Leitfähigkeiten dargestellt. Die Leitung hat in allen Fällen eine Höhe von 10 m über Grund.

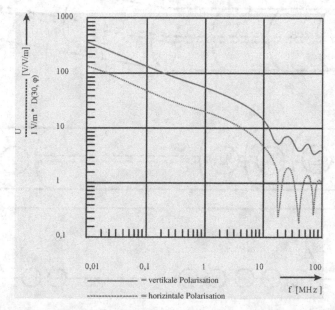

Abb. 7.47 Leerlaufspannung einer halbunendlich langen Leitung Höhe der Leitung über Grund h = 10 m, Erhebungswinkel $\psi = 30°$, Erdleitfähigkeit $\sigma = 10^{-3}$ S/m

2. Ansatz von Längsspannungsquellen

Nachdem nun der Strom auf dem Kabelschirm bestimmt wurde, sind nach der vorgeschlagenen Vorgehensweise im nächsten Schritt Längsspannungsquellen für den Kreis unterhalb des Schirmes, den eigentlichen, beeinflussten Signalkreis, anzusetzen.

Mit der Abb. 7.48 wird dieser Vorgang verdeutlicht. Die Ströme $\underline{I}_1$ bis $\underline{I}_5$ in a) deuten darauf hin, dass der Strom auf dem Schirm bekannt ist und für jeden Ort angegeben werden kann. Aus diesen Strömen errechnen sich dann gemäß

$$d\underline{U}_i = Z_T' \cdot \underline{I}(z) \cdot dz \qquad (7.81)$$

die Längsspannungsquellen für den Signalkreis. Bei einer numerischen Berechnung wird man von infinitesimal kleinen Quellen $d\underline{U}_i$ auf endliche Quelle $\Delta\underline{U}_i$ übergehen. Aus einer Integration wird eine Summation. Z_T' ist die Kabeltransferimpedanz, die im Lauf dieses Kapitels noch näher erläutert wird, diese Größe verbindet den Strom auf dem Kabelschirm mit der Spannung einer Ader gegen den Schirm.

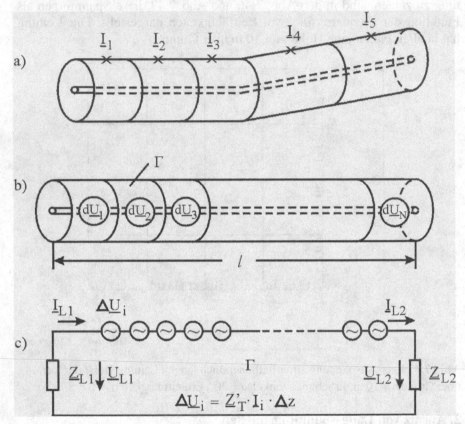

Abb. 7.48 Modell für die Kopplung des Stromes auf dem Schirm in eine Spannung zwischen Adern und Schirm

3. Berechnung der Vorgänge im Kabel

Für die Berechnung der Spannungen über den Lastimpedanzen $\underline{Z}_{L1}$ und $\underline{Z}_{L2}$ lässt sich wieder ein Ersatzschaltbild für ein infinitesimal kurzes Stück Leitung aufstellen, das das gleiche Aussehen hat wie das Ersatzschaltbild der Abb. 7.42, nur dass die Quelle $-E_z\,dz$ im Zug der Leitung nun durch $d\underline{U}_i = Z_T' \cdot \underline{I}(z) \cdot dz$ ersetzt wird. Für die Lastspannungen ergibt sich somit:

$$\underline{U}_{L1} = -\frac{\underline{Z}_{L1}}{D}\int_0^l \underline{Z}_T' \, \underline{I} \, \left[\Gamma\cosh\gamma(l-z)+\underline{Z}_{L2}\sinh\gamma(l-z)\right]dz, \qquad (7.82)$$

$$\underline{U}_{L2} = \frac{\underline{Z}_{L2}}{D}\int_0^l \underline{Z}_T' \, \underline{I} \, \left[\Gamma\cosh\gamma z+\underline{Z}_{L1}\sinh\gamma z\right]dz, \qquad (7.83)$$

$$D = \left(\Gamma\,\underline{Z}_{L1}+\Gamma\,\underline{Z}_{L2}\right)\cosh\gamma l+\left(\Gamma^2+\underline{Z}_{L1}\,\underline{Z}_{L2}\right)\sinh\gamma l \, .$$

Durch die schon angedeutete Diskretisierung wird aus der Integration eine Summation und man erhält schließlich die nachfolgenden Gleichungen.

$$\underline{U}_{L1} = -\frac{\underline{Z}_{L1}}{D}\sum_i\left\{\Delta\underline{U}_i\left[\Gamma\cosh\gamma(l-z_i)+\underline{Z}_{L2}\sinh\gamma(l-z_i)\right]\right\}, \qquad (7.84)$$

$$\underline{U}_{L2} = \frac{\underline{Z}_{L2}}{D}\sum_i\left\{\Delta\underline{U}_i\left[\Gamma\cosh\gamma z_i+\underline{Z}_{L1}\sinh\gamma z_i\right]\right\}, \qquad (7.85)$$

$$\Delta\underline{U}_i = \underline{I}_i\,\underline{Z}_T'\,\Delta z, \qquad (7.86)$$

Γ = Wellenwiderstand, γ = Ausbreitungskonstante der Leitung.

Vorschlag für eine erste grobe Abschätzung der in ein Koaxialkabel eingekoppelten Spannung im Frequenzbereich

Die zuvor beschriebene Prozedur zur Bestimmung der eingekoppelten Störspannungen ist sehr aufwendig. Der Aufwand ist nur dann gerechtfertigt, wenn entsprechend sichere Daten über alle die Einkopplung bestimmenden Größen vorliegen. In der Konzeptphase eines Projektes oder aber für eine erste Abschätzung im Sinne eines Ausschlussverfahrens reicht es häufig schon aus, eine einfache Abschätzung vorzunehmen. Die nachfolgende Prozedur dürfte dabei schon recht brauchbare Ergebnisse liefern.

1. Festlegung der Beeinflussungslänge l,

2. Festlegung des möglichen Stromes I auf dem Kabelschirm (Messwert, Abschätzung, Grenzwert),

3. Ansatz einer Transferimpedanz von $/Z_T'/ = 10$ mΩ/m im Frequenzbereich bis 1 MHz, Ansatz einer Transferimpedanz von $|Z_T'| = 10 m\Omega/m \cdot f[MHz]$ im Bereich oberhalb von 1 MHz.

4. Berechnung der eingekoppelten Spannung $|U_{Ader}| \approx I\cdot|Z_T'|\cdot l$.

Beispiel 7.14:

$l = 5$ m, $f = 2$ MHz, $I = 100$ mA

$\Rightarrow |U_{Ader}| \approx 0{,}1\cdot20\cdot10^{-3}\cdot5\ V = 10\,mV$

7.6.3.2 Auskopplung aus einem Koaxialkabel heraus

Normalerweise ist der in einem Koaxialkabel fließende Strom (ein Betriebs- oder Signalstrom) bekannt, so dass man über die Transferimpedanz auch eine Analyse der Auskopplung durchführen kann. Dabei wird vorausgesetzt, dass die einmal bestimmte Kabeltransferimpedanz sowohl für die Einkopplung als auch für die Auskopplung verwendet werden kann. Die Bestimmung der Auskopplung läuft nun analog zur Einkopplung, unter Verwendung der Gleichungen 7.82 bis 7.86, ab. Nun sind für den Wellenwiderstand Γ und die Ausbreitungskonstante γ die Größen für den Außenbereich des Koaxialkabels zu verwenden. Ist das Kabel beidseitig aufgelegt, treten an beiden Enden Kurzschlussströme auf, die sich über

$$\underline{I}_{K1} = -\frac{1}{\Gamma^2 \sinh \gamma l} \int_0^l \underline{Z}_T' \, \underline{I} \left[\Gamma \cosh \gamma (l-z) \right] dz, \tag{7.87}$$

$$\underline{I}_{K2} = \frac{1}{\Gamma^2 \sinh \gamma l} \int_0^l \underline{Z}_T' \, \underline{I} \left[\Gamma \cosh \gamma z \right] dz \tag{7.88}$$

errechnen lassen. Man erkennt sehr schön die auftretende Symmetrie. Mit diesen Strömen sind nun die Felder um die Kabel herum zu bestimmen, z. B. wieder über die Leitungstheorie, besser aber unter Verwendung von Programmen zur numerischen Berechnung elektromagnetischer Felder (CONCEPT) beliebiger Anordnungen.

In Analogie zur groben Abschätzung der Einkopplung kann auch für die Auskopplung eine grobe Abschätzung vorgenommen werden. Mit angepassten Werten verläuft die Prozedur genau so ab wie bei der Einkopplung. Die aus Länge, Strom im Kabel und Transferimpedanz sich ergebende Spannung ist durch die Impedanz $\underline{Z}_{außen} = R + j\omega L$ des Außenkreises zu teilen, R = Widerstand, L = Eigeninduktivität des Außenkreises. Mit diesem Strom kann nun, beispielsweise über den Durchflutungssatz, das Magnetfeld in der Nähe des Kabels bestimmt werden.

7.6.3.3 Beispiel für eine Impulsüberkopplung

Im Folgenden wird das Ergebnis einer Überkopplung aus einem Kabel heraus in ein zweites Kabel hinein wiedergegeben. Der Aufbau ist der Abb. 7.35 zu entnehmen. Mit dem vorderen Kabel wird ein Spannungssprung von 1 V (Leerlauf) über eine Strecke von 10 m zu einer Last hin übertragen. Die Quellimpedanz und auch die Lastimpedanz in diesem Kabel betragen 50 Ω. Der Spannungssprung hat am Speisepunkt einen linearen Anstieg (von 0 auf 100 %) von 10 ns. Beide beteiligten Kabel sind vom Typ RG 58 CU. In der Abb. 7.49 ist die Spannung über der rechtsseitigen Impedanz (fernes Ende) im hinteren Kabel dargestellt.

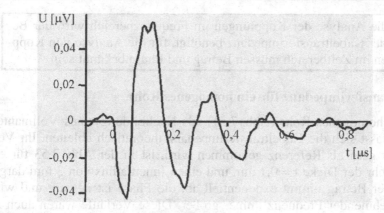

Abb. 7.49 Ergebnis einer Impulsüberkopplung

Die Überkopplung ist minimal, die Entkopplung beträgt mehr als 140 dB.

7.6.3.4 Kabeltransferimpedanz

Definition: Die Kopplung zwischen den Vorgängen im Kabel und den elektromagnetischen Vorgängen außerhalb des Kabels wird über die Kabeltransferimpedanz beschrieben. Ihre Definition ergibt sich aus der folgenden Skizze der Abb. 7.50.

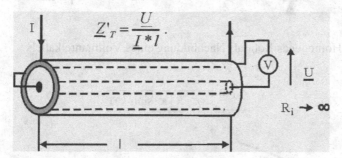

$$\underline{Z}'_T = \frac{U}{\underline{I} * l}.$$

Abb. 7.50 Zur Definition der Kabeltransferimpedanz

$\underline{Z}'_T$ ist eine komplexe Größe und hat die Dimension Ω/m. $\underline{Z}'_T$ ist ein Maß für die Schirmwirkung; je kleiner $\underline{Z}'_T$ ist, umso besser ist die Schirmwirkung. Ihre verallgemeinerte Definition lautet:

$$\underline{Z}'_T = \frac{d\underline{U}}{dl} \frac{1}{I(l)} \tag{7.89}$$

> Für die Analyse der Kopplungen im Frequenzbereich wird der Betrag der Kabeltransferimpedanz benötigt, für die Analyse von Kopplungen im Zeitbereich müssen Betrag und Phase bekannt sein.

Kabeltransferimpedanz für ein homogenes Rohr

Für ein homogenes Rohr (Abb. 7.51), als Nachbildung eines Vollmantelkabels, lässt sich die Kabeltransferimpedanz theoretisch ableiten. Ihr Verlauf, der gern als Referenz genommen wird, ist in der Abb. 7.53 für ein Kupferrohr der Dicke t = 0,1 mm und einen Innenradius von 3 mm dargestellt. Der Betrag nimmt exponentiell ab, die Phase ist negativ und wird mit zunehmender Frequenz immer größer. Diese Verläufe waren auch zu erwarten, wenn man das Modell vor Augen hat, dass im Rohr der Strom aufgrund des Skineffekts immer mehr nach außen gedrängt wird und die Stromanteile nach innen hin immer mehr nacheilen. Siehe hierzu Anhangkapitel A6.1!

Voraussetzung: $t \ll R$

$$k = \frac{(1+j)}{d}, \quad d = \sqrt{\frac{1}{\pi f \mu \kappa}}$$

Abb. 7.51 Homogenes Rohr als Nachbildung eines Vollmantelkabels

$$Z'_T = \frac{k}{2 \cdot \pi \cdot R \cdot \kappa \cdot \sinh k \cdot t} \tag{7.90}$$

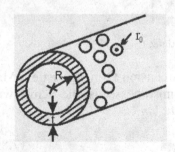

$$p = \frac{n \cdot r_0^2}{2 \cdot R};$$

Perforierungsgrad,

$n = $ *Anzahl der Löcher pro Meter*

Abb. 7.52 Modell eines perforierten Rohres

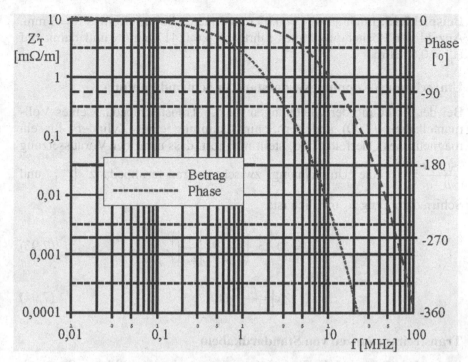

Abb. 7.53 Verlauf der Transferimpedanz eines Kupfervollmantelkabels, Innenradius R = 3 mm, Dicke des Außenmantels t = 0,1 mm

Von Kaden [KAD59] wird eine Formel (7.91) zur Berechnung eines Rohres mit einer großen Anzahl von kleinen Löchern (perforiertes Rohr) abgeleitet. Es wird nur der Einfluss der Löcher betrachtet, die Kopplung durch das Material wird vernachlässigt. Die Phase ist positiv und gleich 90^0. Zur Nachbildung eines realen Koaxialkabels mit geflochtenem Schirm ist die Beziehung aber nur bedingt brauchbar. Ein interessantes Ergebnis der Betrachtungen von Kaden besteht aber darin, dass wiederum gezeigt wird, dass eine große Anzahl von kleinen Löchern wesentlich bessere Werte bringt, als eine kleine Anzahl großer Löcher bei gleicher Gesamtlochfläche.

$$Z'_T = \frac{2}{3 \cdot \pi^2} \cdot j\omega \, \mu_0 \cdot \frac{p \cdot r_0}{R} \qquad (7.91)$$

Aus der Beziehung für die Transferimpedanz (7.91) lässt sich die Beziehung für die Lochinduktivität entnehmen:

$$L'_T = \frac{2}{3 \cdot \pi^2} \cdot \mu_0 \cdot \frac{p \cdot r_0}{R} \qquad (7.92)$$

Beispiel 7.15: Lochradius $r_0 = 0,05$ mm, Innenradius des Rohres R = 3 mm, Anzahl der Löcher pro Meter führt auf p = 0,417 mm/m und damit auf $L_T' = 0,6$ nH/m.

Umrechnung: Kopplungswiderstand in Schirmdämpfung

Bei der Ableitung der Gleichungen für die Transferimpedanz eines Vollmantelkabels (7.90) und der Schirmdämpfung eines Zylinders für ein magnetisches Querfeld (7.26) stellt man fest, dass unter der Voraussetzung $\dfrac{\sqrt{2} \cdot R}{\mu_r \cdot d} \gg 1$ eine Umrechnung zwischen Transferimpedanz $|\underline{Z}_T'|$ und Schirmdämpfung a_s möglich ist:

$$a_s = 20 \cdot \log\left(\frac{f \cdot \mu_0}{2} \cdot \left|\frac{1}{Z_T'}\right|\right), \tag{7.93}$$

$$|\underline{Z}_T'| = \frac{f \cdot \mu_0}{2} \cdot 10^{-\frac{a_s}{20}}. \tag{7.94}$$

Transferimpedanzen von Standardkabeln

In der Abb. 7.54 sind die Transferimpedanzen einer Anzahl von Standardkoaxialkabeln nach Betrag und Phase dargestellt. Die Kurven wurden an der TU Dresden erzeugt.

Die Betrags- und auch die Phasenkurven zeigen alle ein sehr ähnliches Verhalten. Bis ca. 500 kHz haben sie einen konstanten Wert, den Gleichstromwiderstand des Geflechts, Phase = 0°, ab ca. 1 MHz nimmt der Betrag mit 20 dB/Dekade zu, die Phase nimmt bis auf ca. 90° ab. Unter Ansatz aller Unsicherheiten erscheint es gerechtfertigt, für eine erste Abschätzung mit einer Transferimpedanz von

$$Z_T' \approx 10 \; m\Omega / m - j\omega 2 \; nH / m \tag{7.95}$$

zu rechnen.

Kennt man den Gleichstromwiderstand pro Meter des Geflechts R_0', so kann als sehr gute Näherung eine Transferimpedanz in folgender Weise bestimmt werden:

$$Z_T' \approx R_0' - j\omega L' \tag{7.96}$$

$$L' = \frac{R_0'}{2\pi \cdot 500 kHz} \tag{7.97}$$

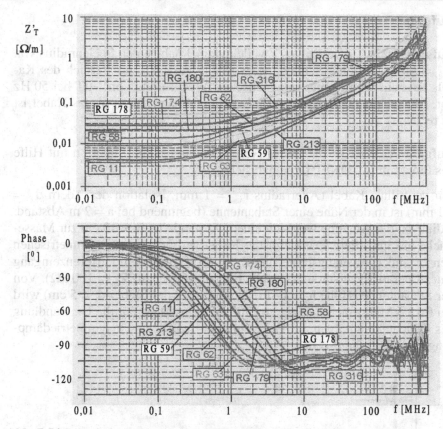

Abb. 7.54 Transferimpedanzen von Standardkoaxialkabeln

Anmerkung: Diese vereinfachte Vorgehensweise ist nur für Standardko-axialkabel erlaubt, optimierte oder doppelt optimierte Kabel zeigen komplett andere Verläufe. In der Abb. 7.55 ist der Verlauf für ein solches Kabel wiedergegeben.

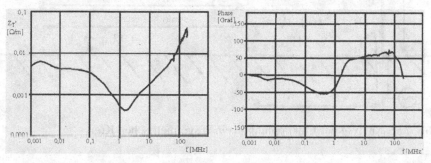

Abb. 7.55 Verlauf der Transferimpedanz des Kabels RG 214 (Messkurve der TU Dresden)

Aufgaben

Aufgabe 7.22: Ein verdrilltes Zweileiterkabel habe einen Seelenradius von $r_{Seele} = 3$ mm und eine Schlaglänge von $l_{Schlag} = 20$ cm. Im Bereich des Kabels liegt ein homogenes magnetisches Wechselfeld von 1 µT bei 50 Hz vor. Mit welcher ‚worst-case'-Einkopplung (magnetisch) in das Kabel ist zu rechnen?

Aufgabe 7.23: Es ist die in der Abb. 7.56 dargestellte Situation mit Hilfe des Programms CONEPT zu analysieren.

Ein verdrilltes Kabel (Aderradius $r_{Ader} = 1$ mm, Isolation der Adern $d_{Iso} = 0,1$ mm) ist in der Nähe einer Stabantenne (beginnend bei a = 2 m Abstand, radial von der Antenne weg) mit einem Abstand von $h_2 = 10$ cm zur Massefläche hin installiert. Das verdrillte Kabel verbindet einen symmetrischen Sensor (links, Ausgangsimpedanz $Z_{aus} = 100\ \Omega$) mit dem Differenzeingang eines Operationsverstärkers (rechts, Eingangsimpedanz $Z_{ein} = 100$ kΩ). Von der Stabantenne (Höhe $h_1 = 12$ m, Durchmesser des Stabes $d_1 = 5$ cm) wird bei f = 3,5 MHz eine Leistung von 100 W abgestrahlt. Für die Umwandlung des Gleichtaktsignals in ein Differenzsignal wird eine Unsymmetriedämpfung von 30 dB angesetzt.

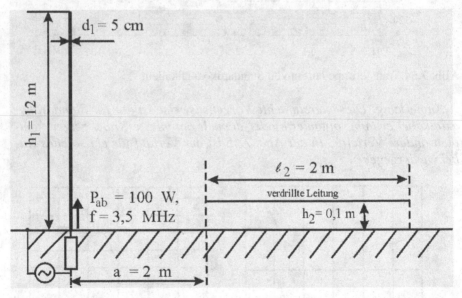

Abb. 7.56 Analyse der Einkopplung in einen symmetrischen Kreis

a) Wie groß ist die in den Signalkreis eingekoppelte Störspannung durch das Sendesignal der Antenne? Für den Ersatzeinzelleiter ist ein Ersatzradius von $r_{Ersatz} = 2{,}2$ mm zu wählen.

b) Variieren Sie den Ersatzradius der Einleiteranordnung zwischen 2,2 mm und 5 mm! Wie groß ist der maximale Unterschied im Ergebnis (in dB)?

c) Welche EMV-Maßnahme bringt eine wesentlich höhere Störfestigkeit für den Sensor- Operationsverstärkerkreis?

Aufgabe 7.24: Ein zylindrisches Einleiterkabel über Grund hat einen Eigeninduktivitätsbelag, der sich nach Gleichung (7.59) berechnen lässt. Für den Widerstandsbelag eines Kabelschirmes kann mit guter Näherung

$$R_0^{'} = \frac{1}{2\pi \cdot r_{außen} \cdot t \cdot \kappa}$$

für eine Dicke t des Außenleiters kleiner als d (Eindringtiefe) und

$$R_{\sim}^{'} = \frac{1}{2\pi \cdot r_{außen} \cdot d \cdot \kappa}$$

für eine Dicke t des Außenleiters größer/gleich d angesetzt werden. Berechnen Sie für $r_{außen} = 3$ mm, $t = 0{,}2$ mm, eine Höhe h = 5 cm über Grund und Kupfer die Frequenz f_G, bei der der induktive Widerstand des Außenleiters gleich dem ohmschen Widerstand ist!

Aufgabe 7.25: Auf dem Kabelschirm eines Koaxialkabels ($r_{außen} = 3$ mm, $t = 0{,}2$ mm und Kupfer) fließt ein Strom von $I_1 = 100$ mA. Welcher Strom wird sich auf einem parallel installierten Kabel ($r_{außen} = 3$ mm, $t = 0{,}2$ mm und Kupfer, Länge der Parallelführung $l = 10$ m, Abstand zum beeinflussenden Kabel d = 20 cm) bei

$f_1 = 100$ Hz,
$f_2 = 1$ MHz

einstellen? Beide Kabel haben eine Höhe h = 10 cm zur Ebene. Siehe Anordnung der Abb. 7.39 !

Aufgabe 7.26: In der Konzeptphase einer Fregatte soll abgeschätzt werden, mit welcher eingekoppelten Spannung U_A in ein $l = 8$ m langes Koaxialkabel ($r_{außen} = 3$ mm), das h = 5 cm über Grund verlegt werden soll, bei f = 5 MHz zu rechnen ist. Am Ort des Kabels ist mit einer magnetischen Feldstärke bei 5 MHz von H = 10 mA/m zu rechnen.

Aufgabe 7.27: In einem Koaxialkabel (Länge l = 5 m, $r_{außen}$ = 3 mm, Höhe über Grund h_1 = 20 cm, beidseitig aufgelegt) fließt bei f = 3 MHz ein Signalstrom von I = 2 A. Schätzen Sie ab, mit welcher magnetischen Feldstärke unterhalb des Koaxialkabels (Höhe h_2 = 10 cm) zu rechnen ist!

7.6.4 Kabelschirmauflegung am Geräteeingang

Der Systemverkabelung wird mit Recht eine sehr große Aufmerksamkeit gewidmet. Es werden Verkabelungsrichtlinien mit Kabelkategorien und Verlegeabständen aufgestellt, mit möglichst genauen kabelspezifischen Kabeltransferimpedanzen werden die zu erwartenden Störsignale analysiert, dabei wird häufig übersehen, dass schon ein nicht sachgerechter Kabelschirmanschluss an einem Gerät das gesamte Konzept infrage stellen kann.

Durchgängig wird in diesem Buch die beidseitige Kabelschirmauflegung vertreten. Und dabei soll unter einer Kabelschirmauflegung die großflächige Rundherumkontaktierung des Schirmes am Geräteeingang mit Hilfe einer besonderen Verschraubung verstanden werden. Weiterhin ist die Unterscheidung zwischen echten Kabelschirmen (Zwei- oder Vielleiter mit einem gemeinsamen Schirm) und Koaxialkabeln (Mittelleiter mit koaxialem Rückleiter), bei dem der Rückleiter gleichzeitig eine schirmende Funktion übernimmt, zu machen.

Echte Koaxialkabel müssen schon aus funktionellen Gründen beidseitig aufgelegt werden. Hier kann höchstens noch diskutiert werden, ob die Schirme (Rückleiter) beim Durchgang durch eine Metallwand an der Durchtrittsstelle aufgelegt werden dürfen. Probleme können entstehen bei der Einbringung von Koaxialkabeln in geschirmte Räume (Messräume) hinein, wenn hohe Entkopplungswerte zwischen innen und außen sichergestellt werden müssen. Die Nichtauflegung, die im Einzelfall eine ungewünschte Störsignalübertragung verhindert, kann aber nicht als Lösung angesehen werden. Es müssen in Bezug auf die Kabeltransferimpedanz optimierte Kabel eingesetzt werden.

Die Güte der Kabelschirmauflegung wird durch eine konzentrierte Transferimpedanz beschrieben. Angestrebt wird, und dies sollte in Verkabelungs- bzw. Designrichtlinien auch gefordert werden, eine Transferimpedanz der Kabelschirmauflegung gleich der Kabeltransferimpedanz für 1 m des aufzulegenden Kabels.

Die Transferimpedanz der Kabelschirmauflegung setzt die im Inneren eines Schirmgehäuses vom Kabelschirm zur Masse auftretende Spannung ins Verhältnis zum auf der Außenseite über die Kabelschirmauflegung abgeleiteten Strom. Siehe hierzu Abb. 7.57.

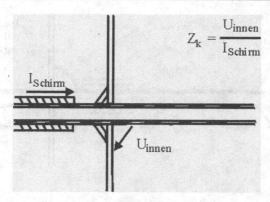

$$Z_k = \frac{U_{innen}}{I_{Schirm}}$$

Abb. 7.57 Zur Definition der Transferimpedanz einer Kabelschirmauflegung

Die Transferimpedanz der Kabelschirmauflegung ist eine Transfergröße, die den Strom außen mit der Spannung innen verbindet. Somit lässt sich für die Kabelschirmauflegung das in der Abb. 7.58 dargestellte Ersatzschaltbild einer stromgesteuerten Spannungsquelle aufstellen.

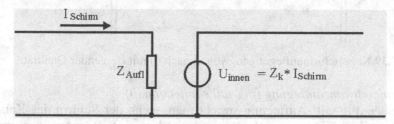

Abb. 7.58 Ersatzschaltbild für die Kabelschirmauflegung

Die Impedanz der Auflegung $Z_{Aufl.}$ im Außenkreis ist nicht mit der Transferimpedanz Z_k zu verwechseln. Ähnlich wie bei der Kabeltransferimpedanz ist nur bei Gleichstrom Äquivalenz zwischen beiden Größen gegeben. Die Transferimpedanz der Kabelschirmauflegung ist ebenso wie die Kabeltransferimpedanz eine Funktion der Frequenz.

In der Abb. 7.59 sind Kabelschirmauflegungen mit steigender Qualität aufgelistet.

Keine Auflegung (a)
Der Strom wird in den geschirmten Bereich hinein transportiert. Die Spannung des Kabelschirmes gegen Masse ist näherungsweise innen und außen gleich. Die Verhältnisse ändern sich auch nicht wesentlich, wenn der Kabelschirm kurz vor der Einführung in ein Gerät geschnitten und entfernt wird. Vollkommen abzulehnen ist die isolierte Einführung des Kabelschirmes und eine Auflegung des Schirmes im Gerät als Zopf an die sogenannte Elektronikmasse.

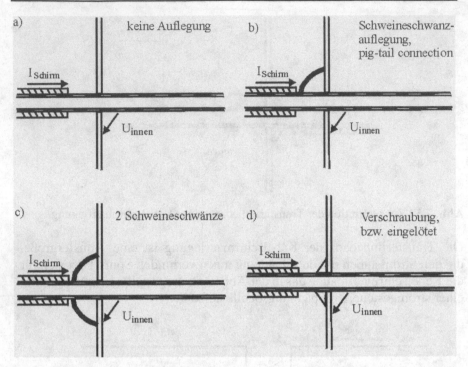

Abb. 7.59 Kabelschirmauflegungen, von a) nach d) mit steigender Qualität

Schweineschwanzauflegung (pig-tail connection, b)
Von einer ‚pig-tail'-Auflegung spricht man, wenn der Schirm des Kabels vor dem Geräteeingang entfernt wurde und eine Auflegung über einen Schirmzopf oder einen angelöteten Verbindungsdraht erfolgt. Der Strom muss über den Zopf oder Verbindungsdraht (pig-tail) fließen, es kommt zu einer Stromkonzentrierung. Es tritt eine Induktionsspannung

$$U_{innen} \approx \omega \cdot L_{Aufl} \cdot I_{Schirm} \tag{7.98}$$

auf. L_{Aufl} ist die Eigeninduktivität des Kreises, der aus Verbindungsdraht mit einem kleinen Stück des Kabelmantels und der Schirmwand gebildet wird. In erster Näherung kann diese Eigeninduktivität mit

$$L_{Aufl} = \frac{\mu \cdot l}{2\pi} \cdot \ln \frac{2 \cdot d_m}{R_V} \tag{7.99}$$

abgeschätzt werden, l = Länge des Verbindungsdrahtes, R_V = Radius des Verbindungsdrahtes, d_m = gemittelter Abstand des Verbindungsdrahtes zum Kabelmantel und zur Schirmwand.

2 x Schweineschwanzauflegung (c)
Eine Verwendung von 2 *Verbindungsdrähten*, vollkommen symmetrisch (gleiche Länge, gleiche Abstände, auf gegenüberliegenden Seiten) angeordnet, kompensiert zumindest theoretisch die induktive Kopplung. Der Strom teilt sich auf die beiden Verbindungsdrähte auf, die Beeinflussungsflächen haben in Bezug auf das Magnetfeld eine entgegengesetzte Orientierung, die induzierten Spannungen kompensieren sich. Diese Variante *bringt eine wesentliche Verbesserung* gegenüber der Verwendung nur eines Verbindungsdrahtes. Diese Variante würde in vielen Fällen schon ausreichen, um eine genügend niedrige Transferimpedanz zu erreichen, wenn die Symmetrie und damit die Kompensation tatsächlich erreichbar wäre.

Verwendet man 4 (8, 16, 32.....) Verbindungsdrähte, symmetrisch auf den Umfang verteilt, wird die Situation, vor allen Dingen unter realen Bedingungen, immer besser. Die vollkommene Kompensation wird im Realen trotzdem nicht erreicht. Erst die Rundherumkontaktierung stellt sicher, dass die induktive Kopplung sehr niedrige Werte erreicht.

Verschraubung, Lötung (d)
Das Optimum würde man mit einer Rundherumlötung erreichen. Die Lötung hat nur den Nachteil, dass die Wärmeeinbringung die Isolation zerstören könnte. Weiterhin lässt sich ein eingelötetes Kabel nicht zerstörungsfrei auswechseln. Um aber eine sehr gute Kabelschirmauflegung zu erreichen, sind auf dem Markt verschiedene Kabelschirmauflegungen und Kabelschirmverschraubungen verfügbar. Siehe hierzu [VG994]!

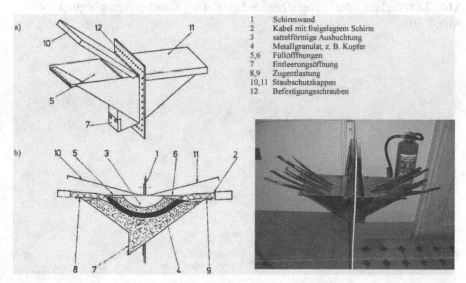

1	Schirmwand
2	Kabel mit freigelegtem Schirm
3	sattelförmige Ausbuchtung
4	Metallgranulat, z. B. Kupfer
5,6	Füllöffnungen
7	Entleerungsöffnung
8,9	Zugentlastung
10,11	Staubschutzkappen
12	Befestigungsschrauben

Abb. 7.60 Hochwertige Kabelschirmauflegung

In der Abb. 7.60 ist eine kommerziell verfügbare Kabelschirmauflegung dargestellt, die sehr hohen Ansprüchen genügt. In der Abb. 7.61 sind Messwerte für die Transferimpedanz dieser Auflegung angegeben.

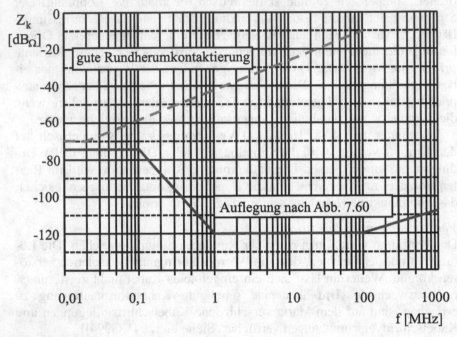

Abb. 7.61 Verlauf der Transferimpedanz der Kabelschirmauflegung nach Abb. 7.60

8 Natürliche Rauschquellen, elektromagnetische Umwelt und Grenzwerte

Jedes elektrische und elektronische Gerät muss Störaussendungsgrenzwerte einhalten und eine definierte Störfestigkeit gegen einwirkende Störsignale besitzen. Die Begründung für die definierte Störfestigkeit ist schnell geliefert: Ein elektrisches/elektronisches Gerät soll auch dann seine Funktion zufriedenstellend erfüllen, zumindest nicht zerstört werden, wenn auf das Gerät von außen Störsignale einwirken. Die einwirkenden Störsignale sind im Allgemeinen nicht beeinflussbar und somit als vorgegeben zu betrachten.

Dabei kann grob die Unterteilung gemacht werden in

> *einwirkende Dauerstörsignale* und
> *impulsförmige Einmal- oder Mehrfachsignale.*

Zu den *Dauersignalen* müssen u.a. die Signale lizenzierter Funkdienste, niederfrequente Magnetfelder energietechnischer Einrichtungen und Oberschwingungen von Gleichrichterschaltungen gezählt werden. Die Störfestigkeit gegen Dauerstörsignale muss so hoch sein, dass der ungestörte Betrieb auch während der Einwirkung gewährleistet ist.

Zu den *impulsförmigen Störsignalen* gehören u.a. elektrostatische Entladungen (ESD = electrostatic discharge), schnelle, energiearme Mehrfachimpulse (burst) sowie energiereiche Impulse von fernen Blitzeinschlägen und Schalthandlungen (surge). Die geforderte Störfestigkeit gegen impulsförmige Störsignale hängt von der Aufgabe und dem Einsatzbereich des Gerätes ab, man unterscheidet in

- Störungen, die nur vorübergehend während der Einwirkung auftreten (z. B. beim ESD),

- Störungen, die durch einen automatischen Wiederanlauf behoben werden (z. B. beim burst),

- Störungen, die einen menschlichen Eingriff erfordern (z.B. beim surge).

8.1 Natürliche Rauschquellen, elektromagnetische Umwelt

Die Begründung für die Einhaltung definierter Störaussendungsgrenzwerte ist ebenfalls schnell geliefert (Schutz der Allgemeinheit), etwas schwieriger ist die Definition bzw. Festlegung der Grenzwerte. Die Höhe der erlaubten Störaussendungen ergibt sich aus dem verträglichen Miteinander, wie es schon in der *Definition der EMV* festgeschrieben ist: *„. . . . ohne die Umgebung, zu der auch andere Einrichtungen gehören, unzulässig zu beeinflussen!'*.

Wann liegt aber eine unzulässige Beeinflussung vor? Welche Störsenken sind zu betrachten?

Beschränkt man sich auf den Frequenzbereich oberhalb von 10 kHz, findet man sehr schnell eine Antwort: Die empfindlichsten Störsenken sind die Kommunikationsempfänger mit ihren Antennen. Es ist die Aufgabe dieser Anlagen, Informationen auf den ihnen zugewiesenen Betriebsfrequenzen aufzunehmen, auszuwerten und für den Menschen aufzubereiten, bis hin zur physikalischen Grenze. Will man diesen Anspruch erfüllen, kommt man zur Forderung:

> Ein elektrisches/elektronisches Gerät darf am Ort einer Antenne kein Störsignal erzeugen, das größer ist als das von der Antenne noch auswertbare Nutzsignal.

Definiert man noch einen Mindestabstand, den ein elektrisches/elektronisches Gerät von einer Antenne haben muss, damit die Bedingung eingehalten werden kann, bleibt nur noch die Frage offen, wie groß das von der Antenne noch auswertbare Nutzsignal ist.

Zwei Grenzen sind dabei gegeben:

1. das unbeeinflussbare Außenrauschen der natürlichen Rauschquellen,

2. das Eigenrauschen des Empfängers, das im Allgemeinen wesentlich niedriger ist als das umgesetzte Außenrauschen (über die Antenne aufgenommene Außenrauschen).

Damit ist der Weg zur Festlegung der Störaussendungsgrenzwerte im Bereich oberhalb von 10 kHz vorgegeben. Auf Wahrscheinlichkeitsbetrachtungen und Bandbreiten als Detailprobleme wird nicht weiter eingegangen, hier soll ein Hinweis auf die Norm CISPR 16 [CIS92] genügen.

Um das Störpotential eines elektrischen/elektronischen Gerätes in Bezug auf die Beeinflussung des Funkempfangs hinreichend zu erfassen, unterteilt man das Frequenzspektrum in zwei Bereiche.

Bereich bis 30 MHz ($\lambda \geq 10$ m)

In diesem Bereich wirken hauptsächlich die Leitungen als Antennen, die die vom Prüfling erzeugten Störsignale in die Umwelt abstrahlen. Leitungen haben aber die Eigenschaft, frequenzselektiv zu sein. Da man aber nicht alle möglichen Leitungslängen, die sich beim späteren Einsatz des Geräts ergeben können, in den Aussendungstest einbeziehen kann, führt man an einer Ersatzimpedanz (LISN = line impedance stabilization network) eine Störspannungsmessung (Quellenmessung) durch. Die Grenzwerte für die Störspannung sind dabei so gewählt, dass, regt man mit dieser Spannung jeweils einen angepassten $\lambda/2$-Strahler an, sich eine Feldstärke ergibt, die noch zu keiner Störung führt.

Bereich oberhalb von 30 MHz ($\lambda < 10$ m)

Mit zunehmender Frequenz wird der Prüfling mit seinen Abmessungen, Öffnungen und seiner Verkabelung selbst zum Strahler, so dass die Messung allein auf Leitungen (der Netzleitung) den Prüfling auch nicht mehr hinreichend in seinem Störpotential beschreibt. Es werden Feldstärkemessungen durchgeführt.

Ausgangspunkt für die Definition der Grenzwerte bleibt aber trotzdem das unbeeinflussbare Außenrauschen der natürlichen Rauschquellen. Das unbeeinflussbare Außenrauschen wird hauptsächlich durch Entladungen statischer Energie in der Atmosphäre (Blitzentladung von einer Wolke zur Erde und zwischen den Wolken) erzeugt. Dabei wird in diesem Falle nicht die Nahwirkung betrachtet, sondern die Wirkung, die sich in großer Entfernung als Knackstörung ergibt.

Man kann von ca. 1000 Blitzen pro Sekunde auf der Erde ausgehen. Folgt man dem Modell einer Wanderwelle in einem mehrere Kilometer langen Blitzkanal, wird klar, dass sich die hochfrequenten Komponenten ebenso wie Funkwellen mit Reflexionen an den ionisierten Schichten der Atmosphäre verhalten und dass sich Blitzentladungen im Äquatorialbereich noch als Knackstörungen in Europa bemerkbar machen können. Was letztendlich an einem bestimmten Ort der Erde als unbeeinflussbares Außenrauschen natürlicher Rauschquellen auftritt, ist abhängig vom Ort, von der Zeit und auch von der Jahreszeit. Es kann sich auch immer nur um eine statistische Aussage handeln. Interessant ist es auch, dass sich bei einer Messung der Rauschfeldstärken mit einer Richtantenne ein Maximum des Rauschens ergibt, wenn die Antenne in Richtung des Äquators zeigt, was darauf hindeutet, dass in diesem Bereich eine erhöhte Blitztätigkeit auftritt.

Um einigermaßen gesicherte Daten für die Planung von Funkanlagen und zur Ableitung von Grenzen und Grenzwerten zu haben, wurde von der Internationalen Telekommunikations Union (ITU = International Telecommunication Union) im Jahr 1964 ein Bericht 322 [ITU64] mit dem Titel,

Verteilung und Charakteristika von atmosphärischen Rundfunkstörungen der Welt' (‚World distribution and characteristics of athmospheric radio noise') herausgegeben, in dem tatsächlich für jeden Ort dieser Erde, für alle 4 Jahreszeiten und für 6 verschiedene Tageszeitperioden das atmosphärische Rauschen aufgelistet ist. Von besonderem Interesse ist der erste Satz der Einleitung: ‚Die Bestimmung des minimalen Signalpegels, der für einen zufriedenstellenden Rundfunkempfang in Abwesenheit anderer nicht gewünschter Rundfunksignale nötig ist, erfordert ein Wissen über das Rauschen.' (‚The determination of the minimum signal level for satisfactory radio reception in the absence of other unwanted radio signals necessitates a knowledge of the noise with which the wanted signal must compete.').

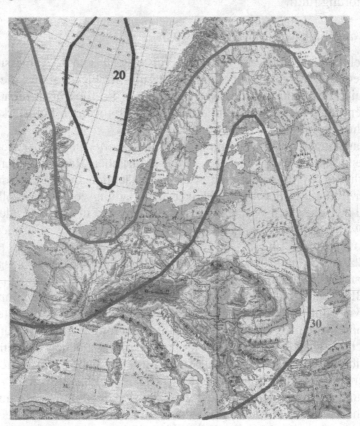

Abb. 8.1 Erwartungswert des atmosphärischen Rauschens F_{am} in dB_{kT_0b}, Frühling, 08.00 – 12.00 GMT

Der Bericht ist leider nicht einfach zu lesen, da sich seine Darstellungsweise mehr an Planer und Betreiber von Funkanlagen wendet. Neben den Absolutwerten wird auch eine Aussage über die Wahrscheinlichkeit des Auftretens dieser Werte gemacht und obendrein der gesamte Frequenzbereich von 10 kHz bis 100 MHz abgedeckt.

In der Abb. 8.1 ist ein Diagramm für das atmosphärische Rauschen (Rauschleistung) F_{am} als dB-Wert bezogen auf $k \cdot T_0 \cdot b$ (k = Boltzmankonstante, T_0 = absolute Temperatur = 293 K = 20 °C, b = Bandbreite = 1 Hz) für die Frequenz f = 1 MHz dargestellt. Es gilt für den Frühling und die Zeitperiode 08.00–12.00 GMT. Für Dresden (Deutschland) lässt sich daraus ein Wert von 27 dB_{kT_0b} ablesen.

Um nun die Rauschgröße für eine andere Frequenz zu bekommen, muss man in einem weiteren Diagramm die Linie benutzen, die bei f = 1 MHz den Wert des Diagramms Abb. 8.1 (hier 27) annimmt. In der Abb. 8.2 ist dieses Diagramm in vereinfachter Form wiedergegeben.

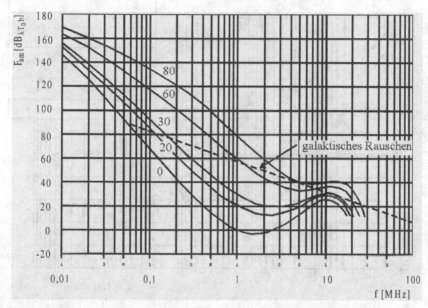

Abb. 8.2 Frequenzabhängigkeit des atmosphärischen Rauschens F_{am} in dB_{kT_0b}, Frühling, 08.00 – 12.00 GMT

Hat man nun eine Kurve ($F_{am} = f(f)$) für einen Ort (Dresden) für eine Tageszeitperiode und eine Jahreszeit generiert, kann auf die tatsächliche Rauschfeldstärke E_n umgerechnet werden. Die dazu notwendige Gleichung lautet:

$$E_n = F_{am} - 65{,}5 + 20 \cdot \log f_{MHz} + 10 \cdot \log b_{kHz} \quad dB_{\mu V/m} \qquad (8.1)$$

f_{MHz} = betrachtete Frequenz in MHz, b_{kHz} = Bandbreite des Messsystems in kHz.

Anmerkung: In dieser Gleichung ist E_n (Augenblickswert) mit F_{am} (Mittelwert der dargestellten Zeitperiode) verbunden worden, was im Rahmen der Grenzwertphilosophie wohl auch erlaubt ist.

In der Abb. 8.3 ist das Ergebnis entsprechender Auswertungen und Berechnungen dargestellt. Es sind die Kurven für

Frühling,   08.00 - 12.00 GMT   (niedrigster Wert),
Herbst,   04.00 - 08.00 GMT   (mittlerer Wert),
Sommer,   20.00 - 24.00 GMT   (höchster Wert)

angegeben.

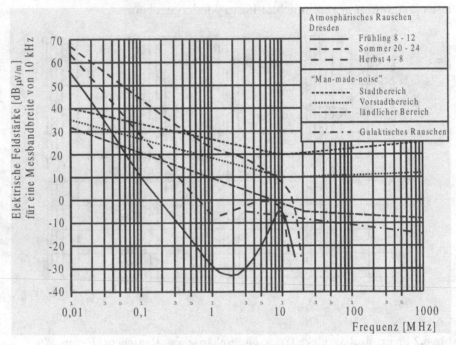

Abb. 8.3 Außenrauschen atmosphärischer Entladungen, durch den Menschen erzeugt und aus dem Weltall kommend, für eine Messbandbreite von 10 kHz

In dieses Diagramm sind weiterhin Kurven über das vom Menschen erzeugte und das galaktische Rauschen eingezeichnet. Auch diese Kurven sind nur Mittelwertkurven, die mit sehr großen statistischen Unsicherheiten behaftet sind. Als Planungswerte sind sie aber sehr hilfreich. Das vom Menschen erzeugte Rauschen beinhaltet die Überlagerung aller sich durch Schalthandlungen, durch Koronaentladungen, durch unsichere Kontakte bei Stromabnehmern und durch Kontaktprellen beim Schalten elektrischer Leistung ergebenden Knacksignale. Wegen der geringeren Antennenwirkung der Störquellen ergeben sich große Unterschiede zwischen den Störungen im Stadt-, im Vorstadt- und im ländlichen Bereich, was sich dann in den drei unterschiedlichen Kurven ausdrückt. Beim galaktischen Rauschen handelt es sich um Signale aus dem Weltall durch Vorgänge in der Materiebildung und –umwandlung in großer Ferne.

Um von den dargestellten Werten F_{am} auf die Feldstärkewerte entsprechend der Gleichung (8.1) zu kommen, sind einige Voraussetzungen zu nennen und Umrechnungen auszuführen. Der Bericht 322 enthält alle benötigten Informationen, um diese Umrechnung vornehmen zu können, aber leider nur in versteckter oder indirekter Form.

Um einigermaßen vollständig zu sein und da es auch für den Entwickler und Hersteller leichter ist, Grenzwerte anzuwenden, wenn die Grundlagen verstanden wurden, wird die Gleichung (8.1) im Folgenden noch näher erläutert.

F_{am} ist der zeitliche Mittelwert der Größe F_a für einen betrachteten Zeitblock von 4 Stunden. F_a ist eine in dB auf $k \cdot T_0 \cdot b$ (293 K, 1 Hz) bezogene Rauschleistung P_n, die sich auch in der nachfolgenden Form schreiben lässt:

$$P_n = \frac{E^2}{\Gamma} \cdot A \qquad (8.2)$$

E = elektrische Feldstärke, A = effektive Antennenfläche, $\Gamma = 377\,\Omega$. Damit ergibt sich:

$$F_a = 10 \cdot \log \frac{P_n}{k \cdot T_o \cdot b} = 10 \cdot \log P_n - 10 \cdot \log k \cdot T_o - 10 \cdot \log b \qquad (8.3)$$

Nach Gleichung (8.2) lässt sich die Rauschleistung umschreiben zu

$$10 \cdot \log P_n = \underbrace{20 \cdot \log E}_{E_n} + 10 \cdot \log \frac{A}{\Gamma} \qquad (8.4)$$

Mit dem Zwischenschritt

$$E_n + 10 \cdot \log \frac{A}{\Gamma} = F_a + 10 \cdot \log k \cdot T_o + 10 \cdot \log b \qquad (8.5)$$

erhält man

$$E_n = F_a - 204\,dB_{J/Hz} + 30\,dB + 10\log b[kHz] - 10 \cdot \log \frac{3 \cdot \lambda^2}{16 \cdot \pi \cdot 377\Omega} \qquad (8.6)$$

In dieser Gleichung wurden folgende Beziehungen benutzt:

$$0\,dB_{k \cdot T_0} = -204\,dB_{J/Hz}\,, \quad T_0 = 293K \qquad (8.7)$$

$$A = \frac{3 \cdot \lambda^2}{16 \cdot \pi} \quad \text{kurze Antenne auf gut leitendem Boden} \qquad (8.8)$$

$$10 \log b[Hz] = 30 \; dB + 10 \cdot \log b[kHz] \qquad (8.9)$$

Mit

$$-10 \cdot \log \frac{3 \cdot \lambda^2}{16 \cdot \pi \cdot 377\Omega} = 38 \; dB_\Omega - 20 \cdot \log \lambda = \qquad (8.10)$$

$$= 38 \; dB_\Omega - 49{,}5 dB_{m/s} + 20 \log f [MHz] \qquad (8.11)$$

ergibt sich die endgültige Beziehung:

$$E_n = F_a - 204 \; dB_{J/Hz} + 30 \; dB + 38 \; dB_\Omega - 49{,}5 dB_{m/s} +$$
$$20 \cdot \log f_{MHz} + 10 \cdot \log b_{kHz} \quad dB_{V/m} \qquad (8.12)$$

Anmerkung: Zur Ableitung der Rauschfeldstärke wurde die wirksame Antennenfläche eingesetzt. Die wirksame Antennenfläche ist die Fläche, die, multipliziert mit der Strahlungsleistung am Ort der Antenne, die Leistung ergibt, die man einem angepassten Empfänger zuführen kann. Siehe hierzu auch Kap. 5.3! Damit ist mit E_n eine Größe gegeben, mit der in einfacher Weise die Rauschleistung P_R für eine beliebige Antenne bestimmt werden kann, wenn die Antennenwirkfläche A_w dieser Antenne vorliegt:

$$P_R = \frac{E_n^2}{\Gamma} \cdot A_w \qquad (8.13)$$

Dem Diagramm der Abb. 8.3 ist zu entnehmen, dass die Unterschiede zwischen den niedrigsten und den höchsten Rauschwerten bis zu 50 dB betragen können, so dass eine Entscheidung getroffen werden muss, welcher Wert anzusetzen ist. Sicherlich ist es nicht angemessen, die niedrigsten Rauschwerte als Grundlage für die Definition der Grenzwerte zu wählen. Vielmehr ist eine statistische Auswertung des Gesamtjahresverlaufs vorzunehmen, um dann die Entscheidung zu treffen, für wieviel Prozent der möglichen Empfangszeit der störungsfreie Empfang sichergestellt werden soll.

Weiterhin ist zu berücksichtigen, dass nur eine sehr geringe Wahrscheinlichkeit vorliegt, dass ein elektronisches Gerät, das in 10 m Abstand von einer Antenne installiert ist, auf der Nutzfrequenz des Funkempfängers ein Störfeld erzeugt, das dem Grenzwert entspricht.

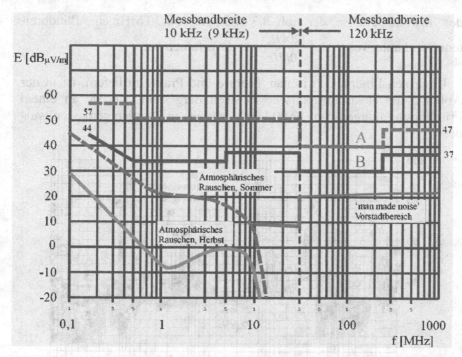

Abb. 8.4 Vergleich von Grenzwertkurven mit den Störungen durch die Außenrauschquellen

In der Abb. 8.4 sind die Grenzwertkurven (Quasispitzenwerte) für Geräte der Klasse A (grob: Geräte für die Industrieumgebung) und der Klasse B (grob: Geräte für die Wohnbereichsumgebung) dargestellt. Für den Bereich unterhalb von 30 MHz wurden die Störspannungsgrenzwerte über die λ/2-Beziehung in Störfeldstärkewerte nach der Gleichung

$$E = \frac{U}{12,2\ m} \rightarrow E\,[dB_{\mu V/m}] = U\,[dB_{\mu V}] - 21,7\ dB_m \qquad (8.14)$$

umgerechnet. Diese Gleichung lässt sich aus der Tab. 5.1 für einen Abstand von r = 10 m entnehmen. Sie ist streng genommen nur für das Fernfeld gültig. Beim Quasispitzenwert handelt es sich um eine bewertete Größe, die in gewissem Umfang den Störeindruck akustischer Störungen berücksichtigt. Siehe hierzu [CIS91].

Vergleicht man bis 10 MHz die Grenzwerte mit der Rauschkurve für Sommer 20.00-24.00 GMT und für den Bereich darüber mit der Rauschkurve des ‚man made noise' im Vorstadtbereich, so erkennt man ein einigermaßen in sich schlüssiges System. Man beachte dabei, dass die Kurve des ‚man made noise' der Abb. 8.3 oberhalb von 30 MHz eine Bandbreitenumrechnung von $10 \log \frac{120 kHz}{10 kHz} = 11 \, dB$ erfahren hat.

Um einen Eindruck zwischen Theorie und Praxis zu liefern, ist in der Abb. 8.5 die elektromagnetische Umwelt dargestellt, wie sie an einem Frühlingstag morgens um 10.00 Uhr (Ortszeit) in Dresden gemessen wurde.

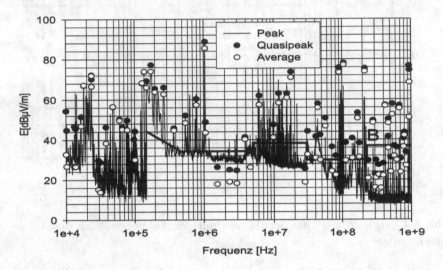

Abb. 8.5 Elektromagnetische Umwelt im Stadtbereich, Messung am 27.5.2004, 10.00 Uhr

Die Kurve wurde mit einem Störspannungsmessempfänger (CISPR-Empfänger) in der Einstellung ‚Quasispitzenwert' (Quasipeak) erzeugt. Damit wurden automatisch bis 150 kHz die Messbandbreite 200 Hz, von 150 kHz bis 30 MHz die Messbandbreite 9 kHz und oberhalb von 30 MHz die Messbandbreite 120 kHz durch den Empfänger gewählt. Für den Bereich von 10 kHz bis 30 MHz wurde die aktive E-Feld-Antenne Schwarzbeck EFS 9219 verwendet, im Bereich 30 MHz bis 300 MHz kam eine bikonische Antenne und oberhalb von 300 MHz eine logarithmisch-periodische Antenne zum Einsatz. In diesem Diagramm sind auch die Mittelwerte (Average) und die Spitzenwerte (Peak) dargestellt. Im oberen Frequenzbereich erkennt man eine zu kleine Verweildauer bei der Aufnahme der Spitzenwerte.

In die Abb. 8.5 ist wiederum auch der Grenzwert der Grenzwertklasse B (Wohnbereich) eingezeichnet. Man erkennt u.a.,

1. dass es Frequenzbereiche gibt, in denen das Außenrauschen tatsächlich unterhalb der Grenzwertkurve bleibt,

2. in großen Bereichen des Frequenzspektrums Signale oberhalb der Grenzwerte liegen.

Der zweite Aspekt, der eine Auswirkung auf die Nutzung von Freifeldmessplätzen hat, soll an dieser Stelle nicht weiter beleuchtet werden.

Der erste Aspekt beinhaltet, relativiert man ihn nicht, noch einen gewissen Zündstoff. Aus der Tatsache, dass es Frequenzbereiche gibt, in denen das Außenrauschen geringer ist als der Grenzwert, lässt sich ableiten, dass es Fälle geben kann, in denen ein Funksignal ausgewertet werden könnte, wenn nicht die Störung durch ein elektronisches Gerät vorliegen würde. Einem fachlich nicht versierten Nutzer eines Funkdienstes wird es nur schwer zu vermitteln sein, dass sich die Störungen durch ein elektronisches Gerät im Rahmen der gesetzlichen Vorgaben bewegen.

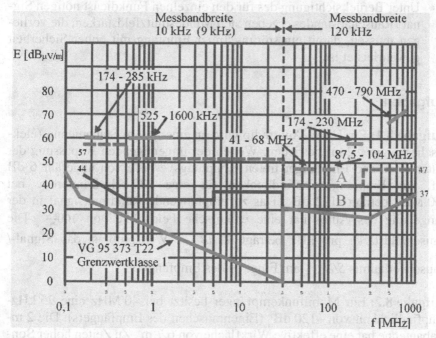

Abb. 8.6 Vergleich von Mindestnutzfeldstärken [GO/SI92] öffentlicher Rundfunksender für einen störungsfreien Empfang (VDE 0855 T1) mit Störaussendungsgrenzwerten. Bis 30 MHz gelten die Grenzwerte für die mit 377 Ω umgerechnete magnetische Komponente. Die VG-Grenzwerte sind mit 1/r auf einen Messabstand von 10 m umgerechnet worden.

Um hier eine gewisse Sicherheit zu schaffen, wurden Mindestnutzfeldstärken definiert, die vorliegen müssen, damit ein Recht auf einen ungestörten Empfang (ungetrübten Genuss) des Funkdienstes besteht. In der Abb. 8.6 ist ein Vergleich zwischen den CISPR-Grenzwertklassen A und B sowie der Grenzwertklasse 1 der VG 95 373 T22 (VG = Verteidigungsgerät) und diesen Mindestnutzfeldstärken durchgeführt worden. Bei der Bewertung dieses Vergleichs ist zu berücksichtigen, dass ein gewisser Störabstand vorliegen muss, damit das Funksignal in gewünschter Weise ausgewertet werden kann.

Die wesentlichen Punkte bei der Betrachtung der Funkstörungen lauten also:

- Es gibt ein unbeeinflussbares Außenrauschen.

- Der Mensch erzeugt durch die Nutzung der elektrischen Energie ebenfalls ein Rauschspektrum.

- Ein elektrisches/elektronisches Gerät darf in einem definierten Abstand nur eine vorgegebene Störfeldstärke erzeugen.

- Unter Berücksichtigung des für den einzelnen Funkdienst nötigen Signal-/Rauschabstandes ergeben sich Mindestnutzfeldstärken, die vorliegen müssen, damit ein störungsfreier Empfang mit hoher Sicherheit gewährleistet ist.

Aufgaben

Aufgabe 8.1: Ein UKW-Autoradio wird an einer 0,4 m-Stabantenne (elektrische Länge 0,2 m) betrieben. Wegen der ungenügenden Anpassung der Antenne an den Empfänger treten Kopplungsverluste von ungefähr 6 dB auf. Die Empfängerempfindlichkeit für eine 120 kHz-Bandbreite bei 100 MHz beträgt -122 dB_m. Das zu empfangende Rundfunksignal in der Umgebung des Autos hat eine elektrische Feldstärke von $100\frac{\mu V}{m}$. Die Rauschfeldstärke pro kHz beträgt $12\,dB_{\frac{\mu V}{m \cdot kHz}}$. Wie groß ist das Signal-/Rauschverhältnis S/N_{gesamt} am Eingang des Empfängers?

Aufgabe 8.2: Ein Mobilfunkempfänger besitzt bei 40 MHz eine 25 kHz-Empfindlichkeit von $-120\,dB_m$ (Eigenrauschen des Empfängers). Die 2 m-Stabantenne hat eine effektive Wirkfläche von 6,7 m^2. Zu Zeiten hoher Sonnenaktivität beträgt die Störstrahlung der Sonne bei $f = 40$ MHz $I = -127\,dB_{\frac{m}{m^2 kHz}}$. Unter diesen Bedingungen soll ein Nutzsignal von $E_{Neff} = 3\,\frac{\mu V}{m}$ empfangen werden.

a) Wie groß ist das Signal-/ Rauschverhältnis am Empfängereingang ohne Berücksichtigung der Sonneninterferenz?

b) Wie groß ist das Verhältnis aus Nutzsignal zu Störsignal der Sonne?

c) Ist ein störungsarmer Empfang des Nutzsignals (S/N > 20 dB) möglich?

Aufgabe 8.3: Für die Winterzeit, die Tageszeitperiode 20.00 – 24.00 GMT und Dresden wird im ITU-Bericht eine gemittelte Rauschleistung von F_{am} = 42 dB_{kT_0b} bei f = 10 MHz angegeben.

a) Wie groß ist die Rauschfeldstärke E_n für eine Bandbreite von 25 kHz?

b) Ein Empfänger wird mit einer Yagi-Antenne betrieben, die einen Gewinn von G_i = 8 dB (Gewinn gegenüber der isotrop abstrahlenden Antenne) hat. Wie groß ist die Rauschspannung am Eingang des Empfängers (als Leerlaufspannung)?

8.2 Umrechnung von Grenzwerten

8.2.1 Abstandsumrechnung

Elektrische und elektronische Geräte müssen u. a. auch Grenzwerte für ihre strahlungsgebundenen elektromagnetischen Störaussendungen einhalten. Als Hersteller eines elektrischen Geräts erwartet man mit Recht, dass die Messverfahren so eindeutig sind, dass bei Aufbau und Betrieb eines Geräts entsprechend der passenden Norm eine eindeutige Aussage ‚Test bestanden' geliefert wird. Ein Hersteller darf auch von dieser Annahme ausgehen, wenn er verantwortungsbewusst den Aufbau variiert hat, den Aufbau mit den größten Aussendungen festgelegt hat und auch den Betriebszustand herausgesucht und eingestellt hat, bei dem die größten Störaussendungen auftreten.

Setzt man noch voraus, dass der Prüfling bei der Prüfung gedreht wurde und die Maximalaussendungen in einer Höhenabtastung (Höhenscan) im gesamten Frequenzbereich von 30 MHz bis 1 GHz gesucht wurden, hat ein Hersteller (sein Testlabor) verantwortungsvoll gehandelt und er kann guten Gewissens für diesen Punkt die Herstellererklärung unterschreiben.

Im zivilen Bereich sind die Verfahren zur Messung der strahlungsgebundenen Störaussendungen, soweit wie sinnvoll und möglich, auch eindeutig. Die Einhaltung der Aussendungsgrenzwerte wird in 10 m Abstand vom Prüfling abgeprüft, was sinnvoll nur in einer Absorberhalle durchgeführt werden kann.

Für einen Messtag in einer Absorberhalle ist heute (2004) ein Betrag von ca. 1.000 Euro zu kalkulieren, hinzu kommen sicherlich noch Zusatzkosten für Rüstzeiten und für die Berichtserstellung. Für elektrische (elektronische) Produkte, die in großen Stückzahlen hergestellt werden sollen, mit einem entsprechend erhöhten Störpotential, ist ein solcher Aufwand sicherlich gerechtfertigt. Bei Kleinserien oder Unikaten ist die Frage wohl erlaubt, inwieweit Aufwand und Nutzen in einem wirtschaftlich vertretbaren Verhältnis stehen.

Der Hersteller muss sich aber auch hier vergewissern, dass sein Gerät mit hoher Wahrscheinlichkeit die Störaussendungsgrenzwerte einhält. Dies kann auch in einem nicht ganz normgerechten Aufbau geschehen. Häufig werden die Messungen in Entfernungen ausgeführt, die geringer sind als die Normabstände (Platzbedarf, bessere Unterscheidbarkeit zwischen Störaussendungen des Prüflings und Signalen der elektromagnetischen Umwelt) und es tritt die Diskussion auf, wie die Messwerte im Abstand r_M auf Werte im Normabstand r_N umzurechnen sind.

Drei Möglichkeiten liegen vor.

1. Bis $f_0 = \dfrac{r_N \cdot c_0}{2\pi}$ wird mit $\left(\dfrac{r_M}{r_N}\right)^3$,

$$E_N = E_M \cdot \left(\frac{r_M}{r_N}\right)^3 \qquad (8.15)$$

umgerechnet, ab f_0 mit $\left(\dfrac{r_M}{r_N}\right)$,

$$E_N = E_M \cdot \left(\frac{r_M}{r_N}\right) \qquad (8.16)$$

Diese Umrechnungen ergeben sich aus einer Betrachtung des Prüflings als Dipol. Dabei wird der Übergangsbereich nicht betrachtet.

2. Es wird für den gesamten Frequenzbereich eine Umrechnung mit

$$E_N = E_M \cdot \left(\frac{r_M}{r_N}\right)$$

vorgenommen. Im unteren Frequenzbereich bis $f = f_0$ wird, verhält sich der Prüfling wie ein Dipol, eine zu hohe Feldstärke angesetzt. Nach EN 61000-6-4:2001 ist es für den Industriebereich generell gestattet, die Messungen in 10 m Entfernung durchzuführen und die Grenzwerte um 10 dB herabzusetzen.

3. Es wird für den gesamten Frequenzbereich der im geringeren Abstand gemessene Wert E_M als der Wert für den Normabstand E_N

$$E_N = E_M$$

verwendet. Diese Möglichkeit lässt die Norm auch zu. Sie führt im Allgemeinen zur Übertestung des Prüflings. Die Begründung andererseits ist aber nachvollziehbar. Ein ausgedehnter Prüfling wird mit zunehmender Frequenz mehr und mehr ein Verhalten wie eine Flächenantenne aufweisen. Für eine Flächenantenne kann der Übergang von der Fresnelzone (Strahlbildungsbereich) zur Fraunhoferzone ($E \sim 1/r$) mit

$$r_F = \frac{2 \cdot D^2}{\lambda} \qquad (8.17)$$

(D = Diagonale der Fläche, λ = Wellenlänge) abgeschätzt werden. Erst ab r_F erhält man die gewünschte $1/r$-Abhängigkeit. Bis r_F sind je nach Antennentyp verschiedene Abhängigkeiten bis hin zu E = konst. möglich. Nimmt man beispielsweise eine Wellenlänge von 30 cm an (f = 1 GHz) und einen Schaltschrank als Prüfling mit einer Diagonalen von 2,3 m, so errechnet sich ein Übergangsabstand von r_F = 35 m.

Ergebnis: Die Messung in einem geringeren Abstand als dem Normabstand ist möglich, der Messwert ist mit dem Grenzwert bei Normabstand zu vergleichen.

Alternative: Im Messbericht werden nachvollziehbare Begründungen für den Ansatz der Abnahme des Feldes geliefert.

8.2.2 Umrechnung E → H und H → E

Die Vorgehensweise zur Überprüfung der Störstrahlungsgrenzwerte im militärischen Bereich unterscheidet sich wesentlich von der im zivilen. So werden sowohl in den deutschen VG Normen (VG = Verteidigungsgerät) als auch in den amerikanischen MIL-Standards (MIL -STD- = military standard) die Störaussendungsgrenzwerte in einem Abstand von 1 m von der Geräteoberfläche abgeprüft.

Nach den amerikanischen Vorschriften (hier MIL -STD- 461 (E)) wird ab 14 kHz das elektrische Feld gemessen, die VG-Normen fordern eine Einhaltung der Störaussendungsgrenzwerte für das magnetische Feld ab 10 kHz. Wird ein komplexes System (Fregatte, U-Boot, Panzer, Satellit) z. B. nach VG gebaut, ist die Frage zu klären, ob Geräte, die MIL -STD- qualifiziert sind, noch einmal vermessen werden müssen oder wie die Situation zu bewerten bzw. die Messwerte umzurechnen sind. Auch die umgekehrte Situation, dass VG qualifizierte Geräte in ein MIL -STD- System einzubauen sind, ist möglich, wenn auch in Deutschland nicht so häufig.

Im oberen Frequenzbereich ab $f = \dfrac{1\,m \cdot c_0}{2\pi} = 48\,\text{MHz}$

(abgeleitet aus den Dipolbeziehungen) ist E $\rightarrow$ H bzw. H $\rightarrow$ E über den Freiraumwellenwiderstand umrechenbar:

$$E[dB_{\mu V/m}] = H[dB_{\mu A/m}] + 51{,}5 dB_{V/A} \qquad (8.18)$$

Im Frequenzbereich darunter kann man nicht mehr davon ausgehen, dass zwischen E und H ein frequenzunabhängiger Wellenwiderstand vorliegt. Eine erste Näherung erhält man, wenn man das Verhalten der Elementardipole ansetzt.

Umrechnung E $\rightarrow$ H

In den nachfolgenden Ausführungen wird nun die Situation beleuchtet, in der ein nach MIL -STD- gemessenes Gerät bezüglich der Grenzwerte nach VG zu bewerten ist. Es wird im Sinne einer ‚worst-case'-Betrachtung vorausgesetzt, dass

a) das Feld von einer magnetischen Quelle erzeugt wird, die sich durch Ansatz eines magnetischen Dipols beschreiben lässt,

b) das E-Feld (weitere Bezeichnung E_0) mit einer E-Feld-Antenne in 1 m Abstand von der Prüflingsoberfläche gemessen wurde.

Folgende Betrachtung kann angestellt werden:

1. Der Wellenwiderstand des Feldes einer magnetischen Quelle in 1 m Abstand von der Quelle unterhalb von 48 MHz bestimmt sich zu

$$\Gamma_M = 7{,}9 \cdot f[MHz]\,\Omega \qquad (8.19)$$

2. Damit errechnet sich eine magnetische Feldstärke H_0 von

$$H_0 = \frac{E_0}{\Gamma_M} = \frac{E_0[V/m]}{7{,}9 \cdot f[MHz]}\,\text{A/m} \qquad (8.20)$$

3. Die Grenzwerte für das magnetische Feld werden im Allgemeinen in der Dimension [V/m] spezifiziert. Das tatsächliche Magnetfeld H wird durch Multiplikation mit 377 Ω in diese Dimension überführt. Bezeichnet man diese auf eine elektrische Feldstärke umgerechnete magnetische Feldstärke mit E_V, so ergibt sich

$$E_v = H \cdot 377\,\Omega \qquad (8.21)$$

oder für einen Messabstand von 1 m

$$E_{v0} = H_0 \cdot 377 \Omega$$

4. Ein in 1 m Abstand gemessenes Magnetfeld entspricht somit einer auf ein elektrisches Feld umgerechneten Magnetfeldstärke von

$$E_{v0} = E_0 \frac{48}{f[MHz]} \tag{8.22a}$$

$$E_{v0}[dB_{\mu V/m}] = E_0[dB_{\mu V/m}] + 33{,}6 dB_{MHz} - 20\log(f[MHz]) \tag{8.22b}$$

Dieser Wert ist mit der Grenzwertkurve für das Magnetfeld in 1 m Abstand zu vergleichen.

5. Diese Betrachtungen sind beim angesetzten Messabstand bis f = 48 MHz gültig.

Beispiel 8.1: Bei f = 50 kHz wird eine elektrische Feldstärke von E_0 = 50 µV/m (= 34 dB$_{\mu V/m}$) einer magnetischen Quelle gemessen. Nach Gleichung (8.22) ergibt sich daraus eine umgerechnete Magnetfeldstärke von E_{v0} = 48 mV/m (= 94 dB$_{\mu V/m}$). Wird dieser Wert mit dem Grenzwert SA02G verglichen, ergibt sich eine Grenzwertüberschreitung von ca. 24 dB. Hätte man keine Umrechnung nach obiger Prozedur vorgenommen, hätte das Gerät den Grenzwert mit einem Abstand von 36 dB eingehalten.

Beispiel 8.2: Bei f = 14 kHz wird eine elektrische Feldstärke von E_0 = 10 µV/m (= 20 dB$_{\mu V/m}$) einer magnetischen Quelle gemessen. Nach Gleichung (8.22) ergibt sich daraus eine umgerechnete Magnetfeldstärke von E_{v0} = 34,3 mV/m (= 91 dB$_{\mu V/m}$). Es ergibt sich nun eine Grenzwertüberschreitung nach SA02G von ca. 8 dB.

> Fazit: Unter der Voraussetzung, dass der Störer eine magnetische Quelle ist und die MIL -STD- 461 - Grenzwerte RE02 eingehalten oder nur leicht überschritten werden, können trotzdem erhebliche Grenzwertüberschreitungen der VG-Grenzwerte SA02G auftreten.

Umrechnung H → E

Betrachtet man nun die Situation, dass eine elektrische Quelle magnetisch vermessen wurde, ergeben sich die gleichen Verhältnisse mit umgekehrtem Vorzeichen. Setzt man für diesen Fall eine mit einer magnetischen Antenne (Rahmen) gemessene magnetische Feldstärke (H_0) von E_{v0} = H_0*377 Ω an, lässt sich Folgendes ableiten:

1. Der Wellenwiderstand des Feldes einer elektrischen Quelle in 1 m Abstand von der Quelle unterhalb von 48 MHz bestimmt sich zu

$$\Gamma_E = \frac{18096}{f[MHz]} \, \Omega \qquad (8.23)$$

2. Unter Ansatz dieses Wellenwiderstandes errechnet sich eine tatsächliche Feldstärke von

$$E_0 = E_{V0} \frac{48}{f[MHz]} \qquad (8.24)$$

$$E_0[dB_{\mu V/m}] = E_{V0}[dB_{\mu V/m}] + 33,6 dB_{MHz} - 20\log(f[MHz]) \qquad (8.25)$$

Diese Feldstärke E_0 ist mit dem entsprechenden Grenzwert zu vergleichen.

Beispiel 8.3: Bei f = 200 kHz wird eine magnetische Feldstärke einer elektrischen Quelle von $E_{V0} = H_0 * 377\,\Omega = 1$ mV/m (= 60 dB$_{\mu V/m}$) gemessen. Nach Gleichung (8.24) ergibt sich eine tatsächliche elektrische Feldstärke von $E_0 = 0,24$ V/m (= 108 dB$_{\mu V/m}$).

Fazit: Unter der Voraussetzung, dass der Störer eine elektrische Quelle ist und die VG-Grenzwerte SA02G eingehalten oder nur leicht überschritten werden, können trotzdem erhebliche Grenzwertüberschreitung der MIL –STD- Grenzwerte RE02 auftreten.

Aufgaben

Aufgabe 8.4: Von einem Prüfling werden im Abstand von $r_M = 3$ m von seiner Oberfläche folgende Feldstärkewerte gemessen:

a) $f = 30$ MHz $\rightarrow E_M = 60$ dB$_{\mu V/m}$,

b) $f = 100$ MHz $\rightarrow E_M = 50$ dB$_{\mu V/m}$,

c) $f = 1$ GHz $\rightarrow E_M = 40$ dB$_{\mu V/m}$.

Beim Prüfling handelt es sich um ein bestücktes 19"-Einschubgehäuse mit Netzkabel und abgesetztem (1 m Abstand) Sensor. Welche Werte setzen Sie für einen Messabstand von $r_N = 10$ m zum Vergleich mit den Grenzwerten an (Begründung!)?

Aufgabe 8.5: Vor dem Bildschirm eines Monitors (elektrische Störquelle) wird bei $f = 14$ kHz in einem Abstand von $r = 1$ m eine elektrische Feldstärke von $E_0 = 47$ dB$_{\mu V/m}$ gemessen. Welchen Wert erhält man für die umgerechnete magnetische Feldstärke ($E_{v0} = H_0*377\ \Omega$), wenn man die Dipolansätze nutzt?

Aufgabe 8.6: Von einer magnetischen Störquelle wird bei $f = 80$ kHz in einem Abstand von 1 m eine elektrische Feldstärke von $E_0 = 38$ dB$_{\mu V/m}$ gemessen.

a) Wie groß ist die magnetische Feldstärke H_0 in dB $_{\mu A/m}$ im Messpunkt?

b) Wie groß ist die in eine elektrische Feldstärke umgerechnete magnetische Feldstärke?

c) Beantworten Sie die Fragen a) und b) für den Fall, dass es sich um eine elektrische Störquelle handelt!

9 EMV-Planung und Analysen

„Nur das planvolle Vorgehen, die EMV-Systemplanung, während der gesamten Systemerstellung sichert die EMV eines Systems in seiner Nutzungsphase."

Mit diesem Satz wurde in [GO/SI92] das Kapitel ‚Phasen und Phasenpapiere einer EMV-Planung' eingeleitet. Die Gültigkeit dieses Satzes ist auch heute noch unstrittig. Die Notwendigkeit einer EMV-Planung hat eher noch zugenommen. Die in dem zitierten Kapitel ausgeführte Vorgehensweise, die sich sehr stark an die VG-Vorgehensweise anlehnt, stellt auf jeden Fall sicher, dass eine in sich geschlossene und logische und auch durchgängige EMV-Planung ausgeführt wird.

Die wesentlichen Teile dieser Ausführungen werden an dieser Stelle wiederholt, erweitert und auch aktualisiert, ohne dass immer wieder Bezug auf die o. a. Literaturstelle genommen wird.

Der Umfang einer EMV-Systemplanung hängt von der Komplexität des zu planenden Systems ab. Die beschriebene Vorgehensweise, die in gewissem Sinne eine Maximalvorgabe ist und durch eine EMV-Arbeitsgruppe oder einen EMV-Verantwortlichen auf das nötige Maß reduziert werden muss, richtet sich primär an Systemplaner.

Betrachtet man den Entstehungsgang eines elektrischen/elektronisches Geräts, so findet man mit etwas Phantasie alle Entstehungsphasen, die für das System beschrieben werden, wieder und es hat sich als sehr wertvoll herausgestellt, auch hier eine an die Komplexität des Geräts angepasste EMV-Planung vorzunehmen. Beim Gerät, mehr noch als im System, hängt die Planungstiefe von der Komplexität des Gerätes ab. Denkt man z.B. an den Leitstand eines Kraftwerkes, wird sofort klar, dass es ohne eine recht detaillierte EMV-Planung mit entsprechender Dokumentation nicht geht.

Schreibt man nach dem Start einer Geräteentwicklung als erstes einmal nieder,

- für welche EMV-Umgebung das Gerät entwickelt werden soll,

- daraus abgeleitet, welche EMV-Vorschriften und damit welche EMV-Grenzwerte einzuhalten sind,

- die Ausführung des Gehäuses (Metall, Plastik metallisiert, ohne jede elektromagnetische Schirmung),

- die Art der Stromversorgung,
- die Art und den Umfang der zu bedienenden Peripheriegeräte,
- besondere Anforderungen an die Störfestigkeit,
- die Ausfallkriterien bei Einwirkung externer Störsignale,
- die EMV-Erfahrung ähnlicher Vorgängerprojekte,
- nach welchen Prinzipien die interne Verdrahtung und die Massegestaltung vorgenommen werden soll,
- dass die Signalein- und –ausgänge in einem festgelegten Bereich der Geräteoberfläche zu installieren sind (single-point entree) und legt schon den Bereich fest,
- welche entwicklungsbegleitenden EMV-Tests durchzuführen sind,

so hat man im Sinne dieses Kapitels schon eine EMV-Planung auf der Geräteebene (für die Konzeptphase bzw. Definitionsphase) ausgeführt. Hält man sich an die Vorgaben, schreibt sie gegebenenfalls fort, wird der EMV-Test zur Absicherung der Herstellererklärung zu einem formalen Akt.

Die schriftliche Fixierung von Überlegungen, Maßnahmen und Entscheidungen zur EMV während der Entwicklung eines Projektes erzeugt eine Transparenz, die bei Unverträglichkeiten und Grenzwertüberschreibungen eine Nachbesserung wesentlich erleichtert, ganz abgesehen davon, dass einer nachträglichen Schuldzuweisung der Boden entzogen wird.

Die *Aufgaben in der EMV-Planung* und Projektbegleitung eines komplexen Systems bestehen in

1. Sammlung EMV-relevanter Daten, wie

   - Aufgaben, Einsatzort,
   - konstruktive Vorgaben,
   - einzusetzende Geräte,

2. Unterteilung des Systems in EMV-Zonen unter Ausnutzung natürlicher (mechanischer) Grenzen (Schirmungen),

3. Vorgabe von Gerätegrenzwerten für die Geräte der einzelnen EMV-Zonen (Aussendungs- und Störfestigkeitsgrenzwerte),

4. Festlegung der Grundsätze für die Intrasystemmaßnahmen, also die

   - Massung,
   - Schirmung,
   - Filterung,
   - Verkabelung im System,

5. Durchführung von Geräteprüfungen unter Laborbedingungen nach festgeschriebenen Gerätespezifikationen,

6. Behandlung von systemspezifischen Fragestellungen und Problemen,
7. Durchführung einer EMV-Systemprüfung nach einer EMV-System-prüfspezifikation.

9.1 Entstehungsphasen eines komplexen Systems

Komplexe Systeme und Geräte entstehen im Regelfall in drei oder vier aufeinanderfolgenden Entstehungsphasen:

- Konzeptphase,
- Definitionsphase,
- Konstruktionsphase (Entwicklungsphase),
- Bauphase.

Für jede dieser Phasen sollten die erforderlichen Aktivitäten zur Errei-chung der EMV in einem EMV-Programmplan festgelegt und nach diesem durchgeführt werden. Ob es für ein Projekt einen Plan gibt, der ständig fort-geschrieben wird, oder ob für jede Phase ein eigener Plan erstellt wird, ist se-kundär und bei militärischen Systemen mehr ein vertragliches Problem. Der Programmplan sollte aus zwei Teilen bestehen, einem organisatorischen Teil, in dem Zuständigkeiten und Verantwortlichkeiten festgelegt werden, und einen technischen Teil, der alle technischen Analysen, Entscheidungen und Festlegungen enthält. Er sollte so umfassend gestaltet sein, dass aus ihm jederzeit ein Überblick über die EMV des Projektes möglich ist.

9.1.1 Konzeptphase

Das Ziel des EMV-Programms für die Konzeptphase ist die rechtzeitige Wahrnehmung der EMV-Belange bei der Gestaltung des Systemkonzepts. Einer der ersten technischen Punkte des EMV-Programmplans sollte eine qualitative Beurteilung der EMV-Situation (*EMV-Vorhersage*) sein.

Im Einzelnen sollten folgende Schritte durchgeführt werden:

1. Durchführung einer orientierenden Systemanalyse

Die EMV-Systemanalyse dient dazu, die Beeinflussungsmöglichkei-ten in und zwischen Systemen systematisch zu erfassen, qualitativ und quantitativ zu untersuchen, Beeinflussungsfalle herauszustellen und die Grundlagen für die Erarbeitung von Abhilfemaßnahmen zu schaffen. Dabei kann im Allgemeinen auf die Erfahrungen vorange-gangener Projekte zurückgegriffen werden. In einem ersten Schritt sind die Geräte in einer Tabelle aufzulisten und einer Auswirkungs-klasse zuzuordnen. Die Auswirkungsklasse gibt an, wie wichtig das Gerät im Gesamtsystem ist. Die Anordnung dient der Festlegung von Störsicherheitsabständen und auch der Kennzeichnung der Wertigkeit bei der Bearbeitung der EMV-Analyse. Die Geräteliste bildet die Grundlage der im Wesentlichen in der Definitionsphase zu bearbei-tenden Beeinflussungsmatrix, in der alle Geräte als mögliche Stör-quellen und als mögliche Störsenken in Matrixform einander gegen-übergestellt werden.

2. Erstellung einer EMV-Vorhersage

Die EMV-Vorhersage ist eine qualitative Beurteilung der EMV-Situation in der Konzeptphase und soll insbesondere solche EMV-Probleme aufzeigen, die ein erhebliches Risiko beinhalten. In ihr soll-te auch eine Auswertung der EMV-Situation von Vorgängerprojekten enthalten sein.

3. Beurteilung des Systemkonzepts und Vorschläge für EMV-Maßnahme

Die Arbeiten der Konzeptphase sollten mit einer Beurteilung des Sys-temkonzepts und - sofern mehrere zur Diskussion stehen – mit einer Bewertung der verschiedenen Konzepte in Blick auf die EMV been-det werden. Für die in der EMV-Vorhersage aufgezeigten möglichen Beeinflussungsfälle sind Abhilfemaßnahmen vorzuschlagen.

9.1.2 Definitionsphase

In der Definitionsphase wird entschieden, welchem Systemkonzept man folgen will. EMV-Zonen werden endgültig definiert. Es wird festgelegt, welche Geräte zum Einsatz kommen, ihre Eigenschaften werden definiert. Das Ziel des EMV-Plans der Definitionsphase ist die Erarbeitung der An-forderungen an die Geräte (EMV-Gerätespezifikation) und die Definition der erforderlichen EMV-Systemmaßnahmen.

Die einzelnen Schritte in der Definitionsphase bestehen in:

1. Überarbeitung der Systemanalyse

Auf der Grundlage der getroffenen Entscheidungen und unter Ansatz der neuen Daten ist die Systemanalyse zu überarbeiten.

2. Unterteilung des Systems in EMV-Zonen

Die Einführung von EMV-Zonen trägt wesentlich zur Überschaubar-keit eines Systems und durch die herabgesetzten Anforderungen an die Geräte auch zu einer wesentlichen Kostenreduzierung bei. Dabei ist eine EMV-Zone ein Bereich in einem System, in dem die elektrischen und elektronischen Geräte einheitliche Aussendungs- und Festigkeitsgrenzwerte zu erfüllen haben.

3. *Unterteilung der Geräte in Gerätegruppen und Festlegung der Anforderungen*

Es hat sich als sinnvoll erwiesen, die im System eingesetzten Geräte in Bezug auf ihre

- Aufgaben in Gerätegruppen zu unterteilen, z.B.
- Geräte für die Energieerzeugung und –verteilung,
- Automatisierungsgeräte,
- W+F-Geräte (Waffen und Führungsgeräte),
- Geräte der internen und der externen Kommunikation u.s.w.

Abgeleitet aus der Systemanalyse sind unter Berücksichtigung der EMV-Zonen nun die Gerätegrenzwerte festzuschreiben. Gerätegrenzwerte sind in der Amplitude und der Frequenzabhängigkeit spezifizierte EMV-Eigenschaften für die Störaussendung und die Störfestigkeit, die von den Geräten einzuhalten und in definierten Testaufbauten nachzuweisen sind.

4. *Festlegung der Intrasystemmaßnahmen*

Erst die Zusammenschaltung der einzelnen Geräte ergibt das System. Auf diesen Integrationsprozess hat der einzelne Gerätelieferant nur einen sehr geringen Einfluss. Dieser Integrationsprozess beeinflusst aber nicht unerheblich die EMV-Eigenschaften der einzelnen Geräte im System. Alle Maßnahmen, Festschreibungen und Entscheidungen für den Integrationsprozess werden als Intrasystemmaßnahmen bezeichnet. Zu ihnen gehören:

- Massung,
- Schirmung,
- Verkabelung,
- Filterung.

Die generellen *Vorgaben* für diese Intrasystemmaßnahmen sollten in einer sogenannten *EMV-Designrichtlinie* festgelegt werden, die vollständig, auszugsweise oder in *Kurzfassung den Hauptgerätelieferanten zur Verfügung gestellt werden* sollte. Fordert die EMV-Designrichtlinie z. B. im Kapitel Massung, dass jedes Gerät mehrfach in Abhängigkeit von einer Oberfläche gemasst werden soll, so muss der Gerätelieferant die Anschlusspunkte am Gerät schon vorsehen und einplanen.

5. Aufstellung und Bearbeitung der Beeinflussungsmatrix

Nach der Festschreibung der Gerätegrenzwerte und der Festlegung der Intrasystemmaßnahmen sind zusätzlich noch einmal alle elektrischen und elektronischen Geräte sowohl als Störquellen als auch als Störsenken einander gegenüberzustellen und auf mögliche gegenseitige Beeinflussungen zu untersuchen. Die Beeinflussungsmatrix ermöglicht das systematische Erfassen der Beeinflussungsfälle sowie die Kontrolle des Standes der EMV. Sie zeigt Risiken, die durch die Gerätegrenzwerte nicht abgefangen werden, sie liefert hilfreiche Informationen bei der Bewertung von Grenzwertüberschreitungen. Der Aufbau und die Symbole zur Kennzeichnung des Beeinflussungsgrades sind recht ausführlich in der Vorschrift VG 95 374 Teil 4 beschrieben.

6. Durchführung von Integrationsanalysen

Die Einhaltung der vorgegebenen Grenzwerte durch die Geräte sowie die Vorgabe und Realisierung der Intrasystemmaßnahmen sichert noch nicht in jedem Fall die EMV des Systems. Häufig ist es nötig, in Einzelanalysen zu klären, ob die EMV in der gegebenen Situation gesichert ist oder welche Maßnahmen zur Härtung ergriffen werden müssen. Im Besonderen tritt eine solche Situation häufig bei Installationen in der Nähe von Kommunikationsantennen auf.

9.1.3 Konstruktions- und Bauphase

Ziele des EMV-Programms für die Konstruktions- und Bauphase (Entwicklungs- und Beschaffungsphase) sind die Realisierung und die messtechnische Überprüfung der in den vorangehenden Phasen festgelegten Maßnahmen sowie der Nachweis der EMV in einem EMV-Systemtest.
Im Einzelnen sind folgende Schritte durchzuführen:

1. Forschreibung der EMV-Systemanalyse

Aufgrund zusätzlicher Forderungen oder aber auch von Änderungen in den geometrischen Abmessungen können sich noch Verschiebungen im Systemaufbau ergeben. Die Fortschreibung der EMV-Systemanalyse hat diesen Änderungen Rechnung zu tragen.

2. Durchführung von Integrationsanalysen

Häufig stellt sich erst in der Konstruktions- und Bauphase heraus, dass die vorgesehenen Maßnahmen nicht in der gewünschten Weise durchgeführt werden können. Hier sind über erneute Integrationsanalysen Abhilfemaßnahmen zu erarbeiten.

3. Bewertung von Grenzwertüberschreitungen in Geräteprüfungen

Treten in Geräteprüfungen Grenzwertüberschreitungen auf, wird häufig an die Systemverantwortlichen ein Tolerierungsantrag gestellt. Diese Grenzwertüberschreitungen sind durch die EMV-Gruppe (den EMV-Verantwortlichen) zu bewerten, auf ihre Auswirkung auf die System-EMV zu analysieren und als eine Grundlage für den EMV-Systemtest aufzulisten.

4. Unterstützung der Konstruktions- und Bauabteilungen bei der Systemintegration

Während der Konstruktions- und Bauphase tritt eine Vielzahl von Integrationsproblemen auf, die eine unmittelbare Lösung verlangen. Hier muss ein EMV-Berater umgehend entscheiden und die Entscheidung dann der EMV-Arbeitsgruppe vorlegen.

5. Aufstellung eines EMV-Systemprüfplans und Durchführung einer EMV- Systemprüfung

Den Abschluss der EMV-Bearbeitung eines komplexen Systems bildet die EMV- Systemprüfung, in der nachgewiesen wird, dass die EMV gewährleistet ist und in der die tatsächlich vorhandenen Störsicherheitsabstände festgestellt werden. Diese EMV- Systemprüfung ist nach einem Prüfplan durchzuführen, der spätestens in der Konstruktions- und Bauphase zu erstellen ist.

In der nachfolgenden Tabelle ist das Grobskelett eines EMV-Programmplanes wiedergegeben, wie er tatsächlich in der Konstruktions- und Bauphase geführt wurde [BU/GO97].

Tab. 9.1 Beispiel für das Inhaltsverzeichnis eines EMV-Programmplans

EMV-Programmplan für die Bauphase des Projektes X

1. Einordnung

2. EMV-Management

Expertenrunde

3. Anzuwendende EMV-Dokumente

Spezifische EMV-Dokumente
Liste der verwendeten Standards

4. EMV auf der Systemebene

    4.1 Situationsbeschreibung
    4.2 Definition der EMV-Zonen

9.2 EMV- Prüfplanung

Ziel der EMV-Systemprüfung ist es, die elektromagnetische Verträglichkeit des Systems unter festgelegten Betriebsbedingungen nachzuweisen.
Durch die Systemprüfung soll erreicht werden:

- Unverträglichkeiten, die in der Planungs- und Bauphase nicht erkannt wurden, sollen aufgedeckt werden.

- Fehler hinsichtlich der EMV in der Installation sollen gefunden werden.

- Das Zusammenspiel EMV-geprüfter Geräte soll im System bei definierten Bedingungen getestet werden.

- Mit einer elektromagnetischen Istwertaufnahme sollen Unterlagen für die Überwachung der EMV in der Nutzungsphase sowie für spätere Nach- und Umrüstungen erstellt werden.

- Störsicherheitsabstände sollen ermittelt werden.

In den *folgenden Abschnitten* werden Prüfungen und Messungen *in Form einer EMV-Systemtestspezifikation* für ein militärisches Projekt angegeben. Die einzelnen Kapitel dürften weitgehend selbsterklärend sein. Die Darstellungsweise beinhaltet den Vorzug, die entsprechenden Abschnitte direkt in eine eigene Prüfspezifikation übernehmen zu können.

EMV-Systemtestspezifikation für das Projekt X

1. Einleitung

EMV-Prüfungen des Projekts X werden in der 21. und 22. Kalenderwoche 2004 durchgeführt. Für notwendige Wiederholungsprüfungen wird die 25. Woche vorgesehen.

Folgende Prüfungen sind vorgesehen:

- visuelle Überprüfung der Massung und Verkabelung,
- Zuschalttests,
- Entkopplungsmessung zwischen den EMV-Zonen 1 und 2,
- Messung des Übergangswiderstandes zwischen Gehäuse und Systemmasse an ausgewählten Geräten,
- Aufnahme der leitungsgeführten und gestrahlten Emissionen an ausgewählten Stellen
- Störfestigkeitstests,
- Bestimmung des Störsicherheitsabstandes.

Grenzwerte für das System werden nicht definiert. Werden die Aussendungsgrenzwerte der Geräte im System um mehr als 20 dB überschritten, werden Messungen des Störsicherheitsabstandes (Gerät – Funkempfang) durchgeführt. Unterschreiten die Felder durch die systemeigenen Antennen die Festigkeitswerte der Geräte um weniger als 20 dB, sind auch hier Messungen des Störsicherheitsabstandes (Funkaussendungen – Gerät) durchzuführen.

2. Voraussetzungen und Verantwortlichkeiten

- Das System steht zur Messzeit exklusiv für die EMV-Systemprüfungen zur Verfügung.
- Das System ist in einem Zustand, dass aussagefähige EMV-Prüfungen durchgeführt werden können.
- Die sonstigen Funktionsprüfungen sind erfolgreich zum Abschluss gebracht worden.
- Die Prüfungen kritischer Fälle als Folge von Analysen während der Definitions- bzw. der Konstruktions- und Bauphase sind erfolgreich abgeschlossen.

- Jeweils ein verantwortlicher Vertreter des Auftraggebers und des Auftragnehmers hat während der gesamten Testzeit anwesend zu sein.

- Die Ergebnisse sind in Tagesprotokollen festzuhalten, die von beiden Vertragspartnern zu unterschreiben sind.

3. Messpunkte

Die Messung leitungsgeführter Störungen wird an 3 verschiedenen Punkten jedes Versorgungsnetzes und an 8 verschiedenen Punkten der Signalleitungen durchgeführt. Es werden nur Messungen im Frequenzbereich und nur Schmalbandmessungen durchgeführt. Auf Signalleitungen wird nur über dem Schirm bzw. allen Adern (common-mode) gemessen.

Für die Messung strahlungsgebundener Störungen wird festgelegt, dass

- die Felder in der Nähe ausgewählter Geräte an 4 Stellen im System zu messen sind (Frequenzbereich 14 kHz bis 1 GHz, Schmalband),

- Störspannungen an den Antennenanschlüssen zu messen sind, die durch das System selbst erzeugt werden (in den entsprechenden Empfangsbändern der Anlagen)

- die Felder im System zu messen sind, die durch Aussendungen der systemeigenen Antennen erzeugt werden (Arbeitsfrequenzen, Schmalband).

Tab. 9.2 Messpunkte für die Störstrommessung

Mess-punkt	Netz	Verteiler	Kabel-nummer	Ader	Anschluss
A1	DC 430V	Haupt-schalttafel	716	+Ader	Klimagerät
A2	DC 430V	Unterver-teiler 3		+Ader, Schirm	
B1	DC 24V	Unterver-teiler 5	1220	+Ader, Schirm	Verteiler für die Not-lichtbeleuchtung

Tab. 9.3 Messpunkte für die Störstrahlungsmessung, die Entkopplungsmessung und die Messung der Übergangswiderstände *) wird während des Tests festgelegt.

Messpunkt	Beschreibung des Ortes
H1	in der Nähe der statischen Umrichter
H2	in der Nähe der Hauptschalttafel
H3	
I0	Grenze zwischen der EMV-Zone 1 und 2
I1 *)	von 3 Geräten zur Masse

4. Definition der Betriebsarten des Systems

- Normalbetrieb bei 80 % Last,
- Sonderbetrieb bei Noteinspeisung.

5. Zuschalttests

2 Zuschalttests bei definiertem Betrieb der Geräte sind durchzuführen.

Prozedur für den 1. Test

Beginnend mit einem komplett abgeschaltetem System werden nacheinander nach einer Zuschaltliste alle Geräte zugeschaltet bis hin zu den Radar-, Sonar- und Kommunikationsanlagen. Die eingeschalteten Geräte werden auf Beeinflussung während der Schalthandlungen beobachtet. Im Falle einer Unsicherheit ist das entsprechende Geräte noch einmal ab- und dann wieder zuzuschalten.

Prozedur für den 2. Test

Im zweiten Test werden nur noch die Geräte beobachtet, die in der Zuschaltliste als empfindlich markiert sind. Im zweiten Test werden alle (möglichst alle) Geräte eingeschaltet und danach nacheinander aus- und wieder eingeschaltet. Die empfindlichen Geräte werden auf Beeinflussung beobachtet. Eine ausreichende Anzahl von Personal zur Beobachtung der Geräte muss vorhanden sein.

Tab. 9.4 Zuschaltliste

	Geräte/Anlage	Aktion an/aus	Empfindliche Einheit	Beschreibung der Beeinflussung
1	Statischer Umrichter 1			
2	Statischer Umrichter 2			
3	Hauptschalter Beleuchtung			
4	Feuermeldeanlage		X	
5	Maschinensatz 1			
6	Drehzahlüberwachung		X	
7	GPS-System		X	
8	Kühlaggregate mit Steuerschrank			

6. Individuelle Testanweisungen

Für jeden einzelnen Test ist ein Anweisungsblatt vorhanden, in dem

- der Messpunkt,
- die Frequenzen und
- die Vorgehensweise beschrieben sind.

Anmerkungen:

- *Die Störfestigkeitstests der Testblätter 31 bis 34 sollen nur ausgeführt werden, wenn die Aussendungstests nach 3 bis 6 und 11 bis 13 größere Werte als 60 dB$_{\mu A}$ ergeben.*

- *Die Störfestigkeitstests der Testblätter 35 bis 38 sollen nur ausgeführt werden, wenn die Aussendungstests nach 18 bis 21 größere Werte als 100 mV/m ergeben.*

Überblick über die Tests

Test Nr.	Testbeschreibung
1	Elektromagnetische Entkopplung zwischen den EMV-Zonen 1 und 2
2	Übergangswiderstand zwischen einem Gerät und der Masse
3-6	Störstrom auf Versorgungsleitungen ohne Sendebetrieb der Kommunikationsanlagen
7-10	Störstrom auf Versorgungsleitungen bei Sendebetrieb
11-13	Störstrom auf Signalleitungen ohne Sendebetrieb der Kommunikationsanlagen
14-17	Störstrom auf Signalleitungen bei Sendebetrieb
18-21	Elektrisches Feld im System ohne Sendebetrieb
22-24	Elektrisches Feld im System bei Sendebetrieb
25-27	Magnetisches Feld im System ohne Sendebetrieb
28-30	Magnetisches Feld im System bei Sendebetrieb
31-34	Störfestigkeit des HF-Empfangs gegenüber Störströmen im System
35-38	Störfestigkeit des HF-Empfangs gegenüber HF-Störsignalen vom System
39-41	Störfestigkeit der Versorgungsnetze gegenüber eigenen Funksignalen
42-44	Störfestigkeit der Geräte (Signalleitungen) gegenüber eigenen Funksignalen
45-48	Störfestigkeit der Versorgungsnetze gegenüber Burst- und Surgeimpulsen
49	Messung des elektromagnetischen Feldes in der Nähe von Antennen in Bezug auf die Personengefährdung
50	Spezialtest für die akustischen Empfangsanlagen

Anmerkung: Die nachfolgenden Testblätter sind als Beispiele zu verstehen. Die Vorgehensweise, für jeden Test ein Testblatt zu erstellen, engt etwas die Flexibilität während eines EMV-Systemtests ein. Sie sichert aber einen vollständigen Test. Erfahrung aus mehreren Projekten ist, dass die Zeit immer knapp wird und sehr viel Zeit während der Messungen durch die Auswertung der Ergebnisse vertan wird, vor allen Dingen dann, wenn unvorhergesehene Ergebnisse erzielt werden.

Testblatt Nr. 1 des EMV-Systemtests für das Projekt X

1. Testbeschreibung:	Elektromagnetische Entkopplung zwischen den EMV-Zonen 1 und 2
2. Testverfahren:	Schirmdämpfungsmessung nach NSA-65/6, Frequenz <30 MHz: Magnetfeld Frequenz >30 MHz: Elektromagnetisches Feld
3. Testfrequenzen:	1 MHz, 3 MHz, 10 MHz, 30 MHz, 100 MHz
4. Versorgungsnetz:	nicht anwendbar
5. Messort:	I0: links neben der Tür zwischen Zone 1 und 2
6. Messgeräte:	Spektrumanlysator, Signalgenerator, Leistungs-verstärker, entsprechende Antennen
7. Messbandbreite:	1 kHz
8. Aufbauort:	beim Hersteller
9. Betriebszustand:	Standard
10. Grenzwert:	20 dB
11. Nummer des Plots:	
12. Bemerkungen:	

Testblatt Nr. 5 des EMV-Systemtests für das Projekt X

1. Testbeschreibung:	Störstrom auf einer Versorgungsleitung ohne Sendebetrieb der Kommunikationsanlagen	
2. Testverfahren:	CE01/CE03 nach MIL -STD- 461, 462	
3. Frequenzbereich:	30 Hz .. 50 MHz	
4. Versorgungsnetz:	DC 24V	
5. Messort:	B1: Unterverteiler 5	
6. Messgeräte:	Spektrumanalysator, Stromzange	
7. Messbandbreite:	Frequenzbereich	Bandbreite
	30 Hz .. 20 kHz	100 Hz
	20 kHz .. 150 kHz	100 Hz .. 200 Hz
	150 kHz .. 30 MHz	1 kHz .. 5kHz
	30 MHz .. 400 MHz	100 kHz
8. Aufbauort:	beim Hersteller	
9. Betriebszustand:	Standard	
10 . Ausfallkriterium:	nicht anwendbar	

11. Nummer des Plots:	
12. Bemerkungen:	1. Die + (-) Ader und der Common-mode-Strom (Zange über dem Kabelschirm) sind zu messen und aufzuzeichnen. 2. Die – (+) Ader ist auf ähnliches Verhalten zu überprüfen und falls notwendig, ist eine weitere Aufzeichnung vorzunehmen.

Testblatt Nr. 31 des EMV-Systemtests für das Projekt X

1. Testbeschreibung:	Störfestigkeit des HF-Empfangs gegenüber Störströmen im System
2. Testverfahren:	wie unten beschrieben!
3. Frequenzbereich:	4 Frequenzen, ausgewählt von den Aussendungsmessungen nach Testblatt Nr. 3
4. Versorgungsnetz:	DC 430V
5. Messpunkt:	A1: Hauptschalttafel
6. Messgeräte:	Frequenzgenerator, Leistungsverstärker, Spektrumanalysator Einkoppelzange, Stromzange
7. Vorgehensweise:	a) Aus den Aussendungsmessungen werden 4 Frequenzen mit hohen Emissionen ausgewählt. b) Mit der Einkoppelzange wird ein Strom mit einer geringen Amplitude am gleichen Messort eingeprägt. c) Die Amplitude des eingekoppelten Stromes wird nun erhöht (aber nicht mehr als 20 dB über den Emissionswert) bis eine 3 dB Erhöhung der Anzeige im HF-Empfänger feststellbar ist. d) Die Amplitude des Stromes wird festgehalten.
8. Aufbauort:	beim Hersteller
9. Betriebszustand:	Standard
10. Ausfallkriterium:	3dB Anstieg für ein eingekoppeltes Signal, das kleiner ist als der Emissionswert plus 10 dB.
12. Nummer des Plots:	
13. Bemerkungen:	

Testblatt Nr. 61 des EMV-Systemtests für das Projekt X

1. Testbeschreibung:	Elektromagnetisches Feld in der Nähe von Antennen in Bezug auf die Personengefährdung (RADHAZ)
2. Testverfahren:	Aufnahme des elektrischen Feldes während der Aussendung von den systemeigenen Antennen mit maximaler Leistung
3. Frequenzbereich:	8 Arbeitsfrequenzen der Kommunikationsanlagen
4. Versorgungsnetz:	nicht anwendbar
5. Messpunkt:	Orte in der Nähe der HF-Antennen, die für Personen zugänglich sind
6. Messgeräte:	RADHAZ-Meter
7. Messbandbreite:	nicht anwendbar
8. Aufbauort:	Pier
9. Betriebszustand:	Standard
10. Maßnahmen:	Orte mit Feldstärken höher als 60 V/m müssen markiert werden
11. Nummer des Plots:	
12. Bemerkungen:	

7. Bestimmung des Störsicherheitsabstandes

Aus den Messungen, die in den Testblättern 31 bis 48 beschrieben werden, ist für jeden Einzelfall der Störsicherheitsabstand zu bestimmen. Am Ende müssen 4 Listen erzeugt sein:

- Störsicherheitsabstände zwischen dem Störstrom und dem HF-Empfang,
- Störsicherheitsabstände zwischen dem Störfeld und dem HF-Empfang,
- Störsicherheitsabstände zwischen den Funksendesignalen und den Geräten in Bezug auf die erzeugten Ströme,
- Störsicherheitsabstände zwischen den Funksendesignalen und den Geräten in Bezug auf die erzeugten Felder.

Verfahren zur Bestimmung des Störsicherheitsabstandes

Da erfahrungsgemäß die Bestimmung des Störsicherheitsabstandes einige Verständnisschwierigkeiten bereitet, wird hier noch einmal eine Begründung für die Notwendigkeit eines Störsicherheitsabstandes geliefert und die Prozedur für seine Bestimmung beschrieben. Verdeutlicht wird dies am Störsicherheitsabstand zwischen Störströmen (common-mode, über dem Schirm gemessen, Summenstörstrom) auf Leitungen und dem Funkempfang.

Der Grenzwert für den Störstrom auf Leitungen oberhalb von 10 kHz leitet sich aus dem Modell der Beeinflussung des Funkempfanges (bzw. anderer empfindlicher Sensoren) durch die Felder des Stromes ab. Der Strom lässt sich im Bereich bis zu einigen 10 MHz recht eindeutig messen. Die Messung von Feldern im niederfrequenten Bereich ist aus verschiedenen Gründen mit wesentlich größeren Unsicherheiten behaftet. In vielen Fällen gestattet der Systemaufbau kaum eine eindeutige Feldmessung. Ist der Stromgrenzwert richtig gewählt, beschreibt man mit dem Strom im niedrigen Frequenzbereich viel besser das Störvermögen einer Leitung als durch eine Feldmessung. Der innerhalb eines Systemtests gemessene Störstrom ist eine Momentaufnahme und damit abhängig vom Betriebszustand und den Impedanzen während der Messzeit. Es ist nicht auszuschließen, dass auch höhere Störströme auftreten können. Wird der Funkempfang nicht gestört, so ist noch nicht bekannt, wie groß der Störabstand ist. Weiterhin ist ein Rauschsignal im Funkempfänger nur schwer einer Störquelle zuzuordnen. Aus diesem Grunde ist es anzuraten eine Störsicherheitsabstandsmessung durchzuführen. Man prägt auf die Leitung ein niedriges Signal auf, am besten mit 1 kHz moduliert, und beobachtet den Funkempfang. Ein Ton von 1 kHz ist leicht für das menschliche Ohr zu detektieren. Der Pegel ist so niedrig zu halten, dass kein Empfang des eingeprägten Signals feststellbar ist. Nun wird der Pegel (Amplitude des eingeprägten Stromes) solange erhöht, bis der 1 kHz-Ton eindeutig feststellbar ist (3 dB über der ungestörten Anzeige). Der notwendige Strom (Amplitude) I_{inj} wird notiert. Setzt man diesen Strom nun nach der Gleichung $a_{ss} = 20\log(I_{inj}/I_{stör})$ zum vorher gemessenen Strom $I_{stör}$ ins Verhältnis, erhält man den Störsicherheitsabstand. Er gibt an, um wieviel dB der Störstrom noch ansteigen darf, bis eine Störung im Funkempfang zu erwarten ist. Interessant ist, dass der 3 dB-Anstieg bei modernen, geregelten Funkempfängern nur schwer feststellbar ist, dass aber das menschliche Ohr den 1 kHz-Ton schon bei einer um ca. 20 dB geringeren Amplitude wahrnimmt, so dass man aus der akustischen Detektion auf die 3 dB Amplitude schließen kann.

9.3 Durchführung von Analysen

In den vorangegangenen Kapiteln ist vielfach von EMV-Analysen gesprochen worden. EMV- oder Beeinflussungsanalysen sind auf den verschiedenen Bearbeitungsebenen durchzuführen, angefangen auf der Chip- und Baugruppenebene, bis hin zur Systemebene komplexer Systeme mit Antennen. Der Begriff EMV-Analyse ist dabei so umfassend, dass mit ihm einfache Abschätzungen, z. B. mit dem Durchflutungsgesetz, und auch umfangreiche Simulationsrechnungen zur Festlegung von Sicherheitsbereichen um strahlende Antennen herum gemeint sein können.

Für die Durchführung von EMV-Analysen hat sich eine Struktur herausgebildet, die auch hier wieder eine Vollständigkeit und Durchgängigkeit sicherstellt, weiterhin EMV-Analysen auch durchschaubarer macht. Eine EMV-Analyse wird vorteilhaft in einem *5-Schritte-Verfahren* durchgeführt.

Im *ersten Schritt* werden die *Anforderungen niedergeschrieben*. Diese können z. B. lauten:

„Die Kommunikationsanlagen müssen bei einem Frequenzversatz von > 10 % einen Simultanbetrieb von Sende- und Empfangsbetrieb gestatten." oder „Durch den Betrieb der magnetischen Eigenschutzanlage darf es zu keinen sichtbaren Veränderungen auf den Bildschirmen der Leitanlagen kommen.".

Dieser erste Schritt ist im Allgemeinen der einfachste, die hier definierten Anforderungen können aber sehr weit reichende Folgen haben.

Im *zweiten Schritt* werden die *Daten für die Störquelle, den Übertragungsweg und die Störsenke* gesammelt und niedergeschrieben. Dieser Schritt kann der aufwendigste sein, eine sorgfältige Zusammenstellung der EMV-relevanten Daten weist häufig schon auf die Lösung des Problems hin. Sind keine oder nur unzuverlässige Daten vorhanden, müssen Annahmen getroffen werden. Ein recht brauchbarer Weg ist es, bei nicht vorhandenen Daten eines Gerätes vorauszusetzen, dass das Gerät Störaussendungen gleich dem Aussendungsgrenzwert erzeugt und eine Immunität besitzt, die den geforderten Störfestigkeitswerten entspricht.

Der *dritte Schritt* beinhaltet die eigentliche *Analyse*. Aus den Daten der Störquelle, der Störsenke und dem Übertragungsweg ist ein Beeinflussungsmodell zu erstellen. Dieser Schritt ist häufig der schwierigste. Er verlangt eine Abstraktion der Wirklichkeit, so dass eine analytische oder auch numerische Berechnung möglich ist. Der Grad der Abstraktion oder auch der Vereinfachung hängt naturgemäß von der Güte und Vollständigkeit der vorhandenen Daten und von der Aufgabe und Wichtigkeit der analysierten Funktion ab. Sind die Daten zu unsicher oder gelingt es nicht, ein Modell zu erstellen, das die Situation hinreichend beschreibt, sind Labormessungen oder Messungen an vergleichbaren Aufbauten durchzuführen.

Im *vierten Schritt* werden, abgeleitet aus den Analyseergebnissen, *Maßnahmen* vorgeschlagen, um die Beeinflussungssituation zu lösen.

Der *fünfte* und letzte *Schritt* schlägt ein *Messverfahren* vor, mit dem überprüft wird, ob es tatsächlich zu keiner Beeinflussung kommt bzw. mit dem die Analyseergebnisse verifiziert werden können.

Beispiel für eine EMV-Analyse

Auf einer geschirmten Fernmeldekabine befindet sich eine magnetische Antenne für 24 kHz. In der geschirmten Kabine sind Leitungen verlegt, auf denen bei 24 kHz Störströme fließen können.

1. Anforderungen

Es ist der Summenstörstrom (common-mode-Störstrom, der Störstrom über dem Kabelmantel gemessen) zu bestimmen, der auf Kabeln innerhalb der Fernmeldekabine fließen darf, damit das magnetische Feld am Ort der Antenne durch diesen Störstrom kleiner als 6 nA/m bleibt. Es ist ein Vergleich der Antennenempfindlichkeit mit dem unbeeinflussbaren Außenrauschen durchzuführen.

2. Daten

Störquelle: Kabel mit Common-mode-Störstrom unterhalb der Schirmwand (leitenden Ebene) mit einem Mittelachsenabstand von 5 cm zur Ebene.
Störsenke: Magnetische Antenne oberhalb der Schirmwand, mit 20 cm Abstand zur Wand, Empfindlichkeit für 24 kHz von H_{min} = 12 nA/m bei einer Bandbreite von 100 Hz für einen Signal zu Rauschabstand von 6 dB.
Übertragungsweg: Schirmwand aus verzinktem Stahlblech, Stärke 5 mm

3. Analyse

Es wird davon ausgegangen, dass der Rückstrom verteilt auf der Kabinenwand zurückfließt. Die Stromverteilung S(x) kann unter Ansatz eines Spiegelleiters auf der anderen Seite der Kabinenwand bestimmt werden. In der Abb. 9.1 ist dieser Rückstrom durch die gestrichelte Glockenkurve angedeutet.

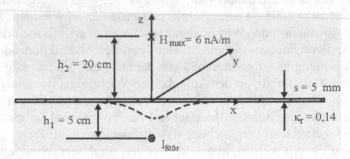

Abb. 9.1 Beeinflussungsmodell

Es ergibt sich

$$S_1(x) = \frac{I_{Stör}}{\pi} \cdot \frac{h_1}{(x^2 + h_1^2)} \tag{9.1}$$

Durch den Skineffekt erfährt die Stromverteilung auf dem Weg zur anderen Seite der Schirmwand eine Amplitudendämpfung von

$$S_2(x) = S_1(x) \cdot e^{-\frac{s}{d}}, \tag{9.2}$$

d = Eindringtiefe. Es wird dabei vorausgesetzt, dass die Glockenkurve erhalten bleibt und nur insgesamt mit $e^{-\frac{s}{d}}$ gedämpft wird. Die durch diese gedämpfte Glockenkurve erzeugte magnetische Feldstärke lässt sich nun über das Durchflutungsgesetz bestimmen. Dabei ist die nachfolgende Gleichung auszuwerten:

$$H_2(z = h_2) = \int_0^\infty \frac{I_{St\ddot{o}r}}{\pi} \cdot \frac{h_1}{(x^2 + h_1^2)} e^{-\frac{s}{d}} \cdot \frac{h_2}{\pi \cdot (x^2 + h_2^2)} dx \tag{9.3}$$

Zwischenrechnung

$$H_2(z = h_2) = \frac{I_{St\ddot{o}r} \cdot e^{-\frac{s}{d}} \cdot h_1 \cdot h_2}{\pi^2 \cdot (h_2^2 - h_1^2)} \cdot \int_0^\infty \left(\frac{1}{(x^2 + h_1^2)} - \frac{1}{(x^2 + h_2^2)} \right) dx$$

$$= \frac{I_{St\ddot{o}r} \cdot e^{-\frac{s}{d}} \cdot h_1 \cdot h_2}{\pi^2 \cdot (h_2^2 - h_1^2)} \cdot \left[\frac{1}{h_1} \arctan\left(\frac{x}{h_1}\right) - \frac{1}{h_2} \arctan\left(\frac{x}{h_2}\right) \right]_0^\infty$$

$$= \frac{I_{St\ddot{o}r} \cdot e^{-\frac{s}{d}} \cdot h_1 \cdot h_2}{2 \cdot \pi \cdot (h_2^2 - h_1^2)} \cdot \left[\frac{1}{h_1} - \frac{1}{h_2} \right] = \frac{I_{St\ddot{o}r} \cdot e^{-\frac{s}{d}}}{2 \cdot \pi \cdot (h_1 + h_2)}$$

Es ergibt sich eine sehr interessante Lösung, nämlich die Lösung für das Magnetfeld eines Einzelleiters im Abstand $r = h_1 + h_2$, das nur durch den Dämpfungsterm $e^{-\frac{s}{d}}$ modifiziert wird. Man beachte aber, dass in der Berechnung nur der Strom in der Schirmwand berücksichtigt wurde.

Für $f = 24$ kHz und $\kappa_r = 0{,}14$ erhält man eine Eindringtiefe von $d = 1{,}14$ mm und damit einen Dämpfungsterm $e^{-\frac{s}{d}} = 0{,}012$, entsprechend 38 dB.

Unter Ansatz eines erlaubten Feldes von $H_{max} = 6$ nA/m erhält man einen zulässigen Strom von $I_{St\ddot{o}r} = 0{,}75$ μA (-2,5 dB $_{\mu A}$).

Vergleich der Antennenempfindlichkeit mit dem Außenrauschen

Rechnet man die Antennenempfindlichkeit von $H_{min} = 6$ nA/m in eine elektrische Feldstärke um, so erhält man $E_{min} = H_{min} * 377$ Ω $= 2{,}26$ μV/m (7 dB$_{\mu V/m}$). Diese Empfindlichkeit war für eine Bandbreite von 100 Hz spezifiziert.

Nach Abb. 8.3 hat man bei 24 kHz bei einer Bandbreite von 100 Hz mit einer Außenrauschfeldstärke zwischen

- 25 dB$_{\mu V/m}$ (Frühling 8 – 12 Uhr) und
+ 16 dB$_{\mu V/m}$ (Sommer 20 – 24 Uhr

zu rechnen, so dass die Antennenempfindlichkeit in der gleichen Größenordnung liegt wie das unbeeinflussbare Außenrauschen.

4. Maßnahmen

Eine Verschiebung des Leiters in der Funkkabine um ca. 2,5 m lässt einen um ca. 20 dB höheren Störstrom zu.

5. Messverfahren

Innerhalb des Systemtests ist auf ein Kabel in der Fernmeldekabine ein Störstrom bei 24 kHz, beginnend mit $I_{Stör}$ = -20 dB$_{\mu A}$, einzuprägen und dann langsam zu erhöhen. An einem Ort außerhalb der Kabine, der vergleichbar mit dem Antennenstandort ist, wird mit einem Empfänger und einer kalibrierten magnetischen Antenne das Feld gemessen. Der eingeprägte Strom ist solange zu erhöhen, bis ein eindeutiges Verhältnis von magnetischer Feldstärke zu Störstrom bestimmt werden kann. Aus diesem Messergebnis ist auf den Strom zurückzurechnen, der das spezifizierte Feld von 6 nA/m erzeugt. Dieser zurückgerechnete Strom ist mit dem analysierten Strom zu vergleichen.

Beispiel für die Anwendung des Messverfahrens

Mit einem Strom von +40 dB$_{\mu A}$ (100 µA) auf einem ausgesuchten Kabel innerhalb der Kabine wird ein Außenfeld von +35 dB$_{\mu V/m}$ erzeugt. Es sei daran erinnert, dass auch magnetische Feldstärken im Allgemeinen in dB$_{\mu V/m}$ (H*377 Ω) angegeben werden.

Aus dem Wert +35 dB$_{\mu V/m}$ wird auf eine magnetische Feldstärke von −16 dB$_{\mu A/m}$ umgerechnet. Daraus ergibt sich dann ein Korrekturfaktor von

$$k = - 56 \; dB_{1/m},$$
$$H \, [dB_{\mu A/m}] = I \, [dB_{\mu A}] + k.$$

Fließt also in der Kabine ein Störstrom von −2,5 dB$_{\mu A}$, so erzeugt dieser Strom ein Außenfeld von

$$H = -58,5 \; dB_{\mu A/m} \; (1,2 \; nA/m),$$

um ein Außenfeld von 6 nA/m (- 44,4 dB$_{\mu A/m}$) zu erzeugen, ist ein Strom von I = 12 µA (21,6 dB$_{\mu A}$) nötig.

Bei den gewählten Werten ergibt sich ein Unterschied zwischen Analyse und Messung von ca. 23 dB zur sicheren Seite hin.

Eine EMV-Analyse geht sehr häufig von sogenannten ‚worst-case‘-Annahmen aus, so dass im Allgemeinen die Verhältnisse in der Wirklichkeit besser als in der Abschätzung oder Berechnung sind.

10 Numerische Verfahren zur Feldberechnung

Parallel zur Entwicklung der Rechnertechnik wurden, vor allen Dingen an Hochschulen und in Forschungsinstituten, Programme und Programmpakete zur numerischen Berechnung elektrischer, magnetischer und elektromagnetischer Felder entwickelt und permanent an die jeweils neuen und erweiterten Möglichkeiten angepasst. Aus diesen Entwicklungen heraus haben sich dann auch spezielle Vertriebsgesellschaften gebildet, die die Vermarktung und die professionelle Betreuung (den Support) übernommen haben.

So sind heute sehr leistungsfähige Programmsysteme verfügbar, mit denen viele Fragen spezieller und auch grundsätzlicher Art beantwortet werden können. Durch die Möglichkeiten der Ergebnisvisualisierung moderner Rechner können die Ergebnisse in fast beliebiger Parameterabhängigkeit veranschaulicht werden, Vorgänge können zeitlich aufgelöst werden und damit auch Einblicke in die physikalischen Kopplungsvorgänge liefern. Mancher Ausbreitungs- und Kopplungsvorgang wird erst durch die Ergebnisaufbereitung und die Visualisierung verständlich.

Betrachtet man die Programme unter dem Gesichtspunkt der Werkzeuge für den EMV-Ingenieur, so muss die Situation sehr differenziert betrachtet werden.

1. Fällt in einer größeren Firma die Entscheidung, Fragen der elektromagnetischen Kopplung mit modernen Rechnerwerkzeugen zu behandeln, so wird neben dem Programmpaket auch ein entsprechend aus- oder vorgebildetes Personal benötigt. Dieses Personal muss überdies die Zeit bekommen, mit den Werkzeugen zu arbeiten und über die Anwendung Vertrauen aufzubauen. Es muss darüber hinaus eine permanente Softwarepflege durchgeführt werden.

2. Die sehr leistungsfähigen Programmpakete sind weniger geeignet, ohne Einarbeitung schnell einmal eine Beeinflussungssituation zu durchleuchten und daraus für den konkreten Fall eine schnelle Hilfe zu liefern. Hier ist die Kreativität und das Wissen des Ingenieurs gefragt.

3. Das Ergebnis einer Computersimulation kann natürlich nur so gut sein wie das Modell, also die Umsetzung der Realität in eine bere-

chenbare Anordnung. Heute kann davon ausgegangen werden, dass die Programme, bezogen auf die Eingabe, richtige Ergebnisse liefern. Der kritische Schritt in der Nutzung der Software ist damit die Umsetzung der Wirklichkeit in ein sie nachbildendes Modell.

4. Die Nutzung der recht leistungsfähigen Programme setzt aber auch ein gewisses Maß an physikalischem Verständnis voraus. Dies wird benötigt bei der Modellerstellung, um entscheiden zu können, welche Details bei der gegebenen Fragestellung weggelassen werden können und welche geometrischen und elektrischen Daten das Ergebnis wesentlich beeinflussen und unbedingt berücksichtigt werden müssen. Physikalisches Verständnis wird vor allen Dingen für die Ergebnisbewertung und –interpretation benötigt. Im Allgemeinen ist das Ergebnis einer Computersimulation ein farbenfrohes Bild und/oder eine Fülle von Zahlen. Diese Ergebnisse müssen im Blick auf

- Plausibilität und physikalische Stichhaltigkeit und
- auf notwendige Modellverfeinerungen interpretiert werden.

Sollen für ein Projekt (z. B. den Neubau einer Fregatte) umfangreiche numerische Untersuchungen in Bezug auf die EMV, auf Antennenkompatibilitäten, auf optimale Standorte, auf die Personengefährdung oder auch in Bezug auf die Impedanzbeeinflussungen durch Aufbauten durchgeführt werden, kann es auch Sinn machen, diesen Teil der Untersuchungen an einen professionellen Anbieter abzugeben.

Neben den großen Programmpaketen, deren Grundlagen man grob in

1. Randwertverfahren,
2. Volumenverfahren und
3. Strahlenverfahren

einteilen kann, gibt es noch eine Vielzahl von Hilfsmitteln, kleineren Programmen, umgesetzten Gleichungen, die für bestimmte Fragestellungen eine große Hilfe darstellen können. Eine Auswahl von möglichen Programmen wird auch in diesem Buch genannt und beschrieben.

Mit diesem Kapitel wird versucht, einen Überblick über die Möglichkeiten des Rechnereinsatzes für die Bearbeitung von Fragen der EMV zu liefern. Die Grundzüge der Theorie hinter den verschiedenen Verfahren werden kurz beleuchtet, bevorzugte Einsatzbereiche und auch die Grenzen werden genannt. Dieses Kapitel kann in keiner Weise entsprechende Fachbücher ersetzen.

Im Abschnitt 10.1 wird in Form eines Entscheidungsdiagramms (Abb. 10.1) eine Aussage zur Auswahl des geeigneten Verfahrens gemacht. Es wird weiterhin versucht, Frequenzgrenzen der einzelnen Verfahren (Abb. 10.2) festzulegen. Die verwendeten Diagramme sind dem Beiblatt 1 zu VG 95 374-4 [VG993] entnommen. Sie wurden vor Jahren vom Autor für diese Norm entworfen. Die beiden Beiblätter 1 und 2 zu VG 95 374-4 [VG993, VG 996] enthalten eine Fülle von wertvollen Hinweisen zur EMV-Analyse und zum Rechnereinsatz in der Analyse, bis hin zu Musteranordnungen, die man unbedingt durchrechnen sollte, wenn man über das entsprechende Programm verfügt und sich in die Nutzung einarbeiten will.

Im Abschnitt 10.2 werden dann für die Überprüfung der Ergebnisse einige Möglichkeiten, sogenannte Plausibilitätskontrollen, aufgeführt. Um schon ein Kriterium verbal vorwegzunehmen: Die Energiebilanz muss stimmen, die in Widerständen umgesetzte Leistung und die durch eine Hüllfläche (am besten im Fernfeld) hindurchtretende Strahlung muss gleich der in die Anordnung eingespeisten Leistung sein.

Abschnitt 10.3 zeigt dann die Ergebnisse einiger komplexer Simulationen, weniger um den Einsatz der Programmpakete in der EMV zu zeigen, als vielmehr einen Eindruck zu vermitteln, was heute möglich und Stand der Technik ist. Im Abschnitt 10.4 werden einige Hinweise zur Umsetzung der Realität in ein berechenbares Modell gegeben. Die Betrachtungen zum Einsatz numerischer Verfahren schließen im Abschnitt 10.5 mit der Darstellung einer ganz konkreten EMV-Aufgabe, der Berechnung der Kopplung zwischen zwei dicht beieinander stehenden Antennen.

10.1 Zur Auswahl des geeigneten Verfahrens

In der Abb. 10.1 ist ein Entscheidungsdiagramm zur Auswahl eines geeigneten Analyseverfahrens dargestellt. Folgt man diesem Diagramm vom Start aus, stellt sich als Erstes die Frage, ob es sich bei der zu untersuchenden Struktur um eine Leitung handelt. Dabei ist unter Leitung nicht nur ein Energie- oder Nachrichtenkabel zu verstehen, jede Anordnung mit langgestreckten Elektroden ist ein möglicher Kandidat für die Behandlung mit der Leitungstheorie oder einem leitungstheoretischen Verfahren. Die Vorteile liegen in der leichten Durchschaubarkeit und der schnellen Ergebniserzielung.

Kann die Leitungstheorie (einschließlich der auf ihr beruhenden Verfahren) nicht angewendet werden, muss als Nächstes das Verhältnis der geometrischen Abmessungen zur Wellenlänge betrachtet werden. Dabei sollte als geometrische Ausdehnung die größte Diagonale im betrachteten System angesetzt werden.

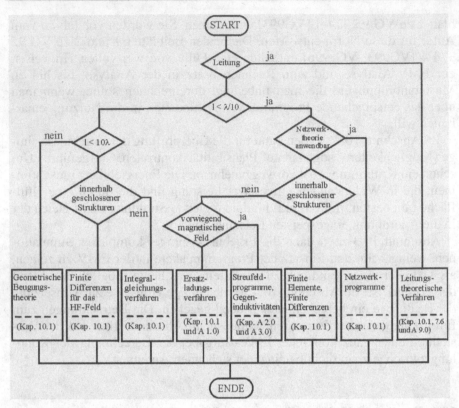

Abb. 10.1 Entscheidungsdiagramm zur Auswahl eines Analyseverfahrens, l = Strukturabmessung, λ = Wellenlänge

Bei f = 100 MHz z.B. beträgt die Wellenlänge λ = 3 m, bei f = 1 GHz sind es nur noch 30 cm. Ist die Strukturausdehnung l kleiner als λ/10 der höchsten zu betrachtenden Frequenz, kann von statischem, stationärem bzw. quasistationärem Verhalten ausgegangen werden. Liegen Werte für die parasitären Elemente vor, können sie abgeschätzt werden oder spielen sie kaum eine Rolle, ist die Netzwerktheorie anwendbar und über entsprechende Netzwerkprogramme können brauchbare Ergebnisse erzielt werden.

Ist die Netzwerktheorie nicht anwendbar, muss nun die Unterscheidung getroffen werden, ob die Anordnung sich innerhalb einer geschlossenen Struktur befindet oder aber eine freie Feldausbildung in den Raum hinein möglich ist. Um eine geschlossene Struktur handelt es sich, wenn für alle 6 begrenzenden Flächen Randbedingungen genannt werden können. Im Allgemeinen hat man es mit einer geschlossenen Struktur zu tun, wenn die Flächen aus gut leitendem Material sind. Befindet sich die Anordnung innerhalb einer geschlossenen Struktur, wird man auf Programme, basierend auf den Ansätzen der finiten Elemente oder der finiten Differenzen, zurückgreifen. Außerhalb geschlossener Strukturen wird man elektrische Felder mit dem Ersatzladungsverfahren und magnetische Felder über Lösungen des Gesetzes von Biot-Savart berechnen.

Sind die Strukturabmessungen größer/gleich λ/10, muss das Hochfrequenzverhalten, also der zeitliche Versatz zwischen Ursache und Wirkung berücksichtigt werden. Für den Höchstfrequenzbereich (l > 10 .... 100 λ) muss man auf optische Verfahren zurückgreifen. Im Bereich darunter und für geschlossene Strukturen bietet sich das Verfahren der finiten Differenzen für das HF-Feld an. Für offene Strukturen, also Strukturen mit Abstrahlung in den Raum hinaus, verwendet man Integralgleichungsverfahren. Kann man das Verhalten auf eine Randwertbeschreibung (z.B. den felderzeugenden Strom) zurückführen, hat man es mit der Momentenmethode als dem Hauptvertreter der Integralgleichungsverfahren zu tun. Die in der Abb. 10.1 durchgeführte Schematisierung kann nur als erste Orientierung verstanden werden. An vielen Stellen, vor allen Dingen wieder im Hochschulbereich, wird an Programmpaketen gearbeitet, die auch komplexere Aufgaben lösen können. In der Veröffentlichung [HE/HA/GO99] ist ein Hybridverfahren beschrieben, das die Vorteile der Leitungstheorie mit denen der Integralgleichungsverfahren und denen der geometrischen Beugungstheorie verbindet.

In der Abb. 10.2 sind die bevorzugten Einsatzbereiche der verschiedenen Verfahren als Funktion der Wellenlänge dargestellt. Auch hier kann es sich nur um eine Grobvorgabe handeln.

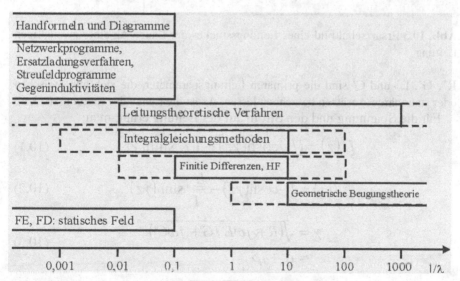

Abb. 10.2 Bevorzugter Einsatzbereich der verschiedenen Verfahren

Wollte man eine Wertung vornehmen, so kann man die Integralgleichungsmethoden (hier speziell die Momentenmethode) als das wichtigste Rechnerwerkzeug des EMV-Ingenieurs bezeichnen.

Für die Beschreibung der einzelnen Verfahren wird auf die umfangreiche Literatur verwiesen. Eine geschlossene Darstellung mit einem objektiven Überblick aller Verfahren ist nicht bekannt. Eine kurze Einführung in die verschiedenen Möglichkeiten ist in [GO/SI92] enthalten.

Leitungstheoretische Verfahren

Hat man lang ausgestreckte Strukturen oder Strukturteile, z. B. einen Einzelleiter über Masse oder eine Doppelleitung im Raum, lässt sich, bei Vernachlässigung der Energieabstrahlung, über das in der Abb. 10.3 angegebene Ersatzschaltbild für ein kurzes Stück der Leitung eine Lösung für den Strom und die Spannung auf der gesamten Leitung generieren (Gleichungen 10.1 und 10.2).

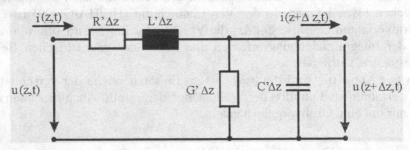

Abb. 10.3 Ersatzschaltbild eines Leitungsstückes der Länge Δz einer zweiadrigen Leitung

R', G', L' und C' sind die primären Leitungsparameter, die sich aus statischen oder stationären Ansätzen berechnen lassen, Δz ist die Länge des Leitungsstückes.

Für die Spannung und den Strom auf der Leitung erhält man:

$$\underline{U}(z) = \underline{U}_a \cdot \cosh(\gamma z) - \Gamma \underline{I}_a \sinh(\gamma z) \tag{10.1}$$

$$\underline{I}(z) = \underline{I}_a \cdot \cosh(\gamma z) - \frac{\underline{U}_a}{\Gamma} \sinh(\gamma z) \tag{10.2}$$

$$\gamma = \sqrt{(R' + j\omega L')(G' + j\omega C')}$$
$$= \alpha + j\beta \tag{10.3}$$

$$\Gamma = \sqrt{\frac{R' + j\omega L'}{G' + j\omega C'}} \tag{10.4}$$

γ und Γ sind die sekundären Leitungsparameter, die sich aus den primären berechnen. Bei Vorgabe der Beschaltung mit Generator und Abschlusswiderstand ist das elektromagnetische Verhalten der Leitung komplett festgelegt. Erweitert man das Ersatzschaltbild der Abb. 10.3 noch um Längsspannungsquellen (Siehe hierzu 7.43!), die sich aus einem einfallenden Feld über

$$\Delta u(z,t) = -E_z \cdot \Delta z \qquad (10.5)$$

bestimmen lassen, kommt man zu einer Leitung mit verteilten Quellen, für die sich im Frequenzbereich eine geschlossene Lösung angeben lässt (Siehe Kap. 7.6!)

Für eine Auswertung lassen sich nun verschiedene Wege beschreiten:

1. Man unterteilt die Leitungsstruktur in kleine Abschnitte, ordnet jedem Abschnitt diskrete, aus den Leitungsbelägen und der Abschnittslänge errechnete Elemente zu und löst das System mit einem Netzwerkanalyseprogramm.

2. Man nutzt die Eigenschaft der Leitung (der verlustlosen, dispersionsfreien Leitung), Signale unverfälscht von einem Ende zum anderen zu transportieren. Der zeitliche Versatz ergibt sich aus der Laufzeit, die sich wiederum aus den Leitungsparametern errechnen lässt (Bergeron- Verfahren). Das Lösungssignal ist die zeitlich korrekte Überlagerung aller hin- und rücklaufenden Anteile.

Eine Gesamtdarstellung der Möglichkeiten der Leitungstheorie ist in [SCH94] zu finden.

Netzwerkprogramme

Netzwerkprogramme berechnen Ströme und Spannungen bei Vorgabe einer Quelle und einer Schaltung aus diskreten Bauelementen. Einfache Netzwerkprogramme lassen sich relativ schnell über die Maschen- und die Knotengleichungen programmieren. Stand der Technik ist es, ein fertiges Programm nach Manual zu nutzen. Als besonders brauchbar hat sich das Programm PSPICE erwiesen, das in seiner FREEWARE-Version für EMV-Zwecke schon ausreichend ist.

Finite Elemente, finite Differenzen

Bei den Verfahren der finiten Elemente und auch der finiten Differenzen wird der zu analysierende Feldbereich in endlich große (finite) Elemente unterteilt. Auf diese finiten Elemente werden dann die Maxwellschen Gleichungen in approximativer Form angesetzt. Die finiten Elemente kann man mit ihren Begrenzungslinien auch als Gitter mit Gitterknotenpunkten auffassen.

Bei den finiten Differenzen werden die aus den Maxwellschen Gleichungen ableitbaren Potentialdifferentialgleichungen

$\Delta \phi = 0$ für das elektrische Feld,
$\Delta \Psi = 0$ für das magnetische Feld

in Differenzengleichungen überführt und diese werden dann sukzessive auf alle Gitterpunkte angewendet.

Beim Verfahren der finiten Elemente wird eine Gleichung für die im Feld gespeicherte Energie,

$$W(x,y,z) = \frac{1}{2} \varepsilon \iiint \left(\frac{\partial^2 \phi}{\partial x^2} + \frac{\partial^2 \phi}{\partial y^2} + \frac{\partial^2 \phi}{\partial z^2} \right) dx \cdot dy \cdot dz \qquad (10.6)$$

aufgestellt und nach Vorgabe einer Funktion $\phi(x,y,z)$ über die Knotenpotentiale minimiert. Siehe hierzu [SCH93]!

Streufeldprogramm und Programm zur Bestimmung von Gegeninduktivitäten

Ein Streufeldprogramm für Magnetfelder und ein Programm zur Bestimmung von Gegeninduktivitäten werden in den Kapiteln A2.0 und A3.0 beschrieben.

Ersatzladungsverfahren

Die sich auf einer metallenen Anordnung einstellende Ladungsverteilung wird bei diesem Verfahren durch eine endliche Anzahl von Ersatzladungen nachgebildet. Dabei wird die Art der einzelnen Ladungen und ihr Ort vorgegeben, die Größe oder Amplitude wird über ein Gleichungssystem aus der Randbedingung $E_{tan} = 0$ für die Oberfläche der Elektroden bestimmt. Ersetzt man die tatsächliche Ladungsverteilung durch n Ersatzladungen, sind n Oberflächenpunkte (Konturpunkte) zu wählen, um die Größe (Amplitude) aller n Ersatzladungen zu bestimmen. Sind die n Ersatzladungen bekannt, kann das gesamte Feld der Anordnung bestimmt werden. Aus diesen Ausführungen wird schon klar, dass die Anzahl der Punkte, ihr Ort und auch ihre Art das Ergebnis wesentlich beeinflussen. Siehe hierzu [SI/ST/WE74]!

Integralgleichungsverfahren (hier Momentenmethode)

Beim Ersatzladungsverfahren wird die sich tatsächlich einstellende Ladungsverteilung durch Ersatzladungen nachgebildet. Bei den Integralgleichungsverfahren, die für die EMV eine Relevanz haben, handelt es sich, bildlich gesprochen, um Ersatzstromverfahren. Die tatsächliche Stromverteilung (man spricht von einer Strombelegung) wird durch eine endliche Anzahl von Ersatzströmen nachgebildet. Die zu untersuchende Anordnung

wird hierbei segmentiert, für jedes Segment wird ein Stromelement angesetzt, das wiederum in seiner Form (örtlichen Abhängigkeit) und seinem
Ort vorgegeben wird, dessen Amplitude über ein Gleichungssystem aus
der Randbedingung $E_{tan} = 0$ bestimmt wird. Siehe hierzu [GO/SI92] !

Finite Differenzen für das HF-Feld

Bei diesem Verfahren wird der zu berechnende Feldraum wiederum in
Segmente zerlegt und mit zwei dreidimensionalen Gittern (im dreidimen-
sionalen Fall) überzogen. Ein Gitter legt die Berechnungspunkte für das E-
Feld und ein zweites die Berechnungspunkte für das H-Feld fest. Beide
Gitter sind um eine halbe Gitterweite gegeneinander verschoben.

Weiterhin werden die Maxwellschen Gleichungen

$$rot\vec{H} = j\omega\varepsilon\vec{E}, \tag{10.7}$$

$$rot\vec{E} = -j\omega\mu\vec{H}, \tag{10.8}$$

in Differenzengleichungen überführt und abwechselnd in einem Zeitschritt-
verfahren auf alle Gitterpunkte angewendet. Siehe hierzu [CH/SI80]!

Geometrische Beugungstheorie

Kommt man zu sehr hohen Frequenzen, lässt sich das elektromagnetische
Verhalten einer Anordnung über den Ansatz einer endlichen Anzahl dis-
kreter Strahlen berechnen. Man unterscheidet: den direkten Strahl, die an
Objekten reflektierten Strahlen, kanten- und spitzengebeugte Strahlen und
Strahlen mit Kriechwegen über konvex gekrümmte Oberflächen. Eine um-
fassende Darstellung der geometrischen Beugungstheorie findet man in
[MC/PI/MA90].

10.2 Plausibilitätskontrollen

Über den Wert der numerischen Verfahren zur Feldberechnung für die
EMV-Analyse bestehen kaum Zweifel. Es ist auch schon ausgeführt worden, dass ein Programm zur Berechnung elektromagnetischer Felder einen
Nutzer voraussetzt, der über Grundkenntnisse der Feldtheorie und Antennentechnik verfügt. Diese werden für die Modellerstellung benötigt, aber
in höherem Maße noch für die Ergebnisbewertung bzw. -verifizierung.
Nutzt man ein Programmsystem fortlaufend über eine längere Zeit, kennt
man im Allgemeinen seine Stärken und Schwächen, man weiß, wo durch
Parametervariation das Ergebnis noch abgesichert werden muss.

Für die Ergebnisverifikation bzw. für die Plausibilitätskontrollen lassen sich bewährte Vorgehensweisen angeben und auch physikalische Bedingungen nennen, die geeignet sind, Vertrauen zu schaffen und Sicherheit zu liefern, ein korrektes Ergebnis erzielt zu haben.

1. $\sum P_i = 0$ Leistungsbilanz

In jedem abgeschlossenen System muss die Energiebilanz ausgeglichen sein. Bezogen auf elektromagnetische Systeme, die im Frequenzbereich betrachtet werden, lässt sich daraus auch die Forderung einer ausgeglichenen Wirkleistungsbilanz ableiten:

> Die Summe der in Widerständen umgesetzten Leistung zuzüglich der im Fernfeld der Anordnung über eine geschlossene Kugel abgestrahlten elektromagnetischen Felder (Leistungsflussdichte, Poyntingvektor) muss gleich der in das System eingespeisten Wirkleistung sein!

Besonders einfach werden die Verhältnisse, wenn nur eine Speisestelle vorhanden ist. Es ergibt sich

$$I^2 \cdot \mathrm{Re}(\underline{Z}_{ein}) = \sum I_i \cdot R_i + \int_0^{2\pi}\int_0^{\pi} \frac{E^2}{\Gamma} r^2 \sin\vartheta \cdot d\vartheta \cdot d\varphi \tag{10.9}$$

$\mathrm{Re}(\underline{Z}_{ein})$	=	Realteil der Eingangsimpedanz an der Speisestelle,
R_i	=	i. Widerstand,
$\int_0^{2\pi}\int_0^{\pi} \frac{E^2}{\Gamma} r^2 \sin\vartheta \cdot d\vartheta \cdot d\varphi$	=	Leistung, die über die Kugeloberfläche abgestrahlt wird.

Viele Programme, die auf der Momententheorie basieren, bieten die Option, die Gesamtleistung zu berechnen und auszugeben, die über eine ferne Kugel abgestrahlt wird. Ist diese Option nicht vorhanden, kann eine Abschätzung dadurch vorgenommen werden, dass das Verhalten einer Richtantenne mit 3 $\mathrm{dB_i}$ Gewinn (Faktor 2 in der Leistung) angenommen wird. Mit dem Programm ist sodann die maximale Feldstärke in einem großen Abstand r zu bestimmen. Die Leistung, die über die Kugeloberfläche abgestrahlt wird, errechnet sich damit zu

$$P_{rad} = \frac{1}{2} \cdot \frac{E^2_{max}}{\Gamma} 4 \cdot \pi \cdot r^2 \tag{10.10}$$

Es ist eine sehr grobe Abschätzung, sie sollte aber zumindest in der Größenordnung liegen, die nach Gleichung 10.9 zum Ausgleich noch benötigt wird. Reicht diese Abschätzung nicht aus, lässt sich der Gewinn als Faktor näherungsweise auch aus der Beziehung

$$D = \frac{41.000}{\Delta\varphi \cdot \Delta\vartheta} \qquad (10.11)$$

errechnen, $\Delta\varphi$ ist der horizontale, $\Delta\vartheta$ der vertikale Öffnungswinkel des Antennendiagramms (Winkel zwischen den 3 dB-Punkten) der Anordnung. Die Gleichung 10.10 ändert sich in

$$P_{rad} = \frac{1}{D} \cdot \frac{E^2_{max}}{\Gamma} 4 \cdot \pi \cdot r^2 \qquad (10.12)$$

2. $Z_{12} = Z_{21}$ Reziprozität der Torparameter

Eine Anordnung aus Antenne (Störquelle), komplexen Aufbauten und zweiter Antenne (Störsenke) lässt sich auch als beschaltetes Zweitor betrachten, wie in der Abb. 10.4 dargestellt.

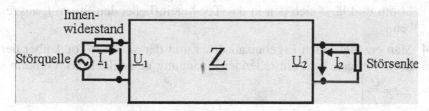

Abb. 10.4 Anordnung aus Störquelle, elektromagnetischer Umgebung und Störsenke

Für das Zweitor kann mit Hilfe der Z-Parameter die Übertragungsgleichung

$$[\underline{U}] = [\underline{Z}] \cdot [\underline{I}] \qquad (10.13)$$

aufgestellt werden, die in Komponentenschreibweise das nachfolgende Aussehen hat:

$$\underline{U}_1 = \underline{Z}_{11} \cdot \underline{I}_1 + \underline{Z}_{12} \cdot \underline{I}_2,$$
$$\underline{U}_2 = \underline{Z}_{21} \cdot \underline{I}_1 + \underline{Z}_{22} \cdot \underline{I}_2. \qquad (10.14)$$

Unter der Voraussetzung eines linearen Verhaltens (doppelte Spannung ergibt doppelten Strom) ist das Zweitor reziprok und es muss gelten:

$$\underline{Z}_{12} = \underline{Z}_{21} \qquad (10.15)$$

Diese Bedingung kann nun zur Überprüfung bzw. für eine Plausibilitätskontrolle herangezogen werden. Entsprechend dem Gleichungssystem 10.14 gilt:

$$\underline{Z}_{12} = \frac{\underline{U}_1}{\underline{I}_2}\bigg|_{I_1=0} \tag{10.16}$$

$$\underline{Z}_{21} = \frac{\underline{U}_2}{\underline{I}_1}\bigg|_{I_2=0} \tag{10.17}$$

Vorgehensweise:

1. Man wählt in der beliebig komplexen Anordnung zwei Tore (Tor 1 und Tor 2) aus.

2. Man schließt das Tor 1 hochohmig mit $\underline{Z}_1$ ab. Im Allgemeinen dürfte ein Widerstand von 1 MΩ keine Probleme bringen.

3. Man speist das Tor 2 mit einer Spannung, einer Leistung oder einem Strom und lässt sich den in das Tor hineinfließenden Strom $\underline{I}_2$ ausgeben.

4. Man erzeugt einen Ergebnisausdruck mit der sich am Tor 1 über der hochohmigen Last einstellenden Spannung und bildet das Verhältnis

$$\underline{Z}_{12} = \frac{\underline{U}_1}{\underline{I}_2}\bigg|_{Z_1=\infty} \; .$$

5. Man tauscht die Tore 1 und 2 bezüglich Last und Speisung aus und bestimmt damit $\underline{Z}_{21} = \frac{\underline{U}_2}{\underline{I}_1}\bigg|_{Z_2=\infty} \; .$

6. Der Vergleich der Ergebnisse von 4. und 5. sollte nun $\underline{Z}_{12} = \underline{Z}_{21}$ ergeben.

Anmerkung für Insider: Dieses Kriterium ist in besonderem Maße empfindlich, wenn für die Gleichungsaufstellung unterschiedliche Entwicklungs- und Gewichtsfunktionen gewählt wurden. Beim Galerkin-Verfahren sollte diese Bedingung von vornherein erfüllt sein.

3. $\quad H_\varphi = \frac{I}{2\pi r}$ **Durchflutungsgesetz (global)**

Die erste Maxwellsche Gleichung wird häufig auch als das Durchflutungsgesetz bezeichnet. Vernachlässigt man den Verschiebungsstrom ($\partial \vec{D}/\partial t$) ergibt sich

$$\oint_{\partial A} \vec{H} \cdot d\vec{s} = \int_A \vec{J} \cdot d\vec{A} = I. \tag{10.18}$$

Für einen zylindrischen Leiter mit koaxialem oder fernem Rückleiter erhält man damit

$$H_\varphi = \frac{I}{2\pi r}$$ (10.19)

Die (tangentiale) magnetische Feldstärke H_φ in einem Aufpunkt ist gleich dem im Leiter fließenden Strom I geteilt durch den Abstand r des Aufpunktes von der Leiterachse multipliziert mit 2π (dem Umfang im Abstand r).

Dieses Gesetz lässt sich, wie immer natürlich nur näherungsweise, ebenfalls zur Ergebnisverifikation verwenden. Man berechnet die magnetische Feldstärke auf der Oberfläche eines zylindrischen Leiters an einer Stelle, an der die Anteile des Leiters dominieren, also an einer Stelle, an der die Einflüsse der Ströme anderer Strukturteile vernachlässigt werden können. Das Ergebnis aus einfacher Abschätzung nach Gleichung und Programmausdruck muss wiederum übereinstimmen.

4. $\vec{S} = \vec{n} \times \vec{H}$ Durchflutungsgesetz (lokal)

Das Durchflutungsgesetz lässt sich auch lokal auswerten. Dazu betrachtet man einen kleinen Ausschnitt aus der Oberfläche eines Leiters, in dem der Strom aufgrund des Skineffekts nur in einer sehr dünnen Schicht fließt (Siehe Abb. 10.5), so dass eine Flächenstromdichte $\vec{S}[A/m]$ definiert werden kann.

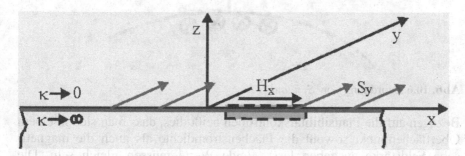

Abb. 10.5 Oberflächenausschnitt mit einem Flächenstrom in einer dünnen Schicht

Ebenso wie der Strom bzw. die Stromdichte nimmt auch die elektrische und die magnetische Feldstärke nach innen stark ab, so dass in einer Tiefe von z.B. 4,6 mal der Eindringtiefe nur noch 1 % der Oberflächenwerte erreicht werden.

Wählt man einen Integrationshinweg der Länge s für die magnetische Feldstärke H auf der Oberfläche und den Rückweg in einer Tiefe im Material, in der H schon auf null abgeklungen ist, erhält man entsprechend der Gleichung 10.18:

$$\oint_{\partial A} \vec{H} \cdot d\vec{s} = H_x \cdot s.$$

Bei diesem Weg umfasst man einen Strom

$$\int_A \vec{J} \cdot d\vec{A} = S_y \cdot s.$$

Aus beiden Ergebnissen ergibt sich

$$H_x = S_y.$$

Die Zuordnung ist so, dass die Rechtehandregel erfüllt wird, d.h. um-fährt man die Fläche für die Integration von H in Uhrzeigerrichtung, fließt der Strom in die Ebene (Fläche) hinein.

Allgemein ausgedrückt lässt sich die Gleichung

$$\vec{S} = \vec{n} \times \vec{H} \tag{10.20}$$

angeben. Siehe hierzu Abb. 10.6!

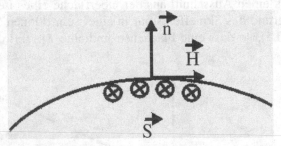

Abb. 10.6 Zuordnung von $\vec{S}, \vec{n}$ und $\vec{H}$

Bezogen auf die Plausibilitätskontrollen heißt dies, dass man sich in einem Oberflächenpunkt sowohl die Flächenstromdichte als auch die magneti-sche Feldstärke ausgeben lässt. Beide Werte müssen gleich sein. Die Gleichheit ist nicht selbstverständlich, da die beiden Werte im Allgemei-nen auf sehr unterschiedlichen Wegen errechnet werden.

5. $E_{tan} = 0$ **verschwindendes Tangentialfeld**

Auf jeder metallischen Oberfläche muss die tangentiale elektrische Feldstärke gegen null gehen. Besonders einsichtig wird diese Bedingung, wenn man aus der elektrischen Feldstärke E auf die Stromdichte J schließt:

$$\vec{J} = \kappa \cdot \vec{E} \tag{10.21}$$

Eine tangentiale elektrische Feldstärke von z. B. $E_{tan} = 1$ V/m erfordert bei Kupfer eine Oberflächenstromdichte von

$$J_0 = \kappa_{Cu} . E_{tan} = 57 \cdot 10^6 \frac{A}{Vm} \cdot 1 \frac{V}{m} = 57 \cdot 10^6 \frac{A}{m^2}.$$

Die Bedingung $E_{tan} = 0$ für die Oberfläche eines Leiters wird bei vielen Programmen als Randbedingung genutzt, um die unbekannten Größen zu bestimmen, beim Ersatzladungsverfahren z. B. die Ersatzladungen, beim Ersatzstromverfahren die Ersatzströme. Diese Bedingung wird naturgemäß aber nur für eine endliche Anzahl von Oberflächenpunkten genutzt und damit erfüllt, so dass sich an anderen Stellen aufgrund der Diskretisierung endliche Werte ergeben können.

Die Güte einer Rechnung und damit der Nachbildung kann also dadurch geprüft werden, dass man in Punkten, die nicht als Aufpunkte oder Konturpunkte zur Gleichungslösung verwendet werden, die tangentiale elektrische Feldstärke berechnet und auf Einhaltung der Bedingung $E_{tan} = 0$ überprüft. Da es aber numerisch kaum möglich ist, ein Ergebnis ,null' zu erzielen, muss das Kriterium in der Weise erweitert werden, dass man im gewählten Punkt auch die Normalkomponente der elektrischen Feldstärke berechnet und die tangentiale Feldstärke auf die Normalkomponente bezieht. Das Verhältnis sollte Werte kleiner $10^{-8} .... 10^{-10}$ erreichen:

$$\frac{E_{tan}}{E_{norm}} \leq 10^{-8}...10^{-10}. \tag{10.22}$$

6. $[Z] \cdot [Z]^{-1} = [E], \tau_{12} = \dfrac{s_2 - s_1}{c}$ **Erfüllung mathematischer und physikalischer Gesetze**

Matrixkontrolle

Das Grundprinzip der numerischen Verfahren zur Berechnung elektromagnetischer Felder besteht in einer Diskretisierung, im Allgemeinen einer räumlichen Diskretisierung. Für jedes Längen- bzw. Volumenteil wird dann, entsprechend dem gewählten Verfahren, eine Funktion angesetzt, deren Form vorgegeben wird, deren Gewicht bzw. Größe bzw. Amplitude zu bestimmen ist. Die Bestimmung des Gewichts kann dann wieder auf iterativem Wege oder über ein Gleichungssystem in Matrixform geschehen. Innerhalb des Rechenganges wird die Matrix, bei der Momentenmethode die Impedanzmatrix, die in Abhängigkeit von der Diskretisierung und der Komplexität des Problems sehr groß werden kann, invertiert. Hält man die Ausgangsmatrix im Rechner und multipliziert sie mit der Lösungsmatrix (der Inversen), so muss sich die Einheitsmatrix ergeben. Hier gilt wiederum die Einschränkung, dass $10^{-10} . . 10^{-12}$ als null angesehen werden muss.

Eine Plausibilitätskontrolle kann also dadurch durchgeführt werden, dass man die Ausgangsmatrix mit der Inversen multipliziert und kontrolliert, ob das Ergebnis eine Einheitsmatrix ist. Mit dieser Kontrolle wird nicht nur die Güte des Invertierungsverfahrens oder des implementierten Programms überprüft, ebenso können Modellierungsfehler aufgedeckt werden.

Die Invertierung einer Matrix liefert immer dann Zufallsergebnisse, wenn die Matrix überbestimmt ist bzw. die Matrixzeilen bzw. Matrixspalten mathematisch nicht linear unabhängig voneinander sind. Eine solche Situation erhält man beispielsweise, wenn man in einem komplexen System zwei Strukturteile am gleichen räumlichen Platz anordnet. Eine weitere unsichere Situation ergibt sich z. B. auch, wenn sich zwei linienförmige Strukturteile unter einem sehr flachen Winkel treffen, so dass sich über eine längere Strecke die Querschnittsflächen überschneiden oder durchdringen, was physikalisch auch schlecht möglich ist.

Erfahrung des Autors ist es, dass man bei sehr unsicheren Ergebnissen die Matrixkontrolle durchführen sollte. Ergibt sich keine Einheitsmatrix, so liegt im Allgemeinen ein fataler Fehler vor.

Bei einem stabilen Programm und Erfahrung in der Anwendung wird man dieses Matrixkriterium bald als überflüssig erachten, vor allen Dingen auch unter dem Aspekt der Rechenzeit. Weiterhin ist zu berücksichtigen, dass die Matrixinvertierung heute im Allgemeinen auf eigenem Platze durchgeführt wird. Das heißt, es wird nur der Speicherplatz für eine Matrix und vielleicht für 1 oder 2 Zwischenergebnisvektoren benötigt. Nach Abschluss der Invertierung steht die Ergebnismatrix auf dem Platz der Ausgangsmatrix. Diese Vorgehensweise ist auch sehr sinnvoll in Hinblick auf die Nutzung der Rechnerressourcen. Die Ausgangsmatrix ist aber nicht mehr vorhanden. Sie müsste vor der Invertierung zur späteren Nutzung zwischengespeichert werden.

Um nicht ganz auf die Matrixkontrolle verzichten zu müssen, kann man ein verkürztes Verfahren nutzen, das nach der Erfahrung des Autors in mehr als 98 % aller Fälle hinreichend war. Bei diesem verkürzten Verfahren speichert man nur die erste Zeile der Ausgangsmatrix zwischen und multipliziert diesen Vektor dann mit der ersten Spalte der Inversen. Als Ergebnis muss sich, sofern im Reellen gerechnet wird, die reelle ‚1', im Komplexen die komplexe ‚1' (1,0) ergeben.

Laufzeitkontrolle

Der zeitliche Versatz zwischen Ursache und Wirkung muss sich aus dem räumlichen Abstand zweier Aufpunkte, geteilt durch die Ausbreitungsgeschwindigkeit, errechnen lassen:

$$\tau_{12} = \frac{s_2 - s_1}{c} \qquad\qquad (10.23)$$

Endwertkontrolle

Befindet sich in einer geschlossenen Schleife ein Kondensator, so muss die Spannung am Kondensator für $t \to \infty$, bei Anregung des Kreises mit einer Sprungfunktion, einem festen Wert zustreben.

Befinden sich in einer geschlossenen Schleife eine Induktivität (und ohmsche Widerstände), so muss der Strom in der Schleife für $t \to \infty$ dem Gleichstromwert entgegen streben.

Niederfrequenzkontrollen

Jedes Programm für Simulationen im Frequenzbereich hat eine untere Frequenzgrenze. Diese Grenze ist von verschiedenen Faktoren abhängig, auch von der zu berechnenden Anordnung selbst. Moderne Programme, basierend auf der Momentenmethode sollten aber in der Lage sein, Anordnungen im Meterbereich herunter bis zu einigen Hertz zu analysieren. Ist diese Möglichkeit gegeben, lassen sich auch Plausibilitätskontrollen dadurch durchführen, dass man eine Gleichstrom- bzw. Niederfrequenzlösung über eine einfache Netzwerkbetrachtung bzw. ein Niederfrequenzverfahren nach den Anhangkapiteln A1.0 bis A3.0 erzeugt und mit dem Simulationsprogramm untersucht, ob die Ergebnisse für niedrige Frequenzen gegen die Gleichstrom- bzw. Niederfrequenzlösung konvergieren. Siehe hierzu auch GON80!

Anmerkung: Aus dem letzten Plausibilitätskriterium heraus kann wiederum geschlossen werden, dass die HF-Simulationsprogramme i. A. auch sehr gut geeignet sind, Kapazitäten und Induktivitäten zu bestimmen. Die Eingangsimpedanz einer Stabantenne für sehr niedrige Frequenzen lässt sich mit

$$Z_{ein} \approx R_{St} - j\frac{1}{\omega C_{Stat}} \qquad (10.24)$$

und die Eingangsimpedanz einer Schleife mit

$$Z_{ein} \approx R_{St} + j\omega L_{eigen} \qquad (10.25)$$

approximieren, R_{St} ist der jeweilige Strahlungswiderstand nach Tab. 5.1, C_{Stat} die statische Kapazität der Stabantenne und L_{eigen} die Eigeninduktivität der Schleife.

Aufgaben

Aufgabe 10.1: Von der Antenne auf dem Dach eines Pkw's wird bei f = 141 MHz eine Leistung von 5 W abgestrahlt. Es wird behauptet, dass in 10 m Abstand vom Pkw eine elektrische Feldstärke von 10 V/m auftritt. Halten Sie die Aussage für möglich? Geben Sie eine Begründung!

Aufgabe 10.2: Von einer Radarantenne sind die beiden Öffnungswinkel $\Delta\varphi = 4°$ und $\Delta\vartheta = 6°$ bekannt. Mit welcher Feldstärke ist in 1000 m Abstand von der Antenne zu rechnen, wenn eine Spitzenleistung von 1 kW abgestrahlt wird?

Aufgabe 10.3: Das Programm CONCEPT errechnet für eine $l = 10$ m lange Stabantenne (Durchmesser des Stabes $d = 2$ cm) über Grund bei $f = 10$ kHz eine Eingangsimpedanz von $Z_{ein} = 40,3\ \mu\Omega - j\ 167$ kΩ. Wie groß ist die statische Kapazität C_{stat} des Stabes gegen die Masseebene?

Aufgabe 10.4: Das Programm CONCEPT errechnet für eine quadratische Schleife mit einer Seitenlänge von $l = 30$ cm und einen Drahtradius von $R = 1$ cm bei $f = 1$ kHz eine Eingangsimpedanz von $Z_{ein} = 0 + j\ 5,1$ mΩ. Wie groß ist die Eigeninduktivität L_{eigen} der Schleife?

Aufgabe 10.5: Zwei quadratische Schleifen mit Schleifenfläche von $A_1 = 0,5$ m^2 bzw. $A_2 = 1$ m^2 sind parallel zueinander mit einem Abstand von $d = 40$ cm auf gleicher Mittelachse angeordnet. Siehe Abb. 10.7! Der Drahtradius beträgt bei beiden Schleifen $R = 1$ mm.

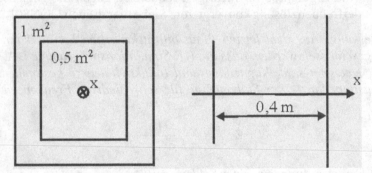

Abb. 10.7 Zwei parallele quadratische Schleifen

a) Bestimmen Sie die Eigeninduktivitäten L_1, L_2 der beiden Schleifen und die Gegeninduktivität M_{12} zwischen ihnen mit dem mitgelieferten Programm CONCEPT!

b) Bestimmen Sie die Eigeninduktivitäten L_1, L_2 der beiden Schleifen und die Gegeninduktivität M_{12} zwischen ihnen mit dem mitgelieferten Programm GEGEN!
Die Schleife 1 (0,5 m^2) wird bei $f = 10$ kHz mit einer Spannung von $U_1 = 1$ V gespeist.

c) Wie groß ist der Strom I_2 in der kurzgeschlossenen Schleife 2? Bestimmen Sie die Lösung über das Programm CONCEPT ($I_{2,CONCEPT}$)

und einmal über die Näherungslösung $I_2 \approx \dfrac{M_{12}}{L_2} \cdot \dfrac{U_1}{\omega L_1}$ ($I_{2,\text{GEGEN}}$) und vergleichen Sie die Ergebnisse!

Aufgabe 10.6: Überprüfen Sie die Reziprozität der Torparameter anhand zweier Stabantennen über Grund bei

a) f = 1 kHz,

b) f = 1 MHz,

c) f = 1 GHz.

Der Stab 1 habe eine Länge von l_1 = 8 m bei einem Radius von R_1 = 1 cm. Der Stab 2 habe eine Länge von l_2 = 6 m bei einem Radius von R_2 = 1 mm. Der Abstand der senkrechten Stäbe betrage d = 10 m! Beurteilen Sie die Übereinstimmung!

10.3 Analysebeispiele

Die nachfolgenden Analysebeispiele wurden mit dem Programm CONCEPT erzielt. Sie wurden freundlicherweise von Herrn Prof. Singer zur Verfügung gestellt. Die Analysebeispiele sollen zeigen, welche Möglichkeiten heute bestehen, um komplexe Strukturen auf ihr elektromagnetisches Verhalten hin zu analysieren. Ihr Wert kann nur darin liegen, dem Leser eine Momentaufnahme zu liefern, was heute schon möglich ist und ihm eine Entscheidungshilfe zu geben bei der Überlegung, selbst mit einem solchen Programm zu arbeiten. Bewusst werden außer CONCEPT keine weiteren Programme genannt. In den Zeitschriften 'IEEE Transactions on Antennas and Propagation (IEEE TAP)' bzw. 'IEEE Transactions on Electromagnetic Compatibility (TEMC)' findet man eine Reihe von Anzeigen für Simulationsprogramme mit sehr eindrucksvollen bunten Bildern.

Insofern werden die Beispiele auch nur kurz in ihrer geometrischen Anordnung und ihren elektrischen Parametern beschrieben. Auf eine physikalische Interpretation der Ergebnisse wird weitgehend verzichtet.

10.3.1 Resonanzuntersuchungen an einem PKW

Im Rahmen eines Projektes für die Forschungsvereinigung Automobiltechnik [GO/NE93] wurde auch das Resonanzverhalten eines ganzen Pkw's untersucht. In der Abb. 10.8 ist der Oberflächenstrom auf einem bekannten Pkw für 2 Frequenzen (30 MHz, 40 MHz) dargestellt. Die rote Farbe (Bereich der Motorhaube, hellerer Bereich in der Abbildung für 40 MHz) deutet auf hohe Oberflächenströme hin, blau (dunkle Bereiche in der Abbildung für 30 MHz) auf geringere. Der Pkw wird von vorn mit einer ebenen Welle bestrahlt, in beiden Fällen mit der gleichen Amplitude. Man erkennt sehr schön, dass das Fahrzeug bei f = 40 MHz in elektromagnetische Resonanz gerät. Vergleicht man die Maximalwerte beider Frequenzen, kommt man auf eine Resonanzüberhöhung von ca. 20 dB. Bei der Bewertung der Grafik ist zu beachten, dass die Bilder vor mehr als 10 Jahren erstellt wurden. Farbverläufe sind heute Stand der Technik.

a)

b)

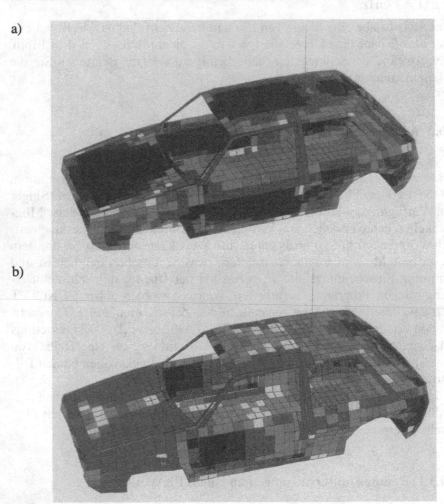

Abb. 10.8 Oberflächenströme auf einem Pkw bei Einfall einer ebenen Welle von vorn; a) f = 30 MHz, b) f = 40 MHz

10.3.2 Einfluss des Dielektrikums auf die Abstrahlung von einer Platine (PCB = printed circuit board)

Im nachfolgenden Beispiel befindet sich eine 10 cm lange Leiterbahn in 0,3 mm Höhe über einer endlich großen leitenden Ebene. Untersucht werden sollte die elektromagnetische Abstrahlung von der Leiterbahn, einmal unter Berücksichtigung des Dielektrikums ($\varepsilon_r = 4{,}7$) des Plattenmaterials und einmal ohne dessen Berücksichtigung.

Im linken Bild der Abb. 10.9 ist die Anordnung dargestellt. Das rechte Bild enthält die Vertikaldiagramme für beide Fälle für eine Frequenz von f = 800 MHz.

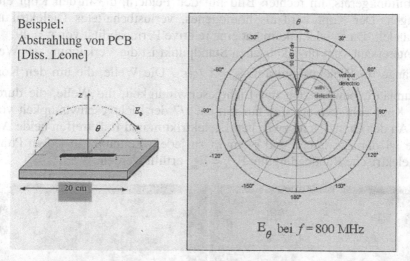

Abb. 10.9 Anordnung einer Leiterbahn auf einer Platine (links), vertikales Strahlungsdiagramm der Anordnung mit und ohne Berücksichtigung des Dielektrikums

Durch die Berücksichtigung des Dielektrikums ergeben sich wesentlich geringere Abstrahlungen, was wohl auf den durch das Dielektrikum elektrisch verkürzten Abstand von der Leiterbahn zur leitenden Ebene zurückzuführen ist.

10.3.3 Abstrahlungen von einem Mobiltelefon

Die Diskussionen um einen schädigenden Einfluss elektromagnetischer Strahlung auf den Menschen haben eine neue Qualität erhalten. So wird nicht mehr darüber diskutiert, ob die Felder tatsächlich vorhanden sind, ob richtig gemessen wird oder ob die Aussagen zu den in den Menschen eindringenden Felder zu optimistisch dargestellt werden. Die Diskussion ist heute eine reine Grenzwertdiskussion. Ein Beitrag zur Versachlichung der Diskussion um die Felder selbst und um ihre Bestimmung hat sicherlich auch die numerische Simulation der elektromagnetischen Felder geleistet.

Elektromagnetische Felder lassen sich hinreichend genau messen und auch über Simulationen vorhersagen, so dass tatsächlich nur noch die Fragen zu klären sind, ob es sich bei ihren Wirkungen um Schwelleneffekte oder Dosiseffekte handelt und ab welcher Amplitude, bei welcher Frequenz und welcher Modulation ein schädigender Effekt auftritt.

In der Abb. 10.10 ist ein menschlicher Kopf mit Mobilfunkgerät mit dem durch das Gerät bei 900 MHz erzeugten elektromagnetischen Feld dargestellt, im linken Bild mit einer Segmentierung des Kopfes und des Mobilfunkgeräts, im rechten Bild mit den Feldern, die in den Kopf eindringen. Der Kopf wird als homogenes, verlustbehaftetes Dielektrikum behandelt. Das Dielektrikum hat eine relative Permeabilität von $\varepsilon_r = 49$.

Interessant vom physikalischen Standpunkt ist die Verkürzung der Wellenlänge im Dielektrikum auf $\lambda_D = \lambda_0 / \sqrt{\varepsilon_r}$. Die Welle, die um den Kopf herumläuft, bewegt sich mit Lichtgeschwindigkeit, die Welle, die durch den Kopf geht, bewegt sich nur mit ca. 1/7 der Lichtgeschwindigkeit voran. An der Grenzfläche zwischen Dielektrikum und Luft treffen beide Anteile wieder zusammen und es muss zu jedem Zeitpunkt in jedem Punkt die elektrische Randbedingung $E_{tan1} = E_{tan2}$ erfüllt werden.

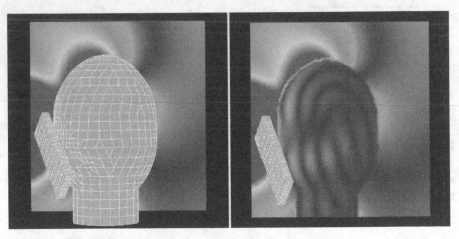

Abb. 10.10 Abstrahlungen von einem Mobiltelefon

10.3.4 Elektromagnetisches Feld auf einer Fregatte

Mobile militärische Systeme zeichnen sich im Allgemeinen dadurch aus, dass sie eine eigene Stromversorgung besitzen. Sie verfügen weiterhin häufig auch über Einrichtungen zur internen Kommunikation, über umfangreiche Gerätschaften der Automatisierungs- und Leittechnik, hochempfindliche Sensoren und Empfangssysteme, aber auch über leistungsstarke Sender mit den entsprechenden Antennen. Elektromagnetische Unverträglichkeiten in diesen Systemen können fatale Folgen haben.

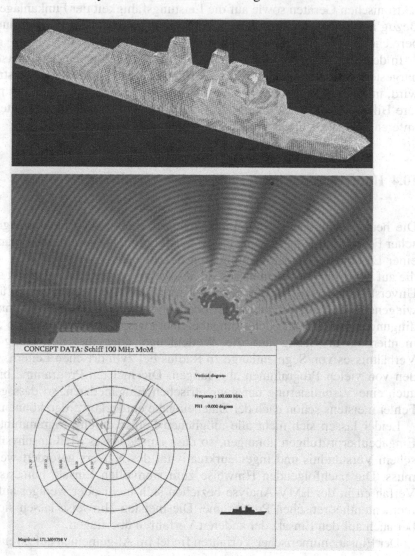

Abb. 10.11 Fregatte mit Antenne auf dem Leitstand, von der bei 100 MHz ein elektromagnetisches Feld abgestrahlt wird
oberes Bild: Fregatte mit Oberflächenströmen, mittleres Bild: Feld im Nahbereich
unteres Bild: vertikales Antennendiagramm

Aus diesem Grunde wird heute, parallel zur Konstruktion und zum Bau, auch eine EMV-Planung durchgeführt (Siehe Kap. 9.0!). Im Rahmen dieser EMV-Planungen werden zunehmend auch elektromagnetische Simulationen durchgeführt. Diese beziehen sich auf gegenseitige Beeinflussungen zwischen den Funkanlagen selbst, zwischen den Funkanlagen und den elektronischen Geräten sowie auf die Leistungsfähigkeit der Funkanlagen in Bezug auf Fußpunktsimpedanzen, Antennendiagramme und Gefährdungsbereiche.

In der Abb. 10.11 ist eine Fregatte mit einer Antenne auf dem Leitstand dargestellt, von der ein elektromagnetisches Feld bei 100 MHz abgestrahlt wird, im oberen Bild sind die Oberflächenströme wiedergegeben, das mittlere Bild zeigt die Ausbildung des Feldes im Nahbereich der Fregatte, im unteren Bild ist dann das vertikale Antennendiagramm zu sehen.

10.4 Hinweise zum Einsatz numerischer Verfahren

Die heute verfügbaren Programmpakete zur Berechnung elektromagnetischer Felder und Kopplungen sind so mächtig und ausgereift, dass man bei einer Ergebnisinterpretation im ersten Schritt davon ausgehen kann, dass die auf den Eingabewerten basierenden Ergebnisse numerisch korrekt sind. Unverständliche oder physikalisch unsinnige Ergebnisse gehen zum überwiegenden Teil auf Eingabefehler oder die Verletzung von Programmbedingungen zurück. Mögliche Eingabefehler, wie z. B. eine zu grobe Segmentierung in Bezug auf die Wellenlänge oder die Verletzung des Verhältnisses von Segmentlänge zu Radius bei zylindrischen Leitern, werden von vielen Programmen abgefangen. Die meisten Programme bieten auch eine Visualisierung der geometrischen Eingabedaten, so dass grobe Fehler meistens schon nach der Dateneingabe entdeckt werden können.

Leider lassen sich nicht alle möglichen Fehler durch programminterne Eingabeüberprüfungen abfangen, so dass ein gewisses Maß an physikalischem Verständnis und Ingenieurkreativität des Nutzers gefordert werden muss. Die nachfolgenden Hinweise zum sinnvollen Einsatz numerischer Verfahren in der EMV-Analyse beziehen sich mehr oder weniger auf die momententheoretischen Programme. Die meisten Hinweise lassen sich aber auch auf den Einsatz der anderen Verfahren übertragen.

Der Einsatz numerischer Verfahren findet im Allgemeinen auf zwei Ebenen statt:

1. Für die schnelle Klärung eines physikalischen Sachverhalts, zur Abschätzung, ob eine Kopplung zu einer Beeinflussung führen kann, zur Absicherung eines Erfahrungswertes oder eines Messergebnisses,

Hier kommt es nicht darauf an, alle Einflüsse genau zu erfassen und in jeder Einzelheit zu berücksichtigen, vielmehr geht es um die ja/nein/ möglicherweise-Aussage, aus der weitere Schritte abgeleitet werden.

2. Für umfangreiche numerische Simulationen zur Klärung von Fragen der Konstruktion, zur Anordnung von Geräten, zur Optimierung des Funksystems.
In der Konstruktions- und Bauphase eines komplexen Systems mit Funkanlagen sind diese umfangreichen Simulationen auf jeden Fall gerechtfertigt. Eine spätere Konstruktionsänderung wegen Nichteinhaltung einer zugesagten Eigenschaft ist auf jeden Fall mit höheren Kosten verbunden als die Kosten der numerischen Simulation.

Auf welcher Ebene man sich auch bewegt, eine Einarbeitung in den Gebrauch des passenden numerischen Verfahrens ist unerlässlich. Es sei nochmals auf das Beiblatt 2 zur VG 95 374 Teil 4 [VG993] verwiesen, in dem Musteranordnungen mit Ergebnissen angegeben sind.

Zur Analyse eines gegebenen, vermuteten oder nur möglichen Beeinflussungsfalles wird im Kap. 9.3 eine *5-Schritt-Vorgehensweise* vorgeschlagen. Diese Vorgehensweise sollte in besonderem Maße gewählt werden, wenn über den Einsatz eines Programms nachgedacht wird. Danach sind im ersten Schritt die *Anforderungen* festzuschreiben. Bezogen auf die Analyse heißt dies, es ist genau zu definieren, welche Frage(n) mit der Untersuchung geklärt werden soll(en). Darauf folgt die *Zusammenstellung der Daten,* der Daten für die Störquelle, für die Störsenke und für den Übertragungsweg. Im dritten Schritt ist *die Analyse anhand eines Modells* durchzuführen. Das Ergebnis der Analyse führt auf die Aussage ‚unkritisch wie vorgesehen' oder aber auf die *Spezifikation von Maßnahmen* gegen die Kopplung. Der letzte Schritt sei nur der Vollständigkeit halber genannt: *messtechnische Verifikation.* Dabei kommt der Modellerstellung eine zentrale Bedeutung bei.

Modellerstellung

> Das Ergebnis einer numerischen Simulation kann nur so gut sein, wie das der Simulation zugrunde liegende Modell!

Im amerikanischen Sprachraum wird diese Erkenntnis kurz mit ‚Garbage in = garbage out' beschrieben. Das Modell muss die physikalische Realität hinreichend beschreiben, es muss durch das eingesetzte Programm auch in endlicher Zeit zu analysieren sein. Entsprechend sorgfältig muss es erstellt werden. Auf der anderen Seite verläuft der Erfahrungsgewinn bei der Modellerstellung und numerischen Simulation nach einer Exponentialfunktion

$(1-e^{-n})$. Nach nur wenigen Simulationen und Berechnungen wird klar, was alles möglich ist und wo Wunsch und Wirklichkeit sich nicht zur Deckung bringen lassen. Weiterhin wächst die physikalische Einsicht in die Kopplungsvorgänge; bald wird klar, welche Anordnungen kritisch sind und wo man mit den Modelldetails großzügiger sein kann.

Hinweise für die Modellerstellung

Die nachfolgenden Hinweise beziehen sich auf ein Frequenzbereichsmodell für ein momententheoretisches Programm.

1. Nachdem man sich darüber im Klaren ist, was man wissen möchte, und die Daten gesammelt hat, wird man ein Modell erstellen und dies bedeutet, dass man auf einem angemessen großen Stück Papier eine schematische Zeichnung der Beeinflussungssituation erstellt, in der Störquelle und Störsenke eine zentrale Rolle einnehmen. Störquelle und Störsenke sind mit ihren geometrischen und elektrischen Daten festzulegen, der gegenseitige Abstand ist einzutragen.

2. Es ist als Nächstes zu ergründen, ob und inwieweit Störquelle und Störsenke abstrahiert werden müssen, um vom Programm verarbeitet werden zu können. Möchte man Kurzschlussströme wissen, fügt man an den entsprechenden Stellen kleine Widerstände ein (1 mΩ) und lässt sich die Spannung über diesen Widerständen ausgeben, möchte man Leerlaufspannungen wissen, fügt man an den entsprechenden Stellen sehr große Widerstände ein (1 MΩ).

3. Nun ist die Frage zu klären, welche Umgebungsdetails (metallisch) berücksichtigt werden müssen. Um hier begründete Entscheidungen treffen zu können, sind alle Umgebungsdetails in ihrem Verhältnis zur Wellenlänge zu betrachten. Ein metallischer Mast eines Marineschiffs von 16 m Höhe hat bei f = 10 MHz eine elektrische Länge von etwas mehr als $\lambda/2$. Er wird sicherlich das Feld der Stabantennen (ca. 10....12 m lang) wesentlich beeinflussen. Eine Stabantenne für den VHF-Betrieb von 0,8 m Höhe hat bei f = 10 MHz nur eine elektrische Länge von weniger als 0,03 λ. Diese Antenne wird wohl kaum die Eigenschaften oder das Feld der Stabantennen beeinflussen.

Somit lassen sich einige sehr grobe Regeln aufstellen:
Strukturteile < $\lambda/10$ müssen nur berücksichtigt werden, wenn sie in unmittelbarer Nähe (Abstand < l/4) der Störquelle oder der Störsenke angeordnet sind,
Strukturteile ≥ $\lambda/4$ (mit Massebezug) oder ≥ $\lambda/2$ (ohne Massebezug) sind selbst dann noch zu berücksichtigen, wenn sie mehrere Wellenlängen von Störquelle und/oder Störsenke entfernt sind,

Strukturteile $> \lambda/10$ und $< \lambda/2$ *($\lambda/4$)* sind zu berücksichtigen, wenn sie näher als 2λ an die Störquelle oder die Störsenke heran gerückt sind,

Schlanke Strukturteile führen auf scharfe Resonanzen mit entsprechend starken Auswirkungen auf der Resonanzfrequenz,

Flächige Strukturteile (große Querschnittflächen, großer Umfang im Vergleich zur Länge) führen auf breite Resonanzen mit einem entsprechend breiten Bereich der Auswirkungen.

4. Ist ein ganzer Frequenzbereich zu untersuchen, z.B. 2 bis 30 MHz für Stabantennen auf einem Marineschiff, ist in besonderer Weise die Kreativität des Analysten gefragt. Die zuvor genannten Kriterien beziehen sich naturgemäß auf die höchste Frequenz, hier 30 MHz, entsprechend einer Wellenlänge von 10 m. Die Kreativität des Analysten bezieht sich auf

- ein mit zunehmender Frequenz komplexer werdendes Modell,

- die Suche der Resonanzfrequenzen von Umgebungsdetails.

5. Bei Unsicherheit in der Umsetzung der Wirklichkeit in ein Modell ist über eine Parametervariation ein Gefühl zu entwickeln, welche Vereinfachung erlaubt ist und wo der erhöhte Aufwand der Berücksichtigung von Details notwendig ist. Ein solcher Fall liegt z. B. vor, wenn es um die Frage geht, ob die Reling aus Stahldraht, die mit der Schiffsmasse und den Befestigungsmasten effektive Schleifenantennen bildet, zu berücksichtigen ist.

Mit den folgenden zwei Fällen sollen die zuvor ausgeführten Hinweise, ganz speziell der Resonanzeffekt, illustriert werden.

Beispiel 10.1: Von einer Stabantenne auf leitendem Grund von 10 m Länge und einem Durchmesser von 2 cm wird bei f = 4,5 MHz, 5 MHz und 5,5 MHz eine Leistung von 100 W abgestrahlt. In 12 m Abstand (in x-Richtung) befindet sich ein Stahlmast von 15 m Höhe und 30 cm Durchmesser. In der Abb. 10.12 sind die Horizontaldiagramme der Stabantenne mit dem Einfluss des Stahlmasts für die drei Frequenzen dargestellt. Das Diagramm für die Stabantenne allein ist ein Kreis!

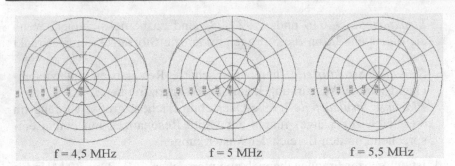

$$f = 4,5 \text{ MHz} \qquad f = 5 \text{ MHz} \qquad f = 5,5 \text{ MHz}$$

Abb. 10.12 Beeinflussung des horizontalen Antennendiagramms durch einen Sekundärstrahler. Das kreisförmige Antennendiagramm des Stabes allein erhält durch die Anwesenheit des Stahlmasts eine ausgeprägte Richtcharakteristik, die am größten ist, wenn der Stahlmast in seine $\lambda/4$-Resonanz gerät.

Beispiel 10.2: Von einer Stabantenne auf leitendem Grund von 10 m Länge und einem Durchmesser von 2 cm wird bei $f = 5$ MHz eine Leistung von 100 W abgestrahlt. In 100 m Abstand (in x-Richtung) befindet sich ein Stahlmast von 15 m Höhe und 30 cm Durchmesser. Gefragt ist die Veränderung des Feldes durch den Stahlmast.

Die elektrische Feldstärke in 98 m Abstand von der Stabantenne (zwischen Stabantenne und Stahlmast, 2 m von der Achse des Masts entfernt) ergibt sich zu 0,56 V/m, wenn der Stahlmast berücksichtigt wird, sie beträgt 0,98 V/m, wenn der Stahlmast unberücksichtigt bleibt. Man erkennt, dass das elektrische Feld durch den Stahlmast kurzgeschlossen wird. Die elektrische Feldstärke sinkt um ca. 5 dB durch den Mast. Durch das Feld wird aber auch ein Strom im Stahlmast erzeugt. Vergleicht man die Werte des magnetischen Feldes, kommt man auf 2,6 mA/m, wenn der Mast nicht berücksichtig wird, und auf 18,4 mA/m bei seiner Anwesenheit. Das magnetische Feld erfährt sozusagen eine Verstärkung, es nimmt um ca. 17 dB zu.

Aufgaben

Aufgabe 10.7: Von einer Stabantenne auf leitendem Grund (Länge $l = 8$ m, Durchmesser $D = 2$ cm) wird bei $f = 30$ MHz eine Leistung von $P = 100$ W abgestrahlt. In 18 m Abstand befindet sich ein 16 m hoher Stahlmast mit einem Durchmesser von 30 cm, verschweißt mit der leitenden Ebene. Am Stahlmast sollen zwei Sensoren angebracht werden. Sensor 1 ist empfindlich gegen elektrische Störfelder, Sensor 2 ist empfindlich gegen magnetische Störfelder. Die Sensoren sollen möglichst hoch installiert werden.

a) In welcher höchsten Höhe h_e sollte der elektrisch empfindliche Sensor seinen Platz finden?

b) In welcher höchsten Höhe h_m sollte der magnetisch empfindliche Sensor angeschraubt werden?

c) Beantworten Sie die Fragen a) und b) für eine Frequenz von 20 MHz!

d) Stellen Sie die Strombelegung für 30 MHz als Funktion der Höhe des Stahlmastes qualitativ dar (als Ergebnis einer Computer-Simulation).

e) Berechnen Sie die elektrische Feldstärke E und die magnetische Feldstärke H auf der Oberfläche des Mastes in 15,9 m und 13,5 m Höhe!

Aufgabe 10.8: Ein geschirmtes Kabel ist im Nahbereich einer Stabantenne installiert. Das Kabel ist mit seinem Schirm beidseitig auf die Deckmasse aufgelegt. Das Kabel hat zwischen den Auflagepunkten eine Länge von l = 8 m.

a) Bei welcher niedrigsten Frequenz wird der Strom auf dem Kabelschirm maximal? Wo tritt das Maximum auf?

b) Aufgrund eines Montagefehlers wird der Schirm einseitig nicht aufgelegt. Bei welcher niedrigsten Frequenz tritt nun eine Resonanz auf?

10.5 Anwendung: Antennenkopplung

10.5.1 Allgemeines zur N-Tor-Theorie

Im Kapitel 10.2 ist unter dem Punkt „Reziprozität der Torparameter" schon angeklungen, dass man ein Strahlungsproblem auch auf ein Netzwerkproblem zurückführen kann (Voraussetzung: lineares, zeitinvariantes System). Die Strahlungskopplung aller Teile untereinander wird durch ein Momentenprogramm gelöst. Verändert man anschließend nur die elektrische Beschaltung der Anordnung, so kann mit erheblich reduziertem Aufwand die Auswirkung dieser Beschaltungsänderung auf das Gesamtsystem berechnet werden. In [GON80] ist die Anwendung dieser N-Tor-Theorie auf Strahlungsprobleme beschrieben. Schlagenhaufer u. a. haben in ihrem Aufsatz [SC/HE/FY03] gezeigt, dass man bei konsequenter Anwendung dieser Theorie auch die Auswirkung von Beschaltungsänderungen auf die Strahlungsdiagramme (Antennendiagramme) mit wesentlich reduziertem Aufwand betrachten kann. Die Idee dabei ist es, jeden benötigten Feldaufpunkt zu einem (imaginären, rückwirkungsfreien) Tor zu erklären, so dass nur noch die Torverkopplungen zwischen Speisung, geänderter Beschaltung und Feldaufpunkt zu betrachten sind. Bei z.B. 360 Punkten für ein

Horizontaldiagramm sind für die Untersuchung einer Beschaltungsänderung an einer Stelle grob vereinfacht nur noch eine 2x2-Matrix und 360 Bestimmungsgleichungen zu lösen (Strom im veränderten Tor – Aufpunkt).

Die Anwendung der Netzwerktheorie auf Strahlungsprobleme ist ein interessanter Ansatz zur erweiterten Nutzung der Feldberechnungsprogramme, nicht nur für EMV-Probleme. Diese N-Tor-Theorie gestattet es auch, z. B. ganze Übertragungsstrecken, einschließlich Einkopplung, Verarbeitung, Weiterleitung und erneuter Abstrahlung zu untersuchen. Diese Bemerkungen sollen als Anregung für Intensivnutzer (,Power-User') der Simulationssoftware verstanden werden.

10.5.2 Zweitorparameter

An dieser Stelle wird eine Beschränkung auf zwei Tore vorgenommen, ein Tor kann als Speisetor, das zweite Tor als Beschaltungstor verstanden werden. Die Beschränkung auf ein 2-Tor hat den Vorteil, dass die Beziehungen leicht durchschaubar sind, die Vorzüge ohne allzu große Vorleistungen genutzt werden können und mehrere interessante Fragen der EMV so mit wesentlich reduziertem Aufwand beantwortet werden können. Die Nutzung der 2-Tor-Ansätze wird an dieser Stelle auch nicht über Matrixmanipulationen (Siehe GON80!) sondern über anschauliche Torbeziehungen verdeutlicht! In der Abbildung 10.13 ist noch einmal ein Zweitor schematisch dargestellt.

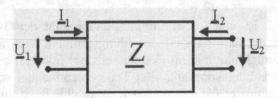

Abb. 10.13 Zweitor

Das Zweitor ist hinreichend beschrieben, wenn man die Zweitorparameter kennt:

Eingangsimpedanz am Tor 1 bei offenem Tor 2

$$\underline{Z}_{11} = \frac{\underline{U}_1}{\underline{I}_1}\bigg|_{I_2=0} \qquad (10.26)$$

Eingangsimpedanz am Tor 2 bei offenem Tor 1

$$\underline{Z}_{22} = \frac{\underline{U}_2}{\underline{I}_2}\bigg|_{I_1=0} \tag{10.27}$$

Übertragungsfunktion von Tor 1 zu offenem Tor 2

$$\underline{Z}_{21} = \frac{\underline{U}_2}{\underline{I}_1}\bigg|_{I_2=0} = \underline{Z}_{12} \tag{10.28}$$

Die Box mit dem Hinweis $\underline{Z}$ auf die $\underline{Z}$-Parameter der Abb. 10.13 kann ein beliebig komplexes Netzwerk aus direktgekoppelten und auch strahlungsgekoppelten Elementen sein; um ein Beispiel zu nennen: Verkopplung der Aussendungen eines Funkamateurs (Antenneneingang = Tor 1) mit der Elektronik des Airbags (Basisanschluss des Eingangstransistors = Tor 2).

Sind die $\underline{Z}$-Parameter nach den Gleichungen 10.26 bis 10.28 bekannt, kann die Auswirkung einer Aktion an einem Tor auf das Verhalten am anderen Tor über einfache Gleichungen bestimmt werden.

Um die $\underline{Z}$-Parameter zu bekommen, muss das System einmal komplett durchgerechnet werden; nutzt man keine Matrixmanipulationen, ist das System zweimal durchzurechnen. Die Extraktion der Elemente $\underline{Z}_{12}$ und $\underline{Z}_{21}$ ist bereits im Abschnitt 10.3 beschrieben. Die Größen $\underline{Z}_{11}$ und $\underline{Z}_{22}$ werden in ähnlicher Weise erzeugt.

Nach der Bestimmung von $\underline{Z}_{11}$, $\underline{Z}_{22}$, $\underline{Z}_{12} = \underline{Z}_{21}$ befindet man sich auf der Netzwerkebene, alle Beziehungen des Zweitores können nun genutzt werden, z.B. errechnet sich die Eingangsimpedanz $\underline{Z}_{ein1}$ am Tor 1 bei beschaltetem Tor 2 zu

$$\underline{Z}_{ein1} = \frac{\underline{Z}_{11} + \dfrac{\underline{Z}_{11} \cdot \underline{Z}_{22} - \underline{Z}_{12} \cdot \underline{Z}_{21}}{\underline{Z}_{2L}}}{1 + \dfrac{\underline{Z}_{22}}{\underline{Z}_{2L}}} = \underline{Z}_{11} - \frac{\underline{Z}_{12}^2}{\underline{Z}_{22} + \underline{Z}_{2L}} \tag{10.29}$$

$\underline{Z}_{2L}$ = Lastimpedanz am Tor 2.

Um $\underline{Z}_{11}$ und $\underline{Z}_{21}$ zu erhalten, schließt man das Tor 2 sehr hochohmig ab (1 MΩ sollte ausreichen) und teilt für $\underline{Z}_{11}$ die Speisespannung $\underline{U}_1$ durch den in die Schaltung hineinfließenden Strom $\underline{I}_1$, für $\underline{Z}_{21}$ die am Tor 2 auftretende Spannung $\underline{U}_2$ durch die Strom $\underline{I}_1$. Schließt man Tor 1 hochohmig ab, speist das Tor 2 und teilt die Speisespannung durch den Speisestrom, erhält man $\underline{Z}_{22}$. Zur Nutzung der $\underline{Z}$-Netzwerkparameter, ihre Umrechnung in $\underline{Y}$-, $\underline{C}$- oder $\underline{H}$-Parameter und ihre Bedeutung siehe [BOE02]!

10.5.3 Berechnung einer Antennenkopplung

Mit den $\underline{Z}$-Parametern lassen sich nun in einfacher und ökonomischer Weise Parameterstudien durchführen; als Beispiele seien genannt:

1. Ist in einer Anordnung die Eingangsimpedanz der Störsenke nicht bekannt oder unsicher, kann über eine Variation dieser Eingangsimpedanz als Lastimpedanz $\underline{Z}_{2L}$ die maximale Kopplung gesucht werden.

2. Funkantennen sollen für eine optimale Abstrahlung angepasst betrieben werden. Diese Anpassung muss auch bei Variation der Beschaltung anderer Antennen oder sich sonst ändernder Umgebungsbedingungen in einem gewissen Toleranzband sichergestellt sein, was sicherlich zu untersuchen ist.

3. Will man mit einer Maßnahme zwei Ziele erreichen, sind im Allgemeinen umfangreiche Iterationen nötig, die über eine Zweitorrechnung sehr wirtschaftlich durchgeführt werden können. Als Beispiel sei eine Antennenoptimierung genannt, bei der durch Einbau von Sperrkreisen, Filtern oder Verlängerungsspulen ein Betrieb auf verschiedenen Bändern erreicht werden soll. Bezogen auf die EMV lässt sich die Aufgabe auch in der Weise spezifizieren, dass ein Störsignal ausgeblendet werden soll, die Eingangsimpedanz aber nur unwesentlich verändert werden darf. Durch die Anordnung der diskreten Filterelemente in den Antennenelementen selbst erhält man gegenüber der diskreten Beschaltung am Fußpunkt einen weiteren Freiheitsgrad.

4. Der Betrieb eng benachbarter Antennen auf gleicher Frequenz oder bei geringem Frequenzversatz ist vor allem dann ein sehr kritischer Betriebszustand, wenn eine Antenne eine nennenswerte Leistung abstrahlt. Hier stellt sich die Frage der gegenseitigen passiven Beeinflussung (Veränderung der Eingangsimpedanz einer Antenne bei Änderung der Beschaltung der zweiten) und die Frage der gegenseitigen aktiven Beeinflussung (Überkopplung der Energie von einer Antenne auf die zweite). Siehe hierzu [MO/KO80] und [GON84].

Um die Anwendung der Zweitorparameter zu zeigen, wird ein Beispiel aus dem Marineschiffbau aufgegriffen: Auf beiden Seiten eines Schiffsmastes von 18 m Höhe und 40 cm Durchmesser befindet sich jeweils eine Stabantenne von 12 m Länge. Beide Stabantennen liegen symmetrisch zum Mast auf einer Linie mit dem Mast, bei einem gegenseitigen Abstand von 16 m. Sie haben einen Stabdurchmesser von 2 cm. In der Abb. 10.14 ist die Anordnung dargestellt.

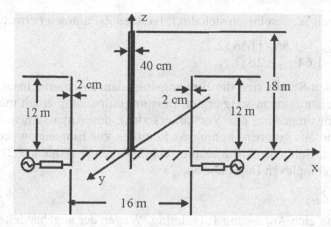

Abb. 10.14 Anordnung aus zwei Stabantennen links und rechts von einem Schiffsmast

Durch Anpassgeräte der beiden Stabantennen wird jeweils sichergestellt, dass die Antennen im Sendebetrieb mit Leistungsanpassung betrieben werden. Die Senderausgangsleistungen für beide Antennen betragen jeweils 200 W.

In der Testphase ist der Fall aufgetreten, dass beide Antennen auf die gleiche Frequenz, nämlich f = 2 MHz, abgestimmt wurden. Für diese Anordnung ist zu untersuchen,

1. welche Eingangsimpedanz die beiden Antennen hatten, als sie auf Leistungsanpassung abgestimmt waren. Dieser Wert ist mit dem Wert zu vergleichen, der sich für eine Antenne ergibt, wenn die zweite Antenne gemasst ist,

2. welche Leistung (theoretisch) von einer Antenne auf die andere im Anpassungsfall übergekoppelt wird. Verluste sind zu vernachlässigen,

3. welche Änderung das horizontale Antennendiagramm durch die abgestimmte zweite Antenne erfährt.

Entsprechend der beschriebenen Vorgehensweise sind als Erstes die $\underline{Z}$-Parameter $\underline{Z}_{11}$, $\underline{Z}_{22}$, $\underline{Z}_{12}$ bzw. $\underline{Z}_{21}$ zu bestimmen. Aufgrund der gewählten Symmetrie muss $\underline{Z}_{11} = \underline{Z}_{22}$ sein, so dass sich der Aufwand etwas reduziert. Die nachfolgenden Untersuchungen wurden mit CONCEPT durchgeführt.

Schließt man die rechte Antenne mit $R_2 = 1\ M\Omega$ ab und speist die linke Antenne mit 200 W bei 2 MHz, erhält man die Werte

$\underline{U}_1 = 6.819.6\ V$,
$\underline{I}_1 = 0{,}0293 + j\ 10{,}369\ A$,
$\underline{U}_2 = -\ 33.89 - j\ 16.96\ V$.

Aus diesen Werten lassen sich die folgenden Z-Parameter errechnen:

$$\underline{Z}_{11} = \underline{Z}_{22} = 1{,}86 - j\,658\;\Omega,$$
$$\underline{Z}_{21} = -\,1{,}64 + j\,3{,}26\;\Omega.$$

Im zweiten Schritt sind die Eingangsimpedanzen zu errechnen, bei denen sich Leistungsanpassung ergibt. Leistungsanpassung erhält man, wenn die Ausgangsimpedanz des Verstärkers (hier des Anpassungsgeräts von der Antenne aus gesehen) konjugiert komplex zur Eingangsimpedanz der Antenne ist. Schließt man also die rechte Antenne (Antenne 2) mit der konjugiert komplexen Impedanz ab,

$$\underline{Z}_{L2} = \underline{Z}_{22}^{*},$$

erreicht man eine Anpassung 1. Ordnung. Wegen der abgehandelten Rückwirkung wird sich die Eingangsimpedanz der linken Antenne (Antenne 1) ändern und ihre Anpassung muss nachgeregelt werden. Dies hat wieder eine Rückwirkung auf die Antenne 2, so dass sich erst nach einem iterativen Vorgang eine komplette Leistungsanpassung ergibt.

Der Vorgang wird sofort verständlich, wenn man sich in die Lage zweier Funker versetzt, die ihre Antennen mit Anpassungsgeräten anpassen sollen. Einigt man sich, dass man abwechselnd abstimmen will, ergibt sich die Situation, dass ein Funker seine Antenne abstimmt, bis er Leistungsanpassung erreicht hat. Nun regelt der zweite Funker auf Leistungsanpassung. Der erste Funker stellt fest, dass sich die Verhältnisse nun bei ihm verschlechtert haben, er stimmt nach, bis wieder Leistungsanpassung erreicht ist. Dies führt dazu, dass Funker 2 wieder eine Fehlanpassung feststellt, u.s.w. Der Iterationsvorgang läuft aber auf einem Endwert zu, der die Leistungsanpassung beider Antennen sicherstellt.

Im Abschnitt 10.5.4 ist der Quellcode des Programms ANSPASS abgedruckt, das diesen iterativen Vorgang simuliert. Nach Vorgabe der komplexen Werte $\underline{U}_1$, $\underline{I}_1$ und $\underline{U}_2$ für den Leerlauf der Antenne 2 und $\underline{U}_2$, $\underline{I}_2$, $\underline{U}_1$ für den Leerlauf der Antenne 1 errechnet das Programm die Werte $\underline{Z}_{11}$, $\underline{Z}_{22}$, $\underline{Z}_{21}$, $\underline{Z}_{12}$ sowie $\underline{Z}_{opt1}$ und $\underline{Z}_{opt2}$.

$\underline{Z}_{opt1}$ und $\underline{Z}_{opt2}$ sind die Lastimpedanzen, die zu einer Leistungsanpassung der Antennen führen. Schließt man z. B. die Antenne 2 mit $\underline{Z}_{opt2}$ ab, wird dem Empfänger an der Antenne 2 die maximale Leistung zugeführt, dabei beträgt die Eingangsimpedanz der Antenne 1 Z_{opt1}*.

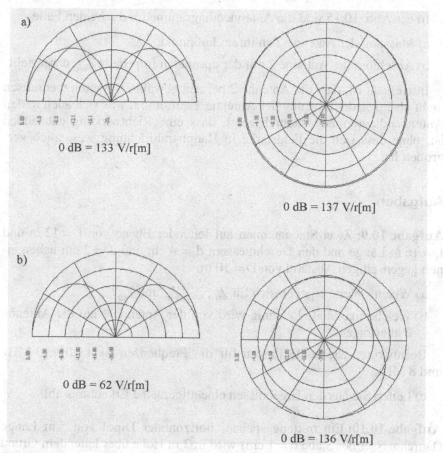

a)

0 dB = 133 V/r[m]

0 dB = 137 V/r[m]

b)

0 dB = 62 V/r[m]

0 dB = 136 V/r[m]

Abb. 10.15 Antennendiagramme einer Stabantenne, in deren unmittelbarer Nähe sich ein Stahlmast und eine zweite Antenne befinden (nach Abb. 10.15), a) zweite Antenne fußpunktgemasst, b) zweite Antenne optimal abgeschlossen

Mit den Werten des Beispiels erhält man

$$\underline{Z}_{opt1} = \underline{Z}_{opt2} = 1{,}76 + j\,655\ \Omega.$$

Masst man die Antenne 2, ergibt sich eine Eingangsimpedanz der Antenne 1 von

$$\underline{Z}_{ein1} = 1{,}84 - j\,658\ \Omega.$$

Bei Abschluss der Antenne 2 mit $\underline{Z}_{opt2}$ und einer von der Antenne 1 abgestrahlten Leistung von 200 W erhält man eine übergekoppelte Leistung von

$$P_2 = \left|\underline{I}_2\right|^2 \cdot \operatorname{Re}(\underline{Z}_{opt2}) = 8{,}4^2 \cdot 1{,}76\ W = 124\ \text{W}.$$

In der Abb. 10.15 sind die Antennendiagramme für die beiden Fälle

a) Massung der Antenne 2 an ihrem Fußpunkt,

b) Abschluss der Antenne 2 mit der optimalen Impedanz $\underline{Z}_{opt2}$ dargestellt.

Interessant ist, dass die Antenne 2 bei den gewählten Werten theoretisch mehr als 50 % der Leistung der Antenne 1 aufnimmt, was sich auch in den Antennendiagrammen dadurch zeigt, dass eine Richtwirkung entstanden ist, ohne dass sich die Feldstärke in Hauptstrahlrichtung wesentlich vergrößert hat.

Aufgaben

Aufgabe 10.9: Zwei Stabantennen auf leitender Ebene von $l_1 = 12$ m und $l_2 = 16$ m Länge und den Durchmessern $d_1 = 4$ cm und $d_2 = 2$ cm haben einen gegenseitigen Abstand von D = 10 m.

a) Welche Werte ergeben sich für $\underline{Z}_{11}$, $\underline{Z}_{12}$, $\underline{Z}_{21}$ und $\underline{Z}_{22}$?

b) Welche maximale Leistung wird von der Antenne 1 auf die Antenne 2 übertragen?

Beantworten Sie beide Fragen für die Frequenzen f = 1 MHz, 3 MHz und 8 MHz!

c) Leiten Sie aus den Ergebnissen eine allgemeine Erkenntnis ab!

Aufgabe 10.10: Ein mittengespeister horizontaler Dipol von 5 m Länge (Durchmesser der Stäbe d = 1 cm) wird in 3 m Höhe über leitendem Grund bei der Frequenz f = 25 MHz (kurz unterhalb der $\lambda/2$-Resonanz) betrieben. Der Sender hat eine Ausgangsimpedanz von 50 Ω und eine Ausgangsleistung von 100 W. Mit einem Anpassgerät wird die Antenne auf Leistungsanpassung abgestimmt.

a) Welche Impedanz $\underline{Z}_{A,2}$ sieht man, von der Antenne aus in das Anpassgerät geschaut'?

b) Welche Impedanz $\underline{Z}_{A,1}$ sieht man, vom Verstärker in das Anpassgerät geschaut und welche Leistung P_{ab} wird abgestrahlt?

Der Dipol wird im zweiten Fall direkt aus einem Verstärker mit 50 Ω Ausgangswiderstand betrieben!

c) Welche Leistung wird nun abgestrahlt?

Aufgabe 10.11: Von einer Zweiantennenanordnung (Störquelle und Störsenke) sind bei f = 3 MHz die Z-Parameter bekannt:

$$\underline{Z}_{11} = 5{,}866 - j\,338{,}8\,\Omega,$$
$$\underline{Z}_{22} = 11{,}48 - j\,234{,}5\,\Omega,$$
$$\underline{Z}_{12} = \underline{Z}_{21} = -7{,}57 + j\,6{,}58\,\Omega.$$

Die Lastimpedanz der Störsenke ist nicht bekannt. Es sind alle Werte der rechten Impedanzebene möglich.

a) Zeichnen Sie die Ortskurve der Eingangsimpedanz der Störquelle für die imaginäre Achse der (Last-) Impedanzebene.

b) Interpretieren Sie das Ergebnis!

Aufgabe 10.12: Eine Stabantenne auf leitender Ebene von 5 m Länge (Durchmesser d = 1 cm) soll mit einer Verlängerungsspule auf halber Höhe bei f = 14 MHz auf Resonanz gebracht werden (Im(Z_{ein}) = 0).

Ist dies möglich? Welchen Wert muss die Spule haben?

10.5.4 Quellcode des Programms ANPASS

```
10     rem Programm zur Bestimmung der optimalen Lastelemente
20     rem          bei der Antennenkopplung
30     rem ====================================================
35     rem *********Stand 21.04.2004***************
40     cls
50     Print "": Print "Werte fuer den Leerlauf der Antenne 2!"
60     input "Realteil U1?    ", ru12
70     input "Imaginaerteil U1?    ", iu12
80     input "Realteil I1?    ", ri12
90     input "Imaginaerteil I1?    ",ii12
100    input "Realteil U2?    ",ru22
110    input "Imaginaerteil U2?    ",iu22
120    print "": Print "Werte fuer den Leerlauf der Antenne 1!"
130    input "Realteil U1?    ", ru11
140    input "Imaginaerteil U1?    ",iu11
150    input "Realteil U2?    ",ru21
160    input "Imaginaerteil U2?    ",iu21
170    input "Realteil I2?    ",ri21
180    input "Imaginaerteil I2?    ",ii21
300    call komdiv (ru12,iu12,ri12,ii12,rz11,iz11)
310    call komdiv (ru21,iu21,ri21,ii21,rz22,iz22)
```

```
320    call komdiv (ru22,iu22,ri12,ii12,rz21,iz21)
330    call komdiv (ru11,iu11,ri21,ii21,rz12,iz12)
400    print "":Print "Z11 = ";rz11;" + j ";iz11;"    Ohm"
410    print "Z22 = ";rz22;" + j ";iz22;"    Ohm"
420    print "Z21 = ";rz21;" + j ";iz21;"    Ohm"
430    print "Z12 = ";rz12;" + j ";iz12;"    Ohm"
500    rz21 = rz22: iz21 = -iz22: goto 600
600    call zein (rz11,iz11,rz21,iz21,rz22,iz22,rz21,iz21,rzopt1,izopt1)
610    Print "Zopt1 = ";rzopt1;" + j ";-izopt1;"    Ohm"
650    rz11 = rzopt1: iz11 = -izopt1
700    call zein (rz22,iz22,rz12,iz12,rz11,iz11,rz11,iz11,rzopt2,izopt2)
710    print "Zopt2 = ";rzopt2;" + j ";-izopt2;"    Ohm"
800    input "Wuenschen Sie eine weitere Iteration (j/n)?  ",A$
810    if A$ = "n" goto 1000
900    rz21=rzopt2:iz21=-izopt2: goto 600
1000   print "":print "Eine maximale šberkopplung von Antenne 1 nach
       Antenne 2"
1010   Print "erhaelt man, wenn man die Antenne 2"
1020   print "mit    Z21 = ";rzopt2;" + j";-izopt2;" Ohm    abschlieát!"
1030   print "========================================================="
10020 end

sub komdiv (ra,ia,rb,ib,re,ie)
qu = rb*rb+ib*ib
re = (ra*rb+ia*ib)/qu
ie = (ia*rb-ra*ib)/qu
end sub


sub kommul (ra,ia,rb,ib,re,ie)
re = ra*rb-ia*ib
ie = ia*rb+ib*ra
end sub


sub zein (ra,ia,rb,ib,rc,ic,rd,id,re,ie)
call kommul (rb,ib,rb,ib,rz,iz)
rnn = rc+rd: inn = ic+id
call komdiv (rz,iz,rnn,inn,rzt,izt)
re = ra-rzt: ie = ia-izt
end sub
```

11 Modellierung und Bewertung von Störfestigkeitsnachweisen

Prof. Dr.-Ing. Ralf Vick

Für Hersteller und Nutzer von Gerätetechnik stellt sich häufiger die Frage, warum bei Geräten trotz erfolgreich bestandenen EMV-Störfestigkeitsnachweisen im realen Einsatz Fehlfunktionen durch elektromagnetische Beeinflussungen auftreten können oder warum die Nachweise zu einem anderen Zeitpunkt abweichende Ergebnisse liefern. Auch das Auftreten von scheinbar zufälligen Störungen in der Einsatzumgebung, die sich aufgrund der Art und der Amplitude der Störbeanspruchung am Einsatzort nicht deuten lassen, regen zum Nachdenken über die standardisierten Testverfahren an.

In diesem Kapitel werden verschiedene Modelle zur Beschreibung der Störfestigkeit dargestellt und verglichen. Dabei soll die Frage geklärt werden, warum die Reproduzierbarkeit bei Tests zum Nachweis der Störfestigkeit gegen elektromagnetische Störgrößen in einigen Fällen nicht gegeben ist und wie die Hersteller oder Nutzer die Testergebnisse der Nachweisverfahren deuten sollten.

Die Beeinflussung von Geräten, Systemen und Anlagen durch elektromagnetische Störgrößen ist ein komplexer physikalischer Prozess mit einer großen Anzahl elektrischer und nichtelektrischer Einflussgrößen, die in ihrer Gesamtheit das Verhalten des betrachteten Objektes prägen. Nach der Definition der EMV gilt eine elektrische Einrichtung als elektromagnetisch verträglich, wenn sie als Störquelle tolerierbare Emissionen aufweist und als Störsenke eine ausreichende Immunität gegenüber elektromagnetischen Störgrößen besitzt. Die Unempfindlichkeit gegenüber elektromagnetischen Beeinflussungen besitzt für die Funktionssicherheit von Geräten und Systemen einen hohen Stellenwert.

Die Störfestigkeit gegenüber einer Störgröße ist nach IEV 161-01-20 definiert als die Fähigkeit einer Einrichtung, eines Gerätes oder Systems, in Gegenwart einer elektromagnetischen Störgröße ohne Fehlfunktion oder Funktionsausfall zu funktionieren.

Zur Interpretation von Störfestigkeitsnachweisen werden in diesem Kapitel Möglichkeiten der Bestimmung der Störfestigkeit allgemein dargestellt und die Grenzen ihrer Anwendbarkeit erläutert.

11.1 Standardisierte Störfestigkeitsnachweise

Die Störfestigkeit ist abhängig von einer Vielzahl von Umwelteinflüssen. Zu nennen sind hier beispielhaft die Temperatur, die Luftfeuchte und der Luftdruck. Zur Sicherstellung der Reproduzierbarkeit von normativen Nachweisen ist ein zulässiger Bereich für diese Parameter definiert.

Die elektromagnetische Verträglichkeit eines Gerätes wird durch die Anwendung genormter Nachweisverfahren geprüft. In der Vergangenheit wurden phänomenbezogene Prüfstörgrößen definiert, die die elektromagnetischen Umgebungsbedingungen an verschiedenen Orten ausreichend charakterisieren sollen. Da allgemein gültige Angaben zu Störspektren aufgrund der Komplexität des physikalischen Mechanismus und der unbekannten Umgebung nicht möglich sind, stellen die standardisierten Prüfstörgrößen einen Kompromiss zwischen dem Prüfaufwand und der erzielbaren Güte bei der Nachbildung der realen physikalischen Phänomene dar. Ein Nachweis der Störfestigkeit gestattet streng genommen nur die Aussage, dass der Prüfling gegenüber einer bestimmten Prüfstörgröße mit der entsprechenden Kopplungsart an der spezifizierten Schnittstelle unter den definierten Prüfbedingungen störfest bzw. nicht störfest war.

Eine Beschreibung der Abhängigkeit der Störfestigkeit von den Umgebungsparametern und Prüfgrößen ist nicht möglich. Man kann jedoch in Anlehnung an [3] die Gerätefunktion durch einen Operator nach der Gl. (11.1) analytisch beschreiben

$$a = Op\ [e] \tag{11.1}$$

Der Operator $Op[...]$ in Gl. (11.1) repräsentiert eine Verarbeitungsregel, nach der funktionsbezogene Ausgangsgrößen a aus den funktionellen Eingangsgrößen e gebildet werden. Der Operator ist eine beliebige, auch zusammengesetzte Verarbeitungsregel, die ebenfalls von den inneren Zuständen und den Eingängen abhängig sein kann. Die technische Umsetzung erfolgt in der Hard- bzw. Softwarestruktur des Gerätes. Die Beeinflussbarkeit der Systemelemente durch elektromagnetische und nichtelektrische Beanspruchungen ist vielfältig und führt zu einer Abhängigkeit der resultierenden Verarbeitungsregel $Op[...]$ von den externen und internen Störgrößen aber auch von den Bauelemente- und Fertigungstoleranzen.

Die Abweichung der realen Operatorfunktion $Op_r[...]$ von der idealen Funktion $Op_i[...]$ bei der Einwirkung von Störgrößen wird nach der Gl. (11.2) mit Δ_{OP} bezeichnet.

$$\Delta_{OP} = Op_r[e] - Op_i[e] \tag{11.2}$$

Liegt diese Abweichung unterhalb eines Grenzwertes ξ, kann das Gerät als funktionsfähig definiert werden.

$$\Delta_{OP} < \xi \qquad\qquad \text{System funktionsfähig} \qquad\qquad (11.3)$$

Sind die Abweichungen größer oder gleich dem definierten Grenzwert ξ, wird das Gerät eine Fehlfunktion aufweisen.

$$\Delta_{OP} \geq \xi \qquad\qquad \text{System nicht funktionsfähig.} \qquad\qquad (11.4)$$

Die Störschwelle bezüglich der Störgrößen ist erreicht, wenn die Abweichung zwischen der gewünschten und der idealen Funktion gerade gleich dem Grenzwert ξ ist.

$$\Delta_{OP} = \xi \qquad\qquad \text{Störschwelle} \qquad\qquad (11.5)$$

Es wird also eine Schwellwerteigenschaft, d.h. ein sprungförmiger Übergang zwischen den Zuständen „funktionsfähig" und „nicht funktionsfähig", angenommen. Abb. 11.1verdeutlicht diese Zusammenhänge.

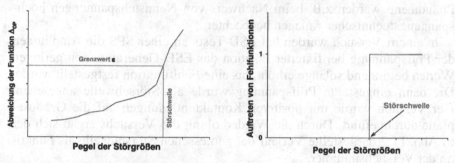

Abb. 11.1 Veranschaulichung der Störschwelle

Bei einem Störfestigkeitsnachweis wird das Prüfobjekt durch den Prüfstörgrößengenerator unter definierten Prüfbedingungen PB an einer bestimmten Geräteschnittstelle GS_k mit einer Prüfstörgröße X_j beansprucht. Die Parameter der Prüfstörgröße X_j werden in der Regel ausgehend von niedrigen Werten einzeln erhöht, bis die Störschwelle des Gerätes erreicht ist. Bei der Verwendung des zugeordneten Wertes der Prüfstörgröße $\hat{X}_j$ kann die Fremdstörfestigkeit eines Gerätes gegenüber einer unter definierten Prüfbedingungen B an einer bestimmten Geräteschnittstelle GS_k applizierten Prüfstörgröße $\hat{X}_j$ folgendermaßen angegeben werden:

$$SF_j = (\hat{X}_j, GS_k, PR) \qquad\qquad (11.6)$$

Diese rein deterministische Beschreibung geht von einer Schwelleneigenschaft der Störfestigkeit aus, d.h. die Störfestigkeit *SF* ist eine konstante deterministische Größe. Unter konstanten Prüfbedingungen ist in einem Nachweis somit stets der gleiche Wert *SF* bestimmbar.

Auf diesem deterministischen Modell basieren die standardisierten Störfestigkeitsnachweise.

11.2 Statistische Modellierung der Störfestigkeit

Auch wenn die gleichen Prüfbedingungen bei der Durchführung von Störfestigkeitsnachweisen gegenüber pulsförmigen Prüfstörgrößen eingehalten werden, sind die Ergebnisse nicht immer reproduzierbar und schwanken in gewissen Grenzen. Änderungen der nichtelektrischen Einflussgrößen, die Anzahl vorangegangener elektromagnetischer Beanspruchungen, die statistische Schwankung von Bauteilparametern, das Auftreten unterschiedlich störempfindlicher Zeitabschnitte und die Komplexität des Beeinflussungsmechanismus führen zu einem stochastischen Versuchsausgang. Ähnliche Phänomene werden z.B. beim Nachweis von Nennstehspannungen hochspannungstechnischer Anlagen beobachtet.

In einem Versuch wurden bei ESD-Tests an einer SPS die Amplituden der Prüfspannung bei fixierter Position des ESD-Generators von geringen Werten beginnend solange erhöht, bis eine Fehlfunktion festgestellt wurde. Die dann eingestellte Prüfspannung wurde als Störschwelle angesehen. Der Versuch wurde mit positiven Kontaktentladungen auf die Gehäuseplatte durchgeführt. Durch die Wiederholung des Versuchs ergab sich der in Abb. 11.2 dargestellte Verlauf der gemessenen Störschwelle als Funktion der Versuchsnummer.

Die ermittelten Schwankungen der Störschwelle gegenüber ESD-Impulsen unter gleichen Prüfbedingungen belegen eine mangelhafte Reproduzierbarkeit dieses Versuchs.

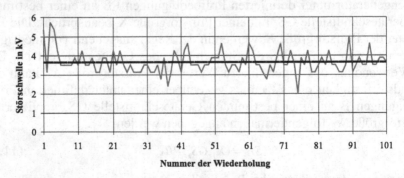

Abb. 11.2 Schwankung der gemessenen Störschwelle einer SPS gegenüber ESD-Beanspruchungen bei wiederholter Versuchsdurchführung

Für eine Modellbildung wird zunächst eine Unterteilung der Testobjekte durchgeführt. Entsprechend der Abhängigkeit der Störfestigkeit von der Zeit lassen sich die folgenden beiden Fälle einteilen:

- zeitunabhängige Störfestigkeit,
- zeitvariante Störfestigkeit.

Eine zeitunabhängige Störfestigkeit ist anzunehmen, wenn nur ein bestimmter Zustand eines Geräts betrachtet wird. Das ist z.B. der Fall, wenn ein logisches Gatter ständig mit definierten Eingangspegeln angesteuert wird. Im Allgemeinen werden sich aber die Pegel an den Schaltkreiseingängen in Abhängigkeit von den abgearbeiteten Funktionen ändern, womit auch die Störfestigkeit eine zeitvariante Größe wird.

Auf diese beiden Fälle wird im Folgenden genauer eingegangen. Als nützlich erweist sich die Einführung des Begriffs Störempfindlichkeit als komplementäre Eigenschaft zur Störfestigkeit.

11.2.1 Störwahrscheinlichkeit

Die zeitunabhängige Störempfindlichkeit eines Prüflings kann geeignet durch eine Störwahrscheinlichkeit beschrieben werden. Voraussetzung ist, dass die Grundzustände des Gerätes voneinander entkoppelt sind und eine eindeutige Zuordnung von Fehler und Störbeanspruchung gewährleistet ist. Ein aufgetretener Fehler darf sich nicht auf das weitere Verhalten des Gerätes auswirken und Folgefehler nach sich ziehen.

Bei der Einhaltung dieser Bedingung hängt die Beobachtung von Fehlern nur von der Störbeanspruchung zum Anfang der Beobachtungszeit ab. Bei einer festen Beobachtungszeit kann die Störfestigkeit des Prüflings als statisches stochastisches System modelliert werden. Da die Störgrößen jeweils nur an einer definierten Schnittstelle appliziert werden, besitzt das System nur einen Eingang und Ausgang.

Die Kausalität zwischen Störbeanspruchung und ihrer Wirkung auf das Gerät innerhalb eines Zeitintervalls muss stets gewährleistet sein. Besonders indirekte Effekte bei der Einwirkung transienter Störgrößen, wie z.B. die Änderung von Registerinhalten, auf die während der Beobachtungsdauer nicht zugegriffen wird, müssen eindeutig erkannt werden.

Zur Beschreibung der Störwahrscheinlichkeit wird als Ereignis K das Auftreten von Fehlfunktionen als Folge einer bestimmten Störbeanspruchung bezeichnet. Demzufolge ist das komplementäre Ereignis $\bar{K}$ dem störungsfreien Betrieb zugeordnet.

Die Reaktion des Gerätes auf eine Störbeanspruchung stellt eine zufällige Veränderliche Y dar, die im Raum der Elementarereignisse $\Omega = \{\bar{K}, K\}$

definiert ist. Eine Fehlfunktion des Prüflings als Ergebnis der Störbeanspruchung kann, muss aber nicht eintreten.

Für pulsförmige Störgrößen wird als beschreibender Parameter der Störbeeinflussung vorzugsweise die Amplitude verwendet. Liegt am Eingang ein bestimmter Wert der Störgröße $U = \hat{U}$ an, so kann das Störverhalten des Gerätes durch die Störwahrscheinlichkeit

$$p_{Stör}(\hat{U}) \tag{11.7}$$

beschrieben werden. Sie ist ein Maß dafür, mit welcher Wahrscheinlichkeit bei den vorhandenen Prüfbedingungen und bei einer definierten Amplitude $\hat{U}$ mit einer unzulässigen Funktionsbeeinträchtigung zu rechnen ist. Die Störwahrscheinlichkeit, die die Störempfindlichkeit beschreibt, kann als komplementäre Eigenschaft zur Störfestigkeit aufgefasst werden und ist damit durch den Ausdruck

$$p_{Störfest}(\hat{U}) = 1 - p_{Stör}(\hat{U}^*) \tag{11.8}$$

gegeben.

Die Störwahrscheinlichkeit $p_{Stör}(\hat{U})$ als Maß für die Störempfindlichkeit eines Prüflings zu einem festen Zeitpunkt gibt an, mit welcher Wahrscheinlichkeit aufgrund einer definierten Störbeanspruchung $\hat{U}$ eine Fehlfunktion auftritt.

Die Störwahrscheinlichkeit $p_{Stör}(\hat{U})$ ist nicht direkt messbar. Sie kann nur auf Basis einer prüftechnisch applizierten Anzahl von Testimpulsen geschätzt werden. Als ein Maß für die Störwahrscheinlichkeit kann in einem ersten Schritt die relative Störhäufigkeit h angegeben werden. Diese relative Störhäufigkeit h ist definiert als das Verhältnis von k beobachteten Fehlfunktionen zum Prüfumfang beim Test mit n Prüfimpulsen, Gl. (11.9).

$$h = \frac{k}{n} \tag{11.9}$$

Dieser Schätzwert für die mittlere Störwahrscheinlichkeit ist naturgemäß mit großen Unsicherheiten verbunden, die sich mit Mitteln der mathematischen Statistik quantifizieren lassen. Bei Annahme einer konstanten Störwahrscheinlichkeit des Prüfobjekts während der Störfestigkeitsprüfung können die Methoden der Konfidenzschätzung angewandt werden.

Führt die Applikation von n Prüfimpulsen der Amplitude $\hat{U}$ in der Störfestigkeitsprüfung k - mal zu unzulässigen Funktionsbeeinträchtigungen, so kann davon ausgegangen werden, dass die Störwahrscheinlichkeit $p_{Stör}(\hat{U})$ des Prüfobjektes gegenüber dieser Störbeanspruchung mit der statistischen Sicherheit β im Konfidenzintervall $[p_u; p_o]$ liegt. Dieser Sachverhalt ist in Abb. 11.3 verdeutlicht.

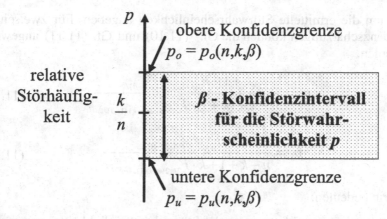

Abb. 11.3 Konfidenzschätzung der Störwahrscheinlichkeit

Aus den Beobachtungen eines EMV-Nachweises lässt sich nur mit einem bestimmten Restrisiko ein Bereich angeben, in dem die Störfestigkeit bei weiteren Versuchen schwanken wird. Diese Schwankungsbreite ist bei geringen Prüfbeanspruchungen sehr groß. Zur Verringerung des Konfidenzintervalls müssen mehr Beanspruchungen appliziert werden, was gleichzeitig eine Steigerung des Testumfangs bedeutet. Je nach Anwendung ist ein Kompromiss zwischen gewünschtem Konfidenzintervall und durchführbarem Testaufwand zu suchen. Dazu sind Formeln zur Schätzung der Konfidenzgrenzen anzuwenden.

Im Fall von Einzelimpulsprüfungen, wie bei ESD-Störfestigkeitsnachweisen, ist eine Schätzung der Konfidenzintervalle durch die Annahme einer binomialverteilten Zufallsgröße möglich. Voraussetzung ist, dass sich die Störbeanspruchungen in ihrer Wirkung nicht überlagern und die transient zugeführte Encrgic abgeführt wurde, bevor ein weiterer Störimpuls ausgelöst wird. Dazu ist ein ausreichend großer zeitlicher Abstand zwischen zwei Einzelbeanspruchungen zu wählen.

In [1] und [5] wurde gezeigt, dass unter der Voraussetzung einer zeitlich konstanten Störwahrscheinlichkeit des Prüflings ein Bernoulli-Schema zur mathematischen Beschreibung des Nachweises der Störfestigkeit verwendet werden kann. Wird das Auftreten einer Fehlfunktion als Folge des applizierten Prüfimpulses als Ereignis K bezeichnet, so soll als Ergebnis einer n-maligen Wiederholung des Versuchs mit binären Versuchsausgang K oder $\overline{K}$ die unbekannte Störwahrscheinlichkeit $p_{Stör}(\hat{U})$ geschätzt werden. Die Anzahl der Ereignisse K wird mit k bezeichnet. Nach dem Satz von Bernoulli konvergiert die ermittelte relative Störhäufigkeit h mit einer vom Prüfumfang n abhängigen Genauigkeit gegen die unbekannte Störwahrscheinlichkeit $p_{Stör}(\hat{U})$. Auf der Grundlage der Binomialverteilung lässt sich mit einer bestimmten statistischen Sicherheit β ein Konfidenzintervall

$[p_u;p_o]$ um die ermittelte Störwahrscheinlichkeit angeben. Für zweiseitige Konfidenzschätzungen können die Gl. (11.10) und Gl. (11.11) angewendet werden.

$$p_o = \frac{(k+1) \cdot F_{2(k+1);2(n-k);(1+\beta)/2}}{n-k+(k+1) \cdot F_{2(k+1);2(n-k);(1+\beta)/2}} \tag{11.10}$$

$$p_u = \frac{k \cdot F_{2k;2(n-k+1);(1-\beta)/2}}{n-k+1+k \cdot F_{2k;2(n-k+1);(1-\beta)/2}} \tag{11.11}$$

Hierin bedeuten:

p_u untere Konfidenzgrenze der Störwahrscheinlichkeit p
p_o obere Konfidenzgrenze der Störwahrscheinlichkeit p
k Anzahl der beobachteten Fehlfunktionen
n Anzahl der applizierten Prüfimpulse
β statistische Sicherheit
$F_{l,m,p}$ Quantil der F-Verteilung mit den Freiheitsgraden l, m und der Ordnung p[1]

Die zur Schätzung notwendigen Quantile der F-Verteilung sind in entsprechenden Tafeln zur mathematischen Statistik angegeben. Aber auch in Tabellenkalkulationsprogrammen sind die Quantile teilweise als abrufbare Formel (FINV) implementiert, so dass eine einfache Berechnung der Konfidenzintervalle möglich ist.

11.2.2 Störverhaltensfunktion

Wird die Störhäufigkeit bei mehreren Prüfamplituden bestimmt, kann analog zur geschätzten Störwahrscheinlichkeit $p_{Stör}(\hat{U})$ bei einer Beanspruchungshöhe auch die Funktion $p_{Stör}(u)$ bestimmt werden. Die Funktion $p_{Stör}(u)$ wird als Störverhaltensfunktion des Gerätes bezeichnet. Sie gibt bei bestimmten Werten $\hat{U}$ die Störwahrscheinlichkeit gegenüber Störbeanspruchungen an.

---

[1] Als Quantil der Ordnung p ($Q_p(F_X(x))$, $0 < p < 1$) einer Zufallsgröße X mit der Verteilungsfunktion F_X wird jede Zahl Q_p, für die gilt $F_X(Q_p) \leq p \leq F_X(Q_p+0)$, bezeichnet.

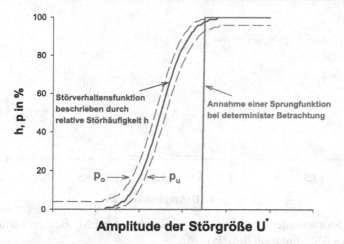

Abb. 11.4 Reale Störverhaltensfunktion und deterministisch angesetztes Verhalten eines Prüfobjektes

Die in Abb. 11.4 abgebildete Störverhaltensfunktion beschreibt die Abhängigkeit der relativen Störhäufigkeit von der Amplitude der Störbeanspruchung. Zur Quantifizierung der Unsicherheiten werden die je Beanspruchungsamplitude ermittelten Konfidenzintervalle berücksichtigt.

Die Verhaltensfunktionen können an theoretische Verteilungsfunktionen angepasst werden. Dafür sind in entsprechenden Programmpaketen Anpassungstests implementiert, mit deren Hilfe eine Schätzung der Parameter der theoretischen Verteilungsfunktionen aus den Daten einer Stichprobe möglich ist.

In Abb. 11.5 ist die empirische Verhaltensfunktion einer speicherprogrammierbaren Steuerung (SPS) bezüglich der Beanspruchung mit ESD-Prüfimpulsen dargestellt. Aufgrund der fehlenden Monotonie der empirischen Störverhaltensfunktion ist eine Anpassung an eine theoretische Verteilungsfunktion nicht möglich.

Wie gezeigt wurde, kann ein Widerspruch zwischen den realen, mathematisch begründbaren Resultaten von Störfestigkeitstests und der normativen Interpretation einer deterministischen Störfestigkeit existieren. Als ein Ausweg kann eine statistische Erweiterung des Begriffs Störfestigkeit eingeführt werden:

Statistische Störfestigkeit ist die Eigenschaft eines Gerätes oder Systems bei Vorhandensein einer elektromagnetischen Störung eine Störwahrscheinlichkeit $p_{stör}$ aufzuweisen, die mit hoher statistischer Sicherheit β kleiner als ein zulässiger Höchstwert p_{zul} ist.

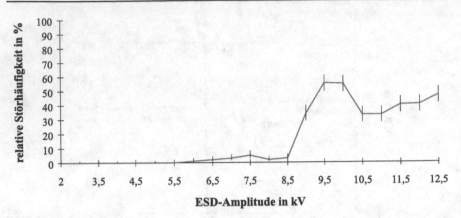

Abb. 11.5 Störverhaltensfunktion einer SPS gegenüber ESD-Beanspruchungen (je 300 positive ESD-Impulse, β=0,95)

Die statistische Störfestigkeit entspricht damit einem bestimmten Quantil der Störerhaltensfunktion des Gerätes.

Ziel einer Störfestigkeitsprüfung würde es dann sein, die die Störfestigkeit des Prüfobjektes charakterisierende Störwahrscheinlichkeit des Prüfobjektes gegenüber einer definierten Störbeanspruchung zu bestimmen.

Durch Nutzung der statistischen Störfestigkeit ist eine feinere Koordination zwischen Geräteeigenschaften und Einsatzbedingungen möglich, da die zu erwartende Störwahrscheinlichkeit in einer bestimmten Einsatzumgebung bestimmt werden kann. Dazu wird auch die am Eingang des Gerätes wirkende zufällige Veränderliche (Störimpuls X_t) zu einem festen Zeitpunkt durch ihre eindimensionale Dichte

$$f_X(u,t) \qquad (11.12)$$

beschrieben. Die Dichtefunktion $f_Y(y,t)$ gibt die Wahrscheinlichkeit an, mit der eine Fehlfunktion K als Reaktion des Gerätes auftritt, wenn am Eingang die Störgröße X_t mit der Dichte $f_X(u,t)$ einwirkt.

$$f_Y(y,t) = P(Y_t = K) \qquad (11.13)$$

Bei der Kenntnis von $f_t(y|u)$ und der Dichte der Störgröße X_t nach (11.12) kann man $f_Y(y,t)$ als Randdichte nach Gl. (11.14) ermitteln.

$$f_Y(y,t) = \int_0^\infty f_t(y\,|\,u) f_X(u,t)\,du = \int_0^\infty p_{Stör}(u,t) f_X(u,t)\,du \qquad (11.14)$$

Damit steht ein allgemeiner statistischer Ansatz zur Beschreibung der Störfestigkeit zur Verfügung, der gegenwärtig jedoch aufgrund fehlender

Angaben zu Störverhaltensfunktionen elektronischer Geräte und elektromagnetischer Umgebungen nicht angewendet werden kann.

In der europäischen Normung fanden bisher statistische Interpretationen von Störfestigkeitsnachweisen keine Berücksichtigung. Hingegen wurde in einem Entwurf eines ANSI Standards C63.16-1991 [1] ein statistisches Verfahren für ESD-Störfestigkeitstests aufgenommen.

11.2.3 Interpretation von Störfestigkeitsnachweisen

Die statistische Beschreibung der Störfestigkeit kann zur Interpretation von standardisierten Störfestigkeitsnachweisen genutzt werden [4]. Es wird an dieser Stelle nur von einem Nachweis der Störfestigkeit gegenüber Entladungen elektrostatischer Energie (ESD) ausgegangen, da durch die begrenzte und definierte Anzahl von Einzelimpulsen während des Tests eine Schätzung der Konfidenzgrenzen ohne Schwierigkeiten möglich ist.

Ein Nachweis bei ESD-Tests gilt als bestanden, wenn nach Applizierung von 10 Einzelentladungen an einem Prüfpunkt keine Fehlfunktion ($k = 0$) festgestellt wurde. Damit ergibt sich der Wert der relativen Häufigkeit $h = 0$. Eine Schätzung der Konfidenzgrenzen ist also nur für die obere Konfidenzgrenze sinnvoll, so dass sich das Konfidenzintervall zu $[0 ; p_o]$ ergibt. Ein Nachweis der absoluten Störfestigkeit ist mit endlichem Prüfaufwand jedoch nicht möglich.

Unter Verwendung der Gl. 11.10 und unter Berücksichtigung des Wertes $k = 0$ folgt für die obere Konfidenzgrenze die Beziehung (11.15).

$$p_o = \frac{F_{2;2 \cdot n;(1+\beta)/2}}{n + F_{2;2 \cdot n;(1+\beta)/2}} \qquad (11.15)$$

Auch diese Funktion lässt sich schnell in Tabellenkalkulationsprogrammen implementieren. Eine zu programmierende Formel ist in Gl. (11.16) angegeben.

$$p_o = \frac{FINV\left(\frac{1-\beta}{2},2,2 \cdot n\right)}{n + FINV\left(\frac{1-\beta}{2},2,2 \cdot n\right)} \qquad (11.16)$$

Zur Vereinfachung ist in Abb. 11.6 ein Nomogramm dargestellt, mit dem die obere Konfidenzgrenze bei einem bestandenen Nachweis ohne Fehlfunktion in Abhängigkeit der applizierten Testimpulse für verschiedene statistische Sicherheiten bestimmt werden kann.

Aufgabe 11.1: In einem ESD-Test wurden 10 Prüfimpulse appliziert. Es wurde keine Fehlfunktion registriert und der Prüfling wird als störfest eingeschätzt. Wie hoch ist die Wahrscheinlichkeit für das Auftreten von Fehlfunktionen bei einer Wiederholung der Prüfung?

Lösung : Es ergibt sich eine relative Störhäufigkeit von h = 0. Bei Anwendung der Gl. (11.15) kann für eine statistische Sicherheit von $\beta = 0{,}95$ die obere Konfidenzgrenze von $p_o = 0{,}3$ bestimmt werden. Die Störwahrscheinlichkeit $p_{Stör}$ liegt im Intervall $p_{Stör} = [0 ; 0{,}3]$. Das führt zur Schlussfolgerung, dass bei der Beanspruchung mit weiteren ESD in 30% der Fälle Fehlfunktion auftreten können.

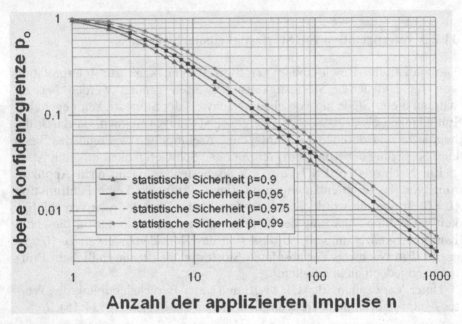

Abb. 11.6 Nomogramm zur Bestimmung der oberen Konfidenzgrenze bei einem Störfestigkeitsnachweis ohne Fehlfunktion in Abhängigkeit von der applizierten Pulsanzahl

11.3 Zeitvariante Störfestigkeit

Die Störfestigkeit von digitalen Geräten ist eng mit deren Hardware verknüpft. Die Änderung der hardwaremäßigen Verknüpfungen bei Geräten, die zeitabhängig Funktionsabläufe umsetzen, führt zu veränderten elektrischen und nichtelektrischen Wirkungsbedingungen einer elektromagnetischen Störgröße an den Eingängen, Ausgängen und im Geräteinneren. Als Folge kann auch die Störfestigkeit gegenüber diesen Beanspruchungen zeitlich variieren.

11.3.1 Modellierung

In der Literatur werden einige unterschiedliche Hypothesen zur Existenz einer zeitvarianten Störfestigkeit aufgestellt. Einige Aussagen sind:

- Die Störfestigkeit von Computersystemen, die ein Programm zyklisch abarbeiten und unterschiedliche Teile der Hardware aktivieren, kann sich mit jedem Programmschritt verändern. Die Software beeinflusst auch das EMV-Verhalten.

- Für Logikgatter existiert eine höhere Störempfindlichkeit für die Zeit des Umschaltens von Low nach High als umgekehrt.

- Eine Veränderung der Verzögerungszeit t_{pd} von digitalen Schaltkreisen bei der Beeinflussung durch elektromagnetische Störungen wurde nachgewiesen. Damit können bei taktsynchroner Datenübernahme an Schaltkreisen Fehlfunktion auftreten.

Die vom Funktionsablauf von Geräten abhängige Störfestigkeit ist im Allgemeinen eine kontinuierliche Größe. Bei taktgesteuerten Geräten, bei denen sich die Zustände nur zu bestimmten Zeiten ändern können, ist eine Diskretisierung der kontinuierlichen Zeit sinnvoll. Es können Zeitabschnitte mit einer konstanten Störfestigkeit eingeteilt und der Begriff der Phase eingeführt werden.

> Als Phasen werden solche Zeitabschnitte bezeichnet, in denen die Störfestigkeit gegenüber einer bestimmten Störgröße auf einem definierten Beanspruchungsniveau als zeitlich konstant betrachtet werden kann.

Eine Phasenfolge, bei der das Gerät die Phasen hinsichtlich der betrachteten Störgröße periodisch, in gleicher Art durchläuft, kann als Zyklus bezeichnet werden. Die Anzahl der Phasen im Zyklus wird als Phasenanzahl N und die Zeit zum Durchlauf eines Zyklus als die Zykluszeit t_z bezeichnet.

Es kann der Fall eintreten, dass sich die Phasen nicht periodisch wiederholen und eine Einteilung in Zyklen nicht möglich ist oder aber ein Zyklus in mehrere Teilzyklen unterteilt werden kann. Da eine Beschreibung dieser Fälle eine komplexe, problemspezifische Analyse entsprechender Geräte erforderlich macht, wird hier nur auf den Fall eines definierten Zyklus der Störfestigkeit eingegangen.

Die Modellierung der zeitvarianten Störfestigkeit von Geräten geht von der Beschreibung der Störempfindlichkeit als abstrakte stochastische Umgebung aus. An dieser Stelle wird die Modellierung in Anlehnung an [7] und [8] vereinfacht dargestellt.

Die Störempfindlichkeit des Gerätes gegenüber einer konstanten Störbeanspruchung (Störimpulsamplitude) $u(t)=\hat{U}$ ist durch die bedingte, zeitabhängige Wahrscheinlichkeit $p_{Stör}(\hat{U},t)$ beschreibbar (vgl. 11.2). Diese
Störwahrscheinlichkeit $p_{Stör}(\hat{U},t)$ ist vom Zeitpunkt der Einwirkung des
Störimpuls abhängig. Wird angenommen, dass sich innerhalb eines ein-
teilbaren Zeitabschnittes, der Phase, die Störempfindlichkeit gegenüber einer bestimmten Störgröße nicht ändert, so kann die Störempfindlichkeit
des Gerätes gegenüber einer Störbeanspruchung $\hat{U}$ durch die Menge der
Störwahrscheinlichkeiten $p_{Stör}(\hat{U})$ der einzelnen Phasen eindeutig beschrieben werden. Jeder Phase kann eine bestimmte Störwahrscheinlichkeit
$p_{Stör}(\hat{U},i)$ zugeordnet werden. Arbeitet das Gerät zyklisch und ist die Phasenanzahl N endlich, so kann das Gerät hinsichtlich seiner Störempfindlichkeit durch

$$\underline{p}_{Stör}(\hat{U}) = \left\{p_{Stör}(\hat{U},1), p_{Stör}(\hat{U},2),\cdots, p_{Stör}(\hat{U},N)\right\} \tag{11.17}$$

beschrieben werden. Die Reaktion des Gerätes wird durch die Störfestigkeit der Phase, die durch einen Störimpuls beansprucht wird, bestimmt.

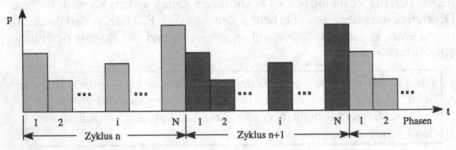

Abb. 11.7 Phasen unterschiedlicher Störfestigkeit innerhalb der Zyklen eines fiktiven Gerätes

Zur Veranschaulichung ist in Abb. 11.7 die Phasenfolge eines fiktiven Gerätes und die damit verbundene zeitliche Veränderung der Störwahrscheinlichkeit bei einer bestimmten Beanspruchungshöhe dargestellt.

Auf die Störfestigkeit eines Gerätes als die Eigenschaft, bei einer Beanspruchung durch bestimmte Störgrößen unabhängig vom Einwirkzeitpunkt
zu funktionieren, haben die Phasen mit der höchsten Störwahrscheinlichkeit

$$\hat{p}_{Stör}(\hat{U}) = \max_{i=1(1)N} (p_{Stör}(\hat{U},i)) \tag{11.18}$$

bzw. mit der geringsten Störfestigkeit gegenüber einer elektromagnetischen Störgröße einen großen Einfluss. Sie können als kritische Phasen
bezeichnet werden.

> Die kritische Phase ist der Zeitraum innerhalb eines Zyklus bzw. während der Betriebszeit eines Gerätes, bei dem die Störfestigkeit gegenüber einer bestimmten elektromagnetischen Störgröße minimal ist.

Bei N Phasen innerhalb eines Zyklus können folgende Fälle unterschieden werden:

- es treten 1 bis N-1 kritische Phasen auf,
- es tritt keine kritische Phase auf, d.h. innerhalb eines Zyklus ist die Störfestigkeit konstant.

Es wird deutlich, dass beim Vorhandensein von unterschiedlich störempfindlichen Phasen die Schätzung der Störwahrscheinlichkeit eines Gerätes auf einem bestimmten Beanspruchungslevel ein besonderes Problem darstellt, da in Abhängigkeit vom Einwirkzeitpunkt einer pulsförmigen Störgröße unterschiedliche Prüfergebnisse zu erwarten sind.

Wird bei einer Prüfung eine Gleichverteilung der Prüfstörgrößen mit der Amplitude $\hat{U}$ über alle N Phasen des Gerätes realisiert, ergibt sich als Prüfergebnis lediglich die mittlere Störwahrscheinlichkeit nach Gl.11.19.

$$\overline{p}_{St\ddot{o}r}(\hat{U}) = \frac{1}{N} \cdot \sum_{i=1}^{N} p_{St\ddot{o}r}(\hat{U}, i) \qquad (11.19)$$

Eine Gleichverteilung der Prüfstörgrößen ist in der Regel nicht zu erzielen. Die bei einem Nachweis bestimmbare Störwahrscheinlichkeit $\tilde{p}_{St\ddot{o}r}$ gegenüber pulsförmigen Prüfstörgrößen[2] mit der Amplitude $\hat{U}$ kann dann durch die Beziehung

$$\tilde{p}_{St\ddot{o}r}(\hat{U}) = \frac{1}{k} \cdot \sum_{i=1}^{N} l_i \cdot p_{St\ddot{o}r}(\hat{U}, i)$$

$$mit \sum_{i=1}^{N} l_i = k \qquad (11.20)$$

angegeben werden, wobei l_i die Anzahl der Treffer von Prüfimpulsen in die Phase i und k die Anzahl der applizierten Prüfimpulse bezeichnet. Somit entspricht der Ausdruck

$$h_i = \frac{l_i}{k} \qquad (11.21)$$

der relativen Trefferhäufigkeit der Phase i mit Prüfimpulsen.

---

[2] Es wird vorausgesetzt, dass die pulsförmige Störgröße stets nur in eine Phase trifft.

Die Störwahrscheinlichkeit $\tilde{p}_{Stör}$ bei einem Störfestigkeitsnachweis entspricht somit der Summe der mit den relativen Trefferhäufigkeiten h_i gewichteten Störwahrscheinlichkeiten $p_{Stör}(\hat{U},i)$ der einzelnen Phasen des Gerätes.

$$\tilde{p}_{Stör}(\hat{U}) = \sum_{i=1}^{N} h_i \cdot p_{Stör}(\hat{U},i) \qquad (11.22)$$

Werden zur Beschreibung der Störempfindlichkeit den einzelnen Phasen Störverhaltensfunktionen $p_{Stör}(u,i)$ zugeordnet, so ergibt sich bei der Annahme von konstanten Trefferhäufigkeiten h_i der einzelnen Phasen bei einem Störfestigkeitsnachweis eine Mischverteilung, die in ihren Parametern vom jeweiligen Prüfverlauf abhängig ist. Der Einfluss der Störfestigkeit und der Trefferhäufigkeit der Phasen soll durch folgendes Beispiel verdeutlicht werden.

Beispiel 11.1: Ein Gerät arbeitet zyklisch, und es sind drei Phasen unterschiedlicher Störfestigkeit vorhanden. Die Störverhaltensfunktionen der einzelnen Phasen können durch Normalverteilungen angenähert werden, die durch die in Tab. 11.1. angegebenen Parameter beschrieben werden.

Tab. 11.1 Parameter der normalverteilten Störwahrscheinlichkeiten eines gedachten Gerätes mit 3 störempfindlichen Phasen

Phase	Erwartungswert	Standardabweichung	Trefferhäufigkeit
1	1 kV	0,2 kV	0,05
2	5 kV	0,25 kV	0,6
3	4 kV	0,5 kV	0,35

In einem ersten Versuch wurden durch eine entsprechende Synchronisation der Störimpulse mit dem Funktionsablauf die Störverhaltensfunktionen der einzelnen Phasen nach Tab. 11.1 bestimmt. Wird in einem zweiten Versuch die Störverhaltensfunktion bei einer Gleichverteilung der Prüfimpulse über alle 3 Phasen gemessen, so ergibt sich bei Anwendung der Gl. (11.20) die in Abb. 11.8 dargestellte Mischverteilung. Der Einfluss der Verhaltensfunktionen der einzelnen Phasen auf die resultierende Mischverteilung ist deutlich zu erkennen.

Das ausgebildete Plateau einer konstanten Störwahrscheinlichkeit in einem großen Spannungsbereich kann als typisch für Geräte angesehen werden, bei denen eine Phase wesentlich störempfindlicher als andere Phasen ist, d.h. wenn eine kritische Phase auftritt.

Vergleicht man den Wert der Störwahrscheinlichkeit von 10%, ergibt sich ein Unterschied von 2,75 kV zwischen dem mittlerem Wert und dem der kritischen Phase. Eine ausreichende Störfestigkeit könnte demzufolge in einem Störfestigkeitsnachweis vorgetäuscht werden.

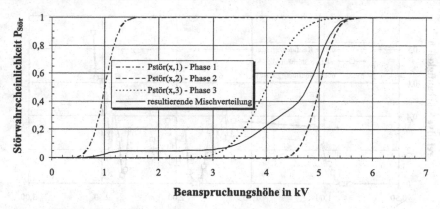

Abb. 11.8 Beispiel der Störverhaltensfunktionen der Phasen und der resultierenden Mischverteilung bei konstanter Trefferhäufigkeit der einzelnen Phasen

Bei der praktischen Bestimmung der Störverhaltensfunktion ist durch das Fehlen einer Synchronisation zum Zyklus des Gerätes keine konstante Trefferhäufigkeit der einzelnen Phasen zu realisieren. Es wird sich eine zufällige Aufteilung der Prüfimpulse auf die Phasen ergeben, wodurch die Störverhaltensfunktion eine beliebige Form annehmen kann.

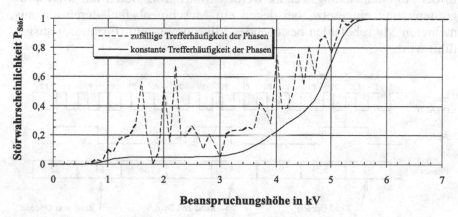

Abb. 11.9 Resultierende Störverhaltensfunktionen bei konstanter und zufälliger Trefferhäufigkeit der Phasen

Dieser Sachverhalt ist in Abb. 11.9 verdeutlicht. Die resultierende Störverhaltensfunktion ist trotz der Monotonie der ursprünglichen Verhaltensfunktionen nicht monoton.

Betrachtet man die in Abb. 11.10 dargestellte Störverhaltensfunktion einer Klein-SPS gegenüber einzelnen Burst-Impulsen, so können unterschiedlich störempfindliche Phasen die Ursache für diese Form der Verhaltensfunktion sein.

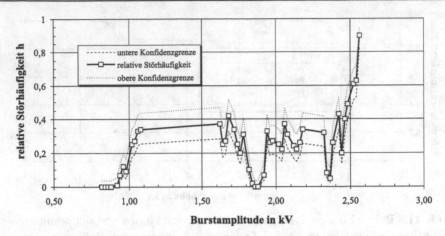

Abb. 11.10 Störverhaltensfunktion einer SPS gegenüber positiven, im Abstand von ca. 1s ausgelösten Burstspikes (je 100 Versuche, β=0,95)

11.3.2 Verhalten von Mikroprozessorschaltungen

In der Automatisierungstechnik werden Mikroprozessoren mit Mikroprogrammierung eingesetzt, bei denen ein Maschinenbefehl durch ein aus mehreren Mikrobefehlen bestehendes Mikroprogramm (Firmware) ausgeführt wird.

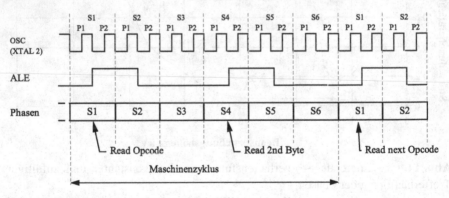

Abb. 11.11 Befehlssequenz eines 8 Bit Mikrocontrollers

Beispielhaft ist in Abb. 11.11 der aus 12 Takten bestehende Maschinenzyklus eines 8 Bit Mikrocontrollers dargestellt. Zwei aufeinander folgende Takte werden zu einem internen Zustand S mit jeweils zwei Phasen P1 und P2 zusammengefasst. Typische Arithmetik- oder Logikaufgaben werden beispielsweise in der Phase P1 eines Zustandes abgearbeitet, wohingegen die Phase P2 für den internen Registertransfer genutzt wird.

Die internen Funktionsabläufe des Mikrocontrollers sind mit dem Systemtakt synchronisiert. Die interne Konfiguration der Schaltung kann sowohl bei positiven als auch bei negativen Taktflanken variieren. Dieses System kann durch ein taktflankenabhängiges Störverhalten beschrieben werden. So können die um eine Taktflanke symmetrisch liegenden Zeiten zu störempfindlichen Phasen (taktflankenabhängige Phaseneinteilung) zusammengefasst werden. Aber nicht nur der interne Aufbau des Mikrorechners hat einen Einfluss auf die störempfindlichen Phasen, auch die externe Belegung der Ports bestimmt das Störfestigkeitsverhalten.

Für eine umfassende Beschreibung der Störfestigkeit computerbasierter Geräte ist es notwendig, sowohl die Zeitvarianz als auch die stochastischen Eigenschaften der Störfestigkeit zu berücksichtigen. Dieses gelingt durch Anwenden der Gl. (11.17).

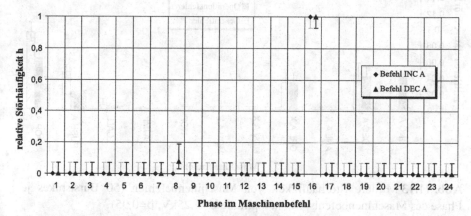

Abb. 11.12 Phasenabhängige Störhäufigkeit der komplementären Befehle INC A und DEC A (je 50 Burstspikes, Amplitude U=1,25kV, β=0,95)

Abb. 11.12 zeigt, in welchem Umfang sich die Störfestigkeit von Mikrocontrollerschaltungen ändern kann. Für dieses Beispiel wurde die Störwahrscheinlichkeit eines 8 Bit Mikrocontrollerbords gegenüber der Einkopplung von einzelnen Burstspikes auf die Stromversorgungsleitungen gemessen. Die Triggerung der Burstspikes wurde mit dem Systemtakt synchronisiert. Entsprechend der Ausführung eines Maschinenbefehls innerhalb von 12 Takten wurden 24 unterschiedliche Phasen unterteilt.

Es wird deutlich, dass die Schaltung eigentlich nur in der Phase 16 gestört werden kann. Bei einer Taktfrequenz von 12 MHz ist diese Phase nur 42 ns lang. Anhand der Abbildung lässt sich vermuten, dass komplementäre Befehle aufgrund ähnlicher Mikroprogrammierung ein gleiches Störverhalten aufweisen.

Die Bestimmung der maximalen Störwahrscheinlichkeiten ist mit herkömmlichen Verfahren nicht möglich. Durch die zufällige Auslösung von Prüfimpulsen kann lediglich die mittlere Störwahrscheinlichkeit bestimmt werden, die in Abb. 11.13 für unterschiedliche Maschinenbefehle eines 8 Bit Mikroprozessors dargestellt ist.

Die mittleren Störempfindlichkeiten unterscheiden sich um Größenordnungen von der Störempfindlichkeit der empfindlichsten Phase. Dies wird deutlich, wenn man die entsprechenden Werte für den Befehl INC A nach Abb. 11.12 und Abb. 11.13 vergleicht.

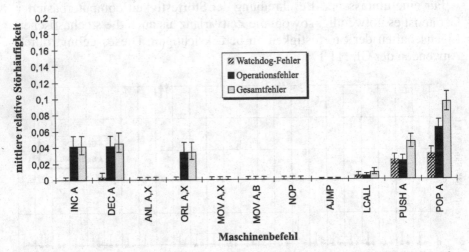

Abb. 11.13 Mittlere Störhäufigkeit von Maschinenbefehlen (50 Burstspikes je Phase des Maschinenbefehls, Burstamplitude U=1,25kV, β=0,95)

Die Prüfergebnisse computerbasierter Geräte werden bei standardisierten Störfestigkeitsnachweisen Schwankungen aufweisen, die mit der herkömmlichen Prüftechnik akzeptiert werden müssen.

> Es sollte jedem klar sein, dass mit einer wesentlich geringeren Störfestigkeit als der in einem EMV-Test nachgewiesenen gerechnet werden muss, wenn ein Störimpuls durch Zufall in eine besonders störkritische Phase trifft.

Dieser Sachverhalt hat insbesondere Auswirkungen bei sicherheitskritischen Anwendungen. Für diese Technik sind Prüfstrategien zu nutzen, die die Zeitvarianz der Störfestigkeit berücksichtigten. Anregungen zu dieser Thematik lassen sich in [8] finden, wo auch die Verwendung lernender Automaten für Nachweisverfahren beschrieben ist.

A1 Elektrische Felder von Stabanordnungen

Bei der Behandlung elektrischer Felder innerhalb der EMV wird man häufig mit Fragen der von Stabanordnungen erzeugten Felder konfrontiert. Dabei sollen unter Stabanordnungen natürlich auch Anordnungen von Drähten verstanden werden. Sicherlich ist es interessant, beliebige Anordnungen untersuchen zu können. An dieser Stelle wird aber eine Beschränkung auf parallele Stäbe und Drähte vorgenommen. Parallelanordnungen lassen sich besser durchschauen, grundsätzliche Dinge lassen sich schon an Parallelanordnungen zeigen und abschätzen. Beliebige Anordnungen dünner Drähte (schlanker Elektroden) wird man heutzutage mit einem Computerprogramm, basierend auf der Momentenmethode, analysieren.

Die Schirmung elektrischer Felder durch Gitterschirme wird im Kap. 7.2 auf eine Anordnung von sich kreuzenden parallelen Drähten zurückgeführt. Dabei werden in einem ersten Schritt auf den Achsen der Drähte zunächst unbekannte Ladungen angesetzt. Über die Randbedingung φ = konst. werden danach die Ladungen bestimmt. Sind die Ladungen bekannt, können damit die Felder berechnet werden.

Elektrische Felder von Stabanordnungen werden aber erst wirklich interessant, wenn man innerhalb einer Analyse elektromagnetische Felder von Drähten und Stäben abschätzen muss und das elektrische Feld dominiert, wenn kapazitive Kopplungen betrachtet werden oder aber Kapazitäten und Teilkapazitäten für weitergehende Untersuchungen benötigt werden. Als Beispiele für eine notwendige oder wünschenswerte Analyse von Stabanordnungen können genannt werden:

1. Bestimmung von Teilkapazitäten für die Analyse von Kabelbündeln bzw. von Kabeln ganz allgemein,

2. schirmende Wirkung von Masseleitern (Siehe hierzu auch das Beispiel in Kap. 3.1),

3. elektromagnetisches Feld einer Stabantenne, in deren Nähe Kabel verlegt sind (Beispiel des Kap. 6.4.3) oder in deren Nähe sich mehrere Sekundärstrahler befinden.

Dieses Anhangkapitel ist in 3 Unterabschnitte unterteilt. In A1.1 wird das Prinzip der Potentialkoeffizienten und der Teilkapazitäten dargestellt. Es wird beispielhaft an unendlich langen parallelen Leitern über Grund verdeutlicht. In A1.2 wird dann konkret die Anordnung aus n parallelen horizontalen Leitern über Grund mit den notwendigen Gleichungen beschrieben und auf ein Beispiel angewendet.

Der Abschnitt A1.3 befasst sich dann mit n parallelen Leitern senkrecht auf einer leitenden Ebene stehend. Auch für diese Anordnung wird ein Beispiel geliefert.

A1.1 Potentialkoeffizienten und Teilkapazitäten

In der Abbildung A1.1 sind beispielhaft 3 horizontale Leiter dargestellt, die auf einer Länge von 1 (in die Zeichenebene hinein) eine Ladung $Q_i = \lambda_i 1$ tragen. Von diesen Ladungen gehen Feld- bzw. Flusslinien aus, deren Wirkungen konzentriert als Kapazitäten darstellbar sind.

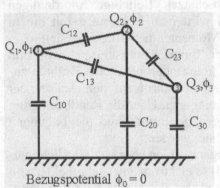

So geht vom Leiter i ein Teil des elektrischen Flusses zum Leiter j. Die Teilflüsse lassen sich, wie angedeutet, durch Teilkapazitäten C_{ij} darstellen.

Die Teilkapazitäten sind folgendermaßen definiert:

$$Q_1 = C_{10}\phi_1 + C_{12}(\phi_1 - \phi_2) + C_{13}(\phi_1 - \phi_3)$$
$$Q_2 = C_{12}(\phi_2 - \phi_1) + C_{20}\phi_2 + C_{23}(\phi_2 - \phi_3)$$
$$Q_3 = C_{13}(\phi_3 - \phi_1) + C_{23}(\phi_3 - \phi_2) + C_{30}\phi_3$$

Abb. A1.1 Drei horizontale Leiter mit den sich ergebenden Teilkapazitäten

Zur Gewinnung dieser Teilkapazitäten geht man von den Potentialgleichungen aus, wobei als Aufpunkte Punkte auf der Oberfläche gewählt werden. Für ein System aus n Leitern lässt sich das folgende Gleichungssystem aufstellen:

$$k_{11}Q_1 + k_{12}Q_2 + k_{13}Q_3 + \ldots + k_{1n}Q_n = \phi_1$$
$$k_{21}Q_1 + \ldots \qquad\qquad\qquad = \phi_2$$
$$\vdots$$
$$k_{n1}Q_1 + k_{n2}Q_2 + k_{n3}Q_3 + \ldots + k_{nn}Q_n = \phi_n$$

(A1.1)

In Matrixschreibweise kann man schreiben:

$$[k]_{n,n} \cdot [Q]_n = [\phi]_n$$

(A1.2)

Invertiert man die Koeffizientenmatrix $[k]_{n,n}$, erhält man

$$[Q]_n = [k]_{n,n}^{-1} \cdot [\phi]_n = [K]_{n,n} \cdot [\phi]_n , \qquad (A1.3)$$

die Koeffizienten K_{ij} werden als Potentialkoeffizienten bezeichnet.
Für z.B. die erste Zeile lässt sich nun angeben:

$$Q_1 = K_{11}\phi_1 + K_{12}\phi_2 + K_{13}\phi_3 + \ldots \qquad (A1.4)$$

Die Ladung Q_1 ergibt sich aus einer Summe von Beiträgen durch die beteiligten Potentiale:

$$Q_1 = \left(K_{11} + \sum_{i=2}^{n} K_{1i} \right) \cdot \phi_1 - K_{12} \cdot (\phi_1 - \phi_2) - K_{13} \cdot (\phi_1 - \phi_3) - \ldots \qquad (A1.5)$$

Damit hat diese Gleichung das gewünschte Aussehen und man kann für die Teilkapazitäten ableiten:

$$C_{10} = K_{11} + \sum_{i=2}^{n} K_{1i} = \sum_{i=1}^{n} K_{1i} \qquad (A1.6)$$

$$C_{1i} = -K_{1i} \qquad (A1.7)$$

Für alle anderen Zeilen gilt das gleiche Bildungsgesetz.

A1.2 Potentiale, elektrische Feldstärken und Teilkapazitäten von Horizontalleitern

Die nachfolgenden Ableitungen gelten für unendlich lange Horizontalleiter über Grund, sie sind in das im Abschnitt A1.2.1 gelieferte Programm HLEITER umgesetzt. Für die Analyse von Anordnungen im freien Raum wird empfohlen, auch mit dem Programm zu arbeiten, aber den Abstand zur leitenden Ebene entsprechend groß zu wählen.

Einleiteranordnung

Ein unendlich langer, zur leitenden Ebene paralleler Leiter (Siehe Abb. A1.2), der die Linienladung λ_i trägt, erzeugt in einem Aufpunkt $P(x_P, z_P)$ ein Potential von

$$\phi_p = \frac{\lambda_i}{2\pi\varepsilon} \cdot \ln \frac{\sqrt{(x_p - x_i)^2 + (z_p + z_i)^2}}{\sqrt{(x_p - x_i)^2 + (z_p - z_i)^2}} \qquad (A1.8)$$

und eine Feldstärke von $\vec{E}(x_P, z_P) = E_{xP} \cdot \vec{e}_x + E_{zP} \cdot \vec{e}_z$, mit

$$E_{xP} = \frac{\lambda_i}{2\pi\varepsilon} \cdot \left[\frac{x_P - x_i}{(x_P - x_i)^2 + (z_P - z_i)^2} - \frac{x_P - x_i}{(x_P - x_i)^2 + (z_P + z_i)^2} \right], \quad (A1.9)$$

$$E_{zP} = \frac{\lambda_i}{2\pi\varepsilon} \cdot \left[\frac{z_P - z_i}{(x_P - x_i)^2 + (z_P - z_i)^2} - \frac{z_P + z_i}{(x_P - x_i)^2 + (z_P + z_i)^2} \right]. \quad (A1.10)$$

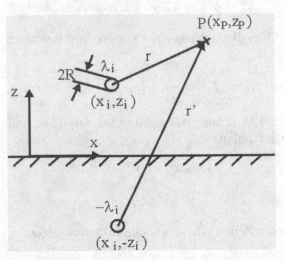

Abb. A1.2 Horizontaler Linienleiter über Grund

Ist das Potential ϕ_i vorgegeben, was im Allgemeinen der Fall ist, muss erst die Linienladung λ_i bestimmt werden. Dies kann dadurch geschehen, dass man einen Aufpunkt auf der Oberfläche des Drahtes vorgibt (z.B. $x_p = x_i + R$, $z_p = z_i$) und fordert, dass in diesem Punkt das Potential den vorgegebenen Wert einnimmt, $\phi_p = \phi_i$. Löst man die Gleichung A1.8 mit entsprechenden Werten nach der Ladung λ_i auf, erhält man:

$$\overline{\lambda_i} = \frac{\lambda_i}{2\pi\varepsilon} = \frac{\phi_i}{\ln \dfrac{\sqrt{R^2 + (2z_i)^2}}{R}} \quad (A1.11)$$

Beispiel A1.1: Eine Leitung, 2 m über Grund, mit dem Radius R = 1 cm hat eine Spannung von 100 V gegen die Ebene (Koordinaten der Mittelachse: $x_i = 0$, $z_i = 2$ m). Wie groß sind das Potential und die Feldstärke im Punkt $x_p = 1$ m, $z_p = 1$ m? Welche Kapazität hat die Leitung pro Meter Länge gegen Masse?

1. Nach Gleichung A1.11 lässt sich eine bezogene Ladung von $\overline{\lambda_1} = 16{,}7$ V errechnen.

2. Im Punkt $x_p = 1$ m und $z_p = 1$ m stellt sich gemäß A1.8 ein Potential von $\phi_p = 13{,}4$ V und nach A1.10 und A1.11 eine elektrische Feldstärke von $\vec{E}(1\,m, 1\,m) = 6{,}7 \cdot \vec{e}_x - 13{,}4 \cdot \vec{e}_z$ V/m ein.

3. Die Kapazität berechnet sich aus $C = Q/U$. Daraus folgt
$$C' = \frac{\overline{\lambda} 2\pi\varepsilon_o}{U} = 9{,}3\,pF/m.$$

Zweileiteranordnung

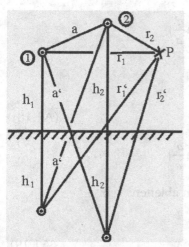

$$\phi(P) = \frac{1}{2\pi\varepsilon} \cdot [\lambda_1 \cdot \ln\frac{r_1'}{r_1} + \lambda_2 \cdot \ln\frac{r_2'}{r_2}] \quad (A1.12)$$

Die Leiter haben die Radien $\frac{d_1}{2}$ und $\frac{d_2}{2}$.

Abb. A1.3 Zweileiteranordnung über Grund

Für zwei parallele Leiter über Grund lassen sich die Teilkapazitäten noch analytisch berechnen. In der Abb. A1.3 ist eine Zweileiteranordnung dargestellt. Das Potential in einem Punkt P berechnet sich aus der Überlagerung der Potentiale der zwei Linienladungen.

Das Potential auf der Oberfläche des Leiters 1 ergibt sich zu

$$\phi_1 = \frac{1}{2\pi\varepsilon} \cdot [\lambda_1 \cdot \ln\frac{2 \cdot h_1}{d_1/2} + \lambda_2 \cdot \ln\frac{a'}{a}], \qquad (A1.13)$$

$$\phi_1 = \frac{1}{2\pi\varepsilon l} \cdot [Q_1 \cdot \ln\frac{4h_1}{d_1} + Q_2 \cdot \ln\frac{a'}{a}], \qquad (A1.14)$$

für die Oberfläche 2 erhält man

$$\phi_2 = \frac{1}{2\pi\varepsilon} \cdot [\lambda_1 \cdot \ln\frac{a'}{a} + \lambda_2 \cdot \ln\frac{2 \cdot h_2}{d_2/2}], \tag{A1.15}$$

$$\phi_2 = \frac{1}{2\pi\varepsilon l} \cdot [Q_1 \cdot \ln\frac{a'}{a} + Q_2 \ln\frac{4 \cdot h_2}{d_2}]. \tag{A1.16}$$

Eine Auflösung nach Q_1 und Q_2 ergibt:

$$Q_1 \cdot [\ln\frac{4h_1}{d_1} \cdot \ln\frac{4h_2}{d_2} - \ln^2\frac{a'}{a}] =$$

$$2\pi\varepsilon l[\phi_1 \cdot \ln\frac{4h_2}{d_2} - \phi_2 \ln\frac{a'}{a}] = \tag{A1.17}$$

$$2\pi\varepsilon l[\phi_1 \cdot (\ln\frac{4h_2}{d_2} - \ln\frac{a'}{a}) + (\phi_1 - \phi_2) \cdot \ln\frac{a'}{a}]$$

$$Q_2 \cdot [\ln\frac{4h_1}{d_1} \cdot \ln\frac{4h_2}{d_2} - \ln^2\frac{a'}{a}] =$$

$$2\pi\varepsilon l[\phi_2 \cdot \ln\frac{4h_1}{d_1} - \phi_1 \ln\frac{a'}{a}] = \tag{A1.18}$$

$$2\pi\varepsilon l[\phi_2 \cdot (\ln\frac{4h_1}{d_1} - \ln\frac{a'}{a}) + (\phi_2 - \phi_1) \cdot \ln\frac{a'}{a}]$$

Daraus lassen sich folgende Teilkapazitäten ableiten:

$$C_{10} = 2\pi\varepsilon l \frac{\ln\frac{4h_2}{d_2} - \ln\frac{a'}{a}}{\ln\frac{4h_1}{d_1} \cdot \ln\frac{4h_2}{d_2} - \ln^2\frac{a'}{a}}; \tag{A1.19}$$

$$C_{20} = 2\pi\varepsilon l \frac{\ln\frac{4h_1}{d_1} - \ln\frac{a'}{a}}{\ln\frac{4h_1}{d_1} \cdot \ln\frac{4h_2}{d_2} - \ln^2\frac{a'}{a}}; \tag{A1.20}$$

$$C_{12} = 2\pi\varepsilon l \frac{\ln\frac{a'}{a}}{\ln\frac{4h_1}{d_1} \cdot \ln\frac{4h_2}{d_2} - \ln^2\frac{a'}{a}}. \tag{A1.21}$$

Anordnung aus n Leitern

Eine Dreileiteranordnung lässt sich nur noch mit erheblichem Aufwand allgemeingültig lösen. Sind n Leiter vorhanden, wird man auf numerische Lösungen zurückgreifen müssen. In einem ersten Schritt werden dabei über eine Matrixgleichung (Gleichung A1.3) die Ladungen bestimmt. Liegen diese und auch die Potentialkoeffizienten vor, lassen sich Potentiale und Feldstärken für beliebige Punkte und auch die Teilkapazitäten bestimmen. Mit dem Programm HLEITER (Quellcode im Abschnitt A1.2.1) wird ein Programm geliefert, mit dem die Potentiale, Feldstärken und Teilkapazitäten für n parallele Leiter berechnet werden können. n darf dabei im Bereich von 1 bis 100 liegen.

Beispiel für die Anwendung des Programms HLEITER
Es ist eine Anordnung gemäß Abb. A1.4 aus 5 Leitern zu analysieren.

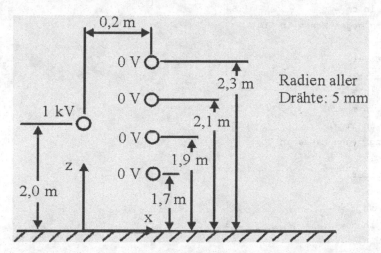

Abb. A1.4 Anordnung aus Draht auf Hochspannung und 4 schirmenden Leitern

Bestimmt werden sollen das Potential und die Feldstärke in den Punkten $P_1 = (-0{,}4\ m, 2\ m)$ und $P_2 = (0{,}4\ m, 2\ m)$. Weiterhin sollen alle Teilkapazitäten berechnet werden.

Ergebnisausdruck des Programms HLEITER

```
Anordnung - Horizontalleiter
==============================


 1 . Leiter
 ------------
x-Wert in m =          0
z-Wert in m =          2
```

```
Radius in cm =                     .5
Spannung gegen Masse in Volt =              1000


 2 . Leiter
------------
x-Wert in m =                      .2
z-Wert in m =                     1.7
Radius in cm =                     .5
Spannung gegen Masse in Volt =               0


 3 . Leiter
------------
x-Wert in m =                      .2
z-Wert in m =                     1.9
Radius in cm =                     .5
Spannung gegen Masse in Volt =               0


 4 . Leiter
------------
x-Wert in m =                      .2
z-Wert in m =                     2.1
Radius in cm =                     .5
Spannung gegen Masse in Volt =               0


 5 . Leiter
------------
x-Wert in m =                      .2
z-Wert in m =                     2.3
Radius in cm =                     .5
Spannung gegen Masse in Volt =               0


 1 . Aufpunkt (-.4 , 2 )
===========================
Potential =    202.5981 V,   Ex = -297.5522 V/m,   Ez = -13.3946 V/m


 2 . Aufpunkt ( .4 , 2 )
===========================
Potential =    73.30295 V,   Ex = 61.25162 V/m,   Ez = -9.042034 V/m


Teilkapazitaeten
================
C 1  0  = 3.202583  pF/m
C 1  2  = 1.668292  pF/m
```

```
C 1   3   = 2.559265   pF/m
C 1   4   = 2.584133   pF/m
C 1   5   = 1.763822   pF/m
C 2   1   = 1.668292   pF/m
C 2   0   = 4.227483   pF/m
C 2   3   = 3.366044   pF/m
C 2   4   = 1.162033   pF/m
C 2   5   = .8385063   pF/m
C 3   1   = 2.559264   pF/m
C 3   2   = 3.366044   pF/m
C 3   0   = 2.687009   pF/m
C 3   4   = 2.85189    pF/m
C 3   5   = 1.209272   pF/m
C 4   1   = 2.584133   pF/m
C 4   2   = 1.162033   pF/m
C 4   3   = 2.85189    pF/m
C 4   0   = 2.557232   pF/m
C 4   5   = 3.477014   pF/m
C 5   1   = 1.763822   pF/m
C 5   2   = .8385062   pF/m
C 5   3   = 1.209272   pF/m
C 5   4   = 3.477014   pF/m
C 5   0   = 3.728806   pF/m
```

A1.2.1 Quellcode des Programms HLEITER

```
1      cls
10     print"":print"Programm zur Berechnung von Potentialen, elektrischen
       Feldstaerken"
11     print " und Teilkapazitaeten von Horizontalleitern ueber leitendem
       Grund"
13     print"============================================================="
15     print"(Stand 26. Jan. 2004)":print""
16     print"Die Ausgabe der Ergebnisse geschieht in die Datei screen"
17     open "Screen" for output as #1
20     print "":input "Anzahl der Horizontalleiter ?   ",n

1000   dim Daten(n,5),sz(n,n),sx(n,n)
1001   rem daten(i,1) = x(i), daten (i,2)=z(i), daten (i,3) = r(i)
1002   rem daten(i,4) = phi(i), daten (i,5) =lamba(i)*fak
1020   rem sx(n,n) = Grossk(n,n), sz=kleink(n,n), spaeter sz = Cij
1050   pi = 3.14159:fak=1/2/pi/8.854
```

```
1055    print#1,"Anordnung - Horizontalleter":
        print#1,"==================="
1100    for i = 1 to N
1200    print "":print i;". Leiter":input "x-Wert in m? ",daten(i,1)
1210    print#1,"":print#1, i;". Leiter":print#1,"---- ------":print#1,
        "x-Wert in m = ",daten(i,1)
1220    input "z-Wert in m? ",daten(i,2)
1225    Print#1,"z-Wert in m = ", daten(i,2)
1230    input "Radius in cm? ",R
1235    print#1,"Radius in cm =",R
1237    daten(i,3)=0.01*R
1240    input "Spannung gegen Masse? ",daten(i,4)
1245    print#1,"Spannung gegen Masse in Volt =",daten(i,4)
1250    next i
2000    print ""
2010    input "An wie vielen Punkten moechten Sie das Potential und die
        Feldstaerke wissen? ",np
2015    dim aufp(50,5)
2020    for i = 1 to np
2030    Print "":print i;".Punkt":input "x-Wert in m? ",aufp(i,1)
2040    input "z-Wert in m? ",aufp(i,2)
2050    next i

3500    rem Berechnung der Koeffizientenmatrix Kleink
3520    for i = 1 to n
3530    zp=Daten(i,2)
3540    for j = 1 to n
3444    xp=daten(i,1)
3545    if j = i then xp=xp+daten(i,3)
3550    xi=Daten(j,1):zi=Daten(j,2)
3560    gosub 4500
3570    sx(i,j) = wert: sz(i,j) =wert
3580    next j
3590    next i
3600    gosub 9990
3610    rem for i = 1 to n
3620    rem for j = 1 to n
3630    rem print sx(i,j), sz(i,j)
3640    rem next j
3650    rem next i
3660    for i = 1 to n
3670    for j = 1 to n
3680    daten(i,5)=daten(i,5)+sx(i,j)*daten(j,4)
```

```
3690   next j
3700   next i


3800   rem Berechnung von Potentialen und Feldstaerken
3810   for i = 1 to np
3820   xp = aufp(i,1): zp = aufp(i,2)
3830   for j = 1 to n
3840   xi=daten(j,1): zi=daten(j,2)
3850   gosub 4500
3855 gosub 5000
3860   aufp(i,3)=aufp(i,3)+daten(j,5)*wert
3870   aufp(i,4) = aufp(i,4) + daten(j,5)*exip
3880   aufp(i,5) = aufp(i,5) + daten(j,5)*ezip
3890   next j
3900   print#1, "":print#1, i;". Aufpunkt (";aufp(i,1);",";aufp(i,2);")":
       print#1, "========================="
3901   Print#1, "Potential =   ";aufp(i,3);"V,   Ex = ";aufp(i,4);
       "V/m,Ez = ";aufp(i,5);"V/m"
3905   next i


4000   rem Berechnung der Teilkapazitaeten
4010   for i = 1 to n
4020   for j = 1 to n
4030   sz(i,j)=0
4040   next j
4050   next i
4060   for i = 1 to n
4070   for j = 1 to n
4080   if i = j then goto 4120
4090   sz(i,j) = -sx(i,j)
4100   goto 4150
4120   for k = 1 to n
4130   sz(i,i)=sz(i,i)+sx(i,k)
4140   next k
4150   next j
4160   next i
4165   Print#1,"":Print#1,"Teilkapazitaeten":print#1,"================="
4170   for i = 1 to n
4180   for j = 1 to n
4190   if i = j then print#1, "C";i;" 0   =";sz(i,i)/fak;"
       pF/m":goto 4250
4200   print#1, "C";i;j;"  =";sz(i,j)/fak;" pF/m"
4250   next j
```

```
4260  next i
4270  print"":print"Die Eingabedaten und die Ergebnisse stehen in der
      Datei 'screen'!!!!!!"
4490  end


4500  rem Unterprogramm Potential
4510  Z=(xp-xi)*(xp-xi)+(zp+zi)*(zp+zi)
4520  Nen=(xp-xi)*(xp-xi)+(zp-zi)*(zp-zi)
4530  Wert = 0.5*log(z/nen)
4540  return


5000  rem Unterprogramm Feldstaerke
5010  fak1 = xp-xi: fak2 = zp-zi
5020  fak3 = zp+zi
5030  exip = fak1/(fak1*fak1+fak2*fak2)- fak1/(fak1*fak1+fak3*fak3)
5040  ezip = fak2/(fak1*fak1+fak2*fak2)-fak3/(fak1*fak1+fak3*fak3)
5050  return


9990  rem Unterprogramm zum Invertieren einer reellwertigen Matrix
10000 ESP = 1.0E-5
11000 For K = 1 to N
12000 for J = 1 to N
13000 if j = k then goto 17000
14000 if sx(k,k)<0 then goto 16000
14100 if sx(k,k)>0 then goto 16000
15000 sx(k,k)=esp
16000 sx(k,j)=sx(k,j)/sx(k,k)
17000 next j
18000 sx(k,k)=1/sx(k,k)
19000 for i = 1 to N
20000 if I = k goto 24000
21000 for j = 1 to N
22000 if j = k goto 23900
23000 sx(i,j) = sx(i,j) - sx(k,j)*sx(i,k)
23900 next j
24000 next i
25000 for i = 1 to n
26000 if(i=k) then goto 27900
27000 sx(i,k) = -sx(i,k)*sx(k,k)
27900 Next i
28000 next k
28500 rem print "":print "Invertierte der Ausgangsmatrix"
28600 rem          print "------------------------------ ":print""
```

```
29000 rem for i = 1 to n
29100 rem for j = 1 to n
29200 rem print using "SX( ## , ## ) = #.####^^^^";i,j,sx(i,j)
29300 rem next j
29400 rem next i
30000 rem print"":print "Wuenschen Sie die Ausgabe der rueckgerechneten
       Einheitsmatrix (j/n)?"
31000 rem input A$: if A$ = "n" or a$ = "N" then goto 44444
32000 rem for i = 1 to N
33000 rem for k = 1 to N
33500 rem zw = 0
34000 rem for j = 1 to N
35000 rem zw = zw+sz(i,j)*sx(j,k)
36000 rem next j
36500 rem e(i,k) = zw
37000 rem next k
37500 rem next i
38000 rem print"":print"Einheitsmatrix"
39000 rem        print"--------------": print ""
40000 rem for i = 1 to n
41000 rem for j = 1 to n
42000 rem print using "E( ## , ## ) = #.####^^^^";i,j,e(i,j)
43000 rem next j
44000 rem next i
44444 return
```

A1.3 Potentiale, elektrische Feldstärken und Teilkapazitäten von endlich langen Vertikalstäben

Die nachfolgenden Ableitungen gelten für endlich lange Vertikalstäbe mit Fußpunkt auf der Ebene, sie sind in das Programm VSTAB umgesetzt.

Anordnung aus einem Stab

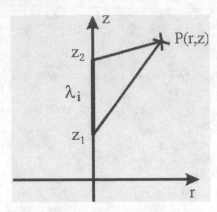

Abb. A1.5 Vertikalstab im freien Raum

Ein endlich langer Stab (Siehe Abb. A1.5), der die Linienladung λ_i trägt, erzeugt in einem Aufpunkt P(r, z) ein Potential von

$$\phi_P = \frac{\lambda_i}{4\pi\varepsilon} \cdot \ln \frac{z - z_1 + \sqrt{(z - z_1)^2 + r^2}}{z - z_2 + \sqrt{(z - z_2)^2 + r^2}} \qquad (A1.22)$$

Befindet sich dieser Stab mit seiner Ladung oberhalb einer leitenden Ebene, lässt sich das Potential dieses Stabes (dieser Linienladung) durch den Ansatz einer zusätzlichen Spiegelladung unterhalb der Ebene bestimmen. Es ergibt sich:

$$\phi_P = \frac{\lambda_i}{4\pi\varepsilon} \cdot \ln\left(\frac{z - z_1 + \sqrt{(z - z_1)^2 + r^2}}{z - z_2 + \sqrt{(z - z_2)^2 + r^2}} \cdot \frac{z + z_1 + \sqrt{(z + z_1)^2 + r^2}}{z + z_2 + \sqrt{(z + z_2)^2 + r^2}}\right). \qquad (A1.23)$$

Für $z_1 = 0$ vereinfacht sich die Gleichung zu

$$\phi_P = \frac{\lambda}{4\pi\varepsilon} \cdot \ln\left(\frac{z + \sqrt{z^2 + r^2}}{z - z_2 + \sqrt{(z - z_2)^2 + r^2}} \cdot \frac{z + \sqrt{z^2 + r^2}}{z + z_2 + \sqrt{(z + z_2)^2 + r^2}}\right). \qquad (A1.24)$$

Ist ein Stab i mit der Ladung λ_i am Ort x_i, y_i angeordnet, ergibt sich das Potential in einem Punkt P (x_p, y_p, z_p) aus der nachfolgenden Gleichung:

$$\phi_P = \frac{\lambda_i}{4\pi\varepsilon} \cdot \ln\left(\frac{z_P + \sqrt{z_P^2 + (x_p - x_i)^2 + (y_P - y_i)^2}}{z_P - z_2 + \sqrt{(z_P - z_2)^2 + (x_p - x_i)^2 + (y_P - y_i)^2}} \cdot \right.$$

$$\left. \frac{z_P + \sqrt{z_P{}^2 + (x_p - x_i)^2 + (y_P - y_i)^2}}{z_P + z_2 + \sqrt{(z_P + z_2)^2 + (x_p - x_i)^2 + (y_P - y_i)^2}}\right). \qquad (A1.25)$$

Die elektrische Feldstärke auf der leitenden Ebene hat nur eine z-Komponente. Sie errechnet sich für den Stab i zu $\vec{E}_P(x_P, y_P, z_P = 0) = E_{zP} \cdot \vec{e}_z$, mit

$$E_{zP} = \frac{\lambda_i}{4\pi\varepsilon}\left(\frac{2}{\sqrt{(x_p - x_i)^2 + (y_P - y_i)^2 + z_2^2}} - \frac{2}{\sqrt{(x_p - x_i)^2 + (y_P - y_i)^2}} \right) \quad \text{(A1.26)}$$

Ist das Potential ϕ_i vorgegeben, was im Allgemeinen der Fall ist, muss erst die Linienladung λ_i bestimmt werden. Dies kann dadurch geschehen, dass man einen Aufpunkt auf der Oberfläche des Stabes vorgibt (z.B. $x_p = x_i + R$, $y_p = y_i$, $z_p = z_2/2$) und fordert, dass in diesem Punkt das Potential den vorgegebenen Wert einnimmt, $\phi_P = \phi_i$. Löst man die Gleichung A1.24 mit entsprechenden Werten nach der Ladung auf, erhält man:

$$\overline{\lambda_i} = \frac{\lambda_i}{4\pi\varepsilon} = \frac{\phi_i}{\ln\left(\dfrac{\frac{z_2}{2} + \sqrt{\left(\frac{z_2}{2}\right)^2 + R^2}}{-\frac{z_2}{2} + \sqrt{\left(\frac{z_2}{2}\right)^2 + R^2}} \cdot \dfrac{\frac{z_2}{2} + \sqrt{\left(\frac{z_2}{2}\right)^2 + R^2}}{\frac{3z_2}{2} + \sqrt{\left(\frac{3z_2}{2}\right)^2 + R^2}} \right)} \quad \text{(A1.27)}$$

Beispiele zur Nutzung der Gleichungen sind im Kapitel 6.4.3 enthalten.

Anordnung aus n Stäben

Für eine Zweistab- und eine Dreistabanordnung lässt sich sicherlich noch eine formelmäßige Lösung finden. Sind n Stäbe vorhanden, wird man wohl auch hier auf numerische Lösungen zurückgreifen müssen. In einem ersten Schritt werden dabei wieder über eine Matrixgleichung (Gleichung A1.3) die Ladungen bestimmt. Liegen diese und auch die Potentialkoeffizienten vor, lassen sich Potentiale und Feldstärken für beliebige Punkte und auch Teilkapazitäten bestimmen. Mit dem im Abschnitt A1.3.1 abgedruckten Programm VSTAB können die Potentiale, Feldstärken und Teilkapazitäten für n parallele Leiter berechnet werden. n darf dabei im Bereich von 1 bis 100 liegen.

Man beachte bei der Erstellung eines solchen Programms, dass bei endlich langen Leitern erst aus den Linienladungen über eine Multiplikation mit der entsprechenden Länge eine Gesamtladung errechnet werden muss, bevor man über die Matrixinvertierung die Potentialkoeffizienten errechnet (Siehe Gleichung A1.2).

Beispiel für die Anwendung des Programms VSTAB

Für die dargestellte Anordnung (Abb. A1.6) sind die Feldstärken für die Punkte $P_1 = (-1,50 \text{ m}, 0, 0)$ und $P_2 = (1,50 \text{ m}, 0, 0)$ und alle Teilkapazitäten zu berechnen.

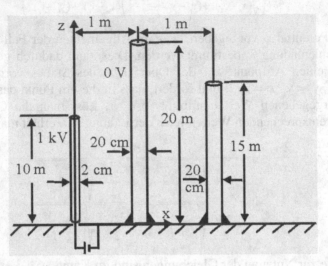

Abb. A1.6 Dreistabanordnung

Ergebnisausdruck des Programms VSTAB

```
Anordnung - Vertikalstaebe
==========================
  1 . Stab
  ----------

x-Wert in m =                         0
y-Wert in m =                         0
Hoehe in m   =                        10
Radius in cm =                        1
Spannung gegen Masse in Volt =        1000


  2 . Stab
  ----------

x-Wert in m =                         1
y-Wert in m =                         0
Hoehe in m   =                        20
Radius in cm =                        10
Spannung gegen Masse in Volt =        0
```

```
3 . Stab
-----------
x-Wert in m =                          2
y-Wert in m =                          0
Hoehe in m   =                        15
Radius in cm =                        10
Spannung gegen Masse in Volt =         0


1 . Aufpunkt (-1.5 , 0 )
===========================
Potential =   2.233862E-6 V,    Ez = -81.54079 V/m


2 . Aufpunkt ( 1.5 , 0 )
===========================
Potential =   1.63919E-6 V,    Ez = 13.14524 V/m


Teilkapazitaeten
================
C 1  0   =   49.25893  pF
C 1  2   =   36.68308  pF
C 1  3   =   9.964862  pF
C 2  1   =   31.91131  pF
C 2  0   =  140.1084   pF
C 2  3   =  148.6927   pF
C 3  1   =   23.7816   pF
C 3  2   =  111.1667   pF
C 3  0   =  113.8211   pF
```

Anmerkung: Die Matrix der (Teil-)Kapazitäten sollte nach der Theorie symmetrisch sein. Durch den gewählten Ansatz, für einen Stab nur eine Linienladung und als Aufpunkt (Konturpunkt, ‚matching point') zur Anpassung des Potentials nur einen Punkt auf halber Höhe des Stabes zu verwenden, geht diese Symmetrie verloren. In Anordnungen aus sehr unterschiedlich langen Stäben, die dicht beieinander angeordnet sind, können die Unterschiede zwischen den Teilkapazitäten C_{ij} und C_{ji} recht groß werden. Es wird empfohlen, die Teilkapazität zu verwenden, die sich als Mittelwert aus beiden Kapazitäten ergibt:

$$C_{ijneu} = \frac{C_{ij} + C_{ji}}{2}$$

A1.3.1 Quellcode des Programms VSTAB

```
1       cls: print"":print"Programm zur Berechnung von Potentialen,
        elektrischen Feldstaerken"
11      print "und Teilkapazitaeten von Vertikalstaeben auf leitendem Grund"
13      print"=============================================================="
15      print"(Stand 26. Jan. 2004)":print""
16      print"Die Ausgabe der Ergebnisse geschieht in die Datei 'screen'"
17      open "Screen" for output as #1
20      print "":input "Anzahl der Vertikalstaebe ?    ",n
1000    dim Daten(n,6): dim sz(n,n): dim sx(n,n)
1001    rem daten(i,1) = x(i), daten (i,2)=y(i), daten (i,3) = r(i)
1002    rem daten(i,6) = z2(i)
1003    rem daten(i,4) = phi(i), daten (i,5) =lambaquer*h = qquer
1020    rem sx(n,n) = Grossk(n,n), sz=kleink(n,n), spaeter sz = Cij
1050    pi = 3.14159:fak=1/4/pi/8.854
1055    print#1,"Anordnung -
        Vertikalstabe":print#1,"======================="
1100    for i = 1 to N
1200    print "":print i;". Stab":input "x-Wert in m? ",daten(i,1)
1210    print#1,"":print#1, i;". Stab":print#1,"------------":print#1,
        "x-Wert in m = ",daten(i,1)
1220    input "y-Wert in m? ",daten(i,2)
1225    Print#1,"y-Wert in m = ", daten(i,2)
1226    input "Hoehe in m = ",daten(i,6)
1229    print#1,"Hoehe in m  = ", daten(i,6)
1230    input "Radius in cm? ",R
1235    print#1,"Radius in cm =",R
1237    daten(i,3)=0.01*R
1240    input "Spannung gegen Masse? ",daten(i,4)
1245    print#1,"Spannung gegen Masse in Volt =",daten(i,4)
1250    next i
2000    print ""
2010    input "An wie vielen Punkten moechten Sie das Potential und die
        Feldstaerke wissen? ",np
2015    dim aufp(np,4)
2016    rem aufp(i,1) = xp, aufp(i,2) = yp, aufp(i,3) = phi(i), aufp(i,4)=
        Ez(i)
2020    for i = 1 to np
2030    Print "":print i;".Punkt":input "x-Wert in m? ",aufp(i,1)
2040    input "y-Wert in m? ",aufp(i,2)
2050    next i
3500    rem Berechnung der Koeffizientenmatrix Kleink
```

```
3520   for i = 1 to n
3530   yp=Daten(i,2):zp=daten(i,6)/2
3540   for j = 1 to n
3444   xp=daten(i,1)
3545   if j = i then xp=xp+daten(i,3)
3546   z2 = daten(j,6)
3550   xi=Daten(j,1):yi=Daten(j,2)
3560   gosub 4500
3570   sx(i,j) = wert/daten(j,6): sz(i,j) =wert/daten(j,6)
3580   next j
3590   next i
3600   gosub 9990
3610   rem for i = 1 to n
3620   rem for j = 1 to n
3630   rem print sx(i,j), sz(i,j)
3640   rem next j
3650   rem next i
3660   for i = 1 to n
3670   for j = 1 to n
3680   daten(i,5)=daten(i,5)+sx(i,j)*daten(j,4)
3690   next j
3700   next i
3800   rem Berechnung von Potentialen und Feldstaerken
3810   for i = 1 to np
3820   xp = aufp(i,1): yp = aufp(i,2):zp=0
3830   for j = 1 to n
3840   xi=daten(j,1): yi=daten(j,2):z2=daten(j,6)
3850   gosub 4500
3855   gosub 5000
3860   aufp(i,3)=  aufp(i,3) + wert*daten(j,5)/daten(j,6)
3870   aufp(i,4) = aufp(i,4) + ezip*daten(j,5)/daten(j,6)
3890   next j
3900   print#1, "":print#1, i;". Aufpunkt (";aufp(i,1);",";
       aufp(i,2);")":print#1, "=========================="
3901   Print#1, "Potential =  ";aufp(i,3);"V,   Ez = ";aufp(i,4);"V/m"
3905   next i
4000   rem Berechnung der Teilkapazitaeten
4010   for i = 1 to n
4020   for j = 1 to n
4030   sz(i,j)=0
4040   next j
4050   next i
4060   for i = 1 to n
```

```
4070   for j = 1 to n
4080   if i = j then goto 4120
4090   sz(i,j) = -sx(i,j)
4100   goto 4150
4120   for k = 1 to n
4130   sz(i,i)=sz(i,i)+sx(i,k)
4140   next k
4150   next j
4160   next i
4165   Print#1,"":Print#1,"Teilkapazitaeten":print#1,"==============="
4170   for i = 1 to n
4180   for j = 1 to n
4190   if i = j then print#1, "C";i;" 0              = ";sz(i,i)/fak;"
       pF":goto 4250
4200   print#1, "C";i;j;"  = ";sz(i,j)/fak;" pF"
4250   next j
4260   next i
4270   print"":print"Die Eingabedaten und die Ergebnisse stehen in der
       Datei 'screen'!!!!!!"
4490   end

4500   rem Unterprogramm Potential
4501   rem print xp,yp,zp,xi,yi,z2:input "",k
4510   Fak1 = zp+sqr(zp*zp +(xp-xi)*(xp-xi)+(yp-yi)*(yp-yi))
4511   Fak2 = Fak1
4512   fak3 = zp-z2+sqr((zp-z2)*(zp-z2)+(xp-xi)*(xp-xi)+(yp-yi)*(yp-yi))
4513   fak4 = zp+z2+sqr((zp+z2)*(zp+z2)+(xp-xi)*(xp-xi)+(yp-yi)*(yp-yi))
4530   Wert = log(fak1*fak2 /fak3/fak4)
4540   return

5000   rem Unterprogramm Feldstaerke
5010   fak1 = sqr((xp-xi)*(xp-xi)+(yp-yi)*(yp-yi)+z2*z2)
5020   fak2 = sqr((xp-xi)*(xp-xi)+(yp-yi)*(yp-yi))
5040   ezip = 2/fak1 - 2/fak2
5050   return

9990   rem Unterprogramm zum Invertieren einer reellwertigen Matrix
10000  ESP = 1.0E-5
11000  For K = 1 to N
12000  for J = 1 to N
13000  if j = k then goto 17000
14000  if sx(k,k)<0 then goto 16000
14100  if sx(k,k)>0 then goto 16000
```

```
15000  sx(k,k)=esp
16000  sx(k,j)=sx(k,j)/sx(k,k)
17000  next j
18000  sx(k,k)=1/sx(k,k)
19000  for i = 1 to N
20000  if I = k goto 24000
21000  for j = 1 to N
22000  if j = k goto 23900
23000  sx(i,j) = sx(i,j) - sx(k,j)*sx(i,k)
23900  next j
24000  next i
25000  for i = 1 to n
26000  if(i=k) then goto 27900
27000  sx(i,k) = -sx(i,k)*sx(k,k)
27900  Next i
28000  next k
28500  rem print "":print "Invertierte der Ausgangsmatrix"
28600  rem          print "-----------------------------":print""
29000  rem for i = 1 to n
29100  rem for j = 1 to n
29200  rem print using "SX( ## , ## ) = #.####^^^^";i,j,sx(i,j)
29300  rem next j
29400  rem next i
30000  rem print"":print "Wünschen Sie die Ausgabe der rueckgerechneten
       Einheitsmatrix (j/n)?"
31000  rem input A$: if A$ = "n" or a$ = "N" then goto 44444
32000  rem for i = 1 to N
33000  rem for k = 1 to N
33500  rem zw = 0
34000  rem for j = 1 to N
35000  rem zw = zw+sz(i,j)*sx(j,k)
36000  rem next j
36500  rem e(i,k) = zw
37000  rem next k
37500  rem next i
38000  rem print"":print"Einheitsmatrix"
39000  rem          print"--------------": print ""
40000  rem for i = 1 to n
41000  rem for j = 1 to n
42000  rem print using "E( ## , ## ) = #.####^^^^";i,j,e(i,j)
43000  rem next j
44000  rem next i
44444  return
```

A2 Magnetische Streufelder

A2.1 Streufeldarme Verlegung

Im Kap. 4.2 wurde ausgeführt, dass man durch eine spezielle Verlegetechnik von Kabeln die Magnetfelder um diese Kabel herum wesentlich verkleinern kann. Für eine vollständige Kompensation des Feldes sollte der Rückstrom eines Stromkreises am gleichen Ort fließen wie der Hinstrom. Näherungsweise (theoretisch in idealer Weise) erreicht man dies durch ein Koaxialkabel, das sich aus Erwärmungsgründen aber nicht als Stromversorgungskabel eignet. Ein guter Kompromiss ist das Sektorkabel.

In diesem Anhangkapitel sollen für vier, schließt man das Einleiterkabel ein, fünf Aderanordnungen die Näherungsformeln abgeleitet werden. Weiterhin soll verdeutlicht werden, dass die Phasenfolge einen entscheidenden Einfluss hat.

A2.1.1 Das Einleiterkabel (Fall a aus 4.2)

Aus dem Durchflutungssatz der Maxwellschen Gleichungen lässt sich für einen unendlich langen Leiter (Abb. A2.1) die bekannte Formel

$$H_\varphi = \frac{I}{2 \cdot \pi \cdot r} \tag{A2.1}$$

ableiten.

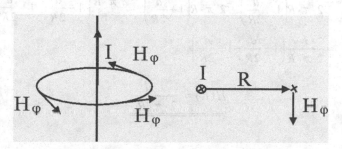

Abb. A2.1 Magnetfeld um einen Einleiter herum

Die Zuordnung von Feldvektor zur Stromrichtung ergibt sich aus der Rechtsschraubenregel.

A2.1.2 Kabel mit einem Hin- und einem Rückleiter (Fall b aus 4.2)

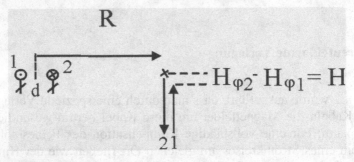

Abb. A2.2 Magnetfeld eines Zweileiterkabels

Nebenbetrachtung:

$$\frac{1}{1+\varepsilon} \approx 1-\varepsilon$$

$$\sqrt{1+\varepsilon} \approx 1+\frac{\varepsilon}{2}$$

ε ist ein sehr kleiner Wert!

$$(1+\varepsilon)^2 \approx 1+2\varepsilon$$

$$(1+\varepsilon)^3 \approx 1+3\varepsilon$$

$$\sin\varepsilon \approx \varepsilon+\frac{\varepsilon^2}{2}$$

$$H\,(R) = \frac{I}{2\cdot\pi\cdot\left(R-\dfrac{d}{2}\right)} - \frac{I}{2\cdot\pi\cdot\left(R+\dfrac{d}{2}\right)}$$

$$= \frac{I}{2\cdot\pi\cdot R\left(1-\dfrac{d}{2R}\right)} - \frac{I}{2\cdot\pi\cdot R\left(1+\dfrac{d}{2R}\right)} = \frac{I}{2\cdot\pi\cdot R}\left(\frac{1}{1-\dfrac{d}{2R}} - \frac{1}{1+\dfrac{d}{2R}}\right)$$

$$\approx \frac{I}{2\cdot\pi\cdot R}\left(1+\frac{d}{2R} - 1 + \frac{d}{2R}\right)$$

$$H(R) \approx \frac{I\cdot d}{2\cdot\pi\cdot R^2} \tag{A2.2}$$

A2.1.3 Verwendung von zwei Hin- und zwei Rückleitern (Fall c1 aus Kap. 4.2)

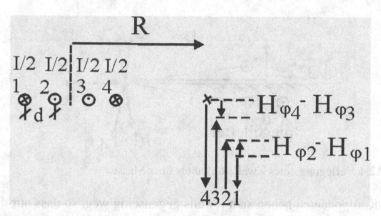

Abb. A2.3 Vierleiterkabel

$$H \approx \frac{I/2 \cdot d}{2 \cdot \pi \cdot (R-d)^2} - \frac{I/2 \cdot d}{2 \cdot \pi \cdot (R+d)^2}$$

$$= \frac{I/2 \cdot d}{2 \cdot \pi \cdot R^2} \left(\frac{1}{\left(1 - \dfrac{d}{R}\right)^2} - \frac{1}{\left(1 + \dfrac{d}{R}\right)^2} \right)$$

$$\approx \frac{I/2 \cdot d}{2 \cdot \pi \cdot R^2} \left(\frac{1}{1 - \dfrac{2d}{R}} - \frac{1}{1 + \dfrac{2d}{R}} \right) \approx \frac{I/2 \cdot d}{2 \cdot \pi \cdot R^2} \left(1 + \frac{2d}{R} - 1 + \frac{2d}{R} \right)$$

$$H(R) \approx \frac{4 \cdot I/2 \cdot d^2}{2 \cdot \pi \cdot R^3} \tag{A2.3}$$

Eine einfache Aufsummierung der Einzelanteile hätte zum gleichen Ergebnis geführt, wenn man in den Näherungen jeweils ein Glied mehr berücksichtigt hätte, z.B.

$$\frac{1}{1+\varepsilon} \approx 1 - \varepsilon + \varepsilon^2$$

A2.1.4 Verlegung von Hin- und Rückleiter über einer Massefläche
(Fall c2 aus Kap. 4.2)

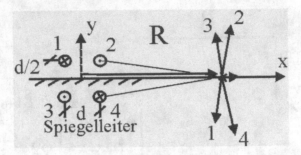

Abb. A2.4 Verlegung eines Zweileiterkabels über Masse

Die y-Komponenten heben sich jeweils gegenseitig weg, so dass nur die x-Komponenten betrachtet werden müssen.

$$H = H_x = \frac{2 \cdot I \cdot \sin\alpha_2}{2 \cdot \pi \cdot \sqrt{\left(R - \dfrac{d}{2}\right)^2 + \left(\dfrac{d}{2}\right)^2}} - \frac{2 \cdot I \cdot \sin\alpha_1}{2 \cdot \pi \cdot \sqrt{\left(R + \dfrac{d}{2}\right)^2 + \left(\dfrac{d}{2}\right)^2}}$$

$$\sin\alpha_2 = \frac{d/2}{\sqrt{\left(R - \dfrac{d}{2}\right)^2 + \left(\dfrac{d}{2}\right)^2}}, \quad \sin\alpha_2 = \frac{d/2}{\sqrt{\left(R + \dfrac{d}{2}\right)^2 + \left(\dfrac{d}{2}\right)^2}}$$

$$\sin\alpha_2 \approx \sin\alpha_2 \approx \frac{d}{2R}$$

$$H = \frac{I \cdot d}{2 \cdot \pi \cdot R^2}\left(\frac{1}{\sqrt{\left(1 - \dfrac{d}{2R}\right)^2 + \left(\dfrac{d}{2R}\right)^2}} - \frac{1}{\sqrt{\left(1 + \dfrac{d}{2R}\right)^2 + \left(\dfrac{d}{2R}\right)^2}} \right)$$

$$\approx \frac{I \cdot d}{2 \cdot \pi \cdot R^2}\left(\frac{1}{\sqrt{1 - \dfrac{d}{R}}} - \frac{1}{\sqrt{1 + \dfrac{d}{R}}} \right) \approx \frac{I \cdot d}{2 \cdot \pi \cdot R^2}\left(\frac{1}{1 - \dfrac{d}{2R}} - \frac{1}{1 + \dfrac{d}{2R}} \right)$$

$$\approx \frac{I \cdot d}{2 \cdot \pi \cdot R^2}\left(1 + \frac{d}{2R} - 1 + \frac{d}{2R} \right)$$

$$H(R) \approx \frac{I \cdot d^2}{2 \cdot \pi \cdot R^3} \tag{A2.4}$$

A2.1.5 Verwendung von vier Hin- und vier Rückleitern (Fall d aus Kap. 4.2)

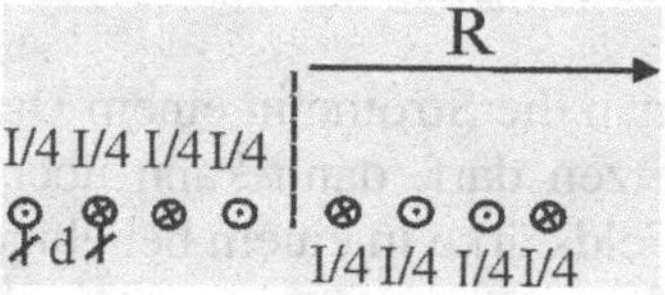

Abb. A2.5 Achtleiterkabel

$$H \approx \frac{4 \cdot I/4 \cdot d^2}{2 \cdot \pi \cdot (R-2d)^3} - \frac{4 \cdot I/4 \cdot d^2}{2 \cdot \pi \cdot (R+2d)^3}$$

$$H \approx \frac{4 \cdot I/4 \cdot d^2}{2 \cdot \pi \cdot R^3} \left(\frac{1}{\left(1 - \frac{2d}{R}\right)^3} - \frac{1}{\left(1 + \frac{2d}{R}\right)^3} \right)$$

$$\approx \frac{4 \cdot I/4 \cdot d^2}{2 \cdot \pi \cdot R^3} \left(\frac{1}{1 - \frac{6d}{R}} - \frac{1}{1 + \frac{6d}{R}} \right)$$

$$\approx \frac{4 \cdot I/4 \cdot d^2}{2 \cdot \pi \cdot R^3} \left(1 + \frac{6d}{R} - 1 + \frac{6d}{R} \right)$$

$$\underline{H(R) \approx \frac{48 \cdot I/4 \cdot d^3}{2 \cdot \pi \cdot R^4}} \tag{A2.5}$$

Aus den Berechnungen lassen sich *drei Erkenntnisse* ableiten:

1. *Jede Verdoppelung* der Aderzahl führt zur Abnahme des Feldes um eine *weitere Potenz*.

2. Die durch die Verdoppelung eingebrachten zusätzlichen Adern sind *so mit den Phasen* zu belegen, dass sich die Felder auch *zusätzlich kompensieren* können.

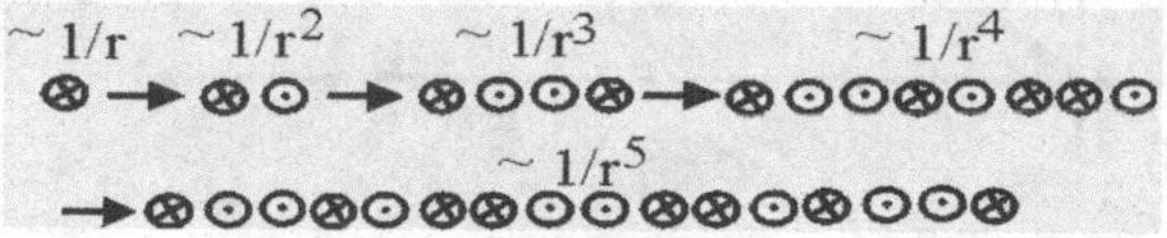

3. Für 2^n-Adern (n = 1, 2, 3 ...) lässt sich eine allgemeine Formel angeben:

$$\underline{H(R) \approx \frac{\frac{I}{2^{n-1}} \cdot d^n}{2 \cdot \pi \cdot R^{n+1}} \cdot n! \prod_{i=1}^{n} 2^{i-1}} \tag{A2.6}$$

A2.2 Rechenprogramm zur Bestimmung magnetischer Streufelder

A2.2.1 Feld eines endlich langen Drahtes

Setzt man voraus, dass man die Ströme in einem Draht als konzentriert auf der Achse fließend ansetzen darf, dann kann über das Gesetz von Biot-Savart die magnetische Feldstärke in einem beliebigen Aufpunkt außerhalb der Achse bestimmt werden:

$$\underline{\vec{H}} = \frac{\underline{I}}{4\pi} \int_l \frac{d\vec{l} \times \vec{s}}{s^3}, \qquad (A2.7)$$

$\vec{s}$ = Vektor vom Quellelement $\underline{I}\,dl$ zum Aufpunkt,
$s = |\vec{s}|$.

Die Unterstriche bei $\underline{I}$ und $\underline{\vec{H}}$ deuten an, dass beide Größen komplex sein können. Die Phasenabhängigkeit des Stromes überträgt sich in eine Phasenabhängigkeit der magnetischen Feldstärke.

Wählt man einen endlich langen geraden Draht mit dem Strom $\underline{I}$ auf der y-Achse, von $y = 0$ bis $y = a$ (Siehe Abb. A2.6), lässt sich für einen Aufpunkt in der xy-Ebene ($z = 0$) folgende Gleichung ableiten:

$$\underline{\vec{H}} = \frac{\underline{I}}{4\pi} \left(\frac{y-a}{x\sqrt{x^2 + (y-a)^2}} - \frac{y}{x\sqrt{x^2 + y^2}} \right) \vec{e}_z. \qquad (A2.8)$$

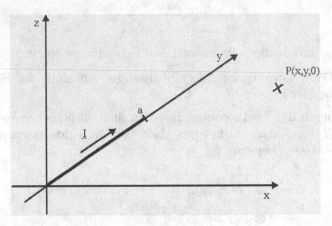

Abb. A2.6 Endlich langer Draht mit Strom I auf der y-Achse

Die Ableitung ist elementar. Liegt der Draht beliebig im Raum, so lässt sich ein angepasstes Koordinatensystem ($\bar{x}, \bar{y}, \bar{z}$) (Siehe Abb. A2.7) finden, für das die Voraussetzungen der Gleichung (A2.8) erfüllt werden.

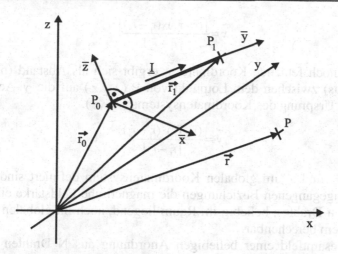

Abb. A2.7 Endlich langer Draht mit Strom I beliebig im Raum

Die Gleichung (A2.8) geht in die Gleichung (A2.9) über:

$$\underline{\vec{H}} = \frac{I}{4\pi}\left(\frac{\overline{y}-\overline{a}}{\overline{x}\sqrt{\overline{x}^2+(\overline{y}-\overline{a})^2}} - \frac{\overline{y}}{\overline{x}\sqrt{\overline{x}^2+\overline{y}^2}}\right)\vec{e}_{\overline{z}} \qquad (A2.9)$$

Die überstrichenen Größen dieser Gleichung können aus folgenden Ansätzen bestimmt werden:

1. Der Aufpunkt P (x, y, z) soll in der $\overline{x},\overline{y}$-Ebene des angepassten Koordinatensystems liegen. Der Einheitsvektor $\vec{e}_{\overline{z}}$ dieser Ebene wird benötigt. Er ergibt sich dadurch, dass man die Fläche, die von den Vektoren $(\vec{r}-\vec{r}_o)$ und $(\vec{r}_1-\vec{r}_o)$ aufgespannt wird, berechnet und diese gerichtete Fläche durch ihre Größe (Betrag der Fläche) teilt,

$$\vec{e}_{\overline{z}} = \frac{(\vec{r}-\vec{r}_o)x(\vec{r}_1-\vec{r}_o)}{|(\vec{r}-\vec{r}_o)x(\vec{r}_1-\vec{r}_o)|} \qquad (A2.10)$$

2. $\overline{a}$ ist die Länge des Vektors $(\vec{r}-\vec{r}_o)$. Die Auswirkung der Richtung dieses Vektors wird in der Gleichung (A2.10) und damit im Einheitsvektor $\vec{e}_{\overline{z}}$ berücksichtigt,

$$\overline{a} = |\vec{r}_1-\vec{r}_o| \qquad (A2.11)$$

3. Die $\overline{x}$-Koordinate des Aufpunktes erhält man, indem man wiederum die Fläche, die von $(\vec{r}-\vec{r}_o)$ und $(\vec{r}_1-\vec{r}_o)$ aufgespannt wird, berechnet und durch den Abstand $|\vec{r}_1-\vec{r}_o|$ teilt. Die Fläche ist im Allgemeinen ein Trapez, dessen Flächeninhalt sich aus Grundlinie mal Höhe ergibt,

$$\bar{x} = \frac{|(\vec{r} - \vec{r_o}) \times (\vec{r_1} - \vec{r_o})|}{|\vec{r_1} - \vec{r_o}|} \qquad (A2.12)$$

4. Die noch fehlende Koordinate $\bar{y}$ ergibt sich als Abstand (plus oder minus) zwischen dem Lotpunkt von P ($\underline{x},\underline{y},\underline{z}$) auf die $\bar{y}$-Achse und dem Ursprung des Koordinatensystems (x,y,z).

$$\bar{y} = \frac{(\vec{r} - \vec{r_o}) \cdot (\vec{r_1} - \vec{r_o})}{|\vec{r_1} - \vec{r_o}|} \qquad (A2.13)$$

Da $\vec{r},\vec{r_o}$ und $\vec{r_1}$ im globalen Koordinatensystem definiert sind, ist mit den vorangegangenen Beziehungen die magnetische Feldstärke eines endlich langen Drahtes, beliebig im Raum liegend, auch im globalen Koordinatensystem berechenbar.

Das Gesamtfeld einer beliebigen Anordnung aus N Drähten mit den Strömen $\underline{I_i}$ ergibt sich durch phasen- und vektorrichtige Addition aller Einzelanteile. Diese Arbeit sollte von einem Rechner übernommen werden.

Es wurde vorausgesetzt, dass alle in Rundbögen verlaufenden Drähte durch Polygone nachgebildet werden können.

A2.2.2 Feld einer einlagigen Spule

Obwohl die Ableitungen des vorangegangenen Kapitels elementar sind und damit die Berechnung des Feldes einer einlagigen Spule mehr ein geometrisches als ein elektrisches Problem darstellt, sollen die Beziehungen zur Nachbildung der Spulenwindungen durch einen Polygonzug kurz abgeleitet werden. Siehe hierzu Abb. A2.8.

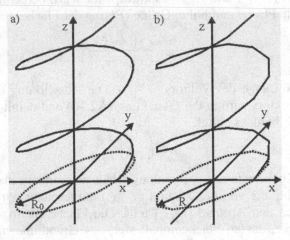

Abb. A2.8 Nachbildung einer Spule durch ein Polygon

Die Spule habe die Koordinaten x_A, y_A, z_A für den Anfangspunkt und x_E, y_E, z_E für den Endpunkt der Mittelachse und den Radius R_0. Unter dieser Annahme lässt sich die Achsgerade vektoriell in folgender Form darstellen:

$$x, y, z = x_A, y_A, z_A + t(x_E - x_A, y_E - y_A, z_E - z_A) \qquad (A2.14)$$

$$0 \le t \le 1$$

Will man eine Windung durch N Geradenabschnitte (Siehe Abb. A2.8) nachbilden und hat die Spule M Windungen, so ergeben sich für den Endpunkt des i-ten Geradenabschnittes folgende Achskoordinaten:

$$x_i, y_i, z_i = x_A, y_A, z_A + \frac{i}{MN}(x_E - x_A, y_E - y_A, z_E - z_A), \qquad (A2.15)$$

$$1 \le i \le MN$$

Die Endpunkte der Geradenabschnitte des die Spule nachbildenden Polygons liegen auf einem Kreis mit dem Radius R um die Mittelachse herum, in Ebenen senkrecht zur Achse.

Die Ebenen der Endpunkte haben folgende Eigenschaften:
Sie beinhalten den Punkt x_i, y_i, z_i und haben den Einheitsvektor

$$\vec{e}_E = \frac{(x_E - x_A), (y_E - y_A), (z_E - z_A)}{\sqrt{(x_E - x_A)^2 + (y_E - y_A)^2 + (z_E - z_A)^2}}. \qquad (A2.16)$$

Eine Ebene hat die Parameterdarstellung:

$$x, y, z = x_P, y_P, z_P + s\vec{a} + t\vec{b}, \qquad (A2.17)$$

a und b sind zwei voneinander unabhängige Vektoren in der Ebene. Für den Normalenvektor der Ebene gilt:

$$\vec{n} = \vec{a} \times \vec{b}. \qquad (A2.18)$$

Da der Anfangspunkt der Spulenwindung noch nicht festgelegt ist, besteht bezüglich der Wahl von $\vec{a}$ und $\vec{b}$ noch ein Freiheitsgrad. Lässt man eine gewisse Willkür bei der Festlegung des Anfangspunktes zu, kann man den Ansatz, dass das innere Produkt aus $\vec{e}_E$ und $\vec{a}$ null wird, für die weiteren Festlegungen verwenden.

Aus diesem Ansatz folgt, bei Verwendung der Abkürzungen

$$\begin{aligned}
A &= x_E - x_A, \\
B &= y_E - y_A, \\
C &= z_E - z_A, \\
&\Rightarrow Ax_a + By_a + Cz_a = 0.
\end{aligned} \qquad (A2.19)$$

Wählt man $x_a = 1$ und $y_a = 1$ (Willkür), so erhält man für

$$z_a = -\frac{A+B}{C}$$

damit für den Vektor $\vec{a}$

$$\vec{a} = (1,1,-\frac{A+B}{C}). \qquad \text{(A2.20)}$$

Die Wahl $x_a = 1$ und $y_a = 1$ ist für $z_E - z_A = 0$ nicht erlaubt, also für Spulen, die keine z-Richtung aufweisen.

Der Vektor $\vec{b}$ muss senkrecht auf $\vec{e}_E$ und darf senkrecht auf $\vec{a}$ stehen, daraus folgt

$$\vec{b} = \vec{a} \times \vec{e}_E, \qquad \text{(A2.21)}$$

$$\vec{b} = (C + \frac{A \cdot B + B^2}{C}, -\frac{A^2 + A \cdot B}{C} - C, B - A). \qquad \text{(A2.22)}$$

Die Ebenen, in denen die Endpunkte der Geradenabschnitte liegen, haben nun folgendes Aussehen

$$x, y, z = x_i, y_i, z_i + t \cdot \vec{a} + s \cdot \vec{b}, \qquad \text{(A2.23)}$$

mit x_i, y_i, z_i dem Vektor des auf die Spulenachse abgeloteten Endpunktes.

Eine noch nicht berücksichtigte Forderung ist nun, dass der Abstand zwischen einem Endpunkt und dem auf die Spulenachse abgeloteten Endpunkt gleich dem Radius R sein muss.

Diese Bedingung kann man erfüllen, wenn man $\vec{a}$ und $\vec{b}$ auf Einheitsvektoren normiert und zwischen t und s folgende Abhängigkeit festlegt:

$$s = \sqrt{R^2 - t^2}, \qquad \text{(A2.24)}$$

$$t \leq R$$

Wählt man

$$s = R\cos\frac{2\pi i}{N} \qquad \text{(A2.25)}$$

und

$$t = R\sin\frac{2\pi i}{N} \qquad \text{(A2.26)}$$

ist diese Zusatzforderung erfüllt, die Endpunkte der Geradenabschnitte liegen auf Kreisen mit dem Radius R und zwischen zwei aufeinander folgenden Endpunkten besteht eine Winkeldifferenz von 360°/N.

Den Anfangspunkt des ersten Geradenabschnittes erhält man, wenn man in den vorangehenden Gleichungen i = 1 wählt.

Betrachtet man beispielhaft eine Spule auf der z-Achse, die 1,2 m lang ist, 2 Windungen besitzt und einen Radius R_0 von 1 m hat, so ergibt sich für den Anfangspunkt des Polygons

$$x_{A1}, y_{A1}, z_{A1} = \frac{R}{\sqrt{2}}(1,1,0) \qquad (A2.27)$$

und für den Endpunkt des ersten Geradenabschnittes, sofern man 12 Geradenabschnitte für eine Windung wählt,

$$x_{E1}, y_{E1}, z_{E1} = R \cdot (0,966; 0,285; 0,05). \qquad (A2.28)$$

Der Startpunkt des 2. Geradenabschnittes ist gleich dem Endpunkt des ersten.

Betrachtet man das Ergebnis des Beispiels, so erkennt man, dass die Spule einen Drehsinn in Gegenuhrzeigerrichtung, also den Drehsinn einer Linksschraube hat. Möchte man eine Drehung in Gegenrichtung, so ist t zu

$$t = -R\sin\frac{2\pi i}{N} \qquad (A2.29)$$

zu wählen.

Zwischen R_0 und R wurde in den vorangehenden Ausführungen bewusst unterschieden.

R ist ein aus R_0 abzuleitender Ersatzradius. Beispielsweise lässt sich fordern, dass die N-Eck-Fläche, die sich aus R errechnen lässt, gleich ist der Kreisfläche mit dem Spulenradius R_0.

Diese Forderung führt auf

$$R = R_0 \sqrt{\frac{2\pi}{N\sin(\frac{2\pi}{N})}}. \qquad (A2.30)$$

Im Bild Abb. A2.9 ist das magnetische Streufeld vor einer einlagigen Spule mit 20 Windungen für einen Strom von I = 1 A dargestellt. Der Spulenradius beträgt 10 cm, die Spulenlänge 10 cm. Dargestellt ist das Feld 5 cm oberhalb der Spule auf einer Linie senkrecht zur Spulenachse.

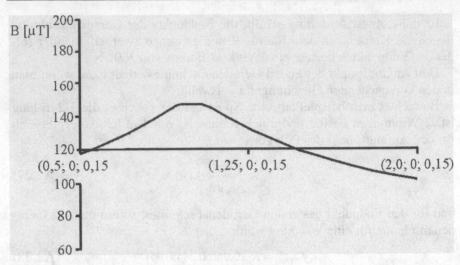

Abb. A2.9 Streufeld einer Spule auf einer Linie vor der Spule senkrecht zur Spulenachse

A2.2.3 Berücksichtigung von Phasenbeziehungen

In der Einleitung wurde bereits ausgeführt, dass sich die Phase des Stroms in die Phase des magnetischen Feldes überträgt. Lässt man in einem System verschiedene Phasen zu (z. B. Magnetfeld einer dreiphasigen Stromversorgung), so erhält man im Allgemeinen ein Ergebnis folgender Form:

$$\vec{H}_{ges} = \underline{H}_{xges}\vec{e}_x + \underline{H}_{yges}\vec{e}_y + \underline{H}_{zges}\vec{e}_z. \tag{A2.31}$$

Die Frage ist nun, welche maximale Amplitude sich für die magnetische Feldstärke ergibt. Um diese maximale Amplitude zu bestimmen, genügt es nicht, nur die Wurzel aus den Betragsquadraten der einzelnen Komponenten zu bilden.

Es muss vielmehr erst aus den komplexen Komponenten einer Raumrichtung das reale zeitabhängige Feld dieser Raumrichtung bestimmt werden, um dann im zweiten Schritt über eine Addition der Quadrate mit anschließender Wurzeloperation die maximale Amplitude zu bestimmen. Siehe hierzu das Anhangkapitel A5.

Setzen wir voraus, dass die Komponenten der Raumrichtungen folgende Größen haben:

$$H_{xges} = |H_x|e^{j\varphi x} = A e^{j\varphi_x}$$

$$H_{yges} = |H_y|e^{j\varphi y} = B e^{j\varphi_y} \qquad \text{(A2.32)}$$

$$H_{zges} = |H_z|e^{j\varphi z} = C e^{j\varphi_z}$$

Damit ergeben sich die zeitabhängigen Größen zu

$$H_x(t) = A\cos(\omega t + \varphi_x)$$
$$H_y(t) = B\cos(\omega t + \varphi_y) \qquad \text{(A2.33)}$$
$$H_z(t) = C\cos(\omega t + \varphi_z)$$

$$|H_{ges}| = \sqrt{H_x^2(t) + H_y^2(t) + H_z^2(t)} =$$

$$= \frac{1}{\sqrt{2}}\sqrt{A^2 + B^2 + C^2 + A^2\cos(2\omega t + 2\varphi_x) + B^2\cos(2\omega t + 2\varphi_y)} \qquad \text{(A2.34)}$$

$$\overline{+ C^2\cos(2\omega t + 2\varphi_z)}.$$

Um diese Gleichung weiter auszuwerten, fasst man als Erstes die ersten beiden cos-Summanden zusammen:

$$A^2\cos(2\omega t + 2\varphi_x) + B^2\cos(2\omega t + 2\varphi_y)$$
$$= D^2\sin(2\omega t + \varphi_D), \qquad \text{(A2.35)}$$

mit

$$D^2 = \sqrt{A^4 + B^4 + 2A^2 B^2 \cos(2\varphi_y - 2\varphi_x)}$$

$$\varphi_D = \arctan\frac{A^2\cos 2\varphi_x + B^2\cos 2\varphi_y}{-A^2\sin 2\varphi_x - B^2\sin 2\varphi_y}.$$

Das Ergebnis dieser Zusammenfassung wird zum dritten cos-Summanden addiert.

$$D^2\sin(2\omega t + \varphi_D) + C^2\sin(2\omega t + 2\varphi_z + \frac{\pi}{2}) = E^2\sin(2\omega t + \varphi_E), \qquad \text{(A2.36)}$$

mit

$$E^2 = \sqrt{D^4 + C^4 + 2D^2 C^2 \cos(2\varphi_z + \frac{\pi}{2} - \varphi_D)},$$

$$\varphi_E = \arctan\frac{D^2\sin\varphi_D + C^2\sin(2\varphi_z + \frac{\pi}{2})}{D^2\sin\varphi_D + C^2\cos(2\varphi_z + \frac{\pi}{2})}.$$

Zur Wiederholung: Für die Addition zweier sinusidealer Größen gilt

$$A_1 \sin(\omega t + \varphi_1) + A_2 \sin(\omega t + \varphi_2) = A\sin(\omega t + \varphi), \qquad (A2.37)$$

$$A = \sqrt{A_1^2 + A_2^2 + 2A_1 A_2 \cos(\varphi_2 - \varphi_1)}$$

$$\varphi = \arctan \frac{A_1 \sin \varphi_1 + A_2 \sin \varphi_2}{A_1 \cos \varphi_1 + A_2 \cos \varphi_2}.$$

Ein leistungsfähiges Programm SFELD zur Berechnung magnetischer Flussdichten fast beliebiger Anordnungen dünner Drähte wird im folgenden Abschnitt als Quellcode mitgeliefert.

A2.2.4 Quellcode des Programms SFELD

a) *Eingabemodul SFELDE*

```
5      CLS
10     PRINT "        Programm zur Berechnung von magnetischen Streufeldern"
20     PRINT "                    (Eingabemodul)"
30     PRINT "      ************** Stand 07.09.89  ******************** "
32     DIM a$(6)
30     a$(1)="X-Anfang":a$(2)="Y-Anfang":a$(3)="Z-Anfang"
30     a$(4)="X-Ende":a$(5)="Y-Ende":a$(6)="Z-Ende"
40     PRINT"":PRINT"Unter welchem Dateinamen sollen die Eingaben abgelegt
       werden ?"
40     INPUT nam$
50     OPEN nam$ FOR output AS #1
70     CLS : PRINT"":PRINT "Bitte alle Laengenangaben in Metern!!!"
80     print""
80     REM ****    AUFPUNKTGERADEN   ******************
90     INPUT "Anzahl der Aufpunktgeraden ";na
100    PRINT #1,na
110    FOR i=1 TO na
112    PRINT"":PRINT "Aufpunktgerade ";i:PRINT""
120    FOR j=1 TO 6
130    PRINT a$(j);:INPUT "   ",ein
140    PRINT #1,ein
150    NEXT j
151    PRINT""
160    INPUT "Anzahl der Aufpunkte ";ein
170    PRINT #1,ein
```

```
180    NEXT i
190    REM ****   ELEKTRODEN ******************
200    PRINT"":PRINT"":PRINT "Anzahl der Elektroden ?"
210    PRINT"":PRINT "(Polygon und verdrilltes Kabel zählen jeweils"
220    PRINT "als eine Elektrode ! )"
230    PRINT"":PRINT "Maximalwerte":PRINT "============"
240    PRINT "Elektrodenzahl:        100"
250    PRINT "Einzelelektroden:      100"
260    PRINT "Polygone:              20"
270    PRINT "verdrillte Kabel:       3"
280    INPUT ne: PRINT#1,ne
280    PRINT""
290    FOR i=1 TO ne
300    PRINT"": PRINT "Art der "i". Elektrode ?"
310    PRINT "(1= Einzelteil":PRINT " 2= Polygon"
320    PRINT " 3= verdrilltes Kabel bzw. Luftspule)"
320    PRINT
330    INPUT art :PRINT #1,art
330    print""
340    ON art GOTO 390,440,580,690
350    REM ****   EINZELELEKTRODE *****
390    FOR k=1 TO 6
400    PRINT a$(k):INPUT iep :PRINT #1,iep
400    IF K = 3 THEN PRINT""
410    NEXT k
410    PRINT""
420    INPUT "Amplitude des Stroms       ";zaa:PRINT #1,zaa
420    INPUT "Phase des Stroms in Grad ";zpp:PRINT #1,zpp
430    GOTO 690
440    REM *****   POLYGON ***************************
450    PRINT"":INPUT "Anzahl der Geradenst•cken (maximal 10) ";np
460    PRINT #1,np:PRINT""
470    FOR k=1 TO 3
480    PRINT a$(k);:INPUT iep :PRINT #1,iep
490    NEXT k
495    PRINT""
500    FOR g=1 TO np
510    FOR k=4 TO 6
520    PRINT a$(k);"("g")";:INPUT iep:PRINT #1,iep
530    NEXT k
530    NEXT g
530    PRINT""
540    INPUT "Amplitude des Stroms       ";zpp:PRINT #1,zpp
```

```
550    INPUT "Phase des Stroms in Grad ";zaa:PRINT #1,zaa
560    GOTO 690
570    REM ******VERDRILLTES KABEL******
580    PRINT"":PRINT "Geben Sie die Koordinaten der Mittelachse ein "
580    PRINT""
590    FOR k=1 TO 6
600    PRINT a$(k);:INPUT iep:PRINT#1,iep
600    IF K =  3 THEN PRINT""
610    NEXT k
611    PRINT""
620    INPUT "Seelenradius   ";iep:PRINT#1,iep
630    INPUT "Schlagweite (minimal: Laenge des Kabels/12)";iep:PRINT#1,iep
640    INPUT "Anzahl der Adern (maximal: 3)";iep:PRINT#1,iep
641    PRINT""
650    FOR k=1 TO iep
650    PRINT :PRINT k;". Ader "
660    INPUT "Amplitude      ";zaa:PRINT #1,zaa
670    INPUT "Phase in Grad ";zpp:PRINT #1,zpp
680    NEXT k
690    NEXT i
700    IF nam$<>"CON" AND nam$<>"con" THEN CLOSE #1
710    PRINT"":PRINT "ENDE DES PROGRAMMS   - Bitte >ENTER< druecken!!"
8000   END
```

b) Berechnungs- und Ausgabemodul SFELDA

```
20     cls
20     def fnkk$(a$)=chr$(asc(a$)+32*(asc(a$)>90))
30     rem def fnrd(x)=x+4*exp10(int(log10(abs(x)))-2)
30     def fnrd(x)=x
40     PRINT "Programm zur Berechnung von magnetischen Streufeldern"
50     PRINT "      ***************** STAND 25.12.03 *****************"
70     PRINT ""
80     Print "Copyright: Dr. Karl-Heinz Gonschorek, 01217 Dresden,
       Gostritzer Str. 106"
80     PRINT  "=========================================================="
80     PRINT ""
80     Input "Ausgabe über den Bildschirm (B) oder in die Datei 'screen'
       (S) ????";op$
80     op$ = fnkk$(op$)
80     if op$<>"S" and op$<>"B" then goto 83
80     if op$="S" then open "screen" for output as #1
80     if op$="B" then open "CON" for output as #1
80     PRINT ""
```

```
90     rem INPUT "Haben Sie eine CGA- oder eine EGA-Karte? Eingabe >1<
       fuer CGA, >2< fuer EGA! ";ega
90     ega = 2:IF ega <>1 AND ega <> 2 THEN GOTO 89
100    Ii=0:IPO=0:IV=0
100    DIM PS(10,2,3)
100    DIM PE0(100,3),PE1(100,3),STROM(100,2)
110    DIM PP0(20,11,3),PP1(20,11,3),ZR(20),ZI(20)
120    DIM PK0(10,3),PK1(10,3),RAD(10,2)
130    DIM PKK(2,4,241,3),ZAK(2,4),ZPK(2,4)
140    REM      ^            ^         ^           KABELZAHL
150    REM       ^            ^         ^          ADERZAHL
160    REM          ^^^                            SCHLAGZAHL*12+1
170    DIM BX(100,2),BY(100,2),BZ(100,2)
180    DIM BB(100)
190    DIM P0(3),P1(3),P(3)
200    DIM IPS(20),IE(200),NK(10),NP(50),NJE(50)
200    PRINT:PRINT:PRINT "HINWEIS :"
200    PRINT "Erscheint in der rechten oberen Bildschirmecke ein kleines"
200    PRINT "Rechteck (So wie jetzt!), so ist das Programm gestoppt."
200    PRINT "Zum Fortfahren bitte ENTER druecken! "
210    locate 1,80:input "",x$
220    cls:PRINT"":INPUT "Wie lautet der Name der Werte-Datei ";nam$
220    PRINT""
220    INPUT "Wuenschen Sie ein Bild der Anordnung, >J< oder >N< ? ",FKZE$
220    FKZE$=FNKK$(FKZE$)
220    OPEN nam$ FOR input AS #3
220    cls:print"":pl$="N":Input "Wuenschen Sie die Anlage von HPGL-files
       (j/n)";pl$
220    pl$=fnkk$(pl$):if pl$="N" then goto 254
220    print"":print "In welches Verzeichnis sollen die files abgelegt
       werden aktuelles = <ENTER>)"
230    input lauf$
230    werk$="":if lauf$="" then goto 254
230    print "Verzeichnis= ";lauf$
230    werk$=lauf$+"\"
250    PI=3.14159265#
250    PID180=PI/180
250    PIM2=2*PI
260    TEIL=12
270    SQS=SQR(PIM2/TEIL/SIN(PIM2/TEIL))
280    CLS
290    PRINT#1,""
300    print#1, "EINGELESENE WERTE"
```

```
310    print#1, "=================="
360    REM ********* M28 *************
370    print#1,""
380    print#1, "KOORDINATEN DER AUFPUNKTGERADEN"
390    print#1, "================================="
400    print#1, ""
420    INPUT #3 ,NA
440    FOR I=1 TO NA
460    INPUT #3, PS(I,1,1)
470    INPUT #3, PS(I,1,2)
480    INPUT #3, PS(I,1,3)
500    INPUT #3, PS(I,2,1)
510    INPUT #3, PS(I,2,2)
520    INPUT #3, PS(I,2,3)
540    INPUT #3,IPS(I)
540    PRINT#1,""
550    print#1, USING "NUMMER =  ##";I
560    print#1, "------------"
570    print#1,""
580    print#1, USING "XAnfang = +#.####^^^^ ";PS(I,1,1)
590    print#1, USING "YAnfang = +#.####^^^^ ";PS(I,1,2)
600    print#1, USING "ZAnfang = +#.####^^^^ ";PS(I,1,3)
610    print#1, ""
620    print#1, USING "XEnde =   +#.####^^^^ ";PS(I,2,1)
630    print#1, USING "YEnde =   +#.####^^^^ ";PS(I,2,2)
640    print#1, USING "ZEnde =   +#.####^^^^ ";PS(I,2,3)
650    print#1, ""
660    print#1, USING "Anzahl der Aufpunkte =   ###";IPS(I)
670    print#1, ""
675    IF op$="B" THEN LOCATE 1,80:INPUT "",x$
676    cls
680    NEXT I
800    INPUT #3, NE
805    CLS
810    print#1, ""
820    print#1, USING "ANZAHL DER ELEKTRODEN =  ###";NE
830    print#1, "============================="
840    FOR I=1 TO NE
900    INPUT #3, IE(I)
910    ON IE(I) GOTO 920,1210,1580,2650
920    REM ********* M21 *********
930    II=II+1
980    INPUT #3, PE0(II,1)
```

```
990    INPUT #3, PE0(II,2)
1000   INPUT #3, PE0(II,3)
1020   INPUT #3, PE1(II,1)
1030   INPUT #3, PE1(II,2)
1040   INPUT #3, PE1(II,3)
1060   INPUT #3, ZAA
1080   INPUT #3, ZPP
1090   STROM(I,1)=ZAA*COS(ZPP*PID180)*.1
1100   STROM(I,2)=ZAA*SIN(ZPP*PID180)*.1
1110   print#1, ""
1120   print#1, I".ELEKTRODE = EINZELTEIL"
1130   print#1, "========================="
1140   print#1, ""
1150   print#1, "Koordinaten "
1155   print#1, "(XAN,YAN,ZAN) = (";
1156   print#1, using " +#.##^^^^";pe0(ii,1);
1157   print#1, using "_, +#.##^^^^";pe0(ii,2);
1158   print#1, using "_, +#.##^^^^";pe0(ii,3);
1159   print#1, ")"
1160   print#1, "(XEN,YEN,ZEN) = (";
1160   print#1, using " +#.##^^^^";pe1(ii,1);
1160   print#1, using "_, +#.##^^^^";pe1(ii,2);
1163   print#1, using "_, +#.##^^^^";pe1(ii,3);
1164   print#1, ")"
1165   PRINT#1,""
1180   print#1, "STROM: Amplitude = "ZAA"A, Phase = "ZPP" Grad"
1190   print#1, ""
1190   IF op$="B" THEN LOCATE 1,80:INPUT"",X$:CLS
1200   GOTO 2670
1210   REM ******** M22 *********
1220   IPO=IPO+1
1230   print#1, ""
1240   print#1, I". ELEKTRODE = POLYGON"
1250   print#1, "======================="
1260   print#1, ""
1280   INPUT #3,NP(IPO)
1300   INPUT #3,PP0(IPO,1,1)
1310   INPUT #3,PP0(IPO,1,2)
1320   INPUT #3,PP0(IPO,1,3)
1320   PRINT#1,""
1330   print#1, "Anzahl der Geradenstuecke = ",NP(IPO)
1330   PRINT#1,""
1336   print#1, "Koord. des Anfangspunktes (X,Y,Z) = (";
```

```
1337    print#1, using " +#.##^^^^";pp0(ipo,1,1);
1338    print#1, using "_, +#.##^^^^_";pp0(ipo,1,2);
1339    print#1, using "_, +#.##^^^^";pp0(ipo,1,3);
1340    print#1, ")"
1350    FOR MM=1 TO NP(IPO)
1380    INPUT #3, PP1(IPO,MM,1)
1400    INPUT #3, PP1(IPO,MM,2)
1420    INPUT #3, PP1(IPO,MM,3)
1420    print#1, "Koord. des ";mm;". Endpunktes (X,Y,Z) = (";
1420    print#1, using " +#.##^^^^";pp1(ipo,mm,1);
1423    print#1, using "_, +#.##^^^^";pp1(ipo,mm,2);
1424    print#1, using "_, +#.##^^^^";pp1(ipo,mm,3);
1425    print#1, ")"
1440    FOR MN=1 TO 3
1450    PP0(IPO,MM+1,MN)=PP1(IPO,MM,MN)
1460    NEXT MN
1470    NEXT MM
1480    REM *********** M19 **********
1500    INPUT #3,ZAA
1520    INPUT #3,ZPP
1520    PRINT#1,""
1540    print#1, "STROM: Amplitude, = "ZAA" A, Phase = "ZPP" Grad"
1545    IF OP$="B" THEN LOCATE 1,80:INPUT ,X$ :cls
1550    ZR(IPO)=ZAA*COS(ZPP*PID180)*.1
1560    ZI(IPO)=ZAA*SIN(ZPP*PID180)*.1
1570    GOTO 2670
1580    REM ********* M23 ************
1590    IV=IV+1
1600    print#1, ""
1610    print#1, I". ELEKTRODE = VERDRILLTES KABEL"
1620    print#1, "================================="
1660    INPUT #3,PK0(IV,1)
1670    INPUT #3,PK0(IV,2)
1680    INPUT #3,PK0(IV,3)
1700    INPUT #3,PK1(IV,1)
1710    INPUT #3,PK1(IV,2)
1720    INPUT #3,PK1(IV,3)
1740    INPUT #3,RAD(IV,1)
1750    INPUT #3,RAD(IV,2)
1770    INPUT #3,NK(IV)
1780    print#1, ""
1780    print#1, "Koordinaten der Mittelachse"
1780    print#1, "(XAn,YAn,ZAn) = (";
```

```
1783   print#1, using " +#.##^^^^";pk0(iv,1);
1784   print#1, using "_, +#.##^^^^";pk0(iv,2);
1785   print#1, using "_, +#.##^^^^";pk0(iv,3);
1786   print#1, ")"
1787   print#1, "(XEN,YEN,ZEN) = (";
1788   print#1, using " +#.##^^^^";pk1(iv,1);
1790   print#1, using "_, +#.##^^^^";pk1(iv,2);
1790   print#1, using "_, +#.##^^^^";pk1(iv,3);
1790   print#1, ")"
1793   PRINT#1,""
1820   print#1, "Seelenradius = ";
1820   PRINT#1, USING " ###.###";RAD(IV,1)
1820   PRINT#1, "Schlagweite  = ";
1823   PRINT#1, USING " ###.###";RAD(IV,2)
1830   print#1, "Anzahl der Adern = ";
1830   PRINT#1, USING " ##";NK(IV)
1830   PRINT#1, ""
1840   RAD(IV,1)=SQS*RAD(IV,1)
1850   FOR JK=1 TO NK(IV)
1880   INPUT #3, ZAA
1900   INPUT #3,ZPP
1910   print#1, "Strom der "JK". Ader: Amplitude = "ZAA" A, Phase = "ZPP"
       Grad"
1920   ZAK(IV,JK)=ZAA*COS(ZPP*PID180)*.1
1930   ZPK(IV,JK)=ZAA*SIN(ZPP*PID180)*.1
1940   NEXT JK
1945   IF OP$="B" THEN LOCATE 1,80:INPUT ,X$:cls
1950   A=PK1(IV,1)-PK0(IV,1)
1960   B=PK1(IV,2)-PK0(IV,2)
1970   C=PK1(IV,3)-PK0(IV,3)
1980   DA=SQR(A*A+B*B+C*C)
1990   WKF=RAD(IV,2)/TEIL/DA
2000   JE=INT(1/WKF)+1
2010   NJE(IV)=JE
2020   FJE=1/WKF-JE+1
2030   JV=NK(IV)
2040   FOR IA=1 TO JV
2050   FOR KK=1 TO JE
2060   locate 23,1
2065   PRINT "BERECHNUNG: ADER ";IA;"  SEGMENT ";KK;"                 ";
2070   KKK=KK+1
2080   IF KK<>1 THEN GOTO 2310
2090   SIK=COS(PIM2/JV*(IA-1))
```

```
2100   TIK=SIN(PIM2/JV*(IA-1))
2110   IF C=0 THEN GOTO 2200
2120   SED=RAD(IV,1)/SQR(1+A*A/C/C)
2130   TED=RAD(IV,1)/SQR((A*B/C)^2+(C+A*A/C)^2+B*B)
2140   PSX=SED
2150   PSZ=-A/C*SED
2160   PTX=-A*B/C*TED
2170   PTY=(C+A*A/C)*TED
2180   PTZ=-B*TED
2190   GOTO 2270
2200   REM ********* M38 **********
2210   PSX=0
2220   PSZ=-RAD(IV,1)
2230   TED=RAD(IV,1)/SQR(B*B+A*A)
2240   PTX=-B*TED
2250   PTY=A*TED
2260   PTZ=0
2270   REM ************* M45 *************
2280   PKK(IV,IA,KK,1)=PK0(IV,1)+SIK*PSX+TIK*PTX
2290   PKK(IV,IA,KK,2)=PK0(IV,2)+TIK*PTY
2300   PKK(IV,IA,KK,3)=PK0(IV,3)+SIK*PSZ+TIK*PTZ
2310   REM *********** M26 *********
2330   WK=KK*WKF
2340   IF KK=JE THEN WK=1
2350   PEX=PK0(IV,1)+WK*A
2360   PEY=PK0(IV,2)+WK*B
2370   PEZ=PK0(IV,3)+WK*C
2380   ADD=PIM2/TEIL*KK
2390   IF KK=JE THEN ADD=PIM2/TEIL*(KK-1+FJE)
2400   SIK=COS(PIM2/JV*(IA-1)+ADD)
2410   TIK=SIN(PIM2/JV*(IA-1)+ADD)
2420   IF C=0 THEN GOTO 2510
2430   SED=RAD(IV,1)/SQR(1+A*A/C/C)
2440   TED=RAD(IV,1)/SQR((A*B/C)^2+(C+A*A/C)^2+B*B)
2450   PSX=SED
2460   PSZ=-A/C*SED
2470   PTX=-A*B/C*TED
2480   PTY=(C+A*A/C)*TED
2490   PTZ=-B*TED
2500   GOTO 2580
2510   REM ******** M18 *************
2520   PSX=0
2530   PSZ=-RAD(IV,1)
```

```
2540    TED=RAD(IV,1)/SQR(B*B+A*A)
2550    PTX=-B*TED
2560    PTY=A*TED
2570    PTZ=0
2580    REM ********* M25 ***********
2590    PKK(IV,IA,KKK,1)=PEX+SIK*PSX+TIK*PTX
2600    PKK(IV,IA,KKK,2)=PEY+TIK*PTY
2610    PKK(IV,IA,KKK,3)=PEZ+SIK*PSZ+TIK*PTZ
2620    NEXT KK
2630    NEXT IA
2640    GOTO 2670
2650    REM ********** M24 *********
2660    PRINT ""
2670    NEXT I
2680    XLIM=280
2690    YLIM=200
2700    IF FKZE$="J" THEN GOSUB 4500
2710    REM *********** M49 ***********
2715    cls
2720    print#1, CHR$(12)
2725    print#1, ""
2730    print#1, "ERGEBNISSE"
2740    print#1, "=========="
2750    FOR I=1 TO NA
2760    print#1, ""
2770    print#1, ""
2780    print#1, "AUFPUNKTGERADE "I
2790    print#1, "------------------"
2800    print#1, ""
2810    print#1, "XA  YA  ZA  BXR  BXI  BYR  BYI  BZR  BZI  BB(myT)"
2820    FOR J=1 TO 100
2830    FOR K=1 TO 2
2840    BX(J,K)=0
2850    BY(J,K)=0
2860    BZ(J,K)=0
2870    NEXT K
2880    NEXT J
2890    IEEE=IPS(I)
2900    FOR J=1 TO IEEE
2910    FOR K=1 TO 3
2920    P(K)=PS(I,1,K)+(J-1)*(PS(I,2,K)-PS(I,1,K))/(IPS(I)-1)
2930    NEXT K
2940    II=0
```

```
2950    IV=0
2960    IPO=0
2970    FOR K=1 TO NE
2975    if op$="D" then locate 23,1
2980    if op$ = "D" then PRINT "ELEKTRODENTEIL = ",K
2990    IEE=IE(K)
3000    ON IEE GOTO 3010,3150,3320,3550
3010    REM ******* M31 ***********
3020    II=II+1
3030    FOR KK=1 TO 3
3040    P0(KK)=PE0(II,KK)
3050    P1(KK)=PE1(II,KK)
3060    NEXT KK
3070    GOSUB 3910
3080    BX(J,1)=BX(J,1)+HX*STROM(K,1)
3090    BX(J,2)=BX(J,2)+HX*STROM(K,2)
3100    BY(J,1)=BY(J,1)+HY*STROM(K,1)
3110    BY(J,2)=BY(J,2)+HY*STROM(K,2)
3120    BZ(J,1)=BZ(J,1)+HZ*STROM(K,1)
3130    BZ(J,2)=BZ(J,2)+HZ*STROM(K,2)
3140    GOTO 3570
3150    REM ******** M32 *******
3160    IPO=IPO+1
3170    NQ=NP(IPO)
3180    FOR MM=1 TO NQ
3190    FOR KK=1 TO 3
3200    P0(KK)=PP0(IPO,MM,KK)
3210    P1(KK)=PP1(IPO,MM,KK)
3220    NEXT KK
3230    GOSUB 3910
3240    BX(J,1)=BX(J,1)+HX*ZR(IPO)
3250    BX(J,2)=BX(J,2)+HX*ZI(IPO)
3260    BY(J,1)=BY(J,1)+HY*ZR(IPO)
3270    BY(J,2)=BY(J,2)+HY*ZI(IPO)
3280    BZ(J,1)=BZ(J,1)+HZ*ZR(IPO)
3290    BZ(J,2)=BZ(J,2)+HZ*ZI(IPO)
3300    NEXT MM
3310    GOTO 3570
3320    REM ******** M33 ********
3330    IV=IV+1
3340    JV=NK(IV)
3350    JE=NJE(IV)
3360    FOR IA=1 TO JV
```

```
3370   FOR KK=1 TO JE
3380   KKK=KK+1
3390   P0(1)=PKK(IV,IA,KK,1)
3400   P0(2)=PKK(IV,IA,KK,2)
3410   P0(3)=PKK(IV,IA,KK,3)
3420   P1(1)=PKK(IV,IA,KKK,1)
3430   P1(2)=PKK(IV,IA,KKK,2)
3440   P1(3)=PKK(IV,IA,KKK,3)
3450   GOSUB 3910
3460   BX(J,1)=BX(J,1)+HX*ZAK(IV,IA)
3470   BX(J,2)=BX(J,2)+HX*ZPK(IV,IA)
3480   BY(J,1)=BY(J,1)+HY*ZAK(IV,IA)
3490   BY(J,2)=BY(J,2)+HY*ZPK(IV,IA)
3500   BZ(J,1)=BZ(J,1)+HZ*ZAK(IV,IA)
3510   BZ(J,2)=BZ(J,2)+HZ*ZPK(IV,IA)
3520   NEXT KK
3530   NEXT IA
3540   GOTO 3570
3550   REM ********* M34 *********
3560   PRINT ""
3570   REM ********** M14 ***********
3580   NEXT K
3590   AX=SQR(BX(J,1)^2+BX(J,2)^2)
3600   AY=SQR(BY(J,1)^2+BY(J,2)^2)
3610   AZ=SQR(BZ(J,1)^2+BZ(J,2)^2)
3620   IL=BX(J,2)
3630   R=BX(J,1)
3640   GOSUB 4170
3650   PX=ERG
3660   IL=BY(J,2)
3670   R=BY(J,1)
3680   GOSUB 4170
3690   PY=ERG
3700   IL=BZ(J,2)
3710   R=BZ(J,1)
3720   GOSUB 4170
3730   PZ=ERG
3740   AQK=AX^4+AY^4+2*AX*AX*AY*AY*COS(2*(PX-PY))
3750   IF AQK<0 THEN AQK=0
3760   QK=SQR(AQK)
3770   IL=AX*AX*SIN(2*PX+PI/2)+AY*AY*SIN(2*PY+PI/2)
3780   R=AX*AX*COS(2*PX+PI/2)+AY*AY*COS(2*PY+PI/2)
3790   GOSUB 4170
```

```
3800    PK=ERG
3810    AQL=QK*QK+AZ^4+2*QK*AZ*AZ*COS(PK-2*PZ-PI/2)
3820    IF AQL<0 THEN AQL=0
3830    QL=SQR(AQL)
3840    BB(J)=SQR((AX*AX+AY*AY+AZ*AZ+QL)/2)
3850    print#1, USING "##.##";P(1),P(2),P(3);
3850    bxj1=fnrd(BX(J,1)):bxj2=fnrd(BX(J,2))
3853    byj1=fnrd(BY(J,1)):byj2=fnrd(BY(J,2))
3856    bzj1=fnrd(BZ(J,1)):bzj2=fnrd(BZ(J,2))
3858    bbj=fnrd(BB(J))
3860    print#1,USING " +#.#^^^^";BXJ1,BXJ2,BYJ1,BYJ2,BZJ1,BZJ2,BBJ
3870    NEXT J
3870    IF OP$="B" THEN LOCATE 1,80:INPUT ,X$
3875    goto 5700
3880    REM *********** M8 ***********
3890    NEXT I
3895    close:Print "ENDE DES PROGRAMMS  - Wuenschen Sie eine erneute
        Rechnung ?
3896    Input NR$:NR$ = FNKK$(NR$)
3900    GOTO 8000
3910    REM ******* UNTERPROGRAMM Up1 *********
3920    X1=P1(1)-P0(1)
3930    Y1=P1(2)-P0(2)
3940    Z1=P1(3)-P0(3)
3950    X=P(1)-P0(1)
3960    Y=P(2)-P0(2)
3970    Z=P(3)-P0(3)
3980    EX=Y*Z1-Y1*Z
3990    EY=X1*Z-X*Z1
4000    EZ=X*Y1-X1*Y
4010    EB=SQR(EX*EX+EY*EY+EZ*EZ)
4020    IF EB=0 THEN GOTO 4110
4030    B1=SQR(X1*X1+Y1*Y1+Z1*Z1)
4040    D=EB/B1
4050    YS=(X1*X+Y1*Y+Z1*Z)/B1
4060    HN=(YS-B1)/D/SQR(D*D+(YS-B1)^2)-YS/D/SQR(D*D+YS*YS)
4070    HX=HN*EX/EB
4080    HY=HN*EY/EB
4090    HZ=HN*EZ/EB
4100    GOTO 4150
4110    REM ********** M33 ********
4120    HX=0 : HY=0 : HZ=0
4150    REM *********** M88 *********
```

```
4160   RETURN
4170   REM ******** FUNKTION Atn ********
4180   IF R=O AND IL>0 THEN ERG=PI/2:RETURN
4190   IF R=O AND IL<0 THEN ERG=3*PI/2:RETURN
4200   IF IL=0 AND R>0 THEN ERG =0:RETURN
4210   IF IL=0 AND R<0 THEN ERG=PI:RETURN
4220   IF IL=0 AND R=0 THEN ERG=0:RETURN
4230   IF R<0 THEN ERG=PI+ATN(IL/R):RETURN
4240   ERG=ATN(IL/R):RETURN
4250   RETURN
4500   REM ************ANORDNUNGSPLOT****************
4500   cls:PRINT "":Print "Folgende Eingaben dienen der Darstellung der
       Anordnung!
4504   print ""
4510   Print"Bitte geben Sie den Darstellungsbereich ein! "
4520   input "XAanfang ",xa
4530   input "XEnde    ",xe
4540   input "YAnfang ",ya
4550   input "YEnde    ",ye
4560   input "ZAnfang ",za
4560   input "ZEnde    ",ze
4560   cls
4564   if pl$="N" then goto 4580
4570   call init (werk$+"bild")
4570   PRINT#10,"SP2;"
4573   call abslinie (40*20,38*180,40*40,38*180)
4574   call zeichen (40*43,38*177,.19,.27,1,0," = AUFPUNKTGERADE")
4575   PRINT#10,"SP3;"
4576   call abslinie (40*130,38*180,40*150,38*180)
4577   call zeichen (40*153,38*177,.19,.27,1,0," = ELEKTRODE")
4578   PRINT#10,"sp1;"
4580   dc=.8660254:ds=.5
4590   xp=xe+ye*dc:xm=xa+ya*dc
4600   zp=ze+ye*ds:zm=za+ya*ds
4610   xd=xp-xm:zd=zp-zm
4620   xma=xd/xlim:IF xma<2*zd THEN xma=2*zd/xlim
4630   xu=-xm/xma:zu=-zm/xma
4640   xp=xp/xma
4650   cls
4650   ON ega GOTO 4652,4653
4650   SCREEN 2:GOTO 4655
4653   SCREEN 9
4655   window (-xu-2,-zu-2) - (xlim-xu-2,ylim-zu-2)
```

```
4656    def fnplx(x)=(x+xu+2)/xlim*11040:def fnply(x)=(x+zu+2)/ylim*7640
4660    line (-xu,0) - (xp,0):if pl$ ="N" then goto 4670
4665    call abslinie (fnplx(-xu),fnply(0),fnplx(xp),fnply(0))
4670    zp=zp/xma
4680    line (0,-zu) - (0,zp)
4685    if pl$="J" then call abslinie (fnplx(0),
        fnply(-zu),fnplx(0),fnply(zp))
4690    yxu=ya*dc/xma:yxp=ye*dc/xma:yzu=ya*ds/xma:yzp=ye*ds/xma
4700    line (yxu,yzu) - (yxp,yzp)
4705    if pl$="J" then call abslinie
        (fnplx(yxu),fnply(yzu),fnplx(yxp),fnply(yzp))
4710    pset (xp-5,5):draw"e7g4h3f7"
4720    pset (yxp   ,yzp+5):draw"e7g4h3"
4730    pset (5,zp-5) : draw"r4l4e7l4"
4735    if pl$="N" then 5000
4740    call zeichen (fnplx(xp-5),fnply(5),.19,.27,1,0,"X")
4750    call zeichen (fnplx(yxp),fnply(yzp+5),.19,.27,1,0,"Y")
4760    call zeichen (fnplx(5),fnply(zp-5),.19,.27,1,0,"Z")
5000    for i=1 to na
5010    xan=(ps(i,1,1)+ps(i,1,2)*dc)/xma
5120    zan=(ps(i,1,3)+ps(i,1,2)*dS)/xma
5130    xen=(ps(i,2,1)+ps(i,2,2)*dC)/xma
5140    zen=(ps(i,2,3)+ps(i,2,2)*ds)/xma
5150    line (xan,zan) - (xen,zen),,,&h999:if pl$="N" then goto 5160
5150    print#10,"SP2;"
5155    call abslinie (fnplx(xan),fnply(zan),fnplx(xen),fnply(zen))
5160    next i
5170    ii=0:iv=0:ipo=0
5180    for k=1 to ne
5190    iee=ie(k):if pl$="J" then print#10,"sp3;"
5200    on iee goto 5210,5280,5380,5570
5210    ii=ii+1
5220    xan=(pe0(ii,1)+pe0(ii,2)*dc)/xma
5230    zan=(pe0(ii,3)+pe0(ii,2)*ds)/xma
5240    xen=(pe1(ii,1)+pe1(ii,2)*dc)/xma
5250    zen=(pe1(ii,3)+pe1(ii,2)*ds)/xma
5260    line (xan,zan) - (xen,zen):if pl$="N" then goto 5270
5260    call abslinie (fnplx(xan),fnply(zan),fnplx(xen),fnply(zen))
5270    goto 5570
5280    ipo=ipo+1:nq=np(ipo)
5290    xan=(pp0(ipo,1,1)+pp0(ipo,1,2)*dc)/xma
5300    zan=(pp0(ipo,1,3)+pp0(ipo,1,2)*ds)/xma
5310    pset(xan,zan)
```

```
5315   call punkt (fnplx(xan),fnply(zan),0)
5320   for mm=1 to nq
5330   xen=(pp1(ipo,mm,1)+pp1(ipo,mm,2)*dc)/xma
5340   zen=(pp1(ipo,mm,3)+pp1(ipo,mm,2)*ds)/xma
5350   line - (xen,zen):if pl$="N" then goto 5356
5355   call abslinie (fnplx(xan),fnply(zan),fnplx(xen),fnply(zen))
5356   zan=zen:xan=xen
5360   next mm
5370   goto 5570
5380   iv=iv+1
5390   jv=nk(iv)
5400   je=nje(iv)+1
5410   for ia=1 to jv
5420   p0(1)=pkk(iv,ia,1,1)
5430   p0(2)=pkk(iv,ia,1,2)
5440   p0(3)=pkk(iv,ia,1,3)
5450   xan=(p0(1)+p0(2)*dc)/xma
5460   zan=(p0(3)+p0(2)*ds)/xma
5470   pset(xan,zan)
5475   if pl$="J" then call punkt (fnplx(xan),fnply(zan),0)
5480   for kk=1 to je
5490   p1(1)=pkk(iv,ia,kk,1)
5500   p1(2)=pkk(iv,ia,kk,2)
5510   p1(3)=pkk(iv,ia,kk,3)
5520   xen=(p1(1)+p1(2)*dc)/xma
5530   zen=(p1(3)+p1(2)*ds)/xma
5540   line -(xen,zen):if pl$="N" then goto 5546
5540   if kk=1 then call abslinie (fnplx(xan),fnply(zan),fnplx(xcn),
       fnply(zen)):goto 5546
5545   call absilinie (fnplx(xan),fnply(zan),fnplx(xen),fnply(zen))
5546   xan=xen:zan=zen
5550   next kk
5555   if pl$="J" then print#10,"pu;"
5560   next ia
5565   if pl$="J" then print#10,"pu;"
5570   next k
5580   if pl$="J" then print#10,"sp;"
5585   locate 1,80: input "",x$
5590   screen 0 :close 10
5600   cls: return
5700   REM ******* WERTE PLOT ***************
5700   def fnxp(x)=int(80/xlim*(x+50))
5704   def fnyp(x)=25-int(25/ylim*(x+80))
```

```
5705    def fnpx(x)=(x+50)/xlim*11040
5706    def fnpy(x)=(x+80)/ylim*7640
5707    if pl$="N" then GOTO 5711
5708    aut$=werk$+"ger"+str$(-i)
5710    call init (aut$)
5710    cls :ON ega GOTO 5712,5714
5710    SCREEN 2:GOTO 5716
5714    SCREEN 9
5716    WINDOW SCREEN(0,0) - (639,199) :pset (0,0)
5717    if pl$="N" then goto 5726
5718    call frame
5720    call abslinie (fnpx(-2),fnpy(0),fnpx(200),fnpy(0))
5720    call abslinie (fnpx(0),fnpy(-60),fnpx(0),fnpy(-20))
5724    call abslinie (fnpx(0),fnpy(-2),fnpx(0),fnpy(80))
5726    window (-50,-80) - (xlim-50,ylim-80)
5730    line (-2,0) - (200,0) :line (0,-60) -(0,-20)
5740    line (0,-2) - (0,80)
5750    locate 2,2 :Print "AUFPUNKTGERADE ";using "##";i
5755    ze$="AUFPUNKTGERADE "+STR$(I)
5760    locate fnyp(68.5),fnxp(-30.5):print" <DB"
5763    locate fnyp(67),fnxp(-14):print"pT>"
5766    locate fnyp(68.5),fnxp(8):print" <Mikrotesla>"
5769    pset (10,67):anx=10:anyy=67:if pl$="N" then goto 5800
5780    call zeichen (40*125,38*170,.19,.27,1,0,ze$)
5784    call zeichen (fnpx(-30.5),fnpy(68.5),.19,.27,1,0," <DB")
5786    call zeichen (fnpx(-14)-40*3,fnpy(67),.19,.27,1,0,"pT")
5788    call zeichen (fnpx(-14)+40*7,fnpy(68.5),.19,.27,1,0,">")
5790    call zeichen (fnpx(8),fnpy(68.5),.19,.27,1,0,"<Mikrotesla>")
5800    for l =1 to 8
5810    k=(l-1)*2-6
5820    yw=k*10
5830    line (-2,yw) - (2,yw):if pl$="N" then goto 5840
5830    call abslinie (fnpx(-2),fnpy(yw),fnpx(2),fnpy(yw))
5840    ixw=(k+12)*10
5850    locate fnyp(yw-1),fnxp(-14):Print using "###";ixw
5855    ze$=str$(ixw)
5857    if pl$="J" then call zeichen (fnpx(-14),fnpy(yw-1),.19,.27,1,0,ze$)
5860    next l
5870    ysy=-61:xsx=8:ze$=".001":gosub 5935
5880    ysy=-41:ze$=".01":gosub 5935
5890    ysy=-21:ze$=".1":gosub 5935
5900    ysy=19:ze$="10.":gosub 5935
5910    ysy=39:ze$="100.":gosub 5935
```

```
5920   ysy=59:ze$="1000.":gosub 5935
5930   ysy=79:ze$="10 000.":gosub 5935
5930   goto 5940
5935   rem
5936   locate fnyp(ysy),fnxp(xsx):print ze$
5937   if pl$="J" then call zeichen (fnpx(xsx),fnpy(ysy),.19,.27,1,0,ze$)
5938   return
5940   l10=1/log(10)
5950   for k=1 to 3
5960   xw=100*(k-1)
5970   line (xw,0) - (xw,-2):if pl$="N" then goto 5980
5970   call abslinie (fnpx(xw),fnpy(0),fnpx(xw),fnpy(-2))
5980   xx=ps(i,1,1)+(ps(i,2,1)-ps(i,1,1))/2*(k-1)
5990   yy=ps(i,1,2)+(ps(i,2,2)-ps(i,1,2))/2*(k-1)
6000   zz=ps(i,1,3)+(ps(i,2,3)-ps(i,1,3))/2*(k-1)
6010   locate fnyp(-10),fnxp(xw-39.5)
6020   print USING "(###.#;###.#;###.#)";XX;YY;ZZ
6020   rem xx=int(xx*10)/10:yy=int(yy*10)/10:zz=int(zz*10)/10
6020   ze$="("+str$(xx)+","+str$(yy)+","+str$(zz)+")":dis=len(ze$)
6023   if pl$="J" then call zeichen (fnpx(xw-39.5)++40*15,
       fnpy(-10),.19,.27,1,0,ze$)
6030   next k
6040   yw=20*log(bb(1))*l10
6050   pset(0,yw):anx=0:anyy=yw:if pl$="J" then print#10,"SP4;"
6060   for k=2 to ieee+.1
6070   xw=200/(ieee-1)*(k-1)
6080   yw=20*l10*log(bb(k))
6090   line -(xw,yw):if pl$="N" then goto 6092
6090   call abslinie (fnpx(anx),fnpy(anyy),fnpx(xw),fnpy(yw))
6090   anx=xw:anyy=yw
6100   NEXT K
6110   if pl$="J" then print#10,"SP;"
6115   locate 1,80:input "",x$:close 10
6120   cls:screen 0:goto 3880
7000   rem ************ PAUSE *********************
7005   if pl$="N" then goto 7060
7050   delay pzeit
7060   return
$include "plot.bas"
0000   close:IF NR$ = "J" THEN GOTO 20
8010   PRINT "Bitte >ENTER< druecken!!!!!": END
```

c)   Plottmodul

```
rem ********** version 03.04.90 ********************
sub INIT(aus$):   REM    Plotter initialisieren
open  aus$  for  output as #10
print#10,"in;"
print#10,"sp2;"
print#10,"vs 12.5;"
end sub
sub punkt (x,y,p):  REM    Punkt setzen
a$="pu;pa"+str$(x)+","+str$(y)+";"
if p = 1 then print#10,"pd;pu;"
end sub
sub kreis (x,y,r):   REM    Kreis zeichnen
call punkt (x,y,0)
a$="ci"+str$(r)+";"
print#10,a$
end sub
sub abslinie (xa,ya,xe,ye):  REM Linie von Punkt 1 nach Punkt 2
a$="pu;pa"+str$(xa)+","+str$(ya)+";"
print#10,a$
a$="pd;pa"+str$(xe)+","+str$(ye)+";"
print#10,a$
end sub
sub absilinie (xa,ya,xe,ye):  REM Linie von Punkt 1 nach Punkt 2
a$="pa"+str$(xa)+","+str$(ya)+";"
print#10,a$
a$="pd;pa"+str$(xe)+","+str$(ye)+";"
print#10,a$
end sub
sub rellinie (dx,dy,id):          REM Linie um dx,dy weiter
if id = 1 then b$ = "pd;" else b$ = "pu;"
a$=b$+"pr"+str$(dx)+","+str$(dy)+";"
print#10,a$
end sub
sub kreisbogen (dx,dy,th):  REM  Kreisbogen um den um dx und dy
                 REM   verschobenen Mittelpunkt, th gibt
                 REM   den Winkel des Kreisbogens an. Minus
                 REM   vor th fuehrt zu einem Kreisbogen
                 REM   in Uhrzeigerrichtung.
A$="pd;ar"+str$(dx)+","+str$(dy)+","+str$(th)+";pu;"
print#10,a$
end sub
```

```
sub zeichen (xx,yy,h,b,r,o,b$) : REM  Gibt Zeichen aus
c$="pu;pa"+str$(xx)+", "+str$(yy)+";"
print#10,c$
print#10,"SI";
print#10,using " #.##"; h;
print#10,",";
print#10,using "#.##"; b;
print#10,";"
print#10,"DI";
print#10,using " #.##"; r;
print#10,"," ;
print#10,using "#.##"; o;
print#10,";"
print#10,"SS;"
a$="lb"+b$
print#10,a$;chr$(3);";"
end sub
sub nummer (x,y,a) : REM Gibt Zahlen aus
il=int(log10(abs(a)))
print il
an=a/(10^il)*(1.00001)
i1 = fix(an+.0001)
i2 = fix((an-i1)*10)
i3 = abs(fix((an-i1-i2/10)*100))
i2=abs(i2)
a$="lb"+str$(i1)+"."+mid$(str$(i2),2,1)+mid$(str$(i3),2,1)+"E"+str$(il)
print x,y
c$="pa"+str$(x)+", "+str$(y)+";"
print#10,c$
print#10,a$;chr$(3)
end sub
sub FRAME
call abslinie (0,0,11040,0):call abslinie (11040,0,11040,7640)
call abslinie (11040,7640,0,7640):call abslinie (0,7640,0,0)
end sub
```

A3 Eigen- und Gegeninduktivitäten

Im Anhang A2 wurde eine Möglichkeit zur Berechnung magnetischer Streufelder aufgezeigt. Fragt man nach der Spannungsinduktion in einer Schleife, die durch dieses Streufeld erzeugt wird, so kommt man zum Induktionsgesetz

$$u_i = -\frac{d\phi}{dt}.$$ (A3.1)

ϕ ist der magnetische Fluss, der sich über

$$\phi = \mu \int_A \vec{H} d\vec{A}$$ (A3.2)

bestimmen lässt.

Teilt man $|\phi|$ durch den felderzeugenden Strom i, so erhält man die Größe M, die nur noch von der Geometrie abhängig ist. M wird als Gegeninduktivität bezeichnet. Der Vollständigkeit halber sei erwähnt, dass diese Division

$$M = \frac{|\phi|}{i}$$ (A3.3)

nur erlaubt ist für Gebiete, die stromlos sind. Diese Voraussetzung ist bei allen nachfolgenden Betrachtungen gegeben. Weiterhin sei erwähnt, dass die Eigeninduktivität nur eine Untermenge der Gegeninduktivität ist. Bei der Eigeninduktivität wird die von der felderzeugenden Stromschleife umfasste Fläche für die Berechnung des magnetischen Flusses angesetzt.

Die nachfolgenden Ausführungen sind der Veröffentlichung GON82 entnommen!

A3.1 Gegeninduktivität zwischen einem endlich langen Leiter auf der y- Achse und einer Trapezfläche in der xy- Ebene

Im Anhangkapitel A2 wurde die nachfolgende Gleichung angegeben, mit der die magnetische Feldstärke in der xy-Ebene eines endlich langen Drahtes auf der y-Achse berechnet werden konnte:

$$\vec{H} = \frac{I}{4\pi}\left(\frac{y-a}{x\sqrt{x^2+(y-a)^2}} - \frac{y}{x\sqrt{x^2+y^2}}\right)\vec{e}_z.$$ (A3.4)

Die Unterstriche bei $\vec{H}$ und I werden hier weggelassen, da sie für die folgenden Betrachtungen belanglos sind.

Die Gleichung (A3.4) sagt aus, dass ein Strom auf der y-Achse in der xy-Ebene ein Feld erzeugt, das nur eine z-Komponente hat. Liegt die beeinflusste Fläche in der xy-Ebene (Einheitsvektor ebenfalls $\vec{e}_z$), geht das innere Vektorprodukt der Gleichung (A3.2) in eine reine Multiplikation über.

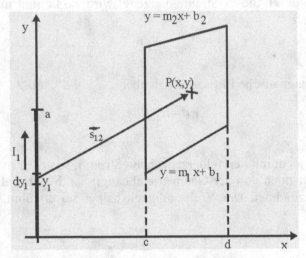

Abb. A3.1 Anordnung aus stromführendem Leiter auf der y-Achse und Trapezfläche in der xy-Ebene

Betrachten wir eine Trapezfläche in der xy-Ebene mit einem Strom auf der y-Achse, wie in Abb. A3.1 dargestellt, so ist zur Berechnung der Gegeninduktivität das nachfolgende Integral zu lösen:

$$M = \frac{\mu}{4\pi}\int_c^d \int_{m_1x+b_1}^{m_2x+b_2} \left(\frac{y-a}{x\sqrt{x^2+(y-a)^2}} - \frac{y}{x\sqrt{x^2+y^2}}\right)dy\,dx.$$ (A3.5)

Die Integration über y führt auf folgende Lösung:

$$I_y = \left[\frac{1}{x}\sqrt{x^2+y^2}\right]_{m_1x+b_1-a}^{m_2x+b_2-a} - \left[\frac{1}{x}\sqrt{x^2+y^2}\right]_{m_1x+b_1}^{m_2x+b_2}.$$ (A3.6)

Setzt man diese Lösung in (A3.5) ein, so erhält man wiederum Integrale der Form

$$I_x = \int \frac{1}{x} \sqrt{ex^2 + fx + g} \; dx. \tag{A3.7}$$

Die Integration liefert schließlich die Gegeninduktivität für die Anordnung aus geradem endlich langem Draht und einer trapezförmigen Fläche in der xy-Ebene.

$$M =$$

$$
\begin{aligned}
&\frac{\mu}{4\pi} \Big(\sqrt{(m_2^2+1)\,d^2 + 2m_2(b_2-a)\,d + (b_2-a)^2} - \sqrt{(m_2^2+1)\,c^2 + 2m_2(b_2-a)\,c + (b_2-a)^2} \\
&- \sqrt{(m_1^2+1)\,d^2 + 2m_1(b_1-a)\,d + (b_1-a)^2} + \sqrt{(m_1^2+1)\,c^2 + 2m_1(b_1-a)\,c + (b_1-a)^2} \\
&- \sqrt{(m_2^2+1)\,d^2 + 2m_2 b_2\,d + b_2^2} + \sqrt{(m_2^2+1)\,c^2 + 2m_2 b_2\,c + b_2^2} \\
&+ \sqrt{(m_1^2+1)\,d^2 + 2m_1 b_1\,d + b_1^2} - \sqrt{(m_1^2+1)\,c^2 + 2m_1 b_1\,c + b_1^2} \\
&+ \frac{m_2(b_2-a)}{\sqrt{m_2^2+1}} \ln \frac{\sqrt{(m_2^2+1)((m_2^2+1)\,d^2 + 2m_2(b_2-a)\,d + (b_2-a)^2)} + (m_2^2+1)\,d + m_2(b_2-a)}{\sqrt{(m_2^2+1)((m_2^2+1)\,c^2 + 2m_2(b_2-a)\,c + (b_2-a)^2)} + (m_2^2+1)\,c + m_2(b_2-a)} \\
&+ \frac{m_1(b_1-a)}{\sqrt{m_1^2+1}} \ln \frac{\sqrt{(m_1^2+1)((m_1^2+1)\,c^2 + 2m_1(b_1-a)\,c + (b_1-a)^2)} + (m_1^2+1)\,c + m_1(b_1-a)}{\sqrt{(m_1^2+1)((m_1^2+1)\,d^2 + 2m_1(b_1-a)\,d + (b_1-a)^2)} + (m_1^2+1)\,d + m_1(b_1-a)} \\
&+ \frac{m_2 b_2}{\sqrt{m_2^2+1}} \ln \frac{\sqrt{(m_2^2+1)((m_2^2+1)\,c^2 + 2m_2 b_2\,c + b_2^2)} + (m_2^2+1)\,c + m_2 b_2}{\sqrt{(m_2^2+1)((m_2^2+1)\,d^2 + 2m_2 b_2\,d + b_2^2)} + (m_2^2+1)\,d + m_2 b_2} \\
&+ \frac{m_1 b_1}{\sqrt{m_1^2+1}} \ln \frac{\sqrt{(m_1^2+1)((m_1^2+1)\,d^2 + 2m_1 b_1\,d + b_1^2)} + (m_1^2+1)\,d + m_1 b_1}{\sqrt{(m_1^2+1)((m_1^2+1)\,c^2 + 2m_1 b_1\,c + b_1^2)} + (m_1^2+1)\,c + m_1 b_1} \\
&+ |b_2-a| \ln \frac{d(\sqrt{(b_2-a)^2((m_2^2+1)\,c^2 + 2m_2(b_2-a)\,c + (b_2-a)^2)} + (b_2-a)^2 + m_2(b_2-a)\,c)}{c(\sqrt{(b_2-a)^2((m_2^2+1)\,d^2 + 2m_2(b_2-a)\,d + (b_2-a)^2)} + (b_2-a)^2 + m_2(b_2-a)\,d)} \\
&+ |b_1-a| \ln \frac{c(\sqrt{(b_1-a)^2((m_1^2+1)\,d^2 + 2m_1(b_1-a)\,d + (b_1-a)^2)} + (b_1-a)^2 + m_1(b_1-a)\,d)}{d(\sqrt{(b_1-a)^2((m_1^2+1)\,c^2 + 2m_1(b_1-a)\,c + (b_1-a)^2)} + (b_1-a)^2 + m_1(b_1-a)\,c)} \\
&+ |b_2| \ln \frac{c(\sqrt{b_2^2((m_2^2+1)\,d^2 + 2m_2 b_2\,d + b_2^2)} + b_2^2 + m_2 b_2\,d)}{d(\sqrt{b_2^2((m_2^2+1)\,c^2 + 2m_2 b_2\,c + b_2^2)} + b_2^2 + m_2 b_2\,c)} \\
&+ |b_1| \ln \frac{d(\sqrt{b_1^2((m_1^2+1)\,c^2 + 2m_1 b_1\,c + b_1^2)} + b_1^2 + m_1 b_1\,c)}{c(\sqrt{b_1^2((m_1^2+1)\,d^2 + 2m_1 b_1\,d + b_1^2)} + b_1^2 + m_1 b_1\,d)} \Big)
\end{aligned}
\tag{A3.8}
$$

A3.2 Zerlegung einer durch Geraden begrenzten Fläche in der xy-Ebene

Aus der Berechenbarkeit der Anordnung eines endlich langen Leiters und einer Trapezfläche ergibt sich automatisch die Berechenbarkeit einer beliebigen Fläche in der xy-Ebene, die durch Geradenstücke begrenzt wird.

Durch die Zerlegung der Gesamtfläche in Dreiecke, deren eine Seite parallel zur y-Achse verläuft (ein Spezialfall eines Trapezes), lässt sich die korrekte analytische Lösung finden. In Abb. A3.2 ist eine Anordnung mit einem unregelmäßigen Fünfeck und einer möglichen Dreieckszerlegung angegeben. Die Gesamtgegeninduktivität dieser Anordnung ergibt sich als Summe der Einzelgegeninduktivitäten zwischen dem Leiter auf der y-Achse und den sechs Dreiecken.

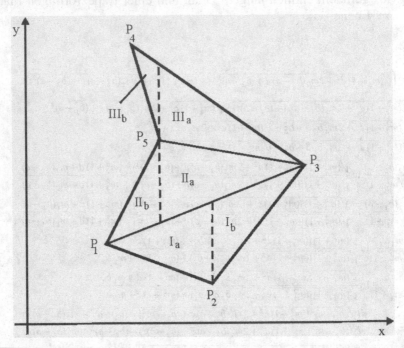

Abb. A3.2 Dreieckszerlegung eines unregelmäßigen Fünfecks zur Berechnung der Gegeninduktivität

Die angegebene Zerlegung ist, wie man leicht erkennen kann, nicht die einzig mögliche; sie benötigt viele Abfragen hinsichtlich der relativen Lage der Eckpunkte der Fläche zueinander und ist somit schlecht für eine Automatisierung geeignet. Bildet man den Betrag $|\phi_{12}|/i_1$ nach (A3.3) erst nach der Berechnung aller Anteile $\Delta\phi_i/i_i$ der Gesamtanordnung, dann lässt sich in Zwischenschritten die Lage der Flächennormalen zur Lage des Vektors der magnetischen Feldstärke zur Vorzeichenbestimmung der Anteile ausnutzen. Zerlegt man die Fläche aus Abb. A3.2, wie in Abb. A3.3 angegeben, in drei Doppeldreiecke, dann findet man, dass die Doppeldreiecke I und II eine andere Flächenorientierung haben als das Doppeldreieck III. Die Gesamtfläche des Fünfecks ergibt sich aus der Fläche der Doppeldreiecke I und II, vermindert um das Doppeldreieck III.

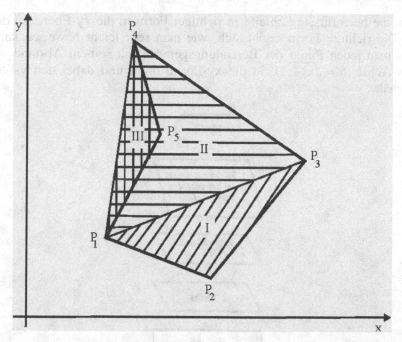

Abb. A3.3 Dreieckszerlegung eines unregelmäßigen Fünfecks in Dreiecksflächen, die alle den Punkt P1 enthalten

Da $\vec{H}$ auf der gesamten xy-Ebene gleichgerichtet ist, bestimmt die Orientierung der Fläche das Vorzeichen des magnetischen Flusses, dadurch ergibt sich

$$\phi_{ges} = \phi_I + \phi_{II} - \phi_{III}$$

Um eine eindeutige Zerlegung zu erhalten, wählt man die Orientierung folgendermaßen: Man bildet jeweils aus P_1, P_k und P_{k+1} (k = 2,3,..., N-1; N Anzahl der Eckpunkte) Doppeldreiecke und definiert die Flächennormale als positiv, wenn mit steigendem Index (1, k, k+1) die Fläche in mathematisch positivem Sinne umlaufen wird. Diese Zerlegung ist eindeutig und gestattet darüber hinaus, dass, bezogen auf eine die Fläche definierende Drahtschleife, Kreuzungspunkte der Berandungsgeraden auftreten dürfen.

A3.3 Behandlung von beliebigen Leiterschleifen im Raum

Unter der Voraussetzung, dass durch eine Koordinatentransformation der beeinflussende Draht in gewünschter Weise auf der y-Achse liegt, besteht der nächste Schritt zur Berechnung beliebiger Leiterschleifen im Raum

darin, die beeinflusste Schleife in richtiger Form in die xy-Ebene zu drehen. Die richtige Form ergibt sich, wie man sehr leicht beweisen kann,
wenn man jeden Punkt der Berandungsgeraden mit seinem Abstand von
der y-Achse. $(r = \sqrt{x^2 + z^2})$ in die xy-Ebene dreht und dabei den y-Wert
beibehält.

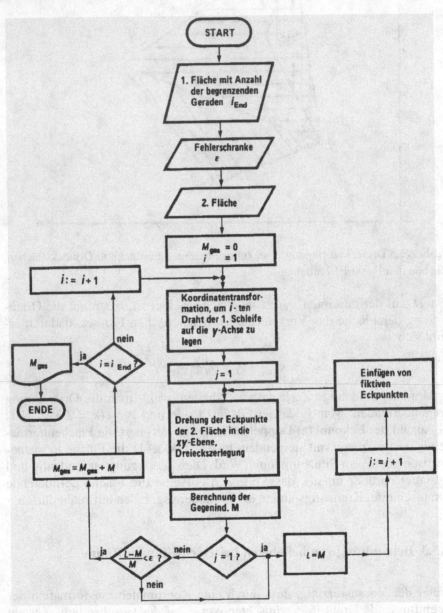

Abb. A3.4 Programmablaufplan zur Berechnung der Gegeninduktivität

Durch diese sehr aufwendige Prozedur wird im Allgemeinen aus einer Geraden im Raum eine Parabel in der Ebene. Aus diesem Grund dreht man nur die Eckpunkte in der beschriebenen Weise in die xy-Ebene und bestimmt damit die Gegeninduktivität näherungsweise. Nach einem ersten Rechengang wird jeweils auf der Verbindungsgeraden zwischen zwei Eckpunkten ein neuer Eckpunkt definiert und damit erneut die Gegeninduktivität berechnet. Ergibt sich bei dieser Rechnung eine Abweichung zur vorhergehenden Rechnung, die kleiner ist als eine vorgegebene Fehlerschranke, wird das neue Ergebnis als Lösung genommen; ist die Abweichung größer, werden erneut Eckpunkte definiert usw.

Bei der vorangehenden Beschreibung wurde nur der Fall betrachtet, dass von allen Punkten der Gesamtfläche ein Eckpunkt den kleinsten Abstand von der y-Achse hat. Im Allgemeinen ist dieser Spezialfall nicht gegeben, so dass die Linie bestimmt werden muss, auf der $\vec{H}$ tangential zur Fläche liegt. Die Schnittpunkte dieser Geraden mit den Berandungslinien, die leicht über die Vektoralgebra bestimmt werden können, müssen als neue „imaginäre" Eckpunkte eingefügt werden. Durch fortlaufende Koordinatentransformation für die Berandungsgeraden der beeinflussenden Leiterschleife und vorzeichenrichtige Summation der Einzelanteile und Betragsbildung erhält man die gesuchte Gesamtgegeninduktivität.

Eine Möglichkeit zur Kontrolle des Rechenergebnisses besteht darin, zu prüfen, ob $M_{12} = M_{21}$ erfüllt ist, d.h. eine Kontrollrechnung durch Vertauschen von beeinflusster und beeinflussender Leiterschleife durchzuführen. Ein Programmablaufplan eines möglichen Programmes ist in Abb. A3.4 dargestellt.

A3.4 Gegeninduktivität zwischen 2 Kreisschleifen mit seitlicher Verschiebung

Um die Leistungsfähigkeit des Verfahrens darzustellen, wird die Gegeninduktivität zwischen zwei parallelen Kreisschleifen mit seitlicher Verschiebung berechnet. Die Anordnung ist in Abb. A3.5 dargestellt.

Die beiden Kreisschleifen wurden durch 36-Eck-Flächen in der Weise angenähert, dass Flächengleichheit zwischen 36-Eck und Kreisscheibe besteht. Als Iterationsfehler ε (Abb. A3.4) wurde ein Wert von 0,1 % vorgegeben.

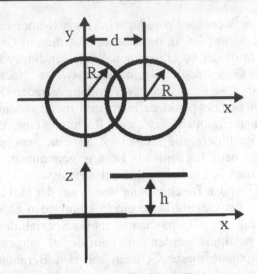

Abb. A3.5 Anordnung aus zwei gegeneinander verschobenen Kreisschleifen mit gleicher Flächenorientierung

In Abb. A3.6 ist die Gegeninduktivität für die Anordnung in Abhängigkeit von der seitlichen Verschiebung d dargestellt, Parameter ist die Höhe h zwischen den Leiterebenen.

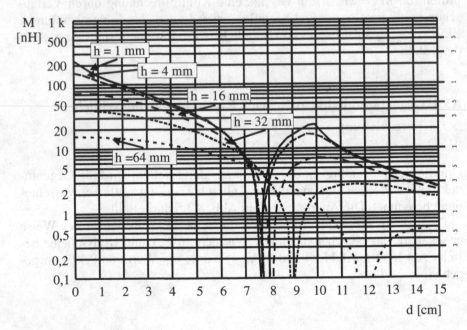

Abb. A3.6 Gegeninduktivität zwischen zwei parallelen Kreisschleifen

Für d = 0 erhält man jeweils die maximale Kopplung zwischen den beiden Schleifen. Diese Kopplung nimmt mit zunehmender seitlicher Verschiebung bis auf den Wert Null ab und steigt dann wieder bis auf ein lokales Maximum an. Von diesem lokalen Maximum fällt die Gegeninduktivität wieder und erreicht bei d → ∞ den Wert null. Sowohl die erste Nullstelle als auch das lokale Maximum sind Funktionen der Höhe h zwischen den Schleifenebenen.

A3.5 Quellcode des Programms GEGEN

a) *Eingabemodul GEGENE*

```
10      PRINT CHR$(12)
20      PRINT "PROGRAMM ZUM EINLESEN DER DATEN FUER DIE BERECHNUNG DER"
30      PRINT "              GEGENINDUKTIVITAET ZWISCHEN"
40      PRINT "    ZWEI BELIEBIG IM RAUM LIEGENDEN LEITERSCHLEIFEN"
50      PRINT "              STAND 26.03.88"
60      PRINT "COPYRIGHT: Dr. Karl-Heinz Gonschorek, 8522 Herzogenaurach"
70      PRINT "=========================================================="
80      PRINT
90      PRINT
100     DIM X1(50),Y1(50),Z1(50),X2(50),Y2(50),Z2(50)
110     INPUT "Bitte Namen der Datendatei eingeben!   ",A$   :OPEN A$ FOR
        OUTPUT AS #1
120     PRINT
130     PRINT "ACHTUNG: Saemtliche Koordinaten sind in Metern
        einzugeben!!!!"
140     PRINT ""
150     PRINT "Besteht der stromfuehrende Leiterzug aus einem geschlossenen"
160     PRINT "Stromkreis (J/N) ?"
170     INPUT EN$
180     IF EN$ = "J"  OR  EN$ = "j"  THEN  PRINT#1,"J"  ELSE
        PRINT#1,"N":GOTO 220
190     PRINT ""
200     INPUT "Wuenschen Sie eine Kontrollrechnung (M12=M21) (J/N) ? ",EN$
210     IF EN$ = "J"  OR  EN$ = "j" THEN PRINT#1,"J"  ELSE PRINT#1,"N"
220     PRINT ""
230     INPUT "Anzahl der Eckpunkte des stromfuhrenden Leiters? ",N1
240     PRINT ""
250     PRINT "Geben Sie die Koordinaten der Eckpunkte ein !"
260     FOR I=1 TO N1
270     PRINT
```

```
280    PRINT "X ("I") = ?"
290    INPUT X1(I)
300    PRINT "Y ("I") = ?"
310    INPUT Y1(I)
320    PRINT "Z ("I") = ?"
330    INPUT Z1(I)
340    NEXT I
350    PRINT ""
360    INPUT "Anzahl der Eckpunkte der beeinflussten Scheife?    ",N2
370    FOR I=1 TO N2
380    PRINT ""
390    PRINT "X ("I") = ?"
400    INPUT X2(I)
410    PRINT "Y ("I") = ?"
420    INPUT Y2(I)
430    PRINT "Z ("I") = ?"
440    INPUT Z2(I)
450    NEXT I
460    PRINT#1,N1
470    FOR I=1 TO N1
480    PRINT#1, X1(I)
490    PRINT#1, Y1(I)
500    PRINT#1, Z1(I)
510    NEXT I
520    PRINT#1,N2
530    FOR I=1 TO N2
540    PRINT#1, X2(I)
550    PRINT#1, Y2(I)
560    PRINT#1, Z2(I)
570    NEXT I
580    CLOSE#1
590    END
```

b)   *Berechnungs- und Ausgabemodul GEGENA*

```
10     PRINT CHR$(12)
20     KEY OFF
30     PRINT "PROGRAMM ZUR BERECHNUNG DER GEGENINDUKTIVITAET ZWISCHEN"
40     PRINT "    ZWEI BELIEBIG IM RAUM LIEGENDEN LEITERSCHLEIFEN"
50     PRINT "                 STAND 27.03.88"
60     PRINT "COPYRIGHT: Dr. Karl-Heinz Gonschorek, 8522 Herzogenaurach"
70     PRINT "========================================================="
80     PRINT
90     PRINT
```

```
100    DIM X1(80),Y1(80),Z1(80),X2(80),Y2(80),Z2(80)
110    DIM X3(800),Y3(800),Z3(800),X(160),Y(160)
120    PRINT "Wuenschen Sie die Dateneingabe ueber die Tastatur (T) oder
       aus einer"
130    INPUT "Datendatei (D) heraus?    ",ENT$
140    PRINT
150    IF ENT$ = "d" OR ENT$ = "D" THEN INPUT "Bitte Namen der Datendatei
       eingeben!",A$   :OPEN A$ FOR INPUT AS #1
160    PRINT
170    PRINT "Wuenschen Sie die Ergebnisausgabe auf dem Bildschirm (B)
       oder auf dem"
180    INPUT "Drucker (P)?    ",AENT$
190    IF AENT$ = "b" THEN AENT$ = "B"
200    IF AENT$ = "p" THEN AENT$ = "P"
210    AENT = 1:IF AENT$ = "P" THEN AENT  = 2
220    PRINT
230    IF ENT$ = "t" OR ENT$ = "T" THEN GOTO 370
240    INPUT#1, EN$
250    IF EN$ = "J" THEN INPUT#1,EN$ ELSE MODE = 1 :GOTO 270
260    IF EN$<>"J" THEN MODE = 2 ELSE MODE = 3
270    INPUT#1, N1
280    FOR I=1 TO N1
290    INPUT#1, X1(I): INPUT#1, Y1(I): INPUT#1, Z1(I)
300    NEXT I
310    INPUT#1, N2
320    FOR I=1 TO N2
330    INPUT#1, X2(I): INPUT#1,Y2(I): INPUT#1,Z2(I)
340    NEXT I
350    CLOSE#1
360    GOTO 710
370    PRINT
380    PRINT "ACHTUNG: Saemtliche Koordinaten sind in Metern
       einzugeben!!!!"
390    PRINT ""
400    PRINT "Besteht der stromfuehrende Leiterzug aus einem geschlossenen"
410    PRINT "Stromkreis (J/N) ?"
420    INPUT EN$
430    IF EN$<>"J" AND EN$ <> "j" THEN MODE = 1: GOTO 470 ELSE GOTO 440
440    PRINT ""
450    INPUT "Wuenschen Sie eine Kontrollrechnung (M12=M21) (J/N) ?  ",EN$
460    IF EN$<>"J" AND EN$ <> "j" THEN MODE = 2 ELSE MODE = 3
470    PRINT ""
480    INPUT "Anzahl der Eckpunkte des stromfuhrenden Leiters?  ",N1
```

```
490    PRINT ""
500    PRINT "Geben Sie die Koordinaten der Eckpunkte ein !"
510    FOR I=1 TO N1
520    PRINT
530    PRINT "X ("I") = ?"
540    INPUT X1(I)
550    PRINT "Y ("I") = ?"
560    INPUT Y1(I)
570    PRINT "Z ("I") = ?"
580    INPUT Z1(I)
590    NEXT I
600    PRINT ""
610    INPUT "Anzahl der Eckpunkte der beeinflussten Scheife?    ",N2
620    FOR I=1 TO N2
630    PRINT ""
640    PRINT "X ("I") = ?"
650    INPUT X2(I)
660    PRINT "Y ("I") = ?"
670    INPUT Y2(I)
680    PRINT "Z ("I") = ?"
690    INPUT Z2(I)
700    NEXT I
710    EPS1=.1
720    EPS2=.00001
730    FOR IP = 1 TO AENT
740    IF IP = 1 THEN OPEN "con" FOR OUTPUT AS #1
750    IF IP = 2 THEN OPEN "lpt1:" FOR OUTPUT AS #1
760    PRINT#1, ""
770    PRINT#1, "BERECHNUNG DER GEGENINDUKTIVITAET"
780    PRINT#1, "================================="
790    PRINT#1," "
800    PRINT#1," "
810    PRINT#1, "KOORDINATEN DES STROMFUEHRENDEN LEITUNGSZUGES"
820    PRINT#1, "---------------------------------------------"
830    PRINT#1, ""
840    PRINT#1, "          X          Y          Z"
850    FOR I=1 TO N1
860    PRINT #1,USING "+#.####^^^^ ";X1(I);Y1(I);Z1(I)
870    NEXT I
880    IF MODE=2 OR MODE=3 THEN PRINT#1,USING "+#.####^^^^
       ";X1(1);Y1(1);Z1(1)
890    PRINT#1,""
900    PRINT#1,""
```

```
910    PRINT#1, "KOORDINATEN DER BEEINFLUSSTEN SCHLEIFE"
920    PRINT#1, "----------------------------------------"
930    PRINT#1,""
940    PRINT#1, "          X          Y          Z"
950    FOR I=1 TO N2
960    PRINT#1, USING "+#.####^^^^ ";X2(I);Y2(I);Z2(I)
970    NEXT I
980    PRINT#1,""
990    CLOSE#1
1000   NEXT IP
1010   I1=N1
1020   IF MODE<>1 THEN GOTO 1050
1030   N1=N1-1
1040   GOTO 1080
1050   X1(N1+1)=X1(1)
1060   Y1(N1+1)=Y1(1)
1070   Z1(N1+1)=Z1(1)
1080   X2(N2+1)=X2(1)
1090   Y2(N2+1)=Y2(1)
1100   Z2(N2+1)=Z2(1)
1110   S2MAX=0
1120   FOR I=1 TO N2
1130   S2=SQR((X2(I+1)-X2(I))^2+(Y2(I+1)-Y2(I))^2+(Z2(I+1)-Z2(I))^2)
1140   IF S2>S2MAX THEN S2MAX=S2
1150   NEXT I
1160   IF AENT = 1 THEN GOTO 1210
1170   LPRINT ""
1180   LPRINT "BERECHNUNG DER EINZELANTEILE"
1190   LPRINT "---------------------------"
1200   LPRINT ""
1210   EPS2=EPS2*S2MAX
1220   GEGS=0
1230   FS=0
1240   FOR J=1 TO N1
1250   GEGE=0
1260   NI=0
1270   I2=N2+1
1280   S3MAX=S2MAX
1290   D1=X1(J+1)-X1(J)
1300   D2=Y1(J+1)-Y1(J)
1310   D3=X1(J)
1320   D4=Y1(J)
1330   N22=I2
```

```
1340    FOR I=1 TO N22
1350    U1(I)=X2(I)
1360    V1(I)=Y2(I)
1370    NEXT I
1380    GOSUB 2730
1390    FOR I=1 TO N22
1400    X3(I)=U2(I)
1410    Y3(I)=V2(I)
1420    NEXT I
1430    D1=Z1(J+1)-Z1(J)
1440    D2=A
1450    D3=Z1(J)
1460    D4=GEGE
1470    FOR I=1 TO N22
1480    U1(I)=Z2(I)
1490    V1(I)=Y3(I)
1500    NEXT I
1510    GOSUB 2730
1520    FOR I=1 TO N22
1530    Z3(I)=U2(I)
1540    Y3(I)=V2(I)
1550    NEXT I
1560    IF AENT = 1 THEN GOTO 1670
1570    LPRINT ""
1580    LPRINT USING "LAENGE DES ##. DRAHTES: +#.####^^^^";J,A
1590    LPRINT ""
1600    LPRINT "TRANFORMIERTE KOORDINATEN DER LEITERSCHLEIFE"
1610    LPRINT "----------------------------------------------"
1620    LPRINT ""
1630    LPRINT "        X          Y          Z"
1640    FOR I=1 TO N2
1650    LPRINT USING "+#.###^^^^ "; X3(I);Y3(I);Z3(I)
1660    NEXT I
1670    N3=N2
1680    FOR I=N3 TO 1 STEP -1
1690    IF ABS(Y3(I+1)-Y3(I)) <= EPS2   THEN GOTO 1790
1700    IF ABS(X3(I+1)-X3(I)) <= EPS2 AND ABS(Z3(I+1)-Z3(I)) <= EPS2 THEN
        GOTO 1790
1710    DX=X3(I+1)-X3(I)
1720    DZ=Z3(I+1)-Z3(I)
1730    T=-(X3(I)*DX+Z3(I)*DZ)/(DX*DX+DZ*DZ)
1740    IF T<=0 OR T>=1 THEN GOTO 1790
1750    I3=N3+2
```

```
1760    M=I3
1770    GOSUB 2930
1780    N3=N3+1
1790    NEXT I
1800    FOR I=1 TO N3
1810    Y(I)=Y3(I)
1820    X(I)=SQR(X3(I)*X3(I)+Z3(I)*Z3(I))
1830    NEXT I
1840    I4=N3+1
1850    I11=I4
1860    GOSUB 3040
1870    GEGE=GEG
1880    I4=4
1890    T=.5
1900    GEGKS=0
1910    FOR I=N3 TO 1 STEP -1
1920    IF ABS(Y3(I+1)-Y3(I)) <= EPS2   THEN GOTO 2100
1930    IF ABS(X3(I)*Z3(I+1)-Z3(I)*X3(I+1)) <=EPS2 THEN GOTO 2100
1940    S3=SQR((X3(I+1)-X3(I))^2+(Y3(I+1)-Y3(I))^2+(Z3(I+1)-Z3(I))^2)
1950    IF S3<(S3MAX/4) THEN GOTO 2100
1960    I3=N3+2
1970    LOCATE 1,60: PRINT "I3 = ";I3
1980    IF I3>200 THEN GOTO 2180
1990    M=I3
2000    GOSUB 2930
2010    N3=N3+1
2020    FOR K=1 TO 3
2030    Y(K)=Y3(I+K-1)
2040    X(K)=SQR(X3(I+K-1)*X3(I+K-1)+Z3(I+K-1)*Z3(I+K-1))
2050    NEXT K
2060    I11=I4
2070    GOSUB 3040
2080    GEGKE=GEG
2090    GEGKS=GEGKS+GEGKE
2100    NEXT I
2110    GEGE=GEGE+GEGKS
2120    IF GEGE = 0 THEN GEGE = 1E-38
2130    FE=100*GEGKS/GEGE
2140    IF GEGKS=0 THEN GOTO 2180
3150    NI-NI+1
2160    S3MAX=S3MAX/2
2170    IF ABS(FE)>EPS1 OR NI<3 THEN GOTO 1900
2180    IF AENT = 1 THEN GOTO 2240
```

```
2190    LPRINT ""
2200    LPRINT ""
2210    LPRINT USING "GEGENINDUKTIVITAET DER ANORDNUNG M = +#.####^^^^
        MIKROHENRY";GEGE
2220    LPRINT "-----------------------------------------------------------"
2230    LPRINT ""
2240    IF AENT = 2 THEN LPRINT USING "ITERATIONSFEHLER = +#.####^^^^ %";
        FE:LPRINT ""
2250    GEGS=GEGS+GEGE
2260    NEXT J
2270    GEGS=ABS(GEGS)
2280    FOR IP = 1 TO AENT
2290    IF IP = 1 THEN OPEN "con" FOR OUTPUT AS #1
2300    IF IP = 2 THEN OPEN "lpt1" FOR OUTPUT AS #1
2310    PRINT#1, ""
2320    PRINT#1, USING "GESAMTGEGENINDUKTIVITAET DER ANORDNUNG M =
        #.####^^^^ MIKROHENRY";GEGS
2330    PRINT#1,
        "================================================================"
2340    PRINT#1,""
2350    CLOSE #1
2360    NEXT IP
2370    IF MODE<>3 THEN GOTO 2650
2380    MODE=2
2390    I1=N1
2400    N1=N2
2410    N2=I1
2420    IF N1>I1 THEN I1=N1
2430    FOR I=1 TO I1
2440    A=X1(I)
2450    X1(I)=X2(I)
2460    X2(I)=A
2470    A=Y1(I)
2480    Y1(I)=Y2(I)
2490    Y2(I)=A
2500    A=Z1(I)
2510    Z1(I)=Z2(I)
2520    Z2(I)=A
2530    NEXT I
2540    EPS2=EPS2/S2MAX
2550    I1=N1
2560    FOR IP = 1 TO AENT
2570    IF IP = 1 THEN OPEN "con" FOR OUTPUT AS #1
```

```
2580    IF IP = 2 THEN OPEN "lpt1:" FOR OUTPUT AS #1
2590    PRINT#1, ""
2600    PRINT#1, "KONTROLLRECHNUNG"
2610    PRINT#1, "================"
2620    CLOSE#1
2630    NEXT IP
2640    GOTO 1050
2650    OPEN "con" FOR OUTPUT AS #1
2660    PRINT#1,""
2670    PRINT#1,"Wuenschen Sie eine neue Rechnung (J/N)?"
2680    CLOSE#1
2690    A$ = INKEY$: IF A$ <> "j" AND A$ <> "J" AND A$ <> "n" AND A$ <> "N"
        THEN GOTO 2690
2700    IF A$ = "J" OR A$ = "j" THEN CLS: GOTO 120
2710    KEY ON
2720    END
2730    REM ******* Unterprogramm KOTRA ***********
2740    IF D1<>0 THEN GOTO 2780
2750    SI=1
2760    CO=0
2770    GOTO 2810
2780    PHI=ATN(D2/D1)
2790    SI=SIN(PHI)
2800    CO=COS(PHI)
2810    A=D1*CO+D2*SI
2820    IF A>=0 THEN GOTO 2860
2830    A=-A
2840    SI=-SI
2850    CO=-CO
2860    FOR I=1 TO N22
2870    DU=U1(I)-D3
2880    DV=V1(I)-D4
2890    U2(I)=DU*SI-DV*CO
2900    V2(I)=DU*CO+DV*SI
2910    NEXT I
2920    RETURN
2930    REM ****** Unterprogramm INSERT ***********
2940    I111=M-2
2950    FOR K=I111 TO I STEP -1
2960    X3(K+2)=X3(K+1)
2970    Y3(K+2)=Y3(K+1)
2980    Z3(K+2)=Z3(K+1)
2990    NEXT K
```

```
3000   X3(I+1)=X3(I)+T*(X3(I+2)-X3(I))
3010   Y3(I+1)=Y3(I)+T*(Y3(I+2)-Y3(I))
3020   Z3(I+1)=Z3(I)+T*(Z3(I+2)-Z3(I))
3030   RETURN
3040   REM ****** Unterprogramm GIDLS *************
3050   M=I11-1
3060   GEG=0
3070   XMIN=X(1)
3080   I2=0
3090   FOR IG=2 TO M
3100   IF XMIN<=X(IG) THEN GOTO 3130
3110   XMIN=X(IG)
3120   I2=IG-1
3130   NEXT IG
3140   IF I2=0 THEN GOTO 3230
3150   FOR IG=1 TO I2
3160   X(M+1)=X(1)
3170   Y(M+1)=Y(1)
3180   FOR K=1 TO M
3190   X(K)=X(K+1)
3200   Y(K)=Y(K+1)
3210   NEXT K
3220   NEXT IG
3230   I3=M-1
3240   FOR IG=2 TO I3
3250   G1=0
3260   G2=0
3270   IF ABS(X(1)-X(IG)) <= EPS2 AND ABS(X(IG)-X(IG+1)) <= EPS2 THEN GOTO
       4140
3280   IF ABS(Y(1)-Y(IG)) <= EPS2 AND ABS(Y(IG)-Y(IG+1)) <= EPS2 THEN GOTO
       4140
3290   IF ABS(X(IG)-X(1)) <= EPS2 THEN GOTO 3330
3300   M1=(Y(IG)-Y(1))/(X(IG)-X(1))
3310   B1=Y(IG)-M1*X(IG)
3320   GOTO 3470
3330   M3=(Y(1)-Y(IG+1))/(X(1)-X(IG+1))
3340   B3=Y(1)-M3*X(1)
3350   M2=(Y(IG+1)-Y(IG))/(X(IG+1)-X(IG))
3360   B2=Y(IG)-M2*X(IG)
3370   R1=A
3380   R2=X(1)
3390   R3=X(IG+1)
3400   R4=M3
```

```
3410    R6=B3
3420    R5=M2
3430    R7=B2
3440    GOSUB 4170
3450    G1=GEGEN
3460    GOTO 4140
3470    IF ABS(X(IG+1)-X(1)) <= EPS2 THEN GOTO 3510
3480    M3=(Y(1)-Y(IG+1))/(X(1)-X(IG+1))
3490    B3=Y(1)-M3*X(1)
3500    GOTO 3630
3510    M2=(Y(IG+1)-Y(IG))/(X(IG+1)-X(IG))
3520    B2=Y(IG+1)-M2*X(IG+1)
3530    R1=A
3540    R2=X(1)
3550    R3=X(IG)
3560    R4=M2
3570    R6=B2
3580    R5=M1
3590    R7=B1
3600    GOSUB 4170
3610    G1=GEGEN
3620    GOTO 4140
3630    IF ABS(X(IG+1)-X(IG)) <= EPS2 THEN GOTO 4050
3640    M2=(Y(IG+1)-Y(IG))/(X(IG+1)-X(IG))
3650    B2=Y(IG)-M2*X(IG)
3660    IF (X(IG+1)-X(IG)) > 0 THEN GOTO 3860
3670    R1=A
3680    R2=X(1)
3690    R3=X(IG+1)
3700    R4=M3
3710    R6=B3
3720    R5=M1
3730    R7=B1
3740    GOSUB 4170
3750    G1=GEGEN
3760    R1=A
3770    R2=X(IG+1)
3780    R3=X(IG)
3790    R4=M2
3800    R6=B2
3810    R5=M1
3820    R7=B1
3830    GOSUB 4170
```

```
3840    G2=GEGEN
3850    GOTO 4140
3860    R1=A
3870    R2=X(1)
3880    R3=X(IG)
3890    R4=M3
3900    R6=B3
3910    R5=M1
3920    R7=B1
3930    GOSUB 4170
3940    G1=GEGEN
3950    R1=A
3960    R2=X(IG)
3970    R3=X(IG+1)
3980    R4=M3
3990    R6=B3
4000    R5=M2
4010    R7=B2
4020    GOSUB 4170
4030    G2=GEGEN
4040    GOTO 4140
4050    R1=A
4060    R2=X(1)
4070    R3=X(IG+1)
4080    R4=M3
4090    R6=B3
4100    R5=M1
4110    R7=B1
4120    GOSUB 4170
4130    G1=GEGEN
4140    GEG=GEG+G1+G2
4150    NEXT IG
4160    RETURN
4170    REM ****** Unterprogramm  GEGEN  **********
4180    R26=0: R29=0: R32 = 0: R35 = 0: R38 = 0: R41 = 0: R44 = 0
4190    R8=R5*R5+1
4200    R9=2*R5*(R7-R1)
4210    R10=(R7-R1)^2
4220    R11=R4^2+1
4230    R12=2*R4*(R6-R1)
4240    R13=(R6-R1)^2
4250    R14=2*R4*R6
4260    R15=2*R5*R7
```

```
4270    R16=SQR(R8*R3*R3+R9*R3+R10)
4280    R17=SQR(R8*R2*R2+R9*R2+R10)
4290    R18=SQR(R11*R3*R3+R12*R3+R13)
4300    R19=SQR(R11*R2*R2+R12*R2+R13)
4310    R20=SQR(R8*R3*R3+R15*R3+R7*R7)
4320    R21=SQR(R8*R2*R2+R15*R2+R7*R7)
4330    R22=SQR(R11*R3*R3+R14*R3+R6*R6)
4340    R23=SQR(R11*R2*R2+R14*R2+R6*R6)
4350    IF NOT (ABS(R1-R7) <= EPS2) THEN GOTO 4390
4360    R36=R2
4370    R37=R3
4380    GOTO 4440
4390    R24=R16*SQR(R8)+R8*R3+R9/2
4400    R25=R17*SQR(R8)+R8*R2+R9/2
4410    R26=R9/2/SQR(R8)*LOG(R24/R25)
4420    R36=R17*SQR(R10)+R10+R9/2*R2
4430    R37=R16*SQR(R10)+R10+R9/2*R3
4440    IF NOT (ABS(R1-R6) <= EPS2) THEN GOTO 4480
4450    R39=R3
4460    R40=R2
4470    GOTO 4530
4480    R27=R19*SQR(R11)+R11*R2+R12/2
4490    R28=R18*SQR(R11)+R11*R3+R12/2
4500    R29=R12/2/SQR(R11)*LOG(R27/R28)
4510    R39=R18*SQR(R13)+R13+R12/2*R3
4520    R40=R19*SQR(R13)+R13+R12/2*R2
4530    IF NOT (ABS(R7-R44) <= EPS2) THEN GOTO 4580
4540    I7=1
4550    R42=R3
4560    R43=R2
4570    GOTO 4710
4580    I7=-R7/ABS(R7)
4590    IF (I7<>-1) OR (R1<=R7) THEN GOTO 4660
4600    R47=R37
4610    R37=R36
4620    R36=R47
4630    IF ABS(R6-R7) <= EPS2 THEN GOTO 4660
4640    R36=R36*R2*R2
4650    R37=R37*R3*R3
4660    R30=R21*SQR(R8)+R8*R2+R5*R7
4670    R31=R20*SQR(R8)+R8*R3+R5*R7
4680    R32=R5*R7/SQR(R8)*LOG(R30/R31)
4690    R42=R20*ABS(R7)+R7*R7+R5*R7*R3
```

```
4700    R43=R21*ABS(R7)+R7*R7+R5*R7*R2
4710    IF NOT (ABS(R6-R44) <= EPS2) THEN GOTO 4760
4720    I6=1
4730    R45=R2
4740    R46=R3
4750    GOTO 4890
4760    I6=-R6/ABS(R6)
4770    IF (I6<>-1) OR (R1<=R6) THEN GOTO 4840
4780    R47=R40
4790    R40=R39
4800    R39=R47
4810    IF ABS(R6-R7) <= EPS2 THEN GOTO 4840
4820    R39=R39*R3*R3
4830    R40=R40*R2*R2
4840    R33=R22*SQR(R11)+R11*R3+R4*R6
4850    R34=R23*SQR(R11)+R11*R2+R4*R6
4860    R35=R4*R6/SQR(R11)*LOG(R33/R34)
4870    R45=R23*ABS(R6)+R6*R6+R4*R6*R2
4880    R46=R22*ABS(R6)+R6*R6+R4*R6*R3
4890    IF  NOT (ABS(R6-R7) <= EPS2) THEN GOTO 4960
4900    IF ABS(R7-R44) <= EPS2 THEN GOTO 4980
4910    IF NOT (ABS(R1-R7) <= EPS2) THEN GOTO 4940
4920    R38=ABS(R7)*LOG(R42/R43*R45/R46)
4930    GOTO 5020
4940    R38=ABS(R7)*LOG(R36/R37*R39/R40*R42/R43*R45/R46)
4950    GOTO 4980
4960    R38=ABS(R7)*LOG(R36/R37*R42/R43)
4970    R41=ABS(R6)*LOG(R39/R40*R45/R46)
4980    IF I7<>I6 THEN GOTO 5010
4990    R44=I7*ABS(R1)*LOG(R36/R37*R39/R40)
5000    GOTO 5020
5010    R44=I7*ABS(R1)*LOG(R3*R3*R36*R40/(R2*R2*R37*R39))
5020    R23=R16-R17-R18+R19-R20+R21+R22-R23
5030    GEGEN=.1*(R23+R26+R29+R32+R35+R38+R41+R44)
5040    RETURN
```

A4 Elementardipole

A4.1 Hertzscher Dipol

In diesem Anhangkapitel werden die Gleichungen für die Elementardipole noch einmal komplett zusammengestellt.

a) Berechnung der Feldstärken im allgemeinen Fall

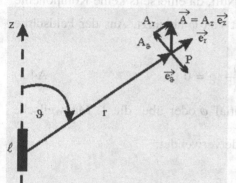

Ein kurzes Drahtstück der Länge l wird von einem zeitabhängigen Strom in z-Richtung durchflossen. Der Querschnitt des Leiters sei sehr klein.

$$\vec{J} \cdot dV = I \cdot d\vec{z_L}$$

$$\vec{A} = \frac{\mu}{4\pi} \int\limits_{\text{Leiter}} \frac{I(t - \frac{s}{v})}{s} d\vec{z_L}$$

Abb. A4.1 Orientierung des Hertzschen Dipols

Der Aufpunkt P liege soweit vom Draht weg ($\ell \ll r$), dass der Abstand s zu allen Längenelementen dz_L des Drahtes praktisch gleich dem Abstand r zur Drahtmitte sei. Dann gilt

$$A_z = \frac{\mu \cdot \ell}{4\pi} \cdot \frac{I(t - \frac{r}{v})}{r} \tag{A4.1}$$

mit den Komponenten: $A_r = A_z \cos\vartheta$; $A_\vartheta = -A_z \sin\vartheta$

Aus dem Vektorpotential $\vec{A}$ kann sofort die magnetische Feldstärke ermittelt werden:

$$H_r = \frac{1}{\mu} \cdot rot_r \, \vec{A} = \frac{1}{\mu \cdot r \cdot \sin \vartheta} \cdot \left[\frac{\partial}{\partial \vartheta}(\sin \vartheta \cdot A_\varphi) - \frac{\partial A_\vartheta}{\partial \varphi} \right] = 0,$$

$$H_\vartheta = \frac{1}{\mu} \cdot rot_\vartheta \, \vec{A} = \frac{1}{\mu \cdot r \cdot \sin \vartheta} \cdot \left[\frac{\partial A_r}{\partial \varphi} - \sin \vartheta \cdot \frac{\partial}{\partial r}(r \cdot A_\varphi) \right] = 0, \quad \text{(A4.2)}$$

$$H_\varphi = \frac{1}{\mu} \cdot rot_\varphi \, \vec{A} = \frac{1}{\mu \cdot r} \cdot \left[\frac{\partial}{\partial r}(r \cdot A_\vartheta) - \frac{\partial A_r}{\partial \vartheta} \right] =$$

$$= \frac{\mu \cdot \ell}{4\pi\mu \cdot r} \left[+ \dot{I}(t - \frac{r}{v}) \cdot \frac{1}{v} \cdot \sin \vartheta + I(t - \frac{r}{v}) \cdot \frac{1}{r} \cdot \sin \vartheta \right]$$

$$= \frac{\ell}{4\pi r} \left[+ \frac{\dot{I}(t - \frac{r}{v})}{v} + \frac{I(t - \frac{r}{v})}{r} \right] \cdot \sin \vartheta.$$

Die Komponenten H_r und H_ϑ sind Null, da einerseits keine Komponente A_φ existiert und andererseits $\vec{A}$ nicht von φ abhängt. Aus der Feldstärke H_φ ist über die Nebenbedingung

$$div \, \vec{A} + \frac{1}{v^2} \cdot \dot{\phi} = 0 \quad \text{(A4.3)}$$

und das daraus zu ermittelnde Potential ϕ oder über die 1. Maxwellsche Gleichung $\vec{E}$ zu berechnen.

Hier wird die letztgenannte Methode verwendet:

$$\varepsilon \vec{E} = rot \, \vec{H};$$

$$\varepsilon \dot{E}_r = \frac{1}{r \sin \vartheta} \left[\frac{\partial}{\partial \vartheta}(\sin \vartheta \cdot H_\varphi) \frac{\partial H_\vartheta}{\partial \varphi} \right] = \frac{\ell}{2\pi r^2} \cdot \left[\frac{\dot{I}(t - \frac{r}{v})}{v} + \frac{I(t - \frac{r}{v})}{r} \right] \cdot \cos \vartheta; \quad \text{(A4.4)}$$

$$\varepsilon \dot{E}_\vartheta = \frac{1}{r} \left[\frac{1}{\sin \vartheta} \cdot \frac{\partial H_r}{\partial \varphi} - \frac{\partial}{\partial r}(r \cdot H_\varphi) \right] = \frac{\ell}{4\pi r} \cdot \left[\frac{\ddot{I}(t - \frac{r}{v})}{v^2} + \frac{\dot{I}(t - \frac{r}{v})}{rv} + \frac{I(t - \frac{r}{v})}{r^2} \right] \cdot \sin \vartheta;$$

$$\varepsilon \dot{E}_\varphi = \frac{1}{r} \left[\frac{\partial}{\partial r}(r \cdot H_\vartheta) - \frac{\partial H_r}{\partial \vartheta} \right] = 0.$$

b) Lösung für periodische Erregung

$$I(t) = \text{Re}(\underline{I}) = \text{Re}(\hat{I} \cdot e^{j\omega t}) = \hat{I} \cdot \cos \omega t. \quad \text{(A4.5)}$$

Wellenlänge $\qquad\qquad\qquad \lambda = \frac{v}{f} = \frac{2\pi v}{\omega}.$

$$\underline{H}_\varphi = \frac{\hat{I} \cdot \ell}{4\pi} \cdot \frac{e^{j\omega(t-\frac{r}{v})}}{r^2} \cdot (\frac{j\omega r}{v} + 1) \cdot \sin\vartheta\,;$$

$$\underline{E}_r = \frac{\hat{I} \cdot \ell}{2\pi\varepsilon} \cdot \frac{e^{j\omega(t-\frac{r}{v})}}{r^2} \cdot (\frac{1}{v} + \frac{1}{j\omega r}) \cdot \cos\vartheta\,; \qquad (A4.6)$$

$$\underline{E}_\vartheta = \frac{\hat{I} \cdot \ell}{4\pi\varepsilon} \cdot \frac{e^{j\omega(t-\frac{r}{v})}}{r^2} \cdot (\frac{j\omega r}{v^2} + \frac{1}{v} + \frac{1}{j\omega r}) \cdot \sin\vartheta\,.$$

Verhältnis

$$\frac{\hat{\underline{E}}_\vartheta}{\hat{\underline{H}}_\varphi} = \frac{1}{\varepsilon} \cdot \frac{\dfrac{j\omega r}{v^2} + \dfrac{1}{v} + \dfrac{1}{j\omega r}}{\dfrac{j\omega r}{v} + 1}$$

$$= \Gamma_0 \cdot \frac{1 - j\dfrac{\lambda}{2\pi r} + j\dfrac{2\pi r}{\lambda}}{1 + j\dfrac{2\pi r}{\lambda}} = \Gamma_W \qquad (A4.7)$$

Realteile der Feldstärken:

$$H_\varphi(t) = \frac{\hat{I} \cdot \ell}{4\pi r^2}\left[-\frac{2\pi r}{\lambda} \cdot \sin(\omega(t-\frac{r}{v})) + \cos(\omega(t-\frac{r}{v}))\right] \cdot \sin\vartheta \quad (A4.8)$$

$$= \frac{\hat{I} \cdot \ell \cdot \pi}{\lambda^2}\left[\frac{-\lambda}{2\pi r} \cdot \sin(\omega(t-\frac{r}{v})) + (\frac{\lambda}{2\pi r})^2 \cdot \cos(\omega(t-\frac{r}{v}))\right] \cdot \sin\vartheta\,;$$

$$E_r(t) = \frac{\hat{I} \cdot \ell}{2\pi\varepsilon r^2} \cdot \left[\frac{1}{v} \cdot \cos(\omega(t-\frac{r}{v})) + \frac{1}{\omega r} \cdot \sin(\omega(t-\frac{r}{v}))\right] \cdot \cos\vartheta = \quad (A4.9)$$

$$= \frac{\hat{I} \cdot \ell \cdot \lambda}{4\pi^2 \cdot r^3}\sqrt{\frac{\mu}{\varepsilon}} \cdot \left[\frac{2\pi r}{\lambda} \cdot \cos(\omega(t-\frac{r}{v})) + \sin(\omega(t-\frac{r}{v}))\right] \cdot \cos\vartheta$$

$$= \frac{2 \cdot \hat{I} \cdot \ell \cdot \pi}{\lambda^2}\sqrt{\frac{\mu}{\varepsilon}} \cdot \left[(\frac{\lambda}{2\pi r})^2 \cdot \cos(\omega(t-\frac{r}{v})) + (\frac{\lambda}{2\pi r})^3 \cdot \sin(\omega(t-\frac{r}{v}))\right] \cdot \cos\vartheta\,;$$

$$E_\vartheta(t) = \frac{\hat{I} \cdot \ell}{4\pi\varepsilon r^2} \cdot \left[(-\frac{\omega r}{v^2} + \frac{1}{\omega r}) \cdot \sin(\omega(t-\frac{r}{v})) + \frac{1}{v} \cdot \cos(\omega(t-\frac{r}{v}))\right] \cdot \sin\vartheta = \quad (A4.10)$$

$$= \frac{\hat{I} \cdot \ell \cdot \lambda}{8\pi^2 r^3} \cdot \sqrt{\frac{\mu}{\varepsilon}} \cdot \left\{ \left[1 - (\frac{2\pi r}{\lambda})^2 \right] \cdot \cdot \sin(\omega(t - \frac{r}{v})) + \frac{2\pi r}{\lambda} \cdot \cos(\omega(t - \frac{r}{v})) \right\} \cdot \sin \vartheta$$

$$= \frac{\hat{I} \cdot \ell \cdot \pi}{\lambda^2} \cdot \sqrt{\frac{\mu}{\varepsilon}} \cdot \left\{ \left[(\frac{\lambda}{2\pi r})^3 - \frac{\lambda}{2\pi r} \right] \cdot \sin(\omega(t - \frac{r}{v})) + (\frac{\lambda}{2\pi r})^2 \cdot \cos(\omega(t - \frac{r}{v})) \right\} \cdot \sin \vartheta.$$

Fernfeld ($r > \lambda/2\pi$)

Nur Glieder mit den höchsten positiven Potenzen von r sind zu berücksichtigen. Retardierungen werden nicht vernachlässigbar. Für rein periodische Erregung gilt:

$$H_\varphi(t) = \frac{-\hat{I} \cdot \ell}{2r\lambda} \cdot \sin(\omega(t - \frac{r}{v})) \cdot \sin \vartheta; \qquad \text{(A4.11)}$$

$$E_r(t) = 0; \qquad \text{(A4.12)}$$

$$E_\vartheta(t) = \frac{-\hat{I} \cdot \ell}{2r\lambda} \sqrt{\frac{\mu}{\varepsilon}} \cdot \sin(\omega(t - \frac{r}{v})), \qquad \text{(A4.13)}$$

also E und H sind in Phase.

Flächen konstanter Phase sind Kugeln → „Kugelwellen".

$$\frac{\underline{E}}{\underline{H}} = \frac{1}{v \cdot \varepsilon} = \sqrt{\frac{\mu}{\varepsilon}} = \Gamma \qquad \text{(A4.14)}$$

Im Vakuum ist

$$\Gamma = \Gamma_0 = \sqrt{\frac{\mu_o}{\varepsilon_o}} = 376,73 \ \Omega.$$

Vergleich der Feldstärke mit der des elektrostatischen Feldes:

Elektrostatisches Feld mit Punktladung: $E \sim \frac{1}{r^2}$.

Hier schwingende Ladung: $E \sim \frac{1}{r}$.

Energiefluss und Strahlungswiderstand

Poynting-Vektor

$$S_r = E_\vartheta \cdot H_\varphi = (\frac{\hat{I} \cdot \ell}{2r\lambda})^2 \cdot \sqrt{\frac{\mu}{\varepsilon}} \cdot \sin^2(\omega(t - \frac{r}{v})) \cdot \sin^2\vartheta. \quad (A4.15)$$

$$S_r = S_\varphi = 0$$

Zeitlicher Mittelwert von

$$S_{r_{mittel}} = \frac{1}{2}(\frac{\hat{I} \cdot \ell}{2r\lambda})^2 \cdot \sqrt{\frac{\mu}{\varepsilon}} \cdot \sin^2\vartheta. \quad (A4.16)$$

Mittlere abgestrahlte Leistung P_a:

$$P_a = \int_A S_{r_{mittel}} \, dA = \int_0^\pi S_{r_{mittel}} \cdot 2\pi r^2 \cdot \sin\vartheta \cdot d\vartheta$$

$$= \pi \cdot (\frac{\hat{I} \cdot \ell}{2\lambda})^2 \cdot \sqrt{\frac{\mu}{\varepsilon}} \cdot \underbrace{\int_0^\pi \sin^3\vartheta \cdot d\vartheta}_{4/3} = \frac{\pi}{3}(\frac{\hat{I} \cdot \ell}{\lambda})^2 \cdot \sqrt{\frac{\mu}{\varepsilon}} \quad (A4.17)$$

Strahlungswiderstand:

$$R_a = \frac{P_a}{I_{eff}^2} = \frac{2 P_a}{\hat{I}^2} = \frac{2\pi}{3} \cdot (\frac{\ell}{\lambda})^2 \cdot \sqrt{\frac{\mu}{\varepsilon}} \quad (A4..18)$$

Im Vakuum ist

$$R_{ao} = \frac{2\pi}{3} \cdot 376,73 \, \Omega \cdot (\frac{\ell}{\lambda})^2 = 789 \cdot (\frac{\ell}{\lambda})^2 \Omega. \quad (A4.19)$$

Nahfeld ($r < \lambda/2\pi$)

Nur Glieder mit den kleinsten positiven Potenzen bzw. größten negativen Potenzen von r sind zu berücksichtigen. Retardierungen werden vernachlässigbar.

Für rein periodische Erregung gilt:

$$H_\varphi(t) = \frac{\hat{I} \cdot \ell}{4\pi r^2} \cdot \cos(\omega t) \cdot \sin\vartheta; \quad (A4.20)$$

$$E_r(t) = \frac{\hat{I} \cdot \ell \cdot \lambda}{4\pi^2 r^3} \cdot \sqrt{\frac{\mu}{\varepsilon}} \cdot \sin(\omega t) \cdot \cos\vartheta \quad (A4.21)$$

$$E_{\vartheta}(t) = \frac{\hat{I} \cdot \ell \cdot \lambda}{8\pi^2 r^3} \sqrt{\frac{\mu}{\varepsilon}} \cdot \sin(\omega t) \cdot \sin\vartheta \qquad (A4.22)$$

Wellenimpedanz:

$$\underline{\Gamma}_w = \frac{\underline{E}_\vartheta}{\underline{H}_\varphi} = \frac{1}{\varepsilon} \cdot \frac{1}{j\omega r} = -j \cdot \frac{\lambda}{2\pi r} \cdot \sqrt{\frac{\mu}{\varepsilon}} \qquad (A4.23)$$

Diese Wellenimpedanz $\underline{\Gamma}_w$ ist kapazitiv und dem Betrag nach größer

als der Wellenwiderstand $\Gamma = \sqrt{\frac{\mu}{\varepsilon}}$. Da $\lambda/2\pi r > 1$ (Nahfeld!) spricht man

von einem Hochimpedanzfeld (high-impedance field).

A4.2 Stromschleife (Rahmenantenne)

Berechnung der Feldstärken für rein periodische Vorgänge

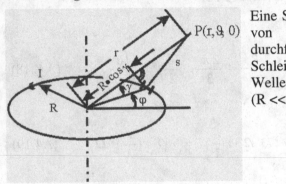

Eine Schleife mit Radius R wird von zeitabhängigem Strom durchflossen. Der Radius R der Schleife ist klein gegenüber der Wellenlänge des Vorganges (R << λ).

Abb. A4.2 Orientierung der Stromschleife

Das Vektorpotential hat nur eine φ-Komponente, die aber nicht von φ selbst abhängig ist:

$$A_\varphi = \frac{\mu}{4\pi} \cdot \int\limits_{\substack{Vol.\\Leiter}} \frac{J_\varphi dV}{s} = \frac{\mu}{4\pi} \cdot \int\limits_{Umfang} \frac{I(t - \frac{s}{v}) \cdot \cos\varphi \cdot dl}{s} =$$

$$= \frac{\mu}{4\pi} \cdot \int\limits_{0}^{2\pi} \frac{I(t - \frac{s}{v}) \cdot R \cdot \cos\varphi \cdot d\varphi}{s} \qquad (A4.24)$$

1. Annahme: Der Strom hat einen sinusförmigen zeitlichen Verlauf:

$$I(t) = \mathrm{Re}(\underline{I}) = \mathrm{Re}(\hat{I} \cdot e^{j\omega t}) = \hat{I} \cdot \cos \omega t.$$

Damit gilt

$$I(t - \frac{s}{v}) \rightarrow \hat{I} \cdot e^{j\omega(t - \frac{s}{v})}$$

$$\underline{\hat{A}}_\varphi = \frac{\mu \cdot \hat{I}}{4\pi} \cdot \int_0^{2\pi} \frac{e^{j\omega(t - \frac{s}{v})} \cdot R \cdot \cos \varphi}{s} d\varphi$$

$$s = r - R \cdot \cos \gamma = r - R \cdot \sin \vartheta \cdot \cos \varphi \rightarrow \qquad \text{(A4.25)}$$

$$\underline{A}_\varphi = \frac{\mu \cdot R \cdot \hat{I}}{4\pi} \cdot e^{j\omega(t - \frac{r}{v})} \cdot \int_0^{2\pi} \frac{e^{j\omega\frac{R}{v}\sin \vartheta \cdot \cos \varphi} \cdot \cos \varphi \cdot d\varphi}{r - R \cdot \sin \vartheta \cdot \cos \varphi}.$$

Der Exponentialausdruck im Integral ist sehr klein

$$\frac{\omega}{v} R = \frac{2\pi R}{\lambda} \ll 1$$

Damit wird über eine Reihenentwicklung eine Näherung gesucht:

$$e^C = 1 + C, \quad \text{hier } 1 + j\omega\frac{R}{v} \cdot \sin \vartheta \cdot \cos \varphi \rightarrow$$

$$\underline{A}_\varphi = \frac{\mu \cdot R \cdot \hat{I}}{4\pi} \cdot e^{j\omega(t - \frac{r}{v})} \cdot \int_0^{2\pi} \frac{\cos\varphi + j\omega\frac{R}{v} \cdot \sin \vartheta \cdot \cos^2 \varphi}{r - R \cdot \sin \vartheta \cdot \cos \varphi} d\varphi = \quad \text{(A4.26)}$$

$$= \frac{\mu \cdot R \cdot \hat{I}}{4\pi} \cdot e^{j\omega(t - \frac{r}{v})} \cdot \left[-\int_0^{2\pi} j\frac{\omega}{v}\cos \varphi d\varphi + \int_0^{2\pi} \frac{\cos \varphi \cdot (1 + j\omega\frac{r}{v})}{r - R \cdot \sin \vartheta \cdot \cos \varphi} d\varphi \right] =$$

$$= \frac{\mu \cdot \hat{I}}{2 \cdot \sin \vartheta} \cdot e^{j\omega(t - \frac{r}{v})} \cdot (1 + j\omega\frac{r}{v}) \cdot \left[\frac{r}{\sqrt{r^2 - R^2 \sin^2 \vartheta}} - 1 \right].$$

Aus dem Vektorpotential kann dann die magnetische Feldstärke über $\vec{B} = \mathrm{rot}\ \vec{A}$ ermittelt werden.

Hier ist $A_r = A_\vartheta = 0$.

$$\underline{H}_r = \frac{1}{\mu \cdot r \cdot \sin \vartheta} \cdot \left[\frac{\partial}{\partial \vartheta} (\sin \vartheta \cdot A_\varphi) - \frac{\partial A_\vartheta}{\partial \varphi} \right] =$$

$$= \frac{\hat{I} \cdot R^2 \cdot \cos \vartheta}{2 \cdot \sqrt{(r^2 - R^2 \sin^2 \vartheta)^3}} \cdot (1 + j\omega \frac{r}{v}) \cdot e^{j\omega(t - \frac{r}{v})} ; \qquad \text{(A4.27)}$$

$$\underline{H}_\vartheta = \frac{1}{\mu \cdot r \cdot \sin \vartheta} \cdot \left[\frac{\partial A_r}{\partial \varphi} - \sin \vartheta \cdot \frac{\partial}{\partial r} (r \cdot A_\varphi) \right] =$$

$$= \frac{\hat{I} \cdot e^{j\omega(t - \frac{r}{v})}}{2 \cdot r \cdot \sin \vartheta} \cdot \left\{ j \frac{\omega}{v} \cdot \left(\frac{r^2}{\sqrt{r^2 - R^2 \cdot \sin^2 \vartheta}} + \frac{j\frac{\omega}{v} r^3}{\sqrt{r^2 - R^2 \cdot \sin^2 \vartheta}} - r - j\frac{\omega}{v} \cdot r^2 \right) \right.$$

$$- \frac{2r \cdot \sqrt{r^2 - R^2 \sin^2 \vartheta} - \dfrac{r^3}{\sqrt{r^2 - R^2 \cdot \sin^2 \vartheta}}}{r^2 - R^2 \cdot \sin^2 \vartheta} \qquad \text{(A4.28)}$$

$$\left. - \frac{j \cdot \dfrac{3\omega}{v} \cdot r^2 \cdot \sqrt{r^2 - R^2 \sin^2 \vartheta} - \dfrac{j\frac{\omega}{v} r^4}{\sqrt{r^2 - R^2 \cdot \sin^2 \vartheta}}}{r^2 - R^2 \cdot \sin^2 \vartheta} + 1 + 2j\omega \frac{r}{v} \right\}$$

$$= \frac{\hat{I} \cdot e^{j\omega(t - \frac{r}{v})}}{2 \cdot \sin \vartheta} \cdot \left\{ j \frac{\omega}{v} \cdot \left(\frac{r + j\frac{\omega}{v} r^2}{\sqrt{r^2 - R^2 \cdot \sin^2 \vartheta}} - 1 - j\frac{\omega}{v} r \right) - \right.$$

$$\left. - \frac{r^3 - 2 \cdot r \cdot R^2 \cdot \sin^2 \vartheta + j\dfrac{2\omega}{v} r^4 - j\dfrac{3\omega}{v} \cdot r^2 \cdot R^2 \cdot \sin^2 \vartheta}{r \cdot \sqrt{(r^2 - R^2 \cdot \sin^2 \vartheta)^3}} + \frac{1}{r} + 2j\frac{\omega}{v} \right\};$$

$$H_\varphi = 0 \qquad \text{(A4.29)}$$

2. Annahme: Die Entfernung r des Punktes P vom Kreisring ist viel größer als der Ringradius: r >> R.

Dann wird näherungsweise

$$(r^2 - R^2 \sin^2 \vartheta)^{-\frac{3}{2}} \approx r^{-3} \cdot (1 + \frac{3}{2} \cdot \frac{R^2}{r^2} \cdot \sin^2 \vartheta);$$

$$(r^2 - R^2 \sin^2 \vartheta)^{-\frac{1}{2}} \approx r^{-1} \cdot (1 + \frac{1}{2} \cdot \frac{R^2}{r^2} \cdot \sin^2 \vartheta) \rightarrow$$

$$\underline{H}_r = \frac{\hat{I}}{2}(\frac{R}{r})^2 \cdot \cos \vartheta \cdot (\frac{1}{r} + j \cdot \frac{\omega}{v}) \cdot e^{j\omega(t-\frac{r}{v})}; \qquad \text{(A4.30)}$$

$$\underline{H}_\vartheta = \frac{\hat{I}}{4} \cdot (\frac{R}{r})^2 \cdot \sin \vartheta \cdot \left[\frac{1}{r} + j \cdot \frac{\omega}{v} - r(\frac{\omega}{v})^2\right] \cdot e^{j\omega(t-\frac{r}{v})}; \qquad \text{(A4.31)}$$

$$\underline{H}_\varphi = 0. \qquad \text{(A4.32)}$$

$\vec{E}$ wird aus der 1. Maxwellschen Gleichung berechnet:

$$\varepsilon \cdot \dot{\vec{E}} = rot \ \vec{H} =$$

$$= \vec{e}_r \cdot \frac{-1}{r \cdot \sin \vartheta} \cdot \frac{\partial \underline{H}_\vartheta}{\partial \varphi}$$

$$+ \vec{e}_\varphi \cdot \frac{1}{r} \cdot (\frac{\partial (r \cdot H_\vartheta)}{\partial r} - \frac{\partial H_r}{\partial \vartheta})$$

$$+ \vec{e}_\vartheta \cdot \frac{1}{r \cdot \sin \vartheta} \cdot \frac{\partial H_r}{\partial \varphi};$$

$\vec{E}$ hat also nur eine φ-Komponente:

$$\varepsilon \cdot \dot{\underline{E}}_\varphi = \frac{1}{r} \cdot (\frac{\partial (r \cdot \underline{H}_\vartheta)}{\partial r} - \frac{\partial \underline{H}_r}{\partial \vartheta})$$

$$= \left[(\frac{\omega}{vr})^2 + j(\frac{\omega}{v})^3 \cdot \frac{1}{r}\right] \cdot \frac{\hat{I}}{4} \cdot R^2 \cdot \sin \vartheta \cdot e^{j\omega(t-\frac{r}{v})} \qquad \text{(A4.33)}$$

$$\underline{E}_\varphi = \frac{\hat{I}}{4\varepsilon} R^2 \cdot \sin \vartheta \cdot e^{j\omega(t-\frac{r}{v})} \left[\frac{\omega}{v^2} - \frac{j}{vr}\right] \cdot \frac{\omega}{vr}; \qquad \text{(A4.34)}$$

$$\underline{E}_r = \underline{E}_\vartheta = 0. \qquad \text{(A4.35)}$$

Mit Hilfe der Wellenlänge

$$\lambda = \frac{v}{f} = \frac{2\pi v}{\omega} \rightarrow \frac{\omega}{v} = \frac{2\pi}{\lambda}; \omega = \frac{2\pi}{\lambda \cdot \sqrt{\mu \cdot \varepsilon}}$$

lässt sich eine anschaulichere Lösung finden:

$$\underline{E}_r = \underline{E}_\vartheta = 0;$$

$$\underline{E}_\psi = \frac{\hat{I}}{4} \cdot (\frac{R}{r})^2 \cdot \sqrt{\frac{\mu}{\varepsilon}} \cdot \frac{1}{r} \cdot \left[(\frac{2\pi r}{\lambda})^2 - j\frac{2\pi r}{\lambda}\right] \cdot e^{j\omega(t-\frac{r}{v})} \sin \vartheta. \qquad \text{(A4.36)}$$

Davon Realteile:

$$H_r(t) = \hat{I} \cdot (\frac{R}{r})^2 \cdot \frac{1}{2r} \cdot \cos \vartheta$$

$$\cdot \left\{ \cos(\omega(t - \frac{r}{v})) - \frac{2\pi r}{\lambda} \cdot \sin(\omega(t - \frac{r}{v})) \right\}$$

$$= \hat{I} \cdot R^2 \cdot \frac{4\pi^3}{\lambda^3} \cdot \cos \vartheta \qquad\qquad (A4.37)$$

$$\cdot \left\{ \left(\frac{\lambda}{2\pi r}\right)^3 \cdot \cos(\omega(t - \frac{r}{v})) - \left(\frac{\lambda}{2\pi r}\right)^2 \cdot \sin(\omega(t - \frac{r}{v})) \right\}$$

$$H_\vartheta(t) = \hat{I} \cdot (\frac{R}{r})^2 \cdot \frac{1}{4r} \cdot \sin \vartheta$$

$$\cdot \left\{ [1 - (\frac{2\pi r}{\lambda})^2] \cdot \cos(\omega(t - \frac{r}{v})) - \frac{2\pi r}{\lambda} \cdot \sin(\omega(t - \frac{r}{v})) \right\}$$

$$= \hat{I} \cdot R^2 \cdot \frac{2\pi^3}{\lambda^3} \cdot \sin \vartheta \qquad\qquad (A4.38)$$

$$\cdot \left\{ [(\frac{\lambda}{2\pi r})^3 - \frac{\lambda}{2\pi r}] \cdot \cos(\omega(t - \frac{r}{v})) - (\frac{\lambda}{2\pi r})^2 \sin(\omega(t - \frac{r}{v})) \right\}$$

$$H_\varphi(t) = 0; \qquad\qquad (A4.39)$$

$$E_r(t) = E_\vartheta(t) = 0, \qquad\qquad (A4.40)$$

$$E_\varphi(t) = \frac{\hat{I}}{4} \cdot (\frac{R}{r})^2 \cdot \sqrt{\frac{\mu}{\varepsilon}} \cdot \frac{1}{r} \cdot \sin \vartheta$$

$$\cdot \left\{ (\frac{2\pi r}{\lambda})^2 \cdot \cos(\omega(t - \frac{r}{v})) + \frac{2\pi r}{\lambda} \cdot \sin(\omega(t - \frac{r}{v})) \right\}$$

$$= \hat{I} \cdot R^2 \cdot \sqrt{\frac{\mu}{\varepsilon}} \cdot \frac{2\pi^3}{\lambda^3} \cdot \sin \vartheta \qquad\qquad (A4.41)$$

$$\cdot \left\{ \frac{\lambda}{2\pi r} \cdot \cos(\omega(t - \frac{r}{v})) + (\frac{\lambda}{2\pi r})^2 \sin(\omega(t - \frac{r}{v})) \right\}$$

Fernfeld (r > λ/2π)

Nur Glieder mit den höchsten Potenzen von r sind nun entscheidend. Es zeigt sich, dass $H_r \ll H_\vartheta$ ist.

$$H_r(t) = 0 \qquad\qquad (A4.42)$$

$$H_\vartheta(t) = -\frac{\pi^2}{r} \cdot (\frac{R}{\lambda})^2 \cdot \hat{I} \cdot \cos(\omega(t - \frac{r}{v})) \cdot \sin \vartheta \qquad\qquad (A4.43)$$

$$E_\varphi(t) = \frac{\pi^2}{r} \cdot (\frac{R}{\lambda})^2 \cdot \hat{I} \cdot \sqrt{\frac{\mu}{\varepsilon}} \cdot \cos(\omega(t - \frac{r}{v})) \cdot \sin \vartheta. \quad (A4.44)$$

E und H sind also im Fernfeld in Phase. Ihr Verhältnis ist wie beim Hertzschen Dipol immer konstant und gleich

$$\Gamma = -\frac{E_\varphi}{H_\vartheta} = \sqrt{\frac{\mu}{\varepsilon}}.$$

Abgestrahlte Leistung und Strahlungswiderstand (Fernfeld)

Poynting-Vektor

$$S_r = E_\varphi \cdot (-H_\vartheta) = \frac{1}{r^2} \cdot \sqrt{\frac{\mu}{\varepsilon}} \cdot R^4 \cdot (\frac{\pi}{\lambda})^4 \cdot \hat{I}^2$$

$$\underbrace{\cdot \cos^2(\omega(t - \frac{r}{v})) \cdot \sin^2 \vartheta}_{\text{zeitl. Mittelwert} = 0,5} ; \quad (A4.45)$$

$$S_\vartheta = S_\varphi = 0;$$

$$S_{r\,mittel} = \sqrt{\frac{\mu}{\varepsilon}} \cdot (\frac{\pi R}{\lambda})^4 \cdot \frac{1}{2} \cdot (\frac{\hat{I}}{r})^2 \cdot \sin^2 \vartheta. \quad (A4.46)$$

Mittlere abgestrahlte Leistung:

$$P_a = \int\limits_{\substack{Kugel - \\ fläche}} S_{r\,mittel} \cdot dA = \int\limits_0^\pi S_{r\,mittel} \cdot 2\pi r^2 \cdot \sin \vartheta \cdot d\vartheta$$

$$= \sqrt{\frac{\mu}{\varepsilon}} \cdot (\frac{\pi R}{\lambda})^4 \cdot \pi \cdot \hat{I}^2 \underbrace{\int\limits_0^\pi \sin^3 \vartheta \, d\vartheta}_{4/3} \quad (A4.47)$$

$$= \frac{4\pi}{3} \cdot (\frac{\pi R}{\lambda})^4 \cdot \hat{I}^2 \cdot \sqrt{\frac{\mu}{\varepsilon}}.$$

Strahlungswiderstand

$$R_a = \frac{P_a}{(\hat{I}/\sqrt{2})^2} = \frac{8\pi}{3} \cdot (\frac{\pi R}{\lambda})^4 \cdot \sqrt{\frac{\mu}{\varepsilon}}. \quad (A4.48)$$

Für das Vakuum wird mit

$$\Gamma_0 = \sqrt{\frac{\mu_0}{\varepsilon_0}} = 377 \quad \Omega$$

$$R_{a0} = 30{,}7 \cdot 10^4 \cdot \left(\frac{R}{\lambda}\right)^4 \Omega \qquad\qquad (A4.49)$$

Nahfeld (r < λ/2π)

Nur Glieder mit den niedrigsten Potenzen von r werden berücksichtigt. Die Retardierung wird vernachlässigt:

$$H_r(t) = \hat{I} \cdot \left(\frac{R}{r}\right)^2 \cdot \frac{1}{2r}\cos\vartheta \cdot \cos\omega t,$$

$$H_\vartheta(t) = \hat{I} \cdot \left(\frac{R}{r}\right)^2 \cdot \frac{1}{4r}\sin\vartheta \cdot \cos\omega t, \qquad (A4.50 - A4.52)$$

$$E_\varphi(t) = \frac{\hat{I}}{2} \cdot \left(\frac{R}{r}\right)^2 \cdot \sqrt{\frac{\mu}{\varepsilon}} \cdot \frac{\pi}{\lambda}\sin\vartheta \cdot \sin\omega t.$$

Wellenimpedanz: $\underline{\Gamma}_w = -\dfrac{\underline{E}_\varphi}{\underline{H}_\vartheta} = + j \dfrac{2\pi r}{\lambda} \cdot \sqrt{\dfrac{\mu}{\varepsilon}}$ (A4.53)

Diese Wellenimpedanz $\underline{\Gamma}_w$ ist induktiv und dem Betrag nach kleiner als der Wellenwiderstand $\Gamma = \sqrt{\dfrac{\mu}{\varepsilon}}$. Da der Faktor $2\pi r/\lambda < 1$ ist (Nahfeld!), spricht man von einem Niederimpedanzfeld (low-impedance field).

A4.3 Gegenüberstellung der Wellenimpedanzen

Hertzscher Dipol	Nahfeld	$\underline{\Gamma}_w = -j \cdot \dfrac{\lambda}{2\pi r} \cdot \sqrt{\dfrac{\mu}{\varepsilon}}$	Hochimpedanzfeld
	Fernfeld	$\underline{\Gamma}_w \equiv \Gamma = \sqrt{\dfrac{\mu}{\varepsilon}}$	
Stromschleife	Nahfeld	$\underline{\Gamma}_w = +j \cdot \dfrac{2\pi r}{\lambda} \cdot \sqrt{\dfrac{\mu}{\varepsilon}}$	Niederimpedanzfeld
	Fernfeld	$\underline{\Gamma}_w \equiv \Gamma = \sqrt{\dfrac{\mu}{\varepsilon}}$	

Das Diagramm der Wellenwiderstände als Funktion des Abstandes von der Quelle ist im Abschnitt 5.2.2 enthalten.

A5 Die Polarisationsellipse

In der Behandlung elektromagnetischer Felder tritt häufig die Frage nach der Addition mehrerer Komponenten mit unterschiedlichen Phasen einer Vektorgröße auf (z.B. E_x, E_y, E_z). In der EMV wird im Zusammenhang mit Feldstärken im Allgemeinen von der Ersatzfeldstärke gesprochen, die sich aus der quadratischen Addition mit anschließender Wurzelbildung ergibt:

$$E_{ges} = \sqrt{E_x^2 + E_y^2 + E_z^2} \qquad (A5.1)$$

Mit diesem Anhangkapitel

- soll gezeigt werden, dass sich die Spitze des resultierenden Vektors einer aus mehreren Komponenten bestehenden Feldgröße auf einer elliptischen Bahn bewegt, die selbst in einer Ebene liegt,

- soll der Maximalwert bei Berücksichtigung der Phasen bestimmt werden,

- sollen die Bedingungen abgeleitet werden, unter denen aus der Polarisationsellipse (elliptische Polarisation) ein Polarisationskreis (zirkulare Polarisation) wird.

Es werden dazu die Lösungen für den zwei- und den dreidimensionalen Fall dargestellt. Für den dreidimensionalen Fall werden zwei Lösungswege angegeben:

1. der Lösungsweg über den Zeitbereich,

2. der Lösungsweg über den Bildbereich, besser über die komplexe Rechnung.

Es zeigt sich, dass der Lösungsweg über den Zeitbereich zwar elementar, aber doch sehr aufwendig ist. Dieser Lösungsweg hat aber den Vorteil, leicht durchschaubar zu sein. Der Lösungsweg über die komplexe Rechnung ist kurz und knapp. Er zeigt in besonders eindrucksvoller Weise die Vorzüge der Berechnungen im Bildbereich. Er ist aber kaum nachvollziehbar, wenn man keine Einblicke in die komplexe Rechnung hat. Weiterhin wird auf [AD/ME73] verwiesen.

Von den Beziehungen

$$\cos x = \sin\left(x + \pi/2\right) \text{ und } \sin x = -\cos\left(x + \pi/2\right)$$

wird im Folgenden häufig Gebrauch gemacht.

Es wird von den folgenden drei Vektorkomponenten ausgegangen:

$$
\begin{aligned}
E_x &= X\cos\left(\omega t + \varphi_x\right) &\rightarrow&\quad \underline{E}_x = X \cdot \cos\varphi_x + jX \cdot \sin\varphi_x \;, \\
E_y &= Y\cos\left(\omega t + \varphi_y\right) &\rightarrow&\quad \underline{E}_y = Y \cdot \cos\varphi_y + jY \cdot \sin\varphi_y \;, \qquad \text{(A5.2)}\\
E_z &= Z\cos\left(\omega t + \varphi_z\right) &\rightarrow&\quad \underline{E}_z = Z \cdot \cos\varphi_z + jZ \cdot \sin\varphi_z \;.
\end{aligned}
$$

Die Polarisationsellipse, als Ortskurve des resultierenden Vektors im Raum ergibt sich im Zeitbereich durch die Bildung der Quadrate (für jeden Zeitaugenblick) mit anschließender Wurzelbildung.

A5.1 Zweidimensionaler Fall ($E_z=0$)

Für den zweidimensionalen Fall wird nur die Zeitbereichslösung gezeigt. Sie ist natürlich als Zeitbereichs- und auch Bildbereichslösung im dreidimensionalen Fall enthalten. Der zweidimensionale Fall hat für die EMV-Messtechnik eine besondere Bedeutung, so dass die bekannte Zeitbereichslösung hier noch einmal wiederholt wird.

Die vorzeichenbehaftete Länge des resultierenden Vektors aus der Addition von E_x und E_y ergibt sich zu

$$
\begin{aligned}
K &= \pm\sqrt{X^2 \cdot \cos^2\left(\omega t + \varphi_x\right) + Y^2 \cdot \cos^2\left(\omega t + \varphi_y\right)}\\[2mm]
&= \pm\sqrt{\frac{1}{2} \cdot \sqrt{\begin{array}{l} X^2\left(1 + \cos(2\omega t + 2\varphi_x)\right)\\ + Y^2\left(1 + \cos(2\omega t + 2\varphi_y)\right)\end{array}}}\\[2mm]
&= \pm\sqrt{\frac{1}{2} \cdot \sqrt{\begin{array}{l} X^2 + Y^2 + X^2 \cdot \cos\left(2\omega t + 2\varphi_x\right)\\ + Y^2 \cdot \cos(2\omega t + 2\varphi_y)\end{array}}} \qquad \text{(A5.3)}\\[2mm]
&= \pm\sqrt{\frac{1}{2} \cdot \sqrt{\begin{array}{l} X^2 + Y^2\\ + \sqrt{X^4 + Y^4 + 2X^2Y^2 \cdot \cos\left(2\varphi_y - 2\varphi_x\right)}\\ \cdot \sin(2\omega t + \varphi_k)\end{array}}}
\end{aligned}
$$

$$\varphi_k = \arctan\frac{X^2 \cdot \cos 2\varphi_x + Y^2 \cdot \cos 2\varphi_y}{-X^2 \cdot \sin 2\varphi_x - Y^2 \cdot \sin 2\varphi_y}. \qquad \text{(A5.4)}$$

Zeichnet man die Ortskurve für K als Funktion von ωt in ein Polardiagramm, erhält man eine Ellipse.

1. Das *Maximum* der Polarisationsellipse ergibt sich für

$$\sin\left(2\omega t + \varphi_k\right) = 1,$$

$$2\omega t + \varphi_k = \frac{\pi}{2} + n \cdot 2\pi, \quad t = \left(\frac{\pi}{2} - \varphi_k + n \cdot 2\pi\right)\frac{T}{4\pi} \qquad \text{(A5.5)}$$

Beispiele:

a) $\left.\begin{array}{l} \varphi_x = 0 \\ \varphi_y = 0 \end{array}\right\}$ $\varphi_k = \frac{\pi}{2}, \quad t = \frac{n}{2} \cdot T, \quad K = \sqrt{X^2 + Y^2}$

Ellipse wird eine Gerade

b) $\left.\begin{array}{l} \varphi_x = 0 \\ \varphi_y = \dfrac{\pi}{2} \end{array}\right\}$ $\varphi_k = \begin{array}{l} \dfrac{\pi}{2} \quad \text{für } X^2 > Y^2 \\[2mm] -\dfrac{\pi}{2} \quad \text{für } X^2 < Y^2 \end{array}$

$$\Rightarrow t = \frac{n}{2}T, \quad K = \frac{1}{2}\sqrt{X^2 + Y^2 + \sqrt{X^4 - Y^4}} \qquad \text{für } X^2 > Y^2$$

$$t = (2n+1)\frac{T}{4}, \quad K = \frac{1}{2}\sqrt{X^2 + Y^2 - \sqrt{Y^4 - X^4}} \qquad \text{für } X^2 < Y^2$$

2. Das *Minimum* ergibt sich für

$$\sin\left(2\omega t + \varphi_k\right) = -1,$$

$$2\omega t + \varphi_k = \frac{3\pi}{2} + n \cdot 2\pi, \quad t = \left(\frac{3\pi}{2} - \varphi_k + n \cdot 2\pi\right)\frac{T}{4\pi} \qquad \text{(A5.6)}$$

3. Die Bedingung für eine *zirkulare Polarisation* lautet: Die Amplitude der Gesamtschwingung muss unabhängig von der Zeit sein.

$$\Rightarrow \sqrt{X^4 + Y^4 + 2X^2Y^2 \cdot \cos\left(2\varphi_y - 2\varphi_x\right)} = 0$$

Diese Bedingung lässt sich nur erfüllen für

$$\cos\left(2\varphi_y - 2\varphi_x\right) = -1 \quad \text{und} \quad X^2 = Y^2.$$

Verbal: Eine zirkulare Polarisation im Zweidimensionalen erhält man nur, wenn der Betrag der Amplituden beider Komponenten gleich ist, die Komponenten senkrecht aufeinander stehen und der zeitliche Phasenwinkel zwischen beiden Komponenten $\pm 90°$ beträgt.

$$|X| = |Y|,$$

$$\varphi_y - \varphi_x = \pm\frac{\pi}{2}(2n+1).$$

4. Durch eine *Zeitverschiebung mit* $\omega t = -\varphi_x$ lässt sich immer $\varphi_x = 0$, $\varphi_y' = \varphi_y - \varphi_x$ erreichen. In der Abb. A5.1 sind für verschiedene Amplitudenwerte und Phasenwinkel die Polarisationsellipsen gezeichnet.

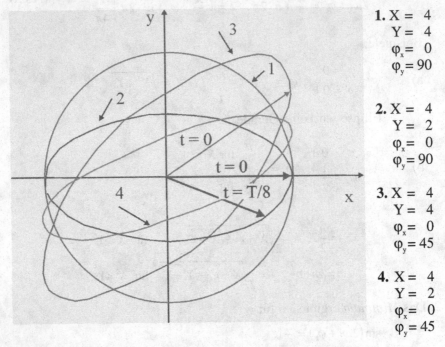

1. X = 4
   Y = 4
   φ_x = 0
   φ_y = 90

2. X = 4
   Y = 2
   φ_x = 0
   φ_y = 90

3. X = 4
   Y = 4
   φ_x = 0
   φ_y = 45

4. X = 4
   Y = 2
   φ_x = 0
   φ_y = 45

Abb. A5.1 Polarisationsellipsen für den zweidimensionalen Fall

A5.2 Dreidimensionaler Fall – Lösungen im Zeitbereich

Mit

$$E_p = P \cdot \sin(2\omega t + \varphi_k),$$

$$P = \sqrt{X^4 + Y^4 + 2X^2Y^2 \cdot \cos(2\varphi_y - 2\varphi_x)} \qquad (A5.7)$$

und

$$E_z = Z \cdot \cos(\omega t + \varphi_z),$$

$$E_z^2 = Z^2 \frac{1}{2}(1 + \cos(2\omega t + 2\varphi_z)), \qquad (A5.8)$$

erhält man

$$S = \sqrt{\frac{1}{2}} \cdot \sqrt{\begin{array}{c} X^2 + Y^2 + Z^2 + P \cdot \sin(2\omega t + \varphi_k) \\ + Z^2 \cdot \sin\left(2\omega t + 2\varphi_z + \dfrac{\pi}{2}\right) \end{array}}$$

$$S = \sqrt{\frac{1}{2}} \cdot \sqrt{X^2 + Y^2 + Z^2 + \sqrt{\begin{array}{c} P^2 + Z^4 + 2P \cdot Z^2 \\ \cdot \cos\left(2\varphi_z + \dfrac{\pi}{2} - \varphi_k\right) \end{array}} \cdot \sin(2\omega t + \varphi_s)} \qquad \text{(A5.9a)}$$

$$S = \sqrt{\frac{1}{2}} \cdot \sqrt{X^2 + Y^2 + Z^2 + \sqrt{\begin{array}{c} P^2 + Z^4 - 2P \cdot Z^2 \\ \cdot \sin\left(2\varphi_z - \varphi_k\right) \end{array}} \cdot \sin(2\omega t + \varphi_s)},$$

$$\varphi_s = \arctan \frac{P \cdot \sin\varphi_k + Z^2 \cdot \cos\varphi_z}{P \cdot \cos\varphi_k - Z^2 \cdot \sin\varphi_z} \qquad \text{(A5.9b)}$$

$$S = \sqrt{\frac{1}{2}} \sqrt{X^2 + Y^2 + Z^2 + \sqrt{\begin{array}{c} X^4 + Y^4 + Z^4 + 2X^2 Y^2 \\ \cdot \cos\left(2\varphi_y - 2\varphi_x\right) \\ -2\sqrt{\begin{array}{c} X^4 + Y^4 + 2X^2 Y^2 \\ \cdot \cos\left(2\varphi_y - 2\varphi_x\right) \end{array}} \\ \cdot Z^2 \cdot \sin\left(2\varphi_z - \varphi_k\right) \end{array}} \cdot \sin\left(2\omega t + \varphi_s\right)} \qquad \text{(A5.10)}$$

Zeichnet man die Ortskurve von S, in dem man die Komponenten für verschiedene Phasen ωt in ein x,y,z-Koordinatensystem einträgt und addiert, erhält man eine Ellipse.

Beweis: Auch im Dreidimensionalen bewegt sich der Summenvektor in einer Ebene.

Es werden zwei Summenvektoren zu unterschiedlichen Zeitpunkten betrachtet:

a) $t = t_1 = 0 \implies \vec{E}_1 = \left(X \cdot \cos\varphi_x, \ Y \cdot \cos\varphi_y, \ Z \cdot \cos\varphi_z \right)$

b) $t = t_2 = \Delta T \implies \vec{E}_2 = \begin{pmatrix} X \cdot \cos(\dfrac{2\pi}{T} \Delta T + \varphi_x), \\[2mm] Y \cdot \cos(\dfrac{2\pi}{T} \Delta T + \varphi_y), \\[2mm] Z \cdot \cos(\dfrac{2\pi}{T} \Delta T + \varphi_z) \end{pmatrix}$

$$(A5.11)$$

Abkürzung $\dfrac{2\pi}{T} \cdot \Delta T = k$

$$\vec{E}_1 \times \vec{E}_2 = \begin{vmatrix} \vec{e}_x & \vec{e}_y & \vec{e}_z \\ X \cdot \cos\varphi_x & Y \cdot \cos\varphi_y & Z \cdot \cos\varphi_z \\ X \cdot \cos(k + \varphi_x) & Y \cdot \cos(k + \varphi_y) & Z \cdot \cos(k + \varphi_z) \end{vmatrix}$$

$$= \left(\cos\varphi_y \cdot \cos(k + \varphi_z) - \cos\varphi_z \cdot \cos(k + \varphi_y) \right) \cdot Y \cdot Z \cdot \vec{e}_x \qquad (A5.12)$$

$$+ \left(\cos\varphi_z \cdot \cos(k + \varphi_x) - \cos\varphi_x \cdot \cos(k + \varphi_z) \right) \cdot Z \cdot X \cdot \vec{e}_y$$

$$+ \left(\cos\varphi_x \cdot \cos(k + \varphi_y) - \cos\varphi_y \cdot \cos(k + \varphi_x) \right) \cdot X \cdot Y \cdot \vec{e}_z.$$

Zwischenrechnung

$$\cos\varphi_y \cdot \cos(k + \varphi_z) = \frac{1}{2} \left[\cos(\varphi_y - k - \varphi_z) + \cos(\varphi_y + k + \varphi_z) \right]$$

$$\cos\varphi_z \cdot \cos(k + \varphi_x) = \frac{1}{2} \left[\cos(\varphi_z - k - \varphi_y) + \cos(\varphi_z + k + \varphi_y) \right]$$

$$= \frac{1}{2} \left[\cos(\varphi_y - k - \varphi_z) - \cos(\varphi_z - k - \varphi_z) \right] \qquad (A5.13)$$

$$= -\sin(-k) \cdot \sin(\varphi_y - \varphi_z)$$

$$= \sin k \cdot \sin(\varphi_y - \varphi_z) \quad , \quad k = \frac{2\pi}{T} \cdot \Delta T$$

$$\cos\varphi_z \cdot \cos(k + \varphi_x) - \cos\varphi_x \cdot \cos(k + \varphi_z) = \sin k \cdot \sin(\varphi_z - \varphi_x)$$

$$\cos\varphi_x \cdot \cos(k + \varphi_y) - \cos\varphi_y \cdot \cos(k + \varphi_x) = \sin k \cdot \sin(\varphi_x - \varphi_y)$$

$$\Rightarrow \vec{E}_1 \times \vec{E}_2 = \begin{pmatrix} YZ \cdot \sin(\varphi_y - \varphi_z), \\ ZX \cdot \sin(\varphi_z - \varphi_x), \\ XY \cdot \sin(\varphi_x - \varphi_y) \end{pmatrix} \cdot \sin \frac{2\pi}{T} \cdot \Delta T$$

$$\vec{e}(\vec{E}_1 \times \vec{E}_2) = \frac{\begin{pmatrix} YZ \cdot \sin(\varphi_y - \varphi_z), \\ ZX \cdot \sin(\varphi_z - \varphi_x), \\ XY \cdot \sin(\varphi_x - \varphi_y) \end{pmatrix}}{\sqrt{\begin{matrix} Y^2 Z^2 \cdot \sin^2(\varphi_y - \varphi_z) \\ + Z^2 X^2 \cdot \sin^2(\varphi_z - \varphi_x) \\ + X^2 Y^2 \cdot \sin^2(\varphi_x - \varphi_y) \end{matrix}}} \qquad \text{(A5.14)}$$

Man erkennt aus dieser Lösung, dass der Einheitsvektor unabhängig vom Zeitpunkt t_2 wird und damit alle Summenvektoren in einer Ebene liegen müssen. Die Richtung der Flächennormalen dieser Ebene ist damit in einfacher Weise bestimmbar.

5.2.1 Betrachtungen zur Ebene der Polarisationsellipse

(1) Schaffung eines Koordinatensystems x'',y',z' in dem die Polarisationsellipse in der y',z'-Ebene liegt

Es wird ein Koordinatensystem erzeugt, in dem der Flächenvektor der Polarisationsellipse in die x'-Richtung zeigt!

a) Drehung der x-Achse in der xy-Ebene in die x'-Achse, damit die y'-Achse in der Ebene der Polarisationsellipse liegt.

$$x' = x \cdot \cos\varphi_1 + y \cdot \sin\varphi_1$$

$$y' = -x \cdot \sin\varphi_1 + y \cdot \cos\varphi_1 \qquad \text{(A5.15)}$$

$$\varphi_1 = \arctan \frac{ZX \cdot \sin(\varphi_z - \varphi_x)}{YZ \cdot \sin(\varphi_y - \varphi_z)}$$

b) Drehung der z-Achse um die y'-Achse um den Winkel φ_2, so dass die x'-Achse zur x''-Achse wird und mit dem Einheitsvektor der Polarisationsebene zusammenfällt (z'-Achse liegt nun auch in der Ebene der Polarisationsellipse).

$$x'' = x' \cdot \cos\varphi_2 + z \cdot \sin\varphi_2$$

$$z' = -x' \cdot \sin\varphi_2 + z \cdot \cos\varphi_2$$

(A5.16)

$$\vartheta = 90^0 - \varphi_2 = 90^0 - \arctan \frac{X \cdot Y \cdot \sin(\varphi_x - \varphi_y)}{Z \sqrt{Y^2 \cdot \sin^2(\varphi_y - \varphi_z) + X^2 \cdot \sin^2(\varphi_z - \varphi_x)}}$$

(2) Winkel der Flächennormalen mit der x-,y-,z- Achse

Die Winkel der Flächennormalen der Polarisationsellipse mit der x-, y-, z-Achse lässt sich über das Skalarprodukt bestimmen.

$$\vec{a} \cdot \vec{b} = |a| \cdot |b| \cdot \cos\vartheta, \quad \cos\vartheta = \frac{\vec{a} \cdot \vec{b}}{|a| \cdot |b|}$$

$\vec{a}$ = Flächennormale

$\vec{b}$ = Vektor der Achsen

(A5.17)

$$\Rightarrow \cos\vartheta_x = YZ \cdot \sin(\varphi_x - \varphi_z), \quad \vartheta_x = \arccos(YZ \cdot \sin(\varphi_y - \varphi_z))$$

$$\cos\vartheta_y = ZX \cdot \sin(\varphi_z - \varphi_x), \quad \vartheta_y = \arccos(ZX \cdot \sin(\varphi_z - \varphi_x)) \qquad (A5.18)$$

$$\cos\vartheta_z = XY \cdot \sin(\varphi_x - \varphi_y), \quad \vartheta_z = \arccos(XY \cdot \sin(\varphi_x - \varphi_y))$$

(3) Der Maximalwert (Minimalwert) des Summenvektors

Die große bzw. die kleine Halbachse der Polarisationsellipse bestimmen den Maximal- bzw. den Minimalwert der Ellipse.

Das *Maximum* der Polarisationsellipse ergibt sich für $\sin(2\omega t + \varphi_s) = 1$.

$$\Rightarrow 2\omega t + \varphi_s = \frac{\pi}{2} + n \cdot 2\pi, \qquad t = \left(\frac{\pi}{2} - \varphi_k + n \cdot 2\pi\right) \cdot \frac{T}{4\pi} \qquad (A5.19)$$

Der *Maximalwert* ergibt sich zu

$$S = \sqrt{\frac{1}{2}\left|X^2 + Y^2 + Z^2 + \sqrt{\begin{array}{l} X^4 + Y^4 + Z^4 + 2X^2Y^2 \\ \cdot \cos\left(2\varphi_y - 2\varphi_x\right) \\ -2\sqrt{\begin{array}{l}X^4 + Y^4 \\ + 2X^2Y^2 \cdot \cos\left(2\varphi_y - 2\varphi_x\right)\end{array}} \\ \cdot Z^2 \cdot \sin\left(2\varphi_z - \varphi_k\right)\end{array}}\right|}$$

(A5.20)

Das *Minimum* ergibt sich für

$$\sin(2\omega t + \varphi_s) = -1$$

$$\Rightarrow 2\omega t + \varphi_s = \frac{3\pi}{2} + n \cdot 2\pi, \qquad t = \left(\frac{3\pi}{2} - \varphi_k + n \cdot 2\pi\right) \cdot \frac{T}{4\pi} \quad \text{(A5.21)}$$

Der *Minimalwert* ergibt sich zu

$$S = \sqrt{\frac{1}{2}\left[\sqrt{\begin{array}{l} X^2 + Y^2 + Z^2 \\[4pt] \sqrt{\begin{array}{l} X^4 + Y^4 + Z^4 \\[2pt] + 2X^2 Y^2 \cdot \cos\left(2\varphi_y - 2\varphi_x\right)\end{array}} \\[20pt] - 2\sqrt{\begin{array}{l} X^4 + Y^4 + \\[2pt] 2X^2 Y^2 \cdot \cos\left(2\varphi_y - 2\varphi_x\right)\end{array}} \\[12pt] \cdot Z^2 \cdot \sin\left(2\varphi_z - \varphi_k\right)\end{array}}\right]} \cdot \quad \text{(A5.22)}$$

(4) Zirkulare Polarisation

a) In einer ersten Betrachtung wird vorausgesetzt, dass aus Symmetrie-gründen alle drei Komponenten die gleiche Amplitude haben.

$$X = Y = Z = A \quad \Rightarrow \quad S = A \cdot \sqrt{\frac{3}{2}}$$

b) Damit die Amplitude konstant bleibt, muss die folgende Bedingung erfüllt sein:

$$0 = \sqrt{\begin{array}{l} X^4 + Y^4 + Z^4 + 2X^2 \cdot Y^2 \cdot \cos\left(2\varphi_y - 2\varphi_x\right) \\[4pt] -2\sqrt{X^4 + Y^4 + 2X^2 Y^2 \cdot \cos\left(2\varphi_y - 2\varphi_x\right)} \\[4pt] \cdot Z^2 \cdot \sin\left(2\varphi_z - 2\varphi_k\right)\end{array}} \quad \text{(A5.23)}$$

Für $X = Y = Z = A$ folgt

$$3 + 2\cos\left(2\varphi_y - 2\varphi_x\right) - 2\sqrt{2 + 2\cos\left(2\varphi_y - 2\varphi_x\right)} \cdot \sin\left(2\varphi_z - 2\varphi_k\right) = 0 \quad \text{(A5.24)}$$

Durch Zeittransformation $(\omega \cdot t_1 = -\varphi_x)$ lässt sich $\varphi_x' = 0$ erreichen. Damit wird $\varphi_y' = \varphi_y - \varphi_x$ und $\varphi_z' = \varphi_z - \varphi_x$. In den folgenden Ausführungen werden die Transformationsstriche aber weggelassen.

$$3 + 2\cos 2\varphi_y - 2\sqrt{2 + 2\cos 2\varphi_y} \cdot \sin\left(2\varphi_z - 2\varphi_k\right) = 0 \qquad (A5.25)$$

$$\varphi_k = \arctan \frac{1 + \cos 2\varphi_y}{-\sin 2\varphi_y} = \arctan \frac{1 + \cos^2 \varphi_y - \sin^2 \varphi_y}{-2\sin \varphi_y \cdot \cos \varphi_y} \qquad (A5.26)$$

$$\varphi_k = \arctan \frac{\cos \varphi_y}{-\sin \varphi_y} = \arctan \frac{\sin\left(\varphi_y + \dfrac{\pi}{2}\right)}{\cos\left(\varphi_y + \dfrac{\pi}{2}\right)} = \varphi_y + \frac{\pi}{2} \qquad (A5.27)$$

$$3 + 2\cos 2\varphi_y - \underbrace{2\sqrt{2 + 2\cos\left(2\varphi_y\right)}}_{2\cos\varphi_y} \cdot \underbrace{\sin\left(2\varphi_z - \varphi_y - \frac{\pi}{2}\right)}_{-\cos\left(2\varphi_z - \varphi_y\right)} = 0 \qquad (A5.28)$$

$$2\cos 2\varphi_y + 4\cos \varphi_y \cdot \cos\left(2\varphi_z - \varphi_y\right) = -3$$

$$\underbrace{2 + 2\cos 2\varphi_y}_{} + 4\cos \varphi_y \cdot \cos\left(2\varphi_z - \varphi_y\right) = -1$$

$$4 \cdot \cos^2 \varphi_y + 4\cos \varphi_y \cdot \cos\left(2\varphi_z - \varphi_y\right) = -1 \qquad (A5.29)$$

$$\cos^2 \varphi_y + \cos\left(2\varphi_z - \varphi_y\right) \cdot \cos \varphi_y = -\frac{1}{4}$$

$$\cos \varphi_y = -\frac{\cos\left(2\varphi_z - \varphi_y\right)}{2} \pm \sqrt{\frac{1}{4}\left(\cos^2\left(2\varphi_z - \varphi_y\right) - 1\right)}$$

Es ergibt sich nur eine reelle Lösung für

$$\cos^2\left(2\varphi_z - \varphi_y\right) = 1$$
$$2\varphi_z - \varphi_y = n \cdot \pi, \qquad n = 0, 1, 2, 3$$
$$2\varphi_z = n \cdot \pi + \varphi_y \qquad\qquad (A5.30)$$
$$\underline{\underline{\varphi_z = n \cdot \frac{\pi}{2} + \frac{\varphi_y}{2}}}$$

$$\Rightarrow \cos\varphi_y = -\frac{\cos(n \cdot \pi)}{2}$$

$$\Rightarrow n = 0: \quad \varphi_y = 120^\circ, \quad 240^\circ$$

$$\varphi_z = 60^\circ, \quad 120^\circ$$

$$n = 1: \quad \varphi_y = 60^\circ, \quad 300^\circ$$

$$\varphi_z = 120^\circ, \quad 240^\circ$$

(5) Zirkulare Polarisation für den allgemeinen Fall

$$0 = \sqrt{\begin{array}{l} X^4 + Y^4 + Z^4 + 2X^2Y^2\cos(2\varphi_y - 2\varphi_x) \\ -2\sqrt{X^4 + Y^4 + 2X^2Y^2\cos(2\varphi_y - 2\varphi_x)} \\ \cdot Z^2 \cdot \sin(2\varphi_z - 2\varphi_k) \end{array}} \qquad (A5.31)$$

$$\varphi_x = 0 \quad \Rightarrow$$

$$0 = X^4 + Y^4 + Z^4 + 2X^2Y^2\cos(2\varphi_y) + Z^4$$

$$-2\sqrt{X^4 + Y^4 + 2X^2Y^2\cos(2\varphi_y)} \cdot Z^2 \cdot \sin(2\varphi_z - 2\varphi_k)$$

Abkürzung:

$$V = \sqrt{X^4 + Y^4 + 2X^2Y^2\cos 2\varphi_y}$$

$$\Rightarrow V^2 - 2V(Z^2 \cdot \sin(2\varphi_z - \varphi_k)) = -Z^4 \qquad (A5.32)$$

$$V_{1,2} = Z^2 \cdot \sin(2\varphi_z - \varphi_k) \pm \sqrt{Z^4 \cdot \sin^2(2\varphi_z - \varphi_k) - Z^4}$$

Es ergibt sich nur eine reelle Lösung für

$$\sin^2(2\varphi_z - \varphi_k) = 1, \qquad 2\varphi_z - \varphi_k = \frac{\pi}{2}(2n + 1)$$

$$V_{1,2} = \pm Z^2$$

$$\sqrt{X^4 + Y^4 + 2X^2Y^2\cos(2\varphi_y)} = \pm Z^2$$

$$(A5.33)$$

$$X^4 + Y^4 + 2X^2Y^2\cos(2\varphi_y) = Z^4$$

$$\cos(2\varphi_y) = \frac{Z^4 - X^4 - Y^4}{2X^2Y^2}$$

$$\varphi_y = \frac{1}{2} \cdot \arccos \frac{Z^4 - X^4 - Y^4}{2X^2Y^2} \tag{A5.34}$$

Für $X = Y = Z$ ergibt sich die bekannte Lösung!

Aus der Bedingung, dass $\cos 2\varphi_y$ nicht größer als 1 und nicht kleiner als
-1 werden kann, lassen sich folgende Bedingungen ableiten:

I.)

$$\frac{Z^4 - X^4 - Y^4}{2X^2Y^2} \leq 1 \quad \Rightarrow \quad Z^4 - \left(X^2 + Y^2\right)^2 \leq 0, \quad \underline{\left(X^2 + Y^2\right)^2 \geq Z^4} \tag{A5.35}$$

II.)

$$\frac{Z^4 - X^4 - Y^4}{2X^2Y^2} \geq -1 \quad \Rightarrow \quad \underline{\left(X^2 - Y^2\right)^2 \leq Z^4} \tag{A5.36}$$

Aus den vorangegangen 2 Gleichungen folgt

$$\underline{\left(X^2 - Y^2\right)^2 \leq Z^4 \leq \left(X^2 + Y^2\right)^2} \tag{A5.37}$$

III.) $X \neq 0$ und $Y \neq 0$ hängen mit der Ableitung zusammen. Es lassen
sich auch Bedingungen für X^4 und Y^4 ableiten. Aus Symmetriegrün-
den müssen sie ähnlich aussehen!

Die Amplitude (Radius) der Gesamtschwingung (des Kreises) beträgt

$$S = \sqrt{\frac{1}{2}} \sqrt{X^2 + Y^2 + Z^2} \tag{A5.38}$$

Beispiel A5.1: Wählt man $Z^4 = X^4 + Y^4$, errechnet sich der notwendige
Phasenwinkel φ_y ($\varphi_x = 0$ wurde für die Ableitung der Beziehungen vorausgesetzt) aus

$$\cos 2\varphi_y = 0 \quad zu \quad \varphi_y = 45°$$

Für die Festlegung von φ_z wird der Phasenwinkel φ_k nach Gleichung
A5.4 benötigt. Er errechnet sich zu

$$\varphi_k = \arctan \frac{X^2}{-Y^2}$$

Wählt man z. B. $X^2 = Y^2$, errechnet sich φ_k zu $135°$.

Nachdem φ_k bestimmt ist, kann φ_z berechnet werden. Nach Gleichung A5.30 ergibt sich

$$\varphi_z = \frac{\pi}{4} + \frac{\varphi_k}{2} = 112{,}5^\circ \ \textit{für} \quad n = 1.$$

Die Amplituden $X = 0{,}841$, $Y = 0{,}841$ und $Z = 1$ erfüllen die obigen Annahmen. Mit diesen Werten errechnet sich die Amplitude (Radius) der Gesamtschwingung (des Kreises) zu

$$S = \sqrt{\frac{1}{2}} \cdot \sqrt{0{,}707 + 0{,}707 + 1} = 1{,}099.$$

In der Abbildung Abb. A5.2 ist der Polarisationskreis für die zuvor genannten Werte gezeichnet.

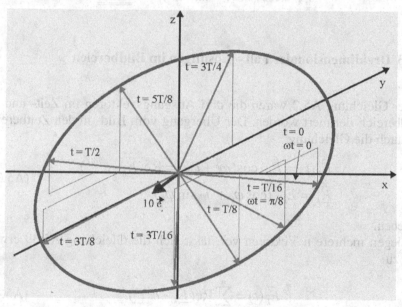

Abb. A5.2 Polarisationskreis für $X = 0{,}841$, $Y = 0{,}841$, $Z = 1$, $\varphi_x = 0^\circ$, $\varphi_y = 45^\circ$, $\varphi_z = 112{,}5^\circ$

Die Ebene, in der sich der Polarisationskreis befindet hat eine Flächennormale von

$$\vec{e}_s\!\left(\vec{E}_1 \times \vec{E}_2\right) = (-0{,}644,\, 0{,}644,\, -0{,}414)$$

Siehe hierzu Gleichung A5.14!

Für die Winkel entsprechend der Gleichungen A5.15, A5.16 und A5.18 lassen sich die nachfolgenden Werte errechnen.

$$\underline{\underline{\varphi_1}} = \arctan\frac{0{,}841 \cdot \sin 112{,}5^0}{0{,}841 \cdot \sin(-67{,}5^0)} \quad \underline{\underline{= 135^0}}$$

$$\underline{\underline{\varphi_2}} = \arctan\frac{0{,}841^2 \cdot \sin(-45^0)}{\sqrt{0{,}841^2 \cdot \sin^2(-67{,}5^0) + 0{,}841^2 \cdot \sin^2(112{,}5^0)}}$$

$$\underline{\underline{= -24{,}5^0}}$$

$$\underline{\underline{\vartheta_x}} = \arccos(0{,}841 \cdot \sin(-67{,}5^0)) \quad \underline{\underline{= 141^0}}$$

$$\underline{\underline{\vartheta_y}} = \arccos(0{,}841 \cdot \sin(-112{,}5^0)) \quad \underline{\underline{= 39^0}}$$

$$\underline{\underline{\vartheta_z}} = \arccos(0{,}841^2 \cdot \sin(-45^0)) \quad \underline{\underline{= 120^0}}$$

A5.3 Dreidimensionaler Fall – Lösungen im Bildbereich

Unter Gleichung A5.2 waren die drei Ausgangsvektoren im Zeit- und im Bildbereich definiert worden. Der Übergang vom Bild- in den Zeitbereich ist durch die Gleichung

$$\vec{E}_k(t) = \vec{E}_k \cdot \cos(\omega t + \varphi_k) = \text{Re}(\underline{\vec{E}}_k \cdot e^{j\omega t}),$$

$$\underline{\vec{E}}_k = E_k \cdot (\cos\varphi_k + j \cdot \sin\varphi_k) \qquad \text{(A5.39)}$$

gegeben.

Liegen mehrere n Vektoren vor, lässt sich die Gleichung A5.39 erweitern zu

$$\vec{E}_k'(t) = \sum_{i=1}^{n} \text{Re}(\underline{\vec{E}}_{ki} \cdot e^{j\omega t}). \qquad \text{(A5.40)}$$

Setzen wir nun voraus, dass sich alle Vektoren eines Punktes in ihre drei Komponenten $\underline{E}_{xi}$, $\underline{E}_{yi}$, $\underline{E}_{zi}$ aufteilen und zu $\underline{E}_x$, $\underline{E}_y$, $\underline{E}_z$ aufsummieren lassen, vereinfacht sich die Gleichung zu

$$\vec{E}_k(t) = \text{Re}[(\underline{E}_x \cdot \vec{e}_x + \underline{E}_y \cdot \vec{e}_y + \underline{E}_z \cdot \vec{e}_z) \cdot e^{j\omega t}] \qquad \text{(A5.41)}$$

Der Vektor (mit komplexen Koeffizienten) in der runden Klammer lässt sich umschreiben zu

$$\underline{\vec{E}} = (E_x \cdot \cos\varphi_x \cdot \vec{e}_x + E_y \cdot \cos\varphi_y \cdot \vec{e}_y + E_z \cdot \cos\varphi_z \cdot \vec{e}_z) +$$
$$j \cdot (E_x \cdot \sin\varphi_x \cdot \vec{e}_x + E_y \cdot \sin\varphi_y \cdot \vec{e}_y + E_z \cdot \sin\varphi_z \cdot \vec{e}_z)$$

(A5.42)

Der Realteil bildet einen Vektor $\vec{E}_1$ und der Imaginärteil einen Vektor $\vec{E}_2$, so dass geschrieben werden kann

$$\underline{\vec{E}} = \vec{E}_1 + j \cdot \vec{E}_2$$

(A5.43)

Man beachte, der Vektor $\underline{\vec{E}}$ ist in der komplexen Ebene definiert und trägt damit keine Zeitabhängigkeit. Transformiert man ihn in den Zeitbereich zurück, ergibt sich

$$\vec{E}(t) = \vec{E}_1 \cdot \cos\omega t + \vec{E}_2 \cdot \cos(\omega t + \pi/2).$$

(A5.44)

Die Vektoren $\vec{E}_1$ *und* $\vec{E}_2$ sind beliebig im Raum liegende Vektoren, die im Allgemeinen nicht orthogonal zueinander liegen müssen. Die Vektoren $-\vec{E}_1$ *und* $-\vec{E}_2$ zeigen räumlich in die entgegengesetzte Richtung wie $\vec{E}_1$ *und* $\vec{E}_2$. $\vec{E}_1(t)$ *und* $\vec{E}_2(t)$ oszillieren mit ωt und einem Phasenversatz von $\pi/2$, so dass $\vec{E}(t)$ sich von $\vec{E}_1$ nach $\vec{E}_2$ bei $\omega t = \pi/2$, nach $-\vec{E}_1$ bei $\omega t = \pi$, nach $-\vec{E}_2$ bei $\omega t = 3\pi/2$ und wieder nach $\vec{E}_1$ bei $\omega t = 2\pi$ bewegt. Die Spitze des resultierenden Vektors liegt in einer Ebene.

Der Winkel ϑ zwischen beiden Vektoren lässt sich in einfacher Weise über die Vektoralgebra bestimmen:

$$\vartheta = \arccos\frac{\vec{E}_1 \cdot \vec{E}_2}{E_1 \cdot E_2}.$$

(A5.45)

Definiert man nun ein neues Koordinatensystem $(\vec{e}_x, \vec{e}_y)$, in dem der Vektor $\vec{E}_1$ mit der x-Achse zusammenfällt, lässt sich der Vektor $\vec{E}_2$ so in zwei Anteile zerlegen, dass ein orthogonales Paar entsteht, dass mit den Achsen zusammenfällt.

$$\vec{E}_2 = E_2 \cdot \cos\vartheta \, \vec{e}_x + E_2 \cdot \sin\vartheta \, \vec{e}_y$$

(A5.46)

In diesem neuen Koordinatensystem ergibt sich nun

$$\vec{E}_x(t) = (E_1 \cdot \cos\omega t + E_2 \cdot \cos\vartheta \cdot \cos(\omega t + \pi/2)) \cdot \vec{e}_x,$$
$$\vec{E}_y(t) = E_2 \cdot \sin\vartheta \cdot \cos(\omega t + \pi/2) \cdot \vec{e}_y \quad .$$

(A5.47)

Damit ist der zweidimensionale Fall gegeben, der schon im Kapitel A 5.1 abgehandelt worden ist.

Siehe hierzu auch die Veröffentlichung [FAR03], in der weitere Sekundärliteratur zur Polarisationsebene angegeben ist.

A6 Skineffekt und Schirmungstheorie von Schelkunoff

Um einigermaßen effektiv Maßnahmen zur Erreichung der EMV ergreifen zu können, ist ein grundsätzliches Verständnis der Theorie des Skineffekts nötig. Durch den sogenannten Skineffekt fließt mit zunehmender Frequenz der Strom immer mehr auf der Oberfläche oder besser in einer immer dünner werdenden Schicht auf der Oberfläche. Der Skineffekt wird häufig auch als Effekt der Stromverdrängung (nach außen) bezeichnet. Im Anhangkapitel A6.1 wird die Theorie auf den leitfähigen Halbraum angewendet und gezeigt, dass sich zylindrische Leiter auch recht einfach behandeln lassen.

Die Theorie zur Abschirmung elektromagnetischer Felder nach einem Impedanzkonzept wurde von einem Herrn Schelkunoff erstmalig niedergeschrieben. Auch diese Theorie sollte in ihren grundsätzlichen Aussagen verstanden sein. Im Abschnitt A6.2 wird diese Theorie in ihren Grundsätzen wiederholt.

A6.1 Skineffekt beim leitfähigen Halbraum

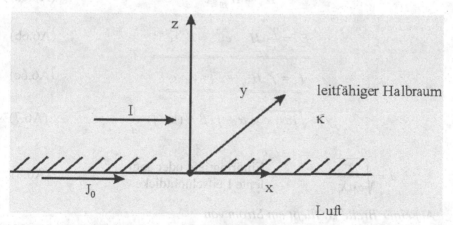

Abb. A6.1 leitfähiger Halbraum, in dem ein Strom I fließt

Es wird bei den Betrachtungen ein sinusförmiger Strom: $I(t) = \mathrm{Re}(\underline{I}(t)) = \mathrm{Re}(\underline{I}e^{j\omega t})$ vorausgesetzt. Weiterhin wird nur der eindimensionale Fall behandelt.

Stromdichte $\vec{J} = J_x \cdot \vec{e}_x = \kappa \cdot E_x \cdot \vec{e}_x$ \hfill (A6.1)

Magnetfeld $\vec{H} = H_y \cdot \vec{e}_y$ \hfill (A6.2)

Maxwell-
gleichungen

$$rot\ \vec{H} = \vec{J} + \frac{d\vec{D}}{dt} \qquad \text{Durchflutungs-} \atop \text{gesetz} \qquad (A6.3)$$

$$rot\ \vec{E} = -\mu \cdot \frac{d\vec{H}}{dt} \qquad \text{Induktionsgesetz} \qquad (A6.4)$$

Unter den obigen Voraussetzungen und unter Vernachlässigung von $\frac{d\vec{D}}{dt}$ ergibt sich

$$\left. \begin{aligned} \frac{\partial H_y}{\partial z} &= -\kappa \cdot E_x \\[2mm] \frac{\partial E_x}{\partial z} &= -\mu \cdot \frac{\partial H_y}{\partial t} \end{aligned} \right\} \qquad \begin{aligned} \frac{\partial^2 H_y}{\partial z^2} &= j\omega\mu\kappa \cdot H_y \\[2mm] \frac{\partial^2 H_y}{\partial z^2} - \underbrace{j\omega\mu\kappa}_{\gamma 2} \cdot H_y &= 0 \end{aligned} \qquad (A6.5)$$

Für den eindimensionalen Fall erhält man damit die Lösungen:

$$H_y = H_{y0} \cdot e^{-\gamma z} \qquad (A6.6a)$$

$$E_x = \frac{\gamma}{\kappa} \cdot H_{y0} \cdot e^{-\gamma z} = E_0 \cdot e^{-\gamma z} \qquad (A6.6b)$$

$$J_x = \gamma \cdot H_{y0} \cdot e^{-\gamma z} = J_0 \cdot e^{-\gamma z} \qquad (A6.6c)$$

$$\gamma = \sqrt{j\omega\mu\kappa} = \alpha + j \cdot \beta = (1+j) \cdot \frac{1}{d} \qquad (A6.7)$$

$$d = \sqrt{\frac{2}{\omega\mu\kappa}} = \qquad \text{Eindringtiefe oder äquiva-} \atop \text{lente Leitschichtdicke} \qquad (A6.8)$$

Auf einer Breite Δy fließt ein Strom von

$$I_{\Delta y} = \Delta y \cdot \int_0^\infty J_0 \cdot e^{-\gamma z} dz = -\frac{\Delta y \cdot J_0}{\gamma} \cdot e^{-\gamma z} \Big|_0^\infty = \frac{\Delta y \cdot J_0}{\gamma} \qquad (A6.9)$$

Der Spannungsabfall über 1 m Länge auf der Leiteroberfläche beträgt

$$\underline{U} = \int_0^{1m} E_0 \, dx = \frac{J_0}{\kappa} \cdot 1m \tag{A6.10}$$

Teilt man den Spannungsabfall durch den fließenden Strom, erhält man die Impedanz des Streifens Δy:

$$Z_{\Delta y} = \frac{U}{I} = \frac{J_0}{\kappa} \cdot 1m \cdot \frac{\gamma}{\Delta y \cdot J_0} = \frac{1m}{\Delta y} \cdot \frac{\gamma}{\kappa} \tag{A6.11}$$

$$\Rightarrow Z_{\Delta y} = \frac{1m}{\Delta y \cdot d \cdot \kappa} (1+j) = R_- + j\omega L_i \tag{A6.12}$$

Bezieht man die Impedanz auf einen Meter Länge, erhält man:

$$Z'_{\Delta y} = \frac{(1+j)}{\Delta y \cdot d \cdot \kappa} = R'_- + j\omega L'_i \tag{A6.13}$$

Bemerkenswert an diesem Ergebnis ist, dass Realteil und Imaginärteil gleich sind. Betrachtet man nur den Realteil, so erhält man einen Widerstandsbelag, der gleich ist dem Gleichstromwiderstand eines Bandleiters der Dicke d (Eindringtiefe = äquivalente Leitschichtdicke) und der Breite Δy.

Für einen zylindrischen Leiter lässt sich auch recht einfach eine Lösung für die Impedanz erzielen, wenn man nur 2 Extremfälle betrachtet.

A6.1.1 Starker Skineffekt

Starker Skineffekt soll vorherrschen, wenn der Radius des zylindrischen Leiters wesentlich größer ist als die Eindringtiefe ($R \gg d$). Es ergibt sich

$$Z'_0 = \frac{1}{2\pi R \cdot d \cdot \kappa}(1+j) = R'_- \cdot \frac{R}{2d}(1+j) \tag{A6.14}$$

$$\text{mit } R'_- = \frac{1}{\pi R^2 \cdot \kappa} \tag{A6.15}$$

A6.1.2 Schwacher Skineffekt

Schwacher Skineffekt ist gegeben, wenn der Radius des zylindrischen Leiters wesentlich kleiner als die Eindringtiefe ist ($R \ll d$). Man erhält:

$$Z'_0 = \frac{1}{\pi R^2 \cdot \kappa} \quad + \quad j\omega\frac{\mu}{8\pi} \tag{A6.16}$$

$\qquad\qquad\uparrow \qquad\qquad\qquad\quad \uparrow$

Gleichstrom-   Induktiver Blindwiderstandsbelag

widerstandsbelag   (Ableitung ist elementar)

Interessant an der Lösung für den schwachen Skineffekt ist, dass die innere Eigeninduktivität eines zylindrischen Leiters keine Funktion der Dicke des Leiters ist. Wertet man den Imaginärteil aus, kommt man auf

$$L'_{eigen} = \frac{\mu}{8\pi} = 50\, nH/m. \tag{A6.17}$$

A6.2 Schirmungstheorie nach Schelkunoff

A6.2.1 Einleitung

Schelkunoff's Theorie ist ein mächtiges Werkzeug für die Bestimmung der Schirmdämpfung von metallischen Materialien. Bei dieser Theorie handelt es sich um ein Anpassungskonzept, das sein Gegenstück im Anpassungskonzept der Leitungstheorie findet.

Die Theorie ist leicht zu verstehen und auch leicht anzuwenden. Die hauptsächliche Kritik entzündet sich an der Annahme einer ebenen Welle, die auf eine unendlich große Wand einfällt, mit einer Wellenimpedanz, die aus den Elementardipolen abgeleitet wird. Nichtsdestoweniger stimmen die theoretischen Werte ausgesprochen gut mit Messwerten überein.

A6.2.2 Notwendige Gleichungen

Die *Wellenimpedanz des Hertzschen Dipols* beträgt nach Kap. A4.1:

$$\Gamma_w = \Gamma_0 \cdot \frac{1 - j\frac{\lambda}{2\pi r} - \frac{\lambda^2}{(2\pi r)^2}}{1 - j\frac{\lambda}{2\pi r}} \tag{A6.18}$$

Eine gute Näherung erhält man mit

$$\Gamma_w = \Gamma_0 = 377\,\Omega \quad \text{für } r \geq r_0 \tag{A6.19}$$

$$\text{und } |\Gamma_w| = \frac{r_0}{r}\cdot\Gamma_0 \quad \text{für } r \leq r_0 \tag{A6.20}$$

Die *Wellenimpedanz des magnetischen Dipols* ergibt sich (Siehe Kap. A 4.2!) zu:

$$\Gamma_W = \Gamma_0 \frac{1 - j\dfrac{\lambda}{2\pi r}}{1 - j\dfrac{\lambda}{2\pi r} - \dfrac{\lambda^2}{(2\pi r)^2}} \qquad (A6.21)$$

Gute Näherungen ergeben sich mit

$$\Gamma_W = \Gamma_0 = 377\ \Omega \ \text{für } r \geq r_0 \qquad (A6.22a)$$

$$\text{und } |\Gamma_W| = \frac{r}{r_0} \cdot \Gamma_0 \ \text{ für } r \leq r_0 \qquad (A6.22b)$$

mit $r_0 = \dfrac{\lambda}{2\pi}$ als dem *Übergangsabstand*. Dieser Übergangsabstand hat eine große Bedeutung in der EMV, im amerikanischen Sprachgebrauch wird er auch als *‚magic distance'* bezeichnet.

Für die Ableitung der Schirmdämpfung wird allgemein angesetzt:

$$\Gamma_W = k \cdot \Gamma_0,$$

mit $\quad k = 1 \quad$ für das Fernfeld,

$\quad k = \dfrac{r_0}{r}$ für das Nahfeld des Hertzschen Dipols,

$\quad k = \dfrac{r}{r_0}$ für das Nahfeld des magnetischen Dipols.

A6.2.3 Schirmungsmechanismus

Eine ebene elektromagnetische Welle mit der Wellenimpedanz Γ_W fällt auf eine sehr große ebene Metallwand ein. Die einfallende elektrische Feldstärke liegt in der Ebene der Wand und hat eine Amplitude von 1 (1 V/m, 1 kV/m oder ähnlich). Aufgrund der Fehlanpassung zwischen der Wellenimpedanz Γ_W und der Impedanz der metallenen Wand Γ_M kommt es zu einer Reflexion, die durch den Reflexionsfaktor r_{am} beschrieben werden kann. Siehe Abb. A6.2! Medium vor der schirmenden Wand: Luft, mit $\Gamma_W = k \cdot \Gamma_0$.

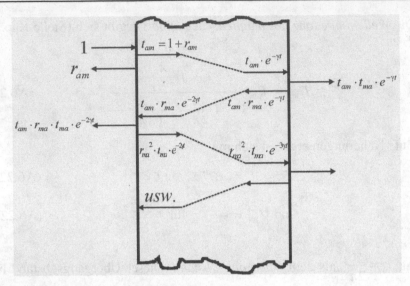

Abb. A6.2 Schirmungskonzept nach Schelkunoff

Medium der schirmenden Wand: Metall, mit

$$\Gamma_M = \sqrt{\frac{j\omega\mu}{\kappa + j\omega\varepsilon}} \approx \sqrt{\frac{j\omega\mu\cdot\kappa}{\kappa^2}} = \frac{(1+j)}{\kappa d}, \tag{A6.23}$$

d ist die Eindringtiefe, die sich nach Kap. A 6.1 zu $d = \sqrt{\dfrac{1}{\pi f \mu \kappa}}$ berechnet.

Die Reflexion errechnet sich in gleicher Weise wie die Spannungsreflexion in der Leitungstheorie:

$$r_{am} = \frac{\Gamma_M - \Gamma_W}{\Gamma_M + \Gamma_W} \tag{A6.24}$$

Ein Teil der Welle tritt in das Material ein. Dieser Anteil wird durch den Transmissionsfaktor t_{am} beschrieben,

$$t_{am} = 1 + r_{am} \tag{A6.25}$$

Das Pluszeichen erklärt sich aus dem Zusammenhang, dass die weiterlaufende Welle gleich der einfallenden Welle plus der rücklaufenden Welle ist. Setzt man beispielsweise $\Gamma_M = 0$, sieht man, dass $r_{am} = -1$ und $t_{am} = 0$ ist.

Der Teil der Welle, der in das Material eingedrungen ist, läuft auf die zweite Grenzfläche zu. Auf dem Weg dorthin wird er entsprechend des Skineffekts gedämpft und in der Phase gedreht. Er hat an der zweiten

Grenzfläche einen Wert von $t_{am} e^{-\gamma t}$. Dort erfährt die Welle wieder eine Reflexion, diesmal beschrieben durch

$$r_{ma} = \frac{\Gamma_W - \Gamma_M}{\Gamma_M + \Gamma_W} \qquad (A6.26)$$

Ein Anteil tritt durch die Grenzfläche hindurch, beschrieben durch

$$t_{ma} = 1 + r_{ma} \qquad (A6.27)$$

Lässt man diesen Vorgang wiederholt ablaufen, wie in der Abb. A6.2 angedeutet, erhält man schließlich für den Gesamtanteil, der durch die Schirmung hindurchtritt:

$$t_w = \underbrace{t_{am} \cdot t_{ma}}_{\text{Reflexion}} \cdot \underbrace{e^{-\gamma t}}_{\text{Absorption}} \cdot \underbrace{\frac{1}{1 - r_{ma}^2 \cdot e^{-2\gamma t}}}_{\text{Multireflexionen}} \qquad (A6.28)$$

In dieser Gleichung A6.28 sind die Einzelanteile (Faktoren) schon bezeichnet worden. Man erhält einen Faktor, den man den Durchgängen durch die beiden Grenzflächen zuordnen kann. Dieser Anteil ($t_w = t_{am} * t_{ma}$) entsteht als Rest aus den Reflexionen. Die Exponentialfunktion beschreibt den Durchgang durch das Material, bei dem ein Teil der Leistung absorbiert wird. Aufgrund der wiederholten Reflexionen an den Grenzschichten tritt dann noch ein Korrekturterm für die Multireflexionen auf. Mit der Gleichung A6.28 könnte man auch schreiben:

$$E_D = E_E \cdot t_w \qquad (A6.29)$$

E_D = durchgehende Feldstärke, E_E = einfallende Feldstärke.

A6.2.4 Schirmdämpfung

Die Schirmdämpfung ergibt sich damit zu

$$a_s(dB) = 20 \cdot_{10} \log |1/t_w| = 20 \cdot_{10} \log \left[e^{\gamma t} \cdot \frac{1}{t_{am} \cdot t_{ma}} \cdot \left(1 - r_{ma}^2 \cdot e^{-2\gamma t} \right) \right] \qquad (A6.30)$$

Bezieht man sich wieder auf die Einzelanteile, lässt sich folgende Unterscheidung treffen:

$$A(dB) = 20 \cdot_{10} \log e^{\alpha t} = 8{,}686 \cdot \alpha\, t, \quad mit\ \alpha = 1/d$$
$$\text{Absorptionsdämpfung} \qquad (A6.31)$$

$$R(dB) = 20 \cdot _{10} \log \left| \frac{1}{t_{am} \cdot t_{ma}} \right| \qquad (A6.32)$$

Reflexionsdämpfung

$$M(dB) = 20 \cdot _{10} \log \left| 1 - r_{ma}^2 \cdot e^{-2\pi} \right| \qquad (A6.33)$$

Korrektur für Multireflexionen

Der Korrekturfaktor für Mehrfachreflexionen wird häufig als Multireflexionsdämpfungsterm bezeichnet. Man beachte, dass dieser Ausdruck immer auf negative Werte führen muss. Alle benötigten Größen für die obigen Gleichungen A6.30 bis A6.33 sind damit bekannt und einer Auswertung steht nichts mehr im Wege.

A6.2.5 Einfache Anwendung von Schelkunoff's Theorie

Die Schlüsselgrößen in den zuvor genannten Gleichungen für die Reflexionsverluste sind mit

$$R_F = \frac{1}{\kappa \cdot d} \qquad (A6.34)$$

und

$$k = \begin{cases} 1 & \textit{Fernfeld} \\[2mm] \dfrac{\lambda}{2\pi r} = \dfrac{r_0}{r} & \textit{Nahfeld } \text{ E} \\[2mm] \dfrac{2\pi r}{\lambda} = \dfrac{r}{r_0} & \textit{Nahfeld } \text{ H} \end{cases}$$

gegeben.

R_F ist der Hochfrequenzflächenwiderstand. Dies ist der Widerstand eines Widerstandsblockes mit den folgenden Größen

Länge gleich Breite
und
Dicke gleich der Eindringtiefe.

k ist der Feldfaktor. Für $k = 1$ (Fernfeld) ergeben sich die Reflexionsverluste zu

$$R[dB] = 20 \cdot \log 66{,}6 \; \Omega \cdot \kappa \cdot d = 20 \cdot \log \frac{66{,}6 \; \Omega}{R_F} \qquad (A6.35)$$

was einer Abnahme mit 10 dB/Frequenzdekade entspricht.

Für den praktischen Gebrauch der Schelkunofftheorie ist es ausreichend, nur zwei Fälle zu betrachten:

a) elektrisch dicke Materialien und

b) elektrisch dünne Materialien.

Ein Material ist elektrisch dick, wenn seine Dicke t größer oder gleich der Eindringtiefe d ist,

$$t \geq d,$$

anderenfalls wird das Material als elektrisch dünn angesehen.

Elektrisch dicke Materialien (t ≥d)

Im Falle eines elektrisch dicken Materials brauchen nur die *Absorptionsverluste* und die *Reflexionsverluste* berücksichtigt zu werden. Mit der Annahme $\Gamma_W \gg \Gamma_M$ erhält man nach einigen Umformungen das folgende Ergebnis:

$$A[dB] = 8,686 \cdot \frac{t}{d},$$

$$R[dB] = 20_{10} \log \frac{66,6\,\Omega}{R_F} \cdot k \qquad \text{(A6.36)}$$

$$a_s[dB] = A[dB] + R[dB].$$

R_F ist der Hochfrequenzflächenwiderstand nach Gleichung A6.34!

Elektrisch dünne Materialien

Falls das Material sehr dünn ist, lässt sich über Reihenentwicklungen bei Berücksichtigung der Größen der Reihenglieder eine Gleichung für die gesamte Schirmdämpfung ableiten, die nun ausgesprochen einfach ist:

$$a_s = 20_{10} \log \frac{188,8\,\Omega}{R_G} \cdot k. \qquad \text{(A6.37)}$$

Im Vergleich zur Gleichung für die Reflexionsverluste bei dicken Materialien wird jetzt der Wert *66,6 Ω in 188,8 Ω* und R_F in R_G geändert,

$$R_G = \frac{1}{\kappa \cdot t}; \quad t...Materialstärke \qquad \text{(A6.38)}$$

R_G ist nun der Gleichstromflächenwiderstand eines Blockes mit den Dimensionen

Länge gleich Breite
und
Dicke gleich der Materialstärke.

A6.2.6 Verfahren zur grafischen Bestimmung der Schirmdämpfung

Die im Kap. A6.2.5 abgeleiteten Beziehungen lassen sich nun sehr einfach grafisch auswerten. Ausgangspunkt ist die Überlegung, dass die normale Fragestellung lautet: Welche Schirmdämpfung a_s erhalte ich für das Material XX einer gewissen Stärke t und einem vorgegebenen Abstand r zur Schirmwand?

Der Abstand r zur Schirmwand bestimmt nun die Frequenz f_0, für die $r = r_0$ ist, also die Frequenz, die bei dem vorgegebenen Abstand gerade ihren Übergang vom Fern- zum Nahfeld hat. Alle Frequenzen $f > f_0$ befinden sich bei r im Fernfeld, alle Frequenzen $f < f_0$ im Nahfeld. Man benötigt also ein Fernfelddiagramm, auf dem man, beginnend bei der Frequenz $f = f_0$, zu kleineren Frequenzen hin das Verhalten im Nahfeld einzeichnen kann.

Die grafischen Auswertungen laufen nun in folgender Weise ab.

Elektrisch dicke Materialien

1. Aus Material und Frequenz wird die Eindringtiefe berechnet. Mit

   $A[dB] = 8{,}686 \cdot \dfrac{t}{d}$ sind damit die Absorptionsverluste bestimmt.

2. Unter Nutzung von $R[dB] = 20_{10} \log 66{,}6 \, \Omega \cdot \kappa \cdot d$ und $k = 1$ wird *ein* Punkt der Fernfeldkurve für die Reflexionsdämpfung berechnet. Für $f = 1$ MHz und Kupfer erhält man z.B. 108 dB.

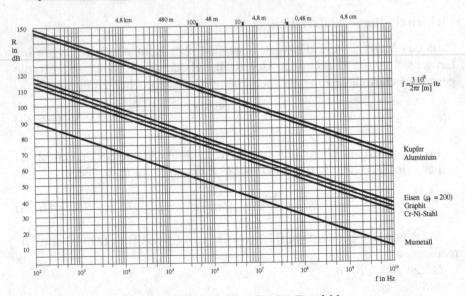

Abb. A6.3 Verlauf der Reflexionsdämpfung für das Fernfeld

3. In ein Diagramm mit logarithmischer Abszisse und linearer Ordinate wird die gesamte Fernfeldkurve eingezeichnet. Der Abfall pro Frequenzdekade beträgt 10 dB. Im Normalfall wird man ein vorgefertigtes Diagramm benutzen (Siehe Abb. A6.3)

4. Aus dem Abstand r, für den die Schirmdämpfung berechnet werden soll, wird nun die Frequenz bestimmt, die bei diesem Abstand gerade ihren Nahfeld/Fernfeldübergang hat. Der Messabstand (Bestimmungsabstand) wird nun zum Übergangsabstand:

$$f_0 = \frac{3 \cdot 10^8}{2\pi \cdot r[m]} \ Hz.$$

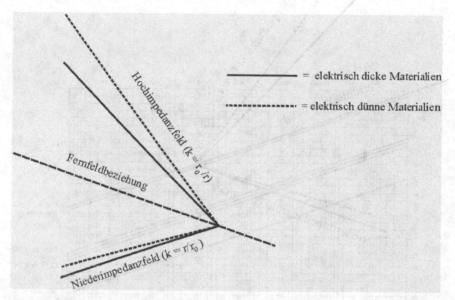

Abb. A6.4 Vorlage für durchsichtigen Schieber zur Ermittlung von Schirmdämpfungswerten

5. Ein durchsichtiger Schieber nach dem Muster der Abb. A6.4 wird nun auf die betreffende Materialkurve gelegt, mit seinem Nullpunkt oberhalb der Frequenz, die im 4. Schritt berechnet wurde. Nun kann für jede gewünschte Frequenz die E-Feld- und die H-Felddämpfung aus dem Diagramm entnommen werden.

6. Die Gesamtdämpfung ergibt sich aus der Absorptionsdämpfung (Schritt 1) plus der Reflexionsdämpfung (Schritt 5).

Beispiel A6.1:

Die Gesamtdämpfung soll bestimmt werden für

- einen Abstand der Quelle zur schirmenden Wand von $r = 4,8$ m,
- Kupfer einer Dicke von $t = 1$ mm,
- die Frequenz $f = 100$ kHz,
- das Hochimpedanz- (E) und das Niederimpedanzfeld (H).

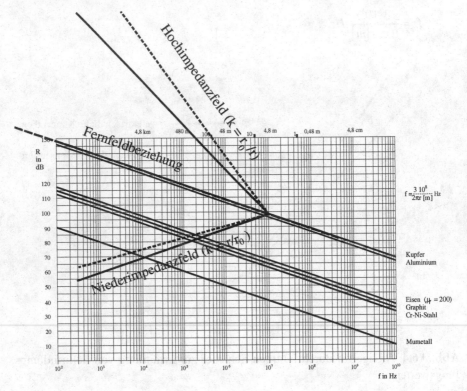

Abb. A6.5 Beispiel für die Nutzung des durchsichtigen Schiebers

Lösung:

Schritt 1:
$$d = \sqrt{\frac{1}{\pi f \mu \kappa}} = 213 \ \mu m$$

$$A = 8,686 \cdot \frac{1}{0,213} = 41 \ dB$$

Schritt 2: $R = 118 \ dB$ bei 100 kHz (besser nimmt man die Kupfer-kurve des Diagramms)

Schritt 3:   Man zeichnet die Kurve oder verwendet die Kupferkurve der Abb. A6.3.

Schritt 4: $f_0 = 10\ MHz$

Schritt 5:   Für elektrisch dicke Materialien waren die durchgezogenen Linien des durchsichtigen Schiebers zu verwenden. Aus dem Diagramm der Abb. A 6.5 lassen sich nun die Werte:

$$R[dB]_E = 158\ dB\ ,$$

$$R[dB]_H = 78\ dB \text{ entnehmen.}$$

Schritt 6:   Es ergibt sich eine Gesamtdämpfung von

$$a_s = 199\ dB \text{ für das E-Feld}$$
und
$$a_s = 119\ dB \text{ für das H-Feld.}$$

Elektrisch dünne Materialien

1. Der Gleichstromflächenwiderstand muss *berechnet* oder *gemessen* werden.

2. Über $a_s[dB] = 20_{10} \log \dfrac{188{,}8\ \Omega}{R_G}$ wird die Fernfeldkurve berechnet.

   Beachte: Es besteht keine Frequenzabhängigkeit!

3. Man folgt den Schritten 4 und 5 der Bestimmungsprozedur für dicke Materialien und erinnert sich, dass mit dieser Prozedur für dünne Materialien die Gesamtdämpfung bestimmt wird.

Beispiel A6.2: Der Gleichstromflächenwiderstand eines Metallfilms auf Plastik wurde zu $R_G = 10\ m\Omega$ gemessen. Es ist die Schirmdämpfung für einen Abstand von 0,48 m und eine Frequenz von 500 kHz sowohl für das E-Feld als auch für das H-Feld zu bestimmen!

Lösung:

Schritt 1: $R_G = 10\ m\Omega$ aus der Messung

Schritt 2: $a_s(\text{Fernfeld}) = 20_{10} \log \dfrac{188{,}8}{0{,}01}\ dB$

$$a_{sFF} = 85{,}5\ dB$$

Schritt 3: $f_0 = 100$ MHz

Schritt 4: $a_{SE} = 131\, dB$

$\qquad\qquad a_{SH} = 39\, dB$

A6.2.7 Fehlerbetrachtungen

Um ein Gefühl zu bekommen, wie groß der maximale Fehler ist, werden im Folgenden einige Betrachtungen über die Dämpfung am Übergangspunkt von dünnen zu dicken Materialien angestellt. Am Übergangspunkt ist die Materialstärke t gleich der Eindringtiefe d.

a) Am Übergangspunkt ergibt sich eine Absorptionsdämpfung von 8,686 dB. Der Ausdruck für die Multireflexionsverluste (nicht näher behandelt, bzw. nach Gleichung A6.33 oder Gleichung A6.44) ergibt einen Wert von etwas mehr als **- 1 dB**.

Die folgende Aussage kann gemacht werden:

Mit dem Ansatz eines dicken Materials (ohne die Berücksichtigung der Multireflexionsverluste) wurde die Gesamtschirmdämpfung um ca. 1 dB zu hoch eingeschätzt.

b) Am Übergangspunkt ist das Verhältnis von Gesamtdämpfung dünner Materialien und Reflexionsdämpfung dicker Materialien durch die nachfolgende Gleichung bzw. den sich daraus zu errechnenden Wert gegeben:

$$\Delta a_s = a_s\,/_{dünn} - R\,/_{dick} = 20 \log \frac{188,8}{66,6}\, dB = 9\, dB\ ,$$

der die Absorptionsverluste des dicken Materials vollständig kompensiert.

Man muss sich daran erinnern, dass der Gleichstromflächenwiderstand R_G beim Übergang von elektrisch dünnen zu elektrisch dicken Materialien gleich dem Hochfrequenzflächenwiderstand wird. Es scheint so, dass der Fehler zwischen dem korrekten Wert (in Bezug auf Schelkunoff's Theorie) und den hier dargestellten Näherungen in jedem Falle kleiner als 1,5 dB bleibt. Am Übergangspunkt ergeben sich folgende drei Gleichungen:

$$a_s\,/_{dick} = R\,/_{dick} + 8{,}686\, dB \qquad\qquad\qquad \text{(A6.39)}$$

$$a_s\,/_{dünn} = R\,/_{dick} + 9\, dB \qquad\qquad\qquad\quad \text{(A6.40)}$$

$$a_s = a_s\,/_{dick} - 1 dB \qquad\qquad\qquad\qquad\quad \text{(A6.41)}$$

Am Übergangspunkt, also bei der Frequenz, bei der die Eindringtiefe d gleich der Materialstärke t ist, beträgt der Fehler bei der Nutzung der Gleichung für dicke Materialien (A6.39)

$$\Delta a_s = a_s - a_s/_{dich} = -1\,dB$$

und bei Nutzung der Gleichung für dünne Materialien

$$\Delta a_s = a_s - a_s/_{dünn} = -1,3\,dB$$

In der Abbildung A6.5 sind die Verläufe von $a_s/_{dick}$, $a_s/_{dünn}$ und a_s als Funktion des Verhältnisses t/d dargestellt. Alle Werte sind auf $R/_{dick}$ bei festem d bezogen:

$$a_s/_{dünn} - R/_{dick} = 9 + 20 \cdot \log\frac{t}{d}\quad dB \tag{A6.42}$$

$$a_s - R/_{dick} = 8,686 \cdot \frac{t}{d} - M\quad dB \tag{A6.43}$$

$$M = 10 \cdot \log(1 - 2 \cdot 10^{-0,867\frac{t}{d}} \cdot \cos(2 \cdot \frac{t}{d}) + 10^{-1,74\frac{t}{d}})\quad dB\,. \tag{A6.44}$$

Die Beziehung für M (A6.44) lässt sich für $\Gamma_W \gg \Gamma_M$ über Reihenentwicklungen in einfacher Weise aus der Gleichung A6.33 ableiten.

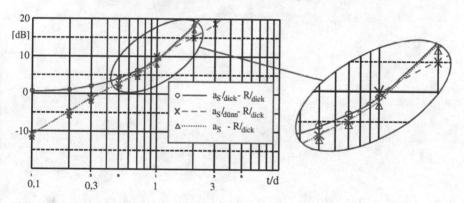

Abb. A6.6 Vergleich der Näherungslösungen mit dem tatsächlichen Verlauf

A6.2.8 Zusammenfassung

Unabhängig von der Kritik muss festgehalten werden, dass Schelkunoff's Schirmungstheorie ein wertvolles Werkzeug für die Bestimmung der Schirmdämpfung von Metallwänden ohne Leckagen ist. Die Theorie berücksichtigt die Materialparameter, die Dicke des Materials, die Frequenz,

den Typ der Störquelle und den Abstand zwischen Störquelle und Schirmwand.

Es ist gezeigt worden, dass es für Γ_w (Wellenimpedanz des externen
Feldes) sehr viel größer als Γ_M (Impedanz der schirmenden Wand) ausreichend ist, nur zwei Fälle zu betrachten: elektrisch dicke Wände und elektrisch dünne Wände.

Beschränkt man sich auf diese beiden Fälle, können sehr einfache Gleichungen abgeleitet werden, die wiederum sehr leicht mit einem Schir-
mungsdiagramm ausgewertet werden können.

A7 Muster einer EMV- Designrichtlinie für Systeme

Unter den Intrasystemmaßnahmen versteht man die im System bei der Integration der Geräte zu ergreifenden Maßnahmen. Im Einzelnen handelt es sich um

1. Massung und Erdung,
2. Systemfilterung,
3. Schirmung,
4. Verkabelung.

In dieser EMV-Designrichtlinie für das System X werden zu diesen Intrasystemmaßnahmen einige allgemeine Regeln aufgestellt. Die Realisierung dieser Vorgaben sichert in großem Maße die Verträglichkeit des Gesamtsystems.

A7.1 Massung, Erdung

Unter der Massung versteht man die hochfrequent wirksame Verbindung eines metallisches Teiles (Gehäuse, Bezugsleiter) mit der Systemmasse zur Schaffung eines niederimpedanten Bezugspotentials. Die Masse und die Massung darf nicht mit der Erde bzw. Erdung (grün-gelber Erdleiter) verwechselt werden, die allein die Aufgabe des Personenschutzes erfüllen. Unverträglichkeiten der Massung mit den Maßnahmen zur Personensicherheit (Erdung) werden nicht erwartet.

Die Massung ist gemäß VG 95375 Teil 6 auszuführen.

Durch die hochfrequent wirksame Massung werden hochfrequente Potentialunterschiede vermindert, dadurch werden wiederum effektive hochfrequente Abstrahlungen und damit die Gefahr der gegenseitigen Beeinflussung wesentlich herabgesetzt.

Es wird gefordert, dass jedes Gerät mindestens einmal hochfrequent zu massen ist. Von einer hochfrequent wirksamen Massung ist auszugehen, wenn ein *Gerät fest und galvanisch leitend verbunden in ein Gestell,* das wiederum gemasst ist, eingebaut ist oder aber *über Erdungsbänder,* die ein

Längen- zu Breitenverhältnis von < 5 aufweisen, mit der Masse verbunden ist.

Es sind Massebänder entsprechend VG 88 711 Teil 2, Typ B, (Abb. A7.1) zu verwenden. Große Geräte müssen entsprechend ihren Flächen mehrfach gemasst werden. Als Regel gilt, dass pro Meter Flächenumfang (Fläche zur Masse hin) eine Hochfrequenzmassung durchzuführen ist. Die Auflageflächen für die Anschlüsse der Massebänder sind von Farbe zu befreien, metallisch blank auszuführen und kurz vor der Installation des Massebandes zu reinigen.

Es wird vom *Prinzip der flächenförmigen Massung* ausgegangen. Dieses Prinzip besagt, dass alle Metallteile des Systems so häufig wie möglich galvanisch miteinander zu verbinden sind, um eine niederimpedante Massefläche zu bilden.

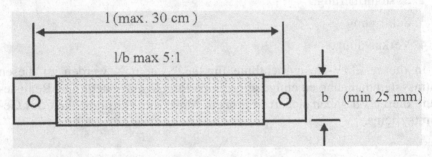

Abb. A7.1 Masseband nach VG 88 711 Teil 2

Metallische Rohre, die durch mehrere EMV-Zonen geführt werden, sind, sofern sie nicht in die Zonenwand eingeschraubt oder eingeschweißt sind, an den Zonenübergängen (Durchtrittstellen) durch entsprechend breite Massebänder zu massen. Rohrleitungen mit einem Durchmesser von mehr als 20 cm sind durch zwei Massebänder (0° und 180°) mit der Masse zu verbinden.

Kleine elektrische Geräte, wie z.B. Kleinverteiler, Sensoren, Aktoren, Detektoren können über die Befestigungsschrauben gemasst werden. Zwischen Gehäuse und Auflagefläche der Systemmasse ist eine Fächerscheibe aus nicht rostendem Stahl einzulegen.

Zur *Überprüfung einer hinreichenden Massung* kann der Gleichstromwiderstand zwischen zu massendem Gerät (zu massender Komponente) und Systemmasse gemessen werden. Es wird ein Widerstand von $R_ü < 10$ mΩ gefordert.

A7.2 Systemfilterung

Es wird von 3 EMV-Zonen ausgegangen:

EMV-Zone 1:   alle Bereiche außerhalb von geschirmten oder teilge-
schirmten Bereichen im System,

EMV-Zone 2:   alle Bereiche innerhalb von geschirmten oder teilge-
schirmten Bereichen,

EMV-Zone 3:   elektromagnetisch besonders geschützte Bereiche, hier
Operationszentrale.

Systemfilter an den EMV-Zonenübergängen Zone 2/Zone 3 werden
nicht gefordert.

Sollten sich Störungen des Funkempfangs (VLF, Kurzwelle) ergeben, so
ist in der Testphase zu untersuchen, ob die Störsignalverschleppung über
ungenügend gefilterte Versorgungsleitungen passiert. Vom Prinzip her
muss bei Ansatz dieses Zonenmodells auch eine Entkopplung leitungsgeführter Störgrößen vorgenommen werden.

Beim Übergang von der Zone 1 zur Zone 2 sind für *Versorgungsleitun-*
gen entsprechende Netzfilter zu installieren. Es sind Filter mit NF-Vorsatz
zu verwenden, die bei 10 kHz eine Einfügungsdämpfung von 40 dB aufweisen.

Signalleitungen von der Zone 1 zur Zone 2 sind mit angepassten Signal-
leitungsfiltern zu versehen. Auf diese Filter kann verzichtet werden, wenn
die Signalleitungen in der Zone 1 kürzer als 10 m sind und einen wirksamen Schirm besitzen. Der jeweilige Schirm ist am Übergang von der Zone
1 zur Zone 2 und am metallischen Gehäuse des Endgeräts rundherum kontaktierend aufzulegen.

Telefonleitungen von Zone 1 zur Zone 2 sind in jedem Fall über konfektionierte Telefonfilter zu führen.

Die *Filtergehäuse* sind großflächig am Zonenübergang mit der Masse
zu verbinden. Die Massung des Filtergehäuses über ein Masseband ist
nicht ausreichend.

A7.3 Schirmung

Unter der Schirmung als Intrasystemmaßnahme versteht man die feldmä-
ßige Entkopplung verschiedener EMV-Zonen durch Metallbarrieren.

Im betrachteten Projekt werden keine zusätzlichen Schirmungsmaßnahmen gefordert. Es wird die durch den Systemaufbau sich ergebende
Schirmung (natürliche Schirmung) genutzt.

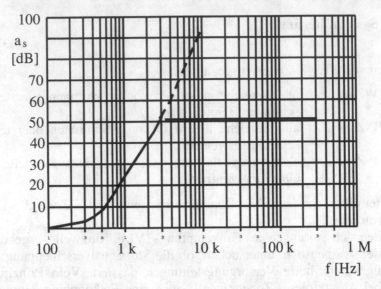

Abb A7.2 Schirmdämpfung (mag.) für einen Abstand zwischen Quelle und schirmender Wand von 30 cm, Material: $\mu_r = 80$, $\kappa_r = 0,023$, Wandstärke d = 5 mm

Als Schirmdämpfung für den Übergang von Zone 1 zur Zone 2 wird der in Abb A7.2 dargestellte Verlauf angesetzt. Er soll gelten für Mess- oder Installationsabstände von der Schirmwand von 30 cm. Im unteren Frequenzbereich wurde der Verlauf mit Hilfe der Theorie von Schelkunoff (Magnetfeld) errechnet. Im oberen Frequenzbereich, in dem die Dämpfung nicht mehr durch das Material allein, sondern mehr und mehr durch die Leckagen bestimmt wird, wurde ein Erfahrungswert von ca. 50 dB angesetzt.

Um diese Werte zu erreichen, sind an alle Türen, Klappen und Öffnungen die Scharniere mit Erdungsbändern zu überbrücken. Die Verschlüsse sind als Vorreiber auszulegen.

A7.4 Verkabelung

Die Verkabelung ist gemäß BV 0120 bzw. VG 95375 Teil 3 auszuführen. Die Kabel des Systems sind in Kabelkategorien einzuordnen, dabei ist Unterstützung durch die Gerätelieferanten zu leisten. Zwischen den Kategorien sind Verlegeabstände einzuhalten.

Die Systemkabel sind auf Kabelbahnen zu verlegen. Die Kabelbahnen sind zu massen, dabei ist ein Massungsabstand von weniger als 3 m anzustreben.

Sonar-, Video- und Lautsprecherkabel sind gesondert mit einem Abstand von 50 cm zu allen anderen Kabeln zu führen. In Teilbereichen, in denen dieser Abstand nicht realisiert werden kann, sind diese Kabel in speziellen Schirmrohren zu führen, die Schirmrohre sind beidseitig aufzulegen. Aktiv- und Passivsonarkabel sind in einem Abstand von 1 m zueinander zu installieren.

Stromversorgungskabel mit Betriebsströmen von mehr als 100 A sind mehradrig in streufeldarmer Anordnung zu verlegen. Die Versorgung von Geräten (hauptsächlich Motoren) mit Strömen von mehr als 1000 A hat über 8-Ader-Kabel (4 Hin- und 4 Rückleiter) zu erfolgen. Die Phasenfolge in der Ebene ist in folgender Weise zu wählen:

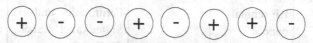

Die Kabel des Systems sind in 5 Kabelkategorien einzuteilen, dabei hat man sich an dem Beispiel der Abb A7.3 zu orientieren. Kabel der Kategorien 1 und 2 sowie der Kategorien 3 und 4 können zusammen verlegt werden. Der Kategorienabstand 1/2 und 3/4 sollte 200 mm betragen. Kategorie 5 sollte zu den anderen Kategorien einen Abstand von 100 mm haben. Die angegebenen Kategorienabstände gelten für eine Parallelverlegung von mehr als 10 m. Bei einer Parallelverlegung von 5 m können die Abstände halbiert werden.

Kreuzungen von Kabelbahnen verschiedener Kategorien sollten unter einem Winkel von 90° vorgenommen werden.

In der Abb A7.4 sind drei belegte Kabelbahnen im Querschnitt dargestellt.

Sind die o.a. Kabelabstände nicht zu realisieren, so sind die notwendigen Entkopplungen durch Zusatzmaßnahmen sicherzustellen. Solche Zusatzmaßnahmen können sein,

- Verwendung höherwertigerer Kabel,

- Installation von zusätzlichen Blechen zwischen den Kabeln unterschiedlicher Kategorien.

Es werden geschirmte Marinekabel vorgeschrieben. Die Kabelschirme sind beidseitig rundherum kontaktierend (über VG-Konen oder konfektionierte Stecker) aufzulegen.

Kabelkategorie	Beispiele für			Typische Leitungsart
	Nutzsignale	Störwirkung	Typische Vertreter	
1 unempfindlich störend	12-1000V DC, 50, 60, 400 Hz schmalbandig	schmalbandig breitbandig	Stromvorsorgungs-Kabel, allgemeine Steuerkabel, Kabel für Beleuchtungsanlagen, Kabel für Alarmanlagen	Verseilt verdrillt
2 unempfindlich nicht störend	bis 115V RF schmalbandig		Fernsprechkabel, Fernmelde-, und Signalkabel, Kabel für Synchron- verbindungen,	Verdrillt geschirmt und verseilt geschimt
3 empfindlich nicht störend	bis 15V, MF, breitbandig bis 115V NF	breitbandig	Kabel für Kleinsignale, Synchronisations-, und Impulskabel	Geschirmt oder koaxial
4 sehr empfindlich nicht störend	~0,1µV bis 500mV DC, RF, HF, schmalbandig	schmalbandig breitbandig	Empfangsantennenkabel, Fernmelde-, und Nachrichtenkabel, Kabel für Radarwarn- empfänger	Geschirmt oder koaxial
5 unempfindlich nicht störend	10-1000V RF, HF, schmalbandig	schmalbandig	Kabel für Sonderschaltungen und Senderantennen	Koaxial
6 Sonderkabel siehe Anmerkung		schmalbandig breitbandig	Sendeempfängerkabel, Stromrichterkabel (ungefiltert), Kabel für Zündkreise, Mikrofonkabel	

Anmerkung: Für jedes Sonderkabel ist eine Einzelanalyse durchzuführen und seine Verlegung zu spezifizieren.

Abb A7.3 Beispiel für die Definition von Kabelkategorien in Anlehnung an VG 95 375 T 3

Falls ein Gerätelieferant für einzelne Kabel seines Gerätes einseitige Kabelschirmauflegung vorschreibt, sind doppelt geschirmte Kabel einzusetzen. Der innere Schirm wird nach den Vorgaben des Gerätelieferanten einseitig aufgelegt, der äußere Schirm wird beidseitig rundherum kontaktierend aufgelegt.

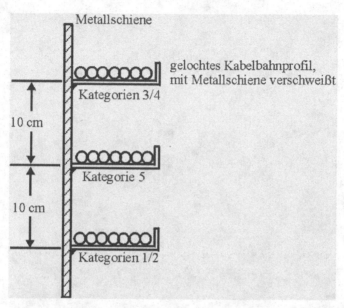

Abb A7.4 Kabeltrennung durch Verlegung auf unterschiedlichen Kabelbahnen

Um die Güte einer Kabelschirmauflegung (360°, rundherum kontaktierend) zu überprüfen, kann eine Gleichstromwiderstandsmessung durchgeführt werden. Der Gleichstromwiderstand über die Auflagestelle hinweg gemessen muss kleiner als 10 mΩ sein. Die Messung ist als 4-Punkt-Messung durchzuführen.

Die generelle Forderung für die Transferimpedanz der Auflagestelle lautet:

Die Transferimpedanz der Kabelschirmauflegung sollte kleiner als die Kabeltransferimpedanz von einem Meter des aufzulegenden Kabels sein.

Die vorgegebenen Grenzwerte für leitungsgebundene Störungen beziehen sich bei Signalkabeln nur auf die asymmetrische Komponente (Messung des Stromes über dem Kabelmantel). Bei Stromversorgungskabeln beziehen sich die Grenzwerte für leitungsgebundene Störungen bis 20 kHz auf die Einzelader und auf die asymmetrische Komponente, ab 20 kHz nur noch auf die asymmetrische Komponente.

A8 25 Regeln für den EMV-gerechten Platinen- und Geräteaufbau

Die nachfolgenden Regeln

- sind aus verschiedenen Anwendungsrichtlinien (application notes, hauptsächlich von Tecknit, Texas Instruments und Motorola) und Kursunterlagen (z.B. ‚Advanced PCB Design for EMC' des WATRI, Perth) zusammengetragen,

- haben sich im Umfeld des Autors als sehr sinnvoll erwiesen,

- können nur eine Grundlage für die Erarbeitung eigener produktspezifischer Regeln sein.

Die in der Abb. A8.1 dargestellte EMV-Design-Pyramide ist in Anlehnung an die in der Tecknit- Schrift „Electromagnetic Compatibility Design Guide" abgebildete Pyramide entstanden. Die Größe und Dicke einer Schicht der Pyramide entspricht der Wichtigkeit und auch dem planerischen (gedanklichen) Aufwand in der Entstehung eines Gerätes. Dabei kann man sicherlich über die Wichtig- oder Wertigkeit einzelner Schichten streiten. Die Auswahl der Logikfamilie bzw. der Bausteine wird wohl in erster Linie durch die zu realisierende Funktion bestimmt.

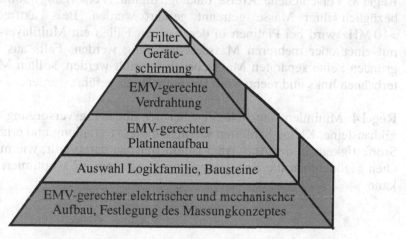

Abb. A8.1 EMV-Design-Pyramide

Unbestreitbar ist aber, dass der mechanische Aufbau eines Gerätes, die Anordnung der Platinen im Gerät und das Massungskonzept in sehr großem Maße die EMV (intern und zur Umwelt hin) bestimmen. Das Vertrauen, nachträglich durch Schirmung und Filterung alle Beeinflussungsprobleme zu lösen, ist durch nichts gerechtfertigt.

Regel 1: Funktionseinheiten sind räumlich konzentriert anzuordnen.

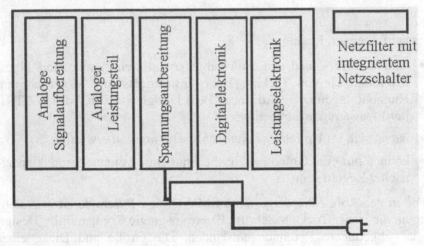

Abb. A8.2 Interner Aufbau eines Geräts

Regel 2: Spannungsversorgungsleitungen sollten am Eingang (Stecker) einer Platine gefiltert werden.

Regel 3: Verschiedene Kreise (analog, digital, Versorgung) sollten auch bezüglich ihrer Masse getrennt geführt werden. Bei Taktfrequenzen >10 MHz wird bei Platinen in den meisten Fällen ein Multilayer-Aufbau mit einer oder mehreren Masseebenen nötig werden. Falls aus Kostengründen keine separaten Masseebenen gewählt werden, sollten Masseleiterbahnen links und rechts vom HF-Signalleiter geführt werden.

Regel 4: Minimiere die Schleifen bei der Spannungsversorgung der Logikbausteine. Kleine Schleifen verringern die Abstrahlung und erhöhen die Störfestigkeit. In der Abb. A8.3 ist ein Beispiel dargestellt, wie mit einfachen Maßnahmen die Spannungsversorgung eines IC's optimiert werden kann.

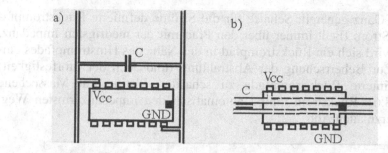

Abb. A8.3 Spannungsversorgung der Logikbausteine a) große Schleife b) kleine Schleife

Regel 5: Vermeide Stromschleifen; Stromkreise verlangen Hin- und Rückleiter; auch auf der Platine sollten Hin- und zugeordneter Rückleiter dicht beieinander geführt werden. In den Abb. A8.4 und Abb. A8.5 sind zwei mögliche Signalführungen gezeichnet. Die Abstrahlung und auch die Einkopplung ist in erster Näherung proportional zur Schleifenfläche.

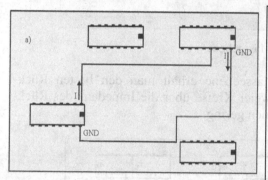

Große Schleife

erhöht die Abstrahlung, erzeugt hohe magnetische Felder im Nahbereich, die Einkopplung von Fremdsignalen wird erhöht, die Störfestigkeit ist gering, Erhöhung der Impedanz für den Signalkreis, undefinierte Impedanz für den Signalkreis

Abb. A8.4 Anordnung des Rückleiters im großem Abstand zum Hinleiter

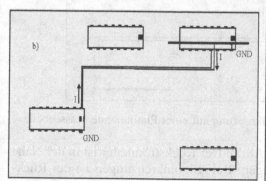

Kleine Schleife

geringere Abstrahlungen, geringere induktive und kapazitive Kopplungen, erhöhte Störfestigkeit, definierte Impedanz für den Signalkreis

Abb. A8.5 Anordnung des Rückleiters direkt neben dem Hinleiter

Regel 6: Ganz generell: Schaffe für die Ströme definierte Rückstrompfade! Der Strom fließt immer über den Pfad mit der niedrigsten Impedanz. Bei HF wird sich ein Rückstrompfad in der Nähe des Hinstrompfades einstellen. Zur Beherrschung der Abstrahlung (und auch der Störfestigkeit) sind definierte Rückstrompfade zu schaffen. Platine mit Masseebene (Abb. A8.6): Rückstrom nimmt automatisch den impedanzärmsten Weg. Siehe hierzu auch Abb. 2.2!

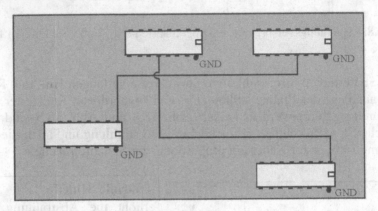

Abb. A8.6 Rückstromleiter durch Masseebene

Mit einer durchgehenden Masseebene erhält man den besten Rückstrompfad. Die Verkopplung zweier Kreise über die Impedanz des Rückstrompfades bleibt im Allgemeinen gering.

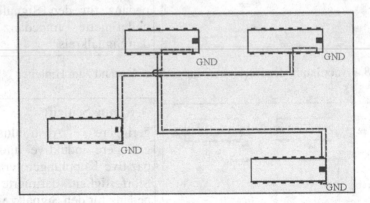

Abb. A8.7 Behandlung einer Signalkreuzung auf einer Platine ohne Masseebene

Platine ohne Masseebene (Abb. A8.7): Der Rückstromleiter ist in der Nähe der Hinstromleiterbahn zu verlegen. Bei Signalkreuzungen ist der Rückstromleiter in gleicher Weise zu behandeln wie der Hinstromleiter.

Regel 7: In der Nähe eines jeden Logikbausteines sollte ein Entkopplungskondensator (keramisch, 0,001 bis 1 µF) platziert werden.

Regel 8: Auf einer Platine mit Unterbrechung in der Masseebene ist auch die Hinstromleiterbahn um die Unterbrechung herum zu legen. Siehe Abb. A8.8!

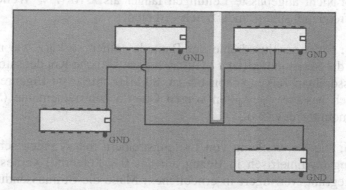

Abb. A8.8 Verlegung des Hinleiters bei Unterbrechung der Masseebene

Regel 9: Benötigt man eine kapazitive Entkopplung zwischen zwei Leiterbahnen, ist eine weitere gemasste Bahn zwischen den beiden Leiterbahnen anzuordnen. Für die in der Abb. A8.9 dargestellte Anordnung wird die Kapazität für 10 cm Parallelführung von 2,5 pF auf 0,35 pF herabgesetzt.

| 0,5 mm | 0,5 mm | 0,5 mm | | 0,5 mm | 0,5 mm | 0,5 mm | 0,5 mm | 0,5 mm |

Abb. A8.9 Verminderung der kapazitiven Kopplung durch zusätzliche Massebahn, Dicke der Leiterbahn t =35 µm, Dicke des Trägermaterials h = 1,8 mm

Regel 10: Leitungen mit Taktsignalen, von Bussen und ‚enable'-Eingängen sollten mit großem Abstand von I/O-Leitungen geführt werden.

Regel 11: Taktleitungen sollten minimiert und so weit wie möglich rechtwinklig zu Signalleitungen geführt werden. Falls Taktsignale von der Platine weggeführt werden müssen, sollte der Taktgeber so nah wie möglich am Platinenanschluss platziert werden. Taktgeneratoren nur für die betrachtete Platine sollten zentral angeordnet werden, um die Länge der Taktleitungen zu minimieren.

Regel 12: Ausgangskreise sollten mit einem Widerstand, einer Induktivität oder einem Ferrit direkt am Treiberbaustein bedämpft werden.

Regel 13: Bei der Auslegung von Platinen für HF-Anwendungen ($f_{Takt} > 100\,MHz$) sind die Verbindungen zwischen den Bausteinen als Übertragungsleitungen (transmission lines) mit definiertem Wellenwiderstand auszulegen. Stoß- und Reflexionsstellen sind so weit wie möglich zu vermeiden.

Regel 14: Nicht angepasste Leitungen länger als $\lambda/10$ (λ = Wellenlänge der Taktfrequenz) sind grundsätzlich verboten!

Regel 15: Die Anschlussdrähte der Bauteile sollten so kurz wie möglich sein, um die Serieninduktivität klein zu halten. Übliche Kondensatoren mit Anschlussdrähten zeigen schon bei ca. 80 MHz ihre erste Eigenresonanz. Wesentlich besseres Verhalten zeigen Oberflächenbauelemente (SMD = surface-mounted devices).

Regel 16: Die Verwendung von Leitungstreibern mit symmetrischer Signalführung (symmetrisch in Bezug auf das 0 V-Potential) verbessert die Signalintegrität, verringert in erheblichem Maße die Störaussendung und erhöht die Störfestigkeit.

Regel 17: Sind aus einem Logikausgang mehrere verschiedene Bausteine zu bedienen (z.B. bei Taktsignalen), so sollte die Aufteilung auf die einzelnen Bausteine erst kurz vor den Bausteinen erfolgen. Siehe Abb. A8.10. Als Zusatzmaßnahme kann die gemeinsame Leitung noch angepasst werden.

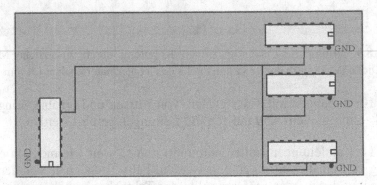

Abb. A8.10 Versorgung mehrerer Bausteine mit dem selben Taktsignal

Regel 18: Eingangs- und Lastkapazitäten sollten so klein wie möglich sein. Damit werden die Ladeströme beim Umschalten reduziert und damit die Abstrahlung magnetischer Felder und auch die Masserückleiterströme verringert.

Regel 19: Vermeide Demodulationsprobleme in analogen Schaltkreisen. Die meisten EMV-Probleme in analogen Halbleiterbauelementen werden durch die Demodulation radiofrequenter Signale verursacht. Um eine Demodulation zu verhindern, müssen analoge Kreise auch während der Einwirkung der hochfrequenten Störung stabil und linear arbeiten. Dies lässt sich nur durch eine Eingangsfilterung oder eine entsprechende Rückkopplungsschaltung erreichen.

Regel 20: Ähnlich wie auf der Systemebene sollten die Leitungen (hier Verdrahtung) im Gerät in Abhängigkeit von ihren Signalen in Kategorien eingeteilt werden. Für jede Kategorie ist ein gesonderter Verdrahtungsweg zu wählen. Die Kategorien sollten mit möglichst großem Abstand untereinander, nahe an der Gehäusemasse und in der Reihenfolge von empfindlich/nicht störend bis unempfindlich/stark störend verlegt werden. Siehe auch Abb. A8.2!

Regel 21: Mit Flachbandkabeln lässt sich sehr einfach eine streufeldarme Verlegung in einem Gerät realisieren. Flachbandkabel sind direkt auf der Gehäusemasse zu verlegen. Führt die Verlegung über der Gehäusemasse zu einer nicht akzeptablen Verlängerung oder steht keine Gehäusemasse zur Verfügung, kann eine mitgeführte Kupferfolie unterhalb des Flachbandkabels eine wesentliche Verbesserung bringen (Spiegelungsprinzip).

Regel 22: Vom Standpunkt der EMV gibt es in einem elektronischen Gerät keine passiven Leitungen.

Regel 23: Nach Möglichkeit sollte der Netzschalter im Netzfilter integriert sein. Die Betriebsanzeige ist über eine Leuchtdiode auf der Niederspannungsseite zu realisieren.

Regel 24: Bei der Auslegung des Schirmgehäuses sind die Schirmungsregeln zu beachten:

- niederfrequente elektrische Felder (auf Geräteebene bis ca. 1 MHz) lassen sich leicht schirmen (dünnwandige Metallgehäuse, Plastikgehäuse mit Metallisierung),

- niederfrequente magnetische Felder (auf der Geräteebene bis ca. 1 MHz) verlangen dickwandige Metallgehäuse (für Felder energietechnischer Frequenzen hochpermeable Materialien),

- mit zunehmender Frequenz bestimmen die Leckagen (Löcher, Schlitze) das Schirmungsverhalten. Die größte Längenausdehnung einer Leckage bestimmt den Grad der Herabsetzung der Schirmwirkung.

Ab einer Längenausdehnung einer Leckage von 30 Meter/f[MHz] (λ/10) sollte man mit einer Schirmdämpfung von 0 dB rechnen,

- bei Flächengleichheit sind viele kleine Löcher (Belüftung) wesentlich besser als wenige große Löcher.

Regel 25: Das Ziel aller EMV-Maßnahmen in der Geräteentwicklung sollte es sein, die Elektronik des Gerätes soweit zu ertüchtigen, dass die Störaussendungsgrenzwerte und auch die Störfestigkeitsanforderungen für die elektromagnetische Umgebung „Haushalt" (EN 61000-3-3, EN 61000-3-1) ohne ein zusätzliches schirmendes Gehäuse erfüllt werden.

Die nachfolgenden Firmenschriften enthalten eine Fülle von Hinweisen und Regeln für einen EMV-gerechten Aufbau von Analog- und Digitalplatinen. Entwicklern und Designern elektronischer Schaltungen sei die Lektüre dieser Firmenschriften sehr empfohlen.

Motorola: "Designing for Board Level Electromagnetic Compatibility", AN 2321/D, 2002, "Noise Reduction Techniques for Microcontroller-Based Systems", AN 1705, 1999

Teknit: "Electromagnetic Compatibility Design Guide", 1998

Texas Instruments: "Printed-Circuit-Board Layout for Improved Electromagnetic Compatibility", SDYA011, Oct. 1996 "PCB Design Guidelines For Reduced EMI", SZZA009, Nov. 1999

A9 Einfache Bestimmung von Kabeltransferimpedanzen

Für die Einkopplung elektromagnetischer Signale in ein Kabel hinein wurde in 7.6.3 ein Modell angegeben. Dieses Modell ging davon aus, dass man den Strom auf dem Schirm eines geschirmten Kabels bestimmt und die Einkopplung über die Leitungstheorie bei Ansatz verteilter Quellen berechnet. Setzt man einmal voraus, dass der Strom bekannt ist, sind nur noch die Gleichungen der Leitungstheorie zu lösen. Die Abbildung A9.1 (identisch mit Abb. 7.43) stellt diesen Vorgang der Einkopplung noch einmal dar.

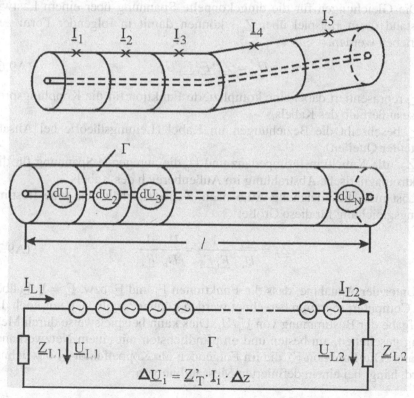

Abb. A9.1 Modell für die Einkopplung in ein geschirmtes Kabel hinein

Die Spannungen über den Lastwiderständen $\underline{Z}_{L1}$ und $\underline{Z}_{L2}$ können über die Gleichungen A9.1 bis A9.5 (identisch mit 7.63 bis 7.67) bestimmt werden.

$$\underline{U}_{L1} = -\frac{\underline{Z}_{L1}}{D} \int_0^l \underline{Z}_T' \, \underline{I} \, \left[\Gamma \cosh \gamma(l-z) + \underline{Z}_{L2} \sinh \gamma(l-z) \right] dz, \qquad (A9.1)$$

$$\underline{U}_{L2} = \frac{\underline{Z}_{L2}}{D} \int_0^l \underline{Z}_T' \, \underline{I} \, \left[\Gamma \cosh \gamma z + \underline{Z}_{L1} \sinh \gamma z \right] dz, \qquad (A9.2)$$

$$D = \left(\Gamma \underline{Z}_{L1} + \Gamma \underline{Z}_{L2} \right) \cosh \gamma l + \left(\Gamma^2 + \underline{Z}_{L1} \underline{Z}_{L2} \right) \sinh \gamma l,$$

$$\underline{U}_{L1} = -\frac{\underline{Z}_{L1}}{D} \sum_i \left\{ \Delta \underline{U}_i \left[\Gamma \cosh \gamma(l-z_i) + \underline{Z}_{L2} \sinh \gamma(l-z_i) \right] \right\}, \qquad (A9.3)$$

$$\underline{U}_{L2} = \frac{\underline{Z}_{L2}}{D} \sum_i \left\{ \Delta \underline{U}_i \left[\Gamma \cosh \gamma z_i + \underline{Z}_{L1} \sinh \gamma z_i \right] \right\}, \qquad (A9.4)$$

$$\Delta \underline{U}_i = \underline{I}_i \, \underline{Z}_T' \, \Delta z, \qquad (A9.5)$$

Γ = Wellenwiderstand, γ = Ausbreitungskonstante der Leitung.

Die Gleichungen für die eingekoppelte Spannung über einem Lastwiderstand (zum Beispiel über $\underline{Z}_{L2}$) können damit in folgender Form geschrieben werden:

$$\underline{U}_L = \underline{Z}_T' \underline{F}_1 \underline{F}_2 U_0 \qquad (A9.6)$$

$\underline{F}_1$ repräsentiert dabei eine komplizierte Funktion für die Kopplungsprozesse außerhalb des Kabels,

$\underline{F}_2$ beschreibt die Beziehungen im Kabel (Leitungstheorie bei Ansatz verteilter Quellen),

$\underline{Z}_T'$ die Kabeltransferimpedanz und U_0 die anregende Spannung für die elektromagnetische Abstrahlung im Außenbereich des Kabels.

Löst man die Gleichung A9.6 nach $\underline{Z}_T'$ auf, erhält man eine Bestimmungsgleichung für diese Größe:

$$\underline{Z}_T' = \frac{\underline{U}_L}{U_0} \frac{1}{\underline{F}_1 \underline{F}_2} = \frac{\underline{U}_L}{U_0} \frac{1}{\underline{F}_s}. \qquad (A9.7)$$

Unter der Annahme, dass die Funktionen $\underline{F}_1$ und $\underline{F}_2$ bzw. $\underline{F}_s = \underline{F}_1 \underline{F}_2$ über ein Computerprogramm berechnet werden können, ergibt sich nur noch die Aufgabe der Bestimmung von $\underline{U}_L/U_0$. Dies kann beispielsweise durch Messung geschehen, am besten und empfindlichsten mit einem Netzwerkanalysator. Die Funktion $\underline{F}_s$, die im Folgenden als Koppelfaktor $\underline{F}_s$ bezeichnet wird, hängt bei einem definierten Messaufbau von

- den geometrischen Verhältnissen,
- dem Wellenwiderstand Γ des zu untersuchenden Kabels,
- dem Radius R_0 und
- der Dielektrizitätskonstanten ε_r im Innern des Kabels

ab.

Um es zu verdeutlichen: Es wird, z.B. auf einer leitenden Ebene, eine Anordnung mit einem Kabel aufgebaut, die sich leicht mit einem Computerprogramm analysieren lässt. Eine solche Anordnung ist in der Abbildung A9.2 dargestellt. Das Kabel wird dabei als zylindrischer Leiter nachgebildet. Die Anordnung wird an geeigneter Stelle mit der Spannung U_0 gespeist. Als Ausgabe erhält man vom Computerprogramm die Strombelegung auf dem Kabel. Unter Ansatz der o.a. Gleichungen A9.1 bis A9.5 wird nun die eingekoppelte Spannung berechnet. Speist man die Anordnung wie analysiert und misst die Spannung $\underline{U}_L$, so kann man die komplexe Transferimpedanz bestimmen. Das Verfahren funktioniert ab ca. 100 kHz, so dass man im Bereich bis 100 kHz den Gleichstromwiderstand des Kabelmantels für einen Meter des Kabels als Transferimpedanz annimmt.

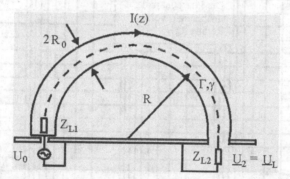

Abb. A9.2 Aufbau zur Bestimmung der komplexen Kabeltransferimpedanz

Geht man nun einen Schritt weiter und gibt sich einen festen Aufbau vor, dann müssen die Funktionen $\underline{F}_1$ und $\underline{F}_2$ bzw. der vorgenannte Koppelfaktor $\underline{F}_s = \underline{F}_1 \cdot \underline{F}_2$ nur einmal bestimmt werden. Es sind sozusagen geometrische Konstanten. Das Verhältnis $\underline{U}_L/U_0$ bestimmt die komplexe Kabeltransferimpedanz. In der Abbildung Abb. A9.3 ist Koppelfaktor $\underline{F}_s$ für $\Gamma = 50\ \Omega$, $\varepsilon_r = 2{,}3$ und R = 25 cm dargestellt.

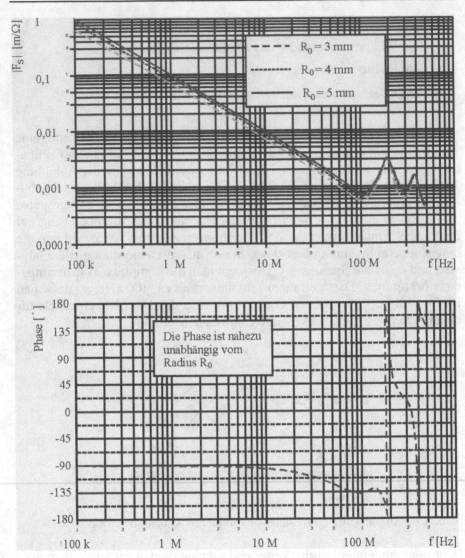

Abb. A9.3 Koppelfaktor F_s für $\Gamma = 50\ \Omega$, $\varepsilon_r = 2,3$ und $R = 25$ cm

Beispiel 9.1: Für ein Kabel vom Typ RG 213 soll die Transferimpedanz bei 1 MHz bestimmt werden. Es wurde in einem Aufbau nach Abb. A9.2 ein Spannungsverhältnis von $\underline{U}_L/U_0 = 7,8 \cdot 10^{-4} \cdot e^{-j175^0}$ gemessen. Aus dem Diagramm der Abb. A9.3 liest man einen Koppelfaktor von $\underline{F}_s = 0,092 \cdot e^{-j91^0}$ m/Ω ab. Unter Ansatz der Gleichung A9.7 erhält man eine Kabeltransferimpedanz von $\underline{Z}_T = 8,5 \cdot 10^{-3} \cdot e^{-j94^0}$ Ω/m .

A9.1 Bestimmung des Spannungsverhältnisses mit einem Oszilloskop

In der Abb. A9.4 ist ein Messaufbau zur Bestimmung des Spannungsver-hältnisses $\underline{U}_L / U_0$ mit einem Zweistrahl-Oszilloskop dargestellt.

Wählt man gleiche Kabellängen l_1 und l_2 und triggert das Oszilloskop auf das Speisesignal, dann kann das Bild des Oszilloskops ohne weitere Umrechnung zur Bestimmung des Spannungsverhältnisses ausgewertet werden. Es wird vorausgesetzt, dass es sich bei beiden Messkabeln um den gleichen Typ handelt.

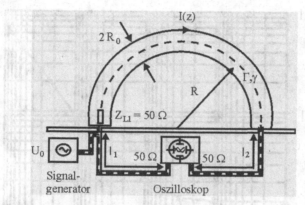

Abb. A9.4 Messung des Spannungsverhältnisses mit einem Oszilloskop

In der Abbildung A9.5 ist das Bild des Oszilloskops für eine Messung bei 10 MHz an einem Kabel RG 58 dargestellt.

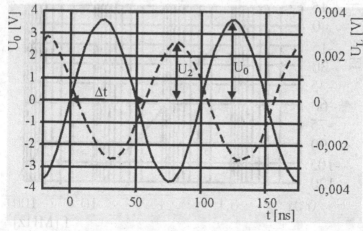

Abb. A9.5 Bild des Oszilloskops für eine Messung bei 10 MHz an einem RG 58

Das Kabel RG 58 hat folgende Daten:

Schirmradius	R_0	=	1,75 mm
Wellenwiderstand	Γ	=	50 Ω
relative Permeabilität	ε_r	=	2,3

Aus diesem Oszilloskopenbild kann man folgende Werte entnehmen:

U_0	=	3,8 V
U_L	=	2,7 mV
Δt	=	56 ns

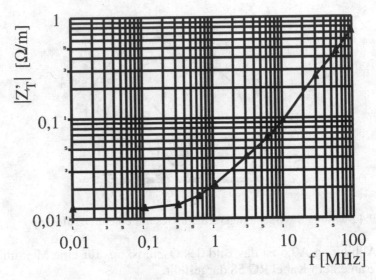

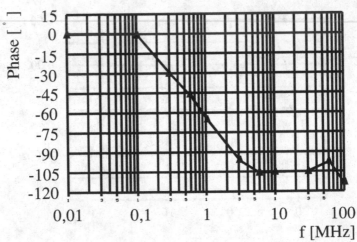

Abb. A9.6 Transferimpedanz des Kabels RG 58, bestimmt mit einen Oszilloskop

Mit diesen Werten wiederum lässt sich das Spannungsverhältnis zu 0,00071 und eine nacheilende Phase von −202° errechnen. Das Spannungsverhältnis $\underline{U}_L/U_0$ wird damit $\dfrac{\underline{U}_L}{U_0} = 0{,}00071 \cdot e^{-j202^0}$. Aus dem Diagramm der Abbildung A9.3 lässt sich bei 10 MHz ein Koppelfaktor von $\underline{F}_s = 0{,}008 \cdot e^{-j98^0}$ entnehmen, so dass sich eine komplexe Kabeltransferimpedanz von $\underline{Z}_T = 0{,}089 \cdot e^{-j104^0}$ Ω/m ergibt. In der Abb. A 9.6 ist der Gesamtverlauf der komplexen Kabeltransferimpedanz für das Kabel RG 58 dargestellt, wie es über die Messung mit einem Oszilloskop gewonnen wurde.

Für die beiden ersten Werte (10 kHz und 100 kHz) wurde der Gleichstromwiderstand für ein Meter des Kabels angesetzt.

A9.2 Bestimmung des Verhältnisses mit einem Netzwerkanalysator

Genauer und mit höherer Empfindlichkeit lässt sich das Spannungsverhältnis $\underline{U}_L/U_0$ mit einem Netzwerkanalysator messen. Der Netzwerkanalysator misst direkt das Spannungsverhältnis nach Betrag und Phase, kontinuierlich und über einen größeren vorgegebenen Frequenzbereich. Letztendlich wird eine Übertragungsfunktion bestimmt. In der Abb. A9.7 ist ein Messaufbau mit Netzwerkanalysator dargestellt.

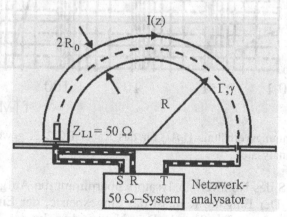

Abb. A9.7 Messaufbau mit einem Netzwerkanalysator

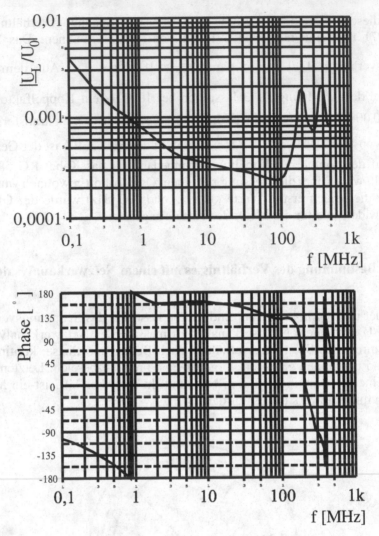

Abb. A9.8 Spannungsverhältnis $\underline{U}_L/U_0$ für das Kabel RG 213, gewonnen mit einem Netzwerkanalysator

Der Ausgang S des Netzwerkanalysators übernimmt die Aufgabe des Signalgenerators. Der Eingang R misst das eingespeiste, der Eingang T das ins Kabel eingekoppelte Signal. Der Netzwerkanalysator bezieht den Messwert T auf den Messwert R und bildet somit die Übertragungsfunktion. Eine Kalibrierung eliminiert die Amplituden- und die Phasenfehler, die durch die Messkabel verursacht werden.

In der Abb. A9.8 ist das Spannungsverhältnis $\underline{U}_L/U_0$ für das Kabel RG 213 widergegeben, wie es mit einem Netzwerkanalysator gewonnen wurde. Das Kabel RG 213 hat die folgenden Daten:

Schirmradius	R_0	=	4 mm
Wellenwiderstand	Γ	=	50 Ω
relative Permeabilität	ε_r	=	2,3

Der Verlauf der Kurven ist nun wieder mit dem Koppelfaktor nach Abb. A9.3 zu verbinden, um die komplexe Kabeltransferimpedanz zu bekommen. Ihr Verlauf ist als Abb. A9.9 dargestellt

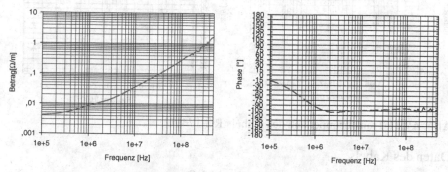

Abb. A9.9 Kabeltransferimpedanz des Kabels RG 213

Schließt man nun den Netzwerkanalysator direkt an einen Rechner an, in dem der Verlauf der Koppelfaktoren gespeichert ist, lässt sich der Vorgang der Bestimmung fast vollständig automatisieren.

In den nachfolgenden Abbildungen A9.10 bis 9.14 sind die Verläufe einiger Kabeltransferimpedanzen wiedergegeben, die an der TU Dresden mit einem Neztwerkanalysator (hp 4195 A) gemessen wurden.

HF 50 0,5L/1,4YC

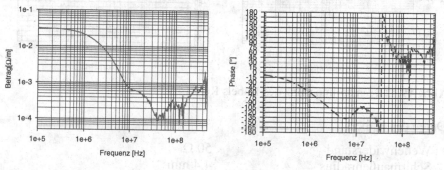

Abb. A9.10 Transferimpedanz des Kabels HF 50 0,5L/1,4 6YC

Daten des Kabels

Wellenwiderstand	50 Ω
Schirmaußenradius	1 mm
Schirmgleichstromwiderstand	31,6 mΩ/m

RG 174 /U

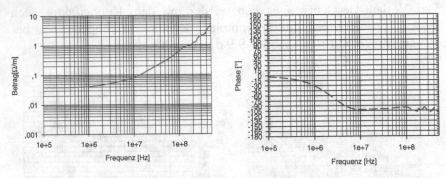

Abb. A9.11 Transferimpedanz des Kabels RG 174 /U

Daten des Kabels

Wellenwiderstand	50 Ω
Schirmaußenradius	1 mm
Schirmgleichstromwiderstand	37,5 mΩ/m

RG 214 /U

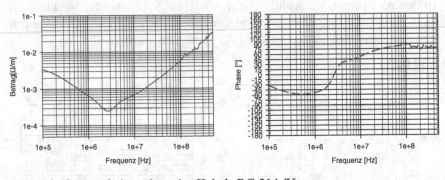

Abb. A9.12 Transferimpedanz des Kabels RG 214 /U

Daten des Kabels

Wellenwiderstand	50 Ω
Schirmaußenradius	4,4 mm
Schirmgleichstromwiderstand	4,6 mΩ/m

RG 217 /U

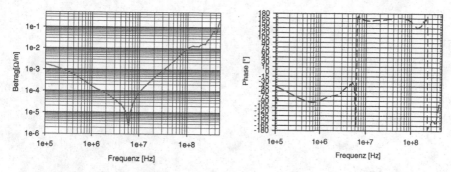

Abb. A9.13 Transferimpedanz des Kabels RG 217 /U

Daten des Kabels

Wellenwiderstand	50 Ω
Schirmaußenradius	5,05 mm
Schirmgleichstromwiderstand	2,1 mΩ/m

RG 223 /U

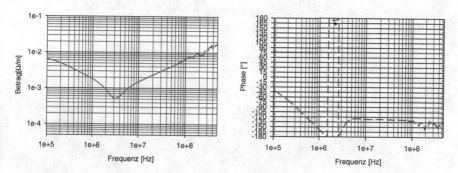

Abb. A9.14 Transferimpedanz des Kabels RG 223 /U

Daten des Kabels

Wellenwiderstand	50 Ω
Schirmaußenradius	2,1 mm
Schirmgleichstromwiderstand	7,45 mΩ/m

Anmerkung: Die in diesem Anhangkapitel dargestellten Messaufbauten, Diagramme und Ergebnisse wurden zum großen Teil von Herrn Dr. Tiedemann im Rahmen seiner Dissertation [6] erstellt bzw. erzeugt. Weitere Beispiele und Messkurven sind in der Veröffentlichung [7] enthalten.

A10 Kapazitäten und Induktivitäten einiger grundsätzlicher Anordnungen

Leiter/ Elektrodenanordnung	Induktivität (-sbelag)	Kapazität (-sbelag)

1. Ebene / Ebene

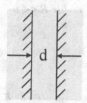

$$C = \frac{\varepsilon \cdot A}{d}$$

2. Geschichtetes Dielektikum

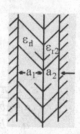

$$C = \frac{\varepsilon_{r1} \cdot \varepsilon_{r2} \cdot A}{\varepsilon_{r1} \cdot a_2 + \varepsilon_{r2} \cdot a_1} \cdot \varepsilon_0$$

n- Schichten

$$C = \frac{\varepsilon_0 \cdot A}{\dfrac{a_1}{\varepsilon_{r1}} + \cdots + \dfrac{a_n}{\varepsilon_{rn}}}$$

3. Konzentrische Kugeln

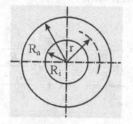

$$C = \varepsilon \cdot \frac{4 \cdot \pi \cdot R_a \cdot R_i}{R_a - R_i}$$

Kugel gegen unendlich entfernte Hüllfläche

$$C = \varepsilon \cdot 4 \cdot \pi \cdot R$$

4. Kugel / Ebene

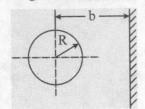

$$C = \varepsilon \cdot 4 \cdot \pi \cdot R \cdot (1 + \frac{R}{2 \cdot b})$$

5. Kugel / Kugel - Kugelfunkenstrecke

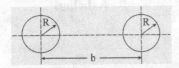

$$C = \varepsilon \cdot 2 \cdot \pi \cdot R \cdot (1 + \frac{R \cdot (b^2 - R^2)}{b \cdot (b^2 - R^2 - b \cdot R)})$$

$$C = \varepsilon \cdot 2 \cdot \pi \cdot R \cdot (1 + \frac{R}{b}) \quad \text{für } R \ll b$$

6. Konzentrische Zylinder

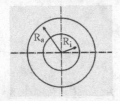

$$L' = \frac{\mu}{2 \cdot \pi} \, ln \, \frac{R_a}{R_i} \qquad C' = \frac{\varepsilon \cdot 2 \cdot \pi}{ln \frac{R_a}{R_i}}$$

7. Elliptisches Kabel

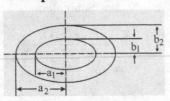

$$L' = \frac{\mu}{2 \cdot \pi} \, ln \, \frac{a_2 + b_2}{a_1 + b_1} \qquad C' = \frac{\varepsilon \cdot 2 \cdot \pi}{ln \frac{a_2 + b_2}{a_1 + b_1}}$$

8. Geschichtetes Dielektrikum im Zylinderkondensator

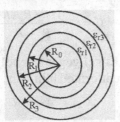

$$C = \frac{\varepsilon_0 \cdot 2 \cdot \pi \cdot l}{\dfrac{ln \dfrac{R_1}{R_0}}{\varepsilon_{r1}} + \cdots\cdots + \dfrac{ln \dfrac{R_n}{R_n - 1}}{\varepsilon_{rn}}}$$

9. Exzentrische Zylinder mit 2 Achsen

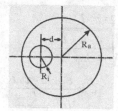

$$C' = \frac{\varepsilon \cdot 2 \cdot \pi}{ln \left(\dfrac{R_a}{R_i} \cdot \dfrac{R_a^2 - R_i^2 - d^2 + \sqrt{(R_a^2 - R_i^2 + d^2)^2 - 4\,d^2\,R_a^2}}{R_a^2 - R_i^2 + d^2 + \sqrt{(R_a^2 - R_i^2 + d^2)^2 - 4d^2 R_a^2}}\right)}$$

$$L' = \frac{\mu}{2 \cdot \pi} \, ln \frac{R_a^2 - d^2}{R_a \cdot R_i}$$

10. Zweileiterkabel

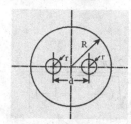

$$L' = \frac{\mu}{\pi} ln \frac{d \cdot (4 \cdot R^2 - d^2)}{r \cdot (4 \cdot R^2 + d^2)} \qquad C = \frac{\varepsilon \cdot \pi}{ln \dfrac{d \cdot (4 \cdot R^2 - d^2)}{r \cdot (4 \cdot R^2 + d^2)}}$$

11. Zylindrischer Leiter / Ebene

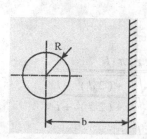

$$C' = \frac{\varepsilon \cdot 2 \cdot \pi}{ln \left(\dfrac{b}{R} + \sqrt{(\dfrac{b}{R})^2 - 1}\right)}$$

$$L' = \frac{\mu}{2 \cdot \pi} ln \left(\frac{b}{R} + \sqrt{(\frac{b}{R})^2 - 1}\right)$$

$$L' = \frac{\mu}{2 \cdot \pi} ln \frac{2 \cdot b}{R} \quad C' = \frac{\varepsilon \cdot 2 \cdot \pi}{ln \dfrac{2 \cdot b}{R}} \qquad \text{für } R^2 \ll b^2$$

12. Zwei parallele Bandleiter

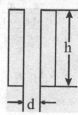

$$L' = \mu \cdot \frac{d}{h}$$

$$C' = \varepsilon \cdot \frac{h}{d}$$

$$\text{für d} \gg \text{h}$$

13. Vertikalantenne

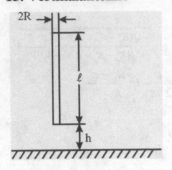

$$C = \frac{\varepsilon \cdot 2 \cdot \pi \cdot l}{ln \dfrac{l}{R} \cdot \sqrt{\dfrac{4 \cdot h + l}{4 \cdot h + 3l}}}$$

$$C = \frac{\varepsilon \cdot 2 \cdot \pi \cdot l}{ln \dfrac{l}{R}} \qquad C = \frac{\varepsilon \cdot 2 \cdot \pi \cdot l}{ln \dfrac{l}{\sqrt{3} \cdot R}}$$

$$\text{für} \quad h \rightarrow \infty \qquad \text{für} \quad h \rightarrow 0$$

14. Horizontalantenne

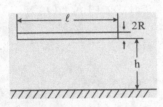

$$C = \frac{\varepsilon \cdot \cdot 2 \cdot \pi \cdot l}{ln \dfrac{l}{R} \cdot \dfrac{l}{4 \cdot h} \cdot \left[\sqrt{(\dfrac{4 \cdot h}{l})^2 + 1} - 1 \right]}$$

$$C = \frac{\varepsilon \cdot 2 \cdot \pi \cdot l}{ln \dfrac{2 \cdot h}{R}} \qquad \text{für} \qquad \frac{4 \cdot h}{l} \ll 1$$

15. Zwei parallele Drähte begrenzter Länge

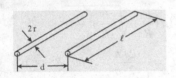

$$C = \frac{\varepsilon \cdot \pi \cdot l}{ln \dfrac{l}{r} \cdot \sqrt{\dfrac{\sqrt{l^2 + (2d)^2} - l}{\sqrt{l^2 + (2d)^2} + l}}}$$

$$\text{für} \, (2r)^2 \ll l^2$$

16. Parallele Kreiszylinder

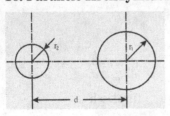

$$L' = \frac{\mu}{\pi} \, ln \frac{d}{\sqrt{r_1 \cdot r_2}} \qquad C = \frac{\varepsilon \cdot 2 \cdot \pi}{ln \dfrac{d^2 - (r_2 - r_1)^2 + m}{d^2 - (r_2 - r_1)^2 - m}}$$

$$\text{mit } m = (r_1^2 + r_2^2 - d^2)^2 - 4 \, r_1^2 \, r_2^2$$

$$C' = \frac{\varepsilon \cdot 2 \cdot \pi}{ln \dfrac{d^2}{r_1 \cdot r_2}} \quad \text{für} \quad d \gg r_1 , \, r_2$$

17. Zwei Leiter gegen eine Ebene

a)

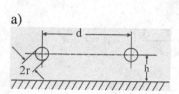

$$C' = \frac{\varepsilon \cdot \pi}{ln \dfrac{2\,h}{r \cdot \sqrt{1 + (\dfrac{2\,h}{d})^2}}}$$

$$L' = \frac{\mu}{\pi}\, ln \frac{2\,h}{r \cdot \sqrt{1 + (\dfrac{2\,h}{d})^2}}$$

b)

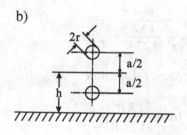

$$C' = \frac{\varepsilon \cdot \pi}{ln \dfrac{a \cdot \sqrt{1 - (\dfrac{a}{2\,h})^2}}{r}}$$

$$L' = \frac{\mu}{\pi}\, ln \frac{a \cdot \sqrt{1 - (\dfrac{a}{2\,h})^2}}{r}$$

c)

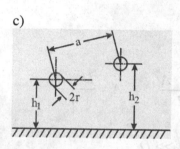

$$C' = \frac{\varepsilon \cdot \pi}{ln \dfrac{a}{r \cdot \sqrt{1 + \dfrac{a^2}{4 \cdot h_1 \cdot h_2}}}}$$

$$L' = \frac{\mu}{\pi}\, ln \frac{a}{r \cdot \sqrt{1 + \dfrac{a^2}{4 \cdot h_1 \cdot h_2}}}$$

18. Leiter gegen zwei Ebenen

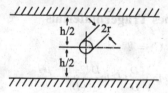

$$L' = \frac{\mu}{2 \cdot \pi}\, ln \frac{2\,h}{r \cdot \pi} \qquad C' = \frac{\varepsilon \cdot 2 \cdot \pi}{ln \dfrac{2\,h}{r \cdot \pi}}$$

19. Zwei hintereinanderliegende gerade Leiter

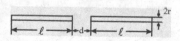

$$C = \frac{\varepsilon \cdot \pi \cdot l}{ln \dfrac{l}{r} \cdot \sqrt{\dfrac{2\,d + l}{2\,d + 3\,l}}}$$

20. Ringspule

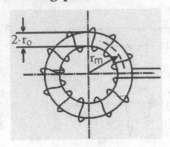

$$L = \frac{\mu}{2 \cdot \pi} \cdot \frac{w^2 \cdot A}{r_m} \quad , \quad A = r_0^2 \cdot \pi$$

21. Drehstromkabel

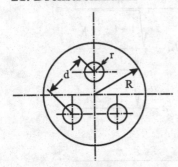

$$C_0' = \frac{\varepsilon \cdot 4\,\pi}{ln \dfrac{d^2 \cdot (3\,R^2 - d^2)^3}{r^2 \cdot (27\,R^6 - d^6)}}$$

$$C_0' = Betriebskapazität$$

$$L' = \frac{\mu}{4 \cdot \pi}\; ln\, \frac{d^2 \cdot (3\,R^2 - d^2)^3}{r^2 \cdot (27\,R^6 - d^6)}$$

22. Zylinderspule

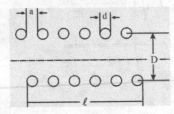

$$L = \mu\,\frac{w^2 \cdot A}{l} \quad , \quad A = \frac{D^2 \cdot \pi}{4}$$

$$a \approx d, \quad l \gg D$$

w... Windungszahl

23. Zwei parallele Leiterbahnen oberhalb eines Trägermaterials

$$C' = ?$$

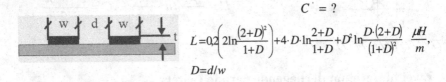

$$L' = 0{,}2\left(2 ln\frac{(2+D)^2}{1+D}\right) + 4 \cdot D \cdot ln\frac{2+D}{1+D} + D^2 ln\frac{D \cdot (2+D)}{(1+D)^2}\;\frac{\mu H}{m},$$

$$D = d/w$$

24. Zwei parallele Leiterbahnen, oberhalb und unterhalb eines Trägermaterials

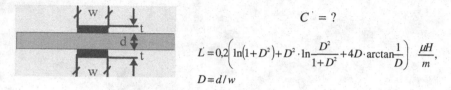

$$C' = ?$$

$$L' = 0{,}2\left(\ln\left(1+D^2\right)+D^2\cdot\ln\frac{D^2}{1+D^2}+4D\cdot\arctan\frac{1}{D}\right)\frac{\mu H}{m},$$

$$D = d/w$$

25. Leiterbahn oberhalb einer Masseebene

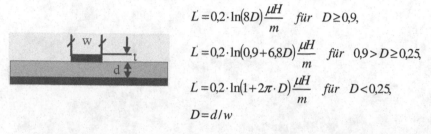

$$L' = 0{,}2\cdot\ln(8D)\frac{\mu H}{m} \quad \text{für} \quad D\ge 0{,}9,$$

$$L' = 0{,}2\cdot\ln(0{,}9+6{,}8D)\frac{\mu H}{m} \quad \text{für} \quad 0{,}9 > D\ge 0{,}25,$$

$$L' = 0{,}2\cdot\ln(1+2\pi\cdot D)\frac{\mu H}{m} \quad \text{für} \quad D < 0{,}25,$$

$$D = d/w$$

Die Induktivitätsbelege der Anordnungen 23 – 25 sind Seminarunterlagen entnommen worden. Wellenwiderstände von Streifenleiteranordnungen sind in [ME/GU68] zu finden.

A11 Berichte von elektromagnetischen Unverträglichkeiten

Das Spektrum elektromagnetischer Unverträglichkeiten ist so groß wie das Spektrum der Nutzung der elektrischen, magnetischen und elektromagnetischen Wirkungen. Um dem Leser die Vielfalt möglicher Beeinflussungen zu demonstrieren und ihn zu sensibilisieren bei der Lösung elektromagnetischer Unverträglichkeiten auch ungewöhnliche Zusammenhänge zu durchleuchten und in Erwägung zu ziehen, werden im Folgenden einige berichtete und selbst erlebte Unverträglichkeiten dargestellt.

Tony Dibiase reported in ITEM UPDATE 2001:

1. Problem
In March 1998, when a TV station in Austin, Texas, began testing its new Digital Television System (DTV), a nearby hospital's wireless telemetry system became nearly useless.

Cause: The hospital's telemetry system and the TV station's DTV signals both occupied the same frequency band.

2. Problem
An MRI (magnetic resonance imaging system) facility experienced a malfunction in the MRI equipment's operation at about the same time each day.

Cause: A large refuse truck made a pickup each day at the hospital, at a location adjacent to the MRI facility. The refuse truck represented a significant metal mass that distorted the MRI's magnetic field.

3. Problem
His pacemaker malfunctioned when a man leaned against a pylon of a department store's Electronic Article Surveillance (EAS) system for several minutes.

Cause: The frequency and power levels of the EAS emissions interfered with the proper operation of the pacemaker.

4. Problem
A student wearing a hearing aid experienced discomfort (jaw vibrations) when entering a classroom that had recently been retrofitted with a new high efficiency lighting system.
Cause: Her hearing aid amplified the 27 kHz signal emitted from the new lighting system's electronic circuit.

5. Problem
Some types of cell phones, primarily digital types, have been reported to have caused malfunctions to pacemakers.
Cause: Because of their small size cell phones are sometimes placed in a shirt pocket of a person who has a pacemaker, which is close the person's heart. The likelihood of EMI interactions is greatly increased by the close proximity of the cell phone's antenna to the pacemaker electronics.

6. Problem
It was reported that medical equipment inside an ambulance shut down because of an EMI interaction with the ambulance communications equipment.
Cause: The mobile transmitter in the ambulance created a field in excess of 20 volts per meter that exceeded the immunity threshold of the equipment.

Eigene Erfahrungen

1. Problem
Aus einem EEG-Gerät (EEG = Elektronenzephalogramm) war eindeutig das demodulierte Sendesignal eines Mittelwellensenders zu hören.
Grund: Am Ort des EEG-Geräts herrschte eine elektrische Feldstärke von ca. 1 V/m bei 1 MHz durch einen nahen Mittelwellensender vor.
Lösung: Verpflichtung des Lieferanten zur Erhöhung der Störfestigkeit.

2. Problem
In einer Warte zur Überwachung und Steuerung des Stadtbahnbetriebes zeigten die Bildschirme nur verschwommene und wackelnde Bilder.
Grund: Unterhalb der Warte befanden sich die Schaltanlagen, in denen Ströme von bis zu 4 kA bei 16 2/3 Hz flossen.
Lösung: Monitore erhielten ein doppelwandiges Gehäuse aus Mumetall.

3. Problem
In einer Heizsteuerung (Gas) schaltete ein Relais im Takt der Morsezeichen eines Funkamateurs
Grund: Betrieb einer Stabantenne ohne Gegengewicht.
Lösung: Der Übergang von einer unsymmetrischen Antenne (Stab gegen Masse) auf eine symmetrische Antenne (Yagi) löste das Problem.

4. Problem

In einer Hochfunkstation traten anfangs nicht identifizierbare Störsignale im überwachten Frequenzband auf.

Grund: Eine ungenügend entstörte Elektronik mit internem Takt von 4 MHz.

Lösung: Ersatz der Elektronik.

5. Problem

In einem Rechenzentrum traten leichte, aber nicht mehr akzeptable Bewegungen auf einer Reihe von Monitoren auf.

Grund: Defekt in einer Heizungsanlage mit Erdströmen von ca. 30 A.

Lösung: Reparatur der Heizung löste das Problem.

6. Problem

In einer Warte zur Überwachung einer Aluminiumschmelze traten sporadisch Ausfälle eines Tischrechnersystems auf.

Grund: Unterhalb der Warte flossen Ströme für die Schmelze von bis zu 120 kA. Am Ort des Rechners traten magnetische Feldstärken von mehr als 500 A/m auf.

Lösung: Abstandsvergrößerung zwischen stromführenden Leitern und PC-System.

7. Problem

In einer Verkaufsstelle für Rundfunk- und Fernsehgeräte traten an einer bestimmten Wand sehr starke Verzerrungen der Fernsehbilder auf.

Grund: Als Störquelle konnte sehr schnell das Diathermiegerät einer nahen Arztpraxis ausgemacht werden.

Lösung: Das Problem wurde organisatorisch gelöst.

8. Problem

In einem Architektenbüro traten an Monitoren in der Nähe der Straßenfront leichte, nur sporadisch auftetende Bildbeeinflussungen auf. Die nächste Straßenbahn war mindestens 200 m entfernt.

Grund: Nach längerem Suchen konnte die Störquelle unterhalb des Bürgersteiges ausgemacht werden. Eine Nachfrage bei den Verkehrsbetrieben brachte Gewissheit. In 80 cm Tiefe unterhalb des Bürgersteigs verlief eine Leitung für die Noteinspeisung der Straßenbahn.

Lösung: Für die Zeit der Noteinspeisung wurden die Störungen akzeptiert.

9. Problem

Ein Laserschreibsystem zeigt in der rauhen Industrieumgebung sporadisch Ausfälle. EMV-Problem wurde vermutet.

Grund: Zu starke Temperaturabhängigkeit des Oszillators für den Schreibkopf.

Lösung: ??

10. Problem

Innerhalb der Qualitätskontrolle zeigten elektronische Steuerungen erhebliche Grenzwertüberschreitungen, obwohl bis dato die Grenzwerte eingehalten worden waren. Änderungen im Aufbau und Layout wurden von den Entwicklern bestritten.

Grund: Wechsel des Lieferanten der Logikbausteine.

Lösung: Rückkehr zum Erstlieferanten.

11. Problem

Ein Pkw ließ sich bei einer Messaktion in einer Funkanlage (Kurzwelle) nicht mehr starten.

Grund: Nicht hinreichende Störfestigkeit gegen die vorliegenden Felder.

Lösung: Nach einem Verschieben des Pkw's um 10 m zur Seite ließ er sich wieder starten. Der Vorgang war reproduzierbar.

Bericht vom Falklandkrieg

1982 verlor Großbritannien seinen Zerstörer HMS Sheffield während einer Kampfhandlung mit Argentinien im Krieg um die Falklandinseln. Die Funkanlage für die Kommunikation mit Großbritannien arbeitete während des Betriebes des schiffseigenen Antiraketenerkennungssystems aufgrund elektromagnetischer Beeinflussungen zwischen beiden Systemen nicht zufriedenstellend. Um die Beeinflussungen während einer Funkverbindung zu vermeiden, wurde das Antiraketenerkennungssystem vorübergehend abgeschaltet. Unglücklicherweise fiel diese Abschaltung mit dem Abschuss einer Rakete des Gegners zusammen, was dann zum Verlust des Zerstörers führte.

ABS-Systeme in der Anfangszeit

In der Anfangszeit der ABS-Systeme (ABS = Antiblockiersystem, antilock braking system) gab es mehrfach Funktionsstörungen dieser Systeme durch hohe elektromagnetische Felder. So kam es zu ernsthaften Bremsproblemen auf einer Teilstrecke einer Autobahn in der Nähe von Kaiserslautern. Die Bremsen wurden reproduzierbar beeinflusst durch eine Radiostation in der Nähe der Autobahn. Die Ingenieurslösung bestand in der Installation eines Drahtgitters längs der Fahrstrecke, um das Feld entsprechend zu dämpfen. Weiterhin wurde mehrfach von unkontrollierten Bremsaktionen in Pkw's mit ABS-Systemen bei der Vorbeifahrt von sendenden CB- und Amateurfunkern berichtet.

A12 Lösungen der Aufgaben

Aufgabe 2.1:

Platten ziehen sich mit 0,5 N an!

Aufgabe 2.2:

a) Bis $f = 1$ MHz ($2D+d = 23$ m $= \lambda/10$) kann mit statischen Ansätzen gerechnet werden.

b) 80 MHz ($\lambda/10 = 0,36$ m)

Aufgabe 2.3:

a) $H_\varphi = 38,16$ A/m

b) $H_\varphi = 43,71$ A/m

Aufgabe 2.4:

$$d = \frac{e \cdot \mu \cdot H_z \cdot s_x^2}{2 \cdot m_e \cdot v_x} = 0,33 \quad mm$$

Aufgabe 2.5:

a) $\Delta x = SL/2 = 0,4$ m

b) $U_i = 12,6 \ \mu V$

c) $\Delta x = SL = 0,8$ m

d) $I_i = 0,11$ mA

e) $= 14,2$ kHz

Aufgabe 3.1:

a) $U_{2\text{-}2'} \ (\varphi = 0) = 0$ V

b) $U_{2\text{-}2'} \ (\varphi = 20^0) = -22$ V

c) $U_{2\text{-}2'}$ (Verlegefehler) $= -45$ V

Aufgabe 4.1:

a) $H_\varphi = 0,127$ A/m

b) $H_\varphi = 3,18$ A/m

Aufgabe 4.2:

$d < 1,13$ cm

Aufgabe 4.3:

a) $H = 0,74$ A/m, $B = 0,93$ µT

b) Das für die Übertragung der elektrischen Energie von der Primärseite zur Sekundärseite benötigte Magnetfeld lässt sich nicht zu 100 % im magnetischen Kern führen. Es tritt auch außerhalb des Trafos ein magnetisches Streufeld auf. In erster Näherung wird dieses Streufeld vom Magnetisierungsstrom, also der Differenz zwischen Primär- und transformiertem Sekundärstrom bestimmt. Schon im Leerlauf der Sekundärseite fließt primärseitig ein Strom, der für dieses Feld verantwortlich ist.

Aufgabe 4.4:

a)

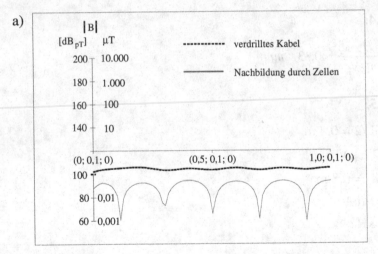

b) $D = 10,8$ dB (verdrilltes Kabel liefert die höheren Werte)

Aufgabe 4.5:

a) $H_z = -3,18$ A/m

b) $H_z = -2,85$ A/m

c) Das Durchflutungsgesetz in Form der Gleichung 4.2-1 setzt voraus, dass vollkommene Symmetrie vorliegt, z.B. das Magnetfeld eines unendlich langen Leiters. Bei der Gleichung 4.4-1 wird keine Aussage gemacht, wie sich der Stromkreis schließt. Somit kann das Ergebnis nur ein Teilergebnis in einer Rechnung sein.

d) $x = 0,141$ m

Aufgabe 4.6:

a) B (10 m; 10 m; 7,5 m) = 360 μT

b) $U_i = 4,5$ V

c) H (0; 0,3 m; 5 m) = 13,2 kA/m

Aufgabe 5.1:

a) S = 2,29 mW/m

b) $v_x = 260$ km/ms

c) 5,3 mA/m bei h = 0, 30 m, 60 m, 90 m,...

Aufgabe 5.2:

a) H_{tan}, H_{norm}, $E_{tan} = 0$

b) $S_{par} = 2,49$ mW/m^2, $S_{senk} = 0,91$ mW/m^2

c) Der parallele Anteil wird ungedämpft oberhalb der Ebene geführt. Der senkrechte Anteil wird reflektiert. Der reflektierte Anteil führt mit dem einfallenden Anteil auf ein Interferenzmuster.

Aufgabe 5.3:

a) $\sigma(x) = D_z(x) = \varepsilon_0 \cdot E_z(x) = -\varepsilon_0 \cdot \dfrac{U_0}{\ln\dfrac{2h}{R}} \cdot \dfrac{2h}{x^2+h^2}$

b) $J_F(x) = H_x(x) = \dfrac{I}{\pi} \cdot \dfrac{h}{x^2+h^2}$

c) $\sigma_{max} = 334$ pAs/m^3, $J_{F,max} = 3,18$ A/m

Aufgabe 5.4:

a) $Q_{max} = \dfrac{\hat{I}_0}{\omega}$

b) $Q_{max} = 0,16\ \mu As$

Aufgabe 5.5:

$I_{eff} = 0,5\ A$

Aufgabe 5.6:

Der Poyntingvektor ergibt sich zu $\vec{S} = \vec{E} \times \vec{H}$. $-E_\varphi$ und $+H_\vartheta$ führen auf eine Strahlungsrichtung von der Quelle weg (in +r-Richtung).

Aufgabe 5.7:

a) $370\ \mu V/m$

b) $2,34\ mV/m$

Aufgabe 5.8:

a) $H_{5m} = 65,8\ dB\mu A/m$ $(1,95\ mA/m)$

b) $I_{eff} = 10,8\ A$

Aufgabe 5.9:

a) $H_{el} = -35\ dB\mu A/m$

b) $H_{mag} = 98\ dB\mu A/m$

Aufgabe 5.10:

a) $\Gamma_{mess} = 16,7\ k\Omega$ bei $r/r_0 = 0,02$, daraus kann geschlossen werden, dass es sich um eine elektrische Quelle handelt!

b) Bei elektrischen Feldern spielt das Schirmmaterial und die Schirmdicke eine untergeordnete Rolle. Leckagen (Löcher, Spalten, schlechte Kontakte) sind zu vermeiden.

Aufgabe 5.11:

a) $E_{eff} = 70\ mV/m$

b) $P_{\lambda/2} = 403\ W$

Aufgabe 5.12:

$A_w = 3.770 \text{ m}^2$

Aufgabe 5.13:

$l_w = 3,5 \text{ cm}$

Aufgabe 5.14:

a) $l_w = 0,209 \text{ m}$

b) $U_{eff} = 10,45 \text{ V}$

c) $U_{i,eff} = \omega \, B \, A = \omega \, \mu_0 \, (E/\Gamma) \, A = 10,47 \text{ V}$

Aufgabe 5.15:

$f = 95,5 \text{ MHz}$

Aufgabe 5.16:

a) $E_{eff} = 31,7 \text{ V/m}$

b) Die Wellenlänge der elektromagnetischen Strahlung beträgt 306 m. Die Gefahr der Anregung von Resonanzen in den Fahrzeugen ist noch gering. Die Fahrzeuge selbst werden noch nicht in elektromagnetische Resonanz geraten.

Aufgabe 5.17:

$U_{L,eff} = 12,8 \text{ mV}$

Aufgabe 5.18:

a) $I_{eff} = 7,55 \text{ A}$

b) $E = 9,5 \text{ mV/m}, H = 25,2 \text{ µA/m}$

c) Wenn die Verluste durch die Abstrahlung wesentlich größer sind als die Wärmeverluste ($P_{ab} >> P_v$), kann der für die Abstrahlung benötigte Strom benutzt werden, um die Wärmeverluste zu berechnen.

Rechengang:

1. Bestimmung des Stromes, der für die Abstrahlung benötigt wird (verlustloser Fall!)

$$I(z) = \frac{I_0}{h} \cdot (h - z)$$

2. Berechnung des Widerstandsbelages R_w' der Antenne unter Berücksichtigung des Skineffekts

$$R_w' = \frac{1}{2\pi R d \kappa}, \quad d = \sqrt{\frac{1}{\pi f \mu \kappa}}$$

3. Berechnung der Wärmeverluste über das Integral

$$P_V = \frac{I_0^2 \cdot R_w'}{h^2} \cdot \int_0^h (h-z)^2 \cdot dz = \frac{I_0^2 \cdot R_w' \cdot h}{3}$$

$$P_V = 1{,}88 \text{ W}$$

d) $\eta = 98{,}2 \%$

e) $P_W / P_B \approx P_{ab} / P_B = 1{,}8 \cdot 10^{-3}$

Aufgabe 5.19:

Eine elektrisch kurze Antenne hat eine Eingangsimpedanz mit sehr kleinem Realteil (Strahlungswiderstand). Der benötigte Strom, um eine gegebene Leistung abzustrahlen, wird sehr hoch. Bei einem im Vergleich zum Realteil großen Imaginärteil der Eingangsimpedanz nimmt die Spannung an der Antenne sehr hohe Werte an. Der Abstand der Platten muss für die maximal mögliche Spannung im Abstimmungsprozess ausgelegt sein, die Spule für den maximal möglichen Strom.

Aufgabe 5.20:

$E_2 = 0{,}1 \text{ V/m}$

Aufgabe 6.1:

Der Schirm eines 5,3 m langen, einseitig aufgelegten Kabels gerät bei

$1 = \lambda/4$ in Resonanz ($f_{Res} = \dfrac{c_0}{4 \cdot l} = 14{,}15 \text{ MHz}$).

Zwei Dinge sind in Erwägung zu ziehen:

1. In den Abendstunden treten ungewöhnliche Schalthandlungen auf, die die $\lambda/4$-Resonanz anregen. Die Elektronik ist besonders empfindlich bei der entsprechenden Frequenz.

2. Ein Funkamateur in der Nachbarschaft macht in den Abendstunden verstärkt Betrieb im 20 m-Band.

Aufgabe 6.2:

a) 11,2 mV

b) 59,3 mV

c) 593 mV

Aufgabe 6.3:

a) Teilkapazitaeten

```
==================
C 1  0  = 6.036116  pF/m
C 1  2  = 2.534546  pF/m
C 1  3  = .5223917  pF/m
C 1  4  = .4358155  pF/m
C 2  1  = 2.534546  pF/m
C 2  0  = 5.537686  pF/m
C 2  3  = .8263816  pF/m
C 2  4  = .7712098  pF/m
C 3  1  = .5223917  pF/m
C 3  2  = .8263815  pF/m
C 3  0  = 4.452631  pF/m
C 3  4  = 3.148848  pF/m
C 4  1  = .4358154  pF/m
C 4  2  = .7712097  pF/m
C 4  3  = 3.148848  pF/m
C 4  0  = 4.56957   pF/m
```

b) $U_{34} = 1{,}3$ V

Aufgabe 6.4:

a) $U_{eff,A} = 74{,}4$ V,   b) $I_{eff,F} = 3{,}4$ mA

Aufgabe 6.5:

a) 0,0465 µH mit Programm GEGEN, 0,0413 µH mit Gleichung für Parallelleiter, Gl. (6.14)

b) 0,0313 µH mit Programm GEGEN, 0,0249 µH mit Gleichung für Parallelleiter

Aufgabe 6.6:

a) $I_2 = 16{,}8$ mA

b) $f_ü = 239$ Hz

c) Die Rückwirkung kann vernachlässigt werden:

$$(\omega M)^2 = 0{,}22 \cdot 10^{-6}\ \Omega^2 \ll Z_1 \omega L_{eigen} = 2{,}8\ \Omega^2 \ .$$

Aufgabe 6.7:

a) $a = 20 \cdot \log \dfrac{\ln\!\left(1+\left(\dfrac{d}{s}\right)^2\right)}{\ln\!\left(1+\left(\dfrac{d}{2s}\right)^2\right)}$,

b) $a = 9{,}8$ dB

Aufgabe 6.8:

a) 13,5 mV/m

b) $P_{Empf} = 264$ nW, $U_{eff,Empf} = 3{,}65$ mV

Aufgabe 7.1:

a) n = 4

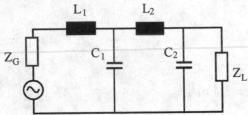

b) Die dargestellte Schaltung eignet sich zur Filterung (Tiefpass), wenn die Störquelle eine kleine Quellimpedanz Z_G hat und die Lastimpedanz Z_L groß ist. Durch die Induktivität L_1 wird die Störquelle hochohmig gemacht. Durch die Kapazität C_2 wird die Last kapazitiv kurzgeschlossen.

Aufgabe 7.2:

a) h = 0,134 m

b) $a_S = 38{,}6$ dB

c) Die Schirmanordnung ist noch als elektrisch klein anzusehen, damit sind die Beziehungen für das statische Feld noch erlaubt.

Die tatsächliche Schirmdämpfung wird wesentlich höher sein, da sich aufgrund des Wechselfeldes noch ein Strom in den Maschen ergibt, der das Außenfeld zusätzlich kompensiert.

Aufgabe 7.3:

a) $E_{Mitte} = 57,5$ mV/m

b) $I = 0,42$ µA

c) Für die Schirmwirkung ist eine Massung nicht nötig! Aus Personenschutzgründen (Berührungsschutz) und zur Ableitung statischer Elektrizität ist eine Massung sehr angeraten.

Aufgabe 7.4:

a) In der Nähe von Bahnstrecken treten durch den Fahrstrom hohe magnetische Wechselfelder auf (in Deutschland: 16 2/3 Hz-Felder). Der Anfahrstrom der Züge kann ein Mehrfaches des Fahrstromes betragen. Da die Einspeisung in die Strecke punktuell erfolgt, hängt der Streckenabschnitt mit erhöhten Feldern vom Ort des (anfahrenden) Zuges in Bezug auf die Einspeisung ab.

b) In der Planungsphase sollte ein möglichst großer Abstand ($r > 50$ m) des Aufstellungsortes von der Fahrleitung gewählt werden, *beste Lösung*),

 - Übergang zu einem LCD-Bildschirm (damit keine weiteren Einschränkungen in Bezug auf den Aufstellungsort),

 - Kompensationsspule (benötigt externe Versorgung),

 - Mumetallgehäuse (nur bedingt, wegen der Richtungsabhängigkeit und der Einschränkung des Komforts, *schlechteste Lösung*).

Aufgabe 7.5:

$t = 0,63$ mm

Aufgabe 7.6:

a) $a_s = 8,0$ dB

b) $a_s = 7,9$ dB

c) $a_s = 9,8$ dB

Aufgabe 7.7:

$$a_{sw} = 20 \cdot \log \left| \cosh k \cdot t + \frac{1}{2} \left(K + \frac{1}{K} \right) \cdot \sinh k \cdot t \right|, \quad K = k \cdot \frac{\mu_0}{\mu} \cdot R,$$

$$k = \sqrt{j \, \omega \, \mu \, \kappa} = (1+j) \cdot \frac{1}{d}, \quad f \to 0 \Rightarrow k \to 0, K \to 0,$$

$$\cosh k \cdot t + \frac{1}{2} \left(K + \frac{1}{K} \right) \cdot \sinh k \cdot t \to 1 + \frac{1}{2} \cdot \frac{1}{K} \left(k \cdot t + \frac{(k \cdot t)^3}{3!} \right) \to 1 + \frac{1}{2} \cdot \frac{\mu_r \cdot t}{R}$$

$$a_{SG} = 20 \cdot \log \left(1 + \frac{1}{2} \cdot \frac{\mu_r \cdot t}{R} \right)$$

Aufgabe 7.8:

a) $R = \dfrac{D}{2 \cdot \sqrt{3}} = 17,32 \; cm$ Bei magnetischen Wechselfeldern nimmt die

Schirmung mit zunehmender Raumgröße zu. Eine ‚worst-case'-Abschätzung muss darum von der Innenkugel als Ersatzkugel ausgehen.

b) $R = \dfrac{D}{\sqrt{2} \cdot \sqrt{3}} = 24,49 \; cm$ Bei magnetischen Gleichfeldern nimmt die

Schirmung mit zunehmender Raumgröße ab. Eine ‚worst-case'-Abschätzung muss vom Außenzylinder als Ersatzzylinder ausgehen.

Aufgabe 7.9:

Das Außenfeld lässt sich in ein Quer- und ein Längsfeld zerlegen: $H_{a,quer}$ = 1 A/m, $H_{a,längs}$ = 1,732 A/m Ein Querfeld von 1 A/m erzeugt eine Innenfeld von 26,1 – j 97,6 mA/m, ein Längsfeld von 1 A/m erzeugt ein Innenfeld von –104,3 –j 279,5 mA/m. Damit ergibt sich für $H_{i,quer} = 0{,}101 \cdot e^{-j75^0} \, A/m$ und für $H_{i,längs} = 0{,}517 \cdot e^{-j110,5^0} \, A/m$.

Aufgabe 7.10:

Die Schirmdämpfung für magnetische Gleichfelder durch Gehäuse mit

hochpermeablem Material lässt sich nach $a_{SG} \approx 20 \cdot \log \left(\dfrac{1}{2} \cdot \dfrac{\mu_r \cdot t}{R} \right)$, t = Ma-

terialstärke, R = Radius des Ersatzzylinders, abschätzen. Eine Verdoppelung des Radiusses führt auf eine Verdoppelung der Materialstärke. Mit den Beispieldaten käme man auf eine Raumschirmung mit ca. 1 cm dicken Mumetallwänden (rein theoretisch!).

Aufgabe 7.11:

$f_G = 1{,}02 \; 10^{18}$ Hz

Aufgabe 7.12:

a) Hertzscher Dipol: $\Gamma_{WHD} = \Gamma_0 \cdot \dfrac{\dfrac{r_0}{r} - j\left[\left(\dfrac{r_0}{r}\right)^2 - 1\right]}{\dfrac{r_0}{r} + j}$

Magnetischer Dipol: $\Gamma_{WMD} = \Gamma_0 \cdot \dfrac{1 - j \cdot \dfrac{r_0}{r}}{1 - \left(\dfrac{r_0}{r}\right)^2 - j \cdot \dfrac{r_0}{r}}$

b) $\Gamma_{WHD} = \Gamma_0 \cdot \dfrac{1}{1+j}$,

c) $\Gamma_{WMD} = \Gamma_0 \cdot (1+j)$

Aufgabe 7.13:

Interpretiert man $\dfrac{1}{\kappa \cdot d}$ als den HF-Flächenwiderstand $R_{F,HF}$ des Materials, ergibt sich die Wellenimpedanz zu $\Gamma_m = (1+j)\,R_{F,HF}$. Der HF-Flächenwiderstand ist der Widerstand einer quadratischen Probe mit $l = b$ (Länge = Breite) und einer Dicke gleich der Eindringtiefe.

Aufgabe 7.14:

Um einen Schirmdämpfungswert einordnen zu können, muss neben dem Dämpfungswert auch der Feldtyp, die Frequenz und der Abstand zur schirmenden Wand, für den der Wert gilt, bekannt sein. Handelt es sich um einen Messwert sollte auch noch das Messverfahren genannt werden.

Aufgabe 7.15:

a) $r_{am} = -0{,}9999978 + j\,2{,}22\,10^{-6}$

b) $J_0 = 252{,}5\,(1+j)$ A/m^2

Aufgabe 7.16:

Sniffer-Test: Der Test wird weit unterhalb der Hohlleitergrenzfrequenz (f_g = 375 MHz) des Kanals durchgeführt, also in einem Frequenzbereich, in dem noch keine Wellenausbreitung im Kanal möglich ist. Somit sollte in den Kanal ein isoliertes Kabel eingezogen werden, das auf einer Seite mit einer HF von 200 .... 500 kHz gegen den Kanal gespeist und auf der anderen Seite mit ca. 100 ... 150 Ω gegen den Kanal abgeschlossen wird. Die Außenseite des Kanals ist mit einer Empfangsspule auf Fehlstellen abzusuchen.

Leakage-Test: Test sollte oberhalb von 375 MHz durchgeführt werden. Mit einer Antenne wird der leere Kanal an einer Seite als Hohlleiter angeregt. Die Außenseite wird mit einer Empfangsantenne auf Fehlstellen abgesucht.

Aufgabe 7.17:

a) a_s = 39,8 dB

b) a_s = 186,9 dB

c) Die Überführung eines Gitterschirmes in einen Folienschirm ist für ein statisches Feld nicht erlaubt. Die Dämpfung geht gegen unendlich! In der Ableitung der Gleichungen wird

- beim Gitterschirm davon ausgegangen, dass die E-Feldlinien senkrecht auf dem Gitter enden,
- in der Theorie von Schelkunoff wird davon ausgegangen, dass eine ebene Welle (E-Feldlinien parallel zur Wand) auf die Schirmwand einfällt. Beim Gitterschirm werden die Induktionsvorgänge in den Gitterzellen nicht berücksichtigt.

Aufgabe 7.18:

$L_{Schirmrohr}$ = 11,25 cm (reine Hohlleiterdämpfung)

Aufgabe 7.19:

f_{110} = 53 MHz, f_{101} = f_{011} = 62,5 MHz, f_{111} = 72,9 MHz, f_{210} = 83,8 MHz, f_{201} = 90,1 MHz

Aufgabe 7.20:

a) a_s = 96 dB,

b) a_{Sges} = 180 dB

c) Die Länge kann um 44 % gekürzt werden, L = 0,56 L_{alt}.

Aufgabe 7.21:

a) $f_r = 4,57$ kHz

b) $a_{SA} = 27,3$ dB

Aufgabe 7.22:

$U_i = 0,19$ μV

Aufgabe 7.23:

a) $U_{OP} = 0,2$ V

b) $20 \cdot \log \dfrac{U_{2,2mm}}{U_{5mm}} \quad dB = 0,1 \quad dB$

c) Eine zusätzliche Schirmung des verdrillten Kabels mit einer beidseitigen Verbindung des Schirmes mit Masse bringt eine wesentliche Verringerung der in den Signalkreis eingekoppelten Spannung.

Aufgabe 7.24:

$f_G = 1,04$ kHz

Aufgabe 7.25:

a) $I_{2,100Hz} \approx \dfrac{U_2}{R_2' \cdot l} = 947 \; \mu A$

b) $I_{2,1MHz} \approx \dfrac{U_2}{\omega L_2' \cdot l} = 8,25 \quad mA$

Aufgabe 7.26:

$U_A = 428$ μV

Aufgabe 7.27:

$H(h_2) = 112,8$ mA/m

Aufgabe 8.1:

$S/N_{gesamt} = 7,2$ dB

Aufgabe 8.2:

a) $S/N_{Empf} = 22$ dB

b) $S/N_{Sonne} = 6,7$ dB

c) Es ist kein störungsfreier Empfang möglich, $S/N_{ges} = 6,6$ dB.

Aufgabe 8.3:

a) $E_n = 10,5$ dB$_{\mu V/m}$

b) $U_{Leerl} = E_n \cdot \dfrac{\lambda}{\pi} \cdot 10^{\frac{G_{\lambda/2}}{20}} = 62,7 \; \mu V$

Aufgabe 8.4:

a) $f = 30$ MHz $\rightarrow \lambda = 10$ m $\rightarrow r_0 = 1,6$ m, Prüfling ist klein gegen die
Wellenlänge: $E_N = E_M \cdot \dfrac{r_M}{r_N} = 49,5 \quad dB_{\mu V/m}$

b) $f = 100$ MHz $\rightarrow \lambda = 3$ m $\rightarrow r_0 = 0,48$ m, Prüfling mit Netz- und Sensorkabel wirken wie Linearantenne: $E_N = E_M \cdot \dfrac{r_M}{r_N} = 39,5 \quad dB_{\mu V/m}$

c) Setzt man für das 19"-Einschubgehäuse eine Flächendiagonale einer strahlenden Fläche mit $D = 0,7$ m an, errechnet sich für den Beginn der Fraunhofer Zone ein Wert von $r_F = 3,26$ m. Es scheint noch gerechtfertigt zu sein, eine Feldstärke von $E_N = E_M \cdot \dfrac{r_M}{r_N} = 29,5 \quad dB_{\mu V/m}$ anzusetzen.

Aufgabe 8.5:

$E_V = -24$ dB$_{\mu V/m}$

Aufgabe 8.6:

a) $H_0 = 42$ dB$_{\mu A/m}$,

b) $E_{V0} = 93,5$ dB$_{\mu V/m}$,

c) $H_0 = -69$ dB$_{\mu A/m}$, $E_{V0} = -17,5$ dB$_{\mu V/m}$

Aufgabe 10.1:

Aussage wird als kaum möglich angesehen! Um mit 5 W in 10 m Abstand eine Feldstärke von 10 V/m zu erzeugen, benötigt man eine Antenne mit einem Gewinn von $G_i = 18,3$ dB.

Aufgabe 10.2:

$E_{eff,max} = 7,2$ V/m

Aufgabe 10.3:

$C_{stat} = 95,3$ pF

Aufgabe 10.4:

$L_{eigen} = 0,81$ µH

Aufgabe 10.5:

a) CONCEPT: $L_1 = 3,32$ µH, $L_2 = 4,96$ µH, $M_{12} = 0,264$ µH

b) GEGEN: $L_1 = 3,27$ µH, $L_2 = 4,90$ µH, $M_{12} = 0,262$ µH

c) $I_{2,CONCEPT} = 0,256$ A, $I_{2,GEGEN} = 0,260$ A, Unterschied ist kleiner 1 dB

Aufgabe 10.6:

a) $Z_{21} = -0,708 + j\ 19,148$ kΩ, $Z_{12} = -0,402 + j\ 19,186$ kΩ. Der Leerlauf an den Antennen wurde mit einer Lastimpedanz von 100 MΩ simuliert! Übereinstimmung kann für die Extremsituation der kapazitiven Kopplung zweier elektrisch sehr kurzer Antennen als gut bezeichnet werden.

b) $Z_{21} = -0,26 + j\ 18,53$ Ω, $Z_{12} = -0,23 + j\ 18,54$ kΩ. Der Leerlauf an den Antennen wurde mit einer Lastimpedanz von 1 MΩ simuliert! Die Übereinstimmung ist sehr gut!

c) $Z_{21} = -0,021 + j\ 0,108$ Ω, $Z_{12} = -0,021 + j\ 0,108$ kΩ. Der Leerlauf an den Antennen wurde mit einer Lastimpedanz von 1 MΩ simuliert! Die Übereinstimmung ist perfekt!

Aufgabe 10.7:

a) $h_e = h_{Mast} - \lambda/4 = 13,5$ m

b) $h_m = h_{Mast} = 16$ m oder $h_m = h_{Mast} - \lambda/2 = 13,5$ m

c1) $h_e = h_{Mast} - \lambda/4 = 12,25$ m

c2) $h_m = h_{Mast} = 16$ m oder $h_m = h_{Mast} - \lambda/2 = 8,5$ m d)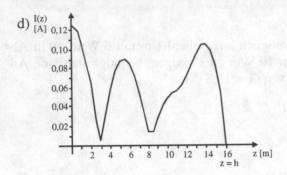

e) E(z = 15,9 m) = 58 V/m, H(z = 15,9 m) = 15 mA/m E(z = 13,5 m) = 18 V/m, H(z = 13,5 m) = 93 mA/m

Aufgabe 10.8:

a) Ein beidseitig aufgelegtes Kabel kommt das erste Mal in Resonanz

bei $f_{Res,beid} = \dfrac{c_0}{2 \cdot l} = 18{,}75 \quad MHz$.

b) Ein einseitig aufgelegtes Kabel kommt das erste Mal in Resonanz bei

$f_{Res,ein} = \dfrac{c_0}{4 \cdot l} = 9{,}375 \quad MHz$.

Aufgabe 10.9:

a)   *1 MHz:* $\underline{Z}_{11} = 0{,}5810 - j1256 \ \Omega$, $\underline{Z}_{22} = 1{,}061 - j1097 \ \Omega$,
             $\underline{Z}_{12} = 0{,}8192 - j33{,}74 \ \Omega$, $\underline{Z}_{21} = -0{,}8130 - j33{,}76 \ \Omega$
     3 MHz: $\underline{Z}_{11} = 5{,}866 - j\,338{,}8 \ \Omega$, $\underline{Z}_{22} = 11{,}48 - j\,234{,}5 \ \Omega$,
             $\underline{Z}_{12} = -7{,}573 + j6{,}568 \ \Omega$, $\underline{Z}_{21} = -7{,}571 + j6{,}589 \ \Omega$
     8 MHz: $\underline{Z}_{11} = 88{,}52 + j\,205{,}3 \ \Omega$, $\underline{Z}_{22} = 789{,}3 + j\,690{,}2 \ \Omega$,
             $\underline{Z}_{12} = -24{,}01 + j\,183{,}7 \ \Omega$, $\underline{Z}_{21} = -24{,}12 + j\,183{,}2 \ \Omega$

b) 1 MHz: $P_2 = 0{,}97 \ P_1 (97 \ \%)$, 3 MHz: $P_2 = 0{,}54 \ P_1 (54 \ \%)$,
   8 MHz: $P_2 = 0{,}10 \ P_1 \ (10 \ \%)$

c) Mit zunehmender Frequenz wird die Kopplung geringer. Bei f = 1 MHz ($r_0 = 47{,}75$ m) und f = 3 MHz ($r_0 = 15{,}9$ m) befindet sich die Antenne 2 im elektrischen Nahfeld der Antenne 1 (mit abnehmender Feldimpedanz von 1 MHz nach 3 MHz), bei f = 8 MHz ($r_0 = 5{,}96$ m) befindet sich Antenne 2 immer noch im Nahbereich der Antenne 1 ($D < l_1 < l_2$), aber der Feldcharakter ist nicht mehr eindeutig.

Aufgabe 10.10:

a) $\underline{Z}_{A,2} = 54,88 + j\,123,5\ \Omega$

b) $\underline{Z}_{A,1} = 50\ \Omega$, $P_{ab} = 100\ W$

c) $P_{ab} = 41,8\ W$

Aufgabe 10.11:

a)

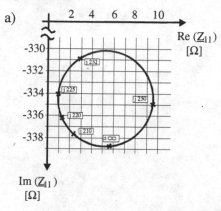

Anmerkung: Die Parameterwerte im Kreis bezeichnen die Lastwerte der 2. Antenne in Ohm.

b) Die Ortskurve der Eingangsimpedanz der Antenne 1 für die imaginäre Achse der Lastimpedanzebene ist ein Kreis. Damit umfasst dieser Kreis alle möglichen Werte für die Eingangsimpedanz der Antenne 1. Ein Anpassgerät für die Antenne 1 muss in der Lage sein, alle Werte innerhalb des Kreises an die Ausgangsimpedanz des Senders für die Antenne 1 anzupassen.

Aufgabe 10.12:

Mit einer Spule von $L = 0,381\ \mu H$ auf halber Höhe erreicht man eine rein reelle Eingangsimpedanz der Antenne.

A13 Physikalische Konstanten und Umrechnungsbeziehungen

A13.1 Physikalische Größen und Konstanten

Absolute Temperatur		$K = -273,15°C$
Angström		$A = 10^{-10}\,m$
Boltzmann-Konstante		$\kappa = 1,38047 \cdot 10^{-23}\,\dfrac{J}{K}$
Dichte der Luft		$\rho_{Luft} = 1,2929\,\dfrac{kg}{m^3}$
Dielektrizitätskonstante des freien Raumes		$\varepsilon_0 = 8,854 \cdot 10^{-12}\,\dfrac{As}{Vm}$
Durchschlagfestigkeit der Luft für ein homogenes Feld		$E_D = 30\,\dfrac{kV}{m}$
Elektronenradius		$r_e = 1,4 \cdot 10^{-15}\,m$
Elektronenvolt		$eV = 1,6030 \cdot 10^{-19}\,J$
Elementarladung		$e = -1,603 \cdot 10^{-19}\,As$
Faraday-Konstante (für einwertige Stoffe)		$F = 96487\,\dfrac{C}{mol}$
Kupfer	Dichte	$\rho_{Cu} = 8,96\,\dfrac{g}{m^3}$
	Elektronenkonzentration	$n_n = 8,45 \cdot 10^{28}\,\dfrac{n}{m^3}$
	Elektronenbeweglichkeit	$\mu_n = 43 \cdot 10^{-4}\,\dfrac{m^2}{Vs}$
	Leitfähigkeit	$\kappa_{Cu} = 57 \cdot 10^{6}\,\dfrac{S}{m}$
	Schmelzpunkt	$T_{Schm} = 1083,4°C$

Lichtgeschwindigkeit im freien Raum	$c_0 = 299,8 \cdot 10^6 \frac{m}{s}$
Masse der Erde	$m_E = 5,977 \cdot 10^{24} kg$
Massenbeschleunigung aufgrund der Gravitation	$g = 9,81 \frac{m}{s^2}$
Permeabilitätskonstante des freien Raumes	$\mu_0 = 0,4\pi \cdot 10^{-6} \frac{Vs}{Am}$
Plancksches Wirkungsquantum	$h = 6,624 \cdot 10^{-34} Js$
Radius der Erde, Äquator	$r_E = 6378 km$
Radius der Erde, Pole	$r_p = 6356 km$
Ruhemasse eines Elektrons	$m_e = 9,1066 \cdot 10^{-31} kg$
Ruhemasse eines Neutrons	$m_n = 1,6749 \cdot 10^{-27} kg$
Ruhemasse eines Protons	$m_p = 1,67248 \cdot 10^{-27} kg$
Trippelpunkt des Wassers	$T_{Wasser} = 273,16\ K$
Universalkonstante der Gravitation	$G = 6,658 \cdot 10^{-11} \frac{m^2}{kgs^2}$
Universelle Gaskonstante	$R = 8,3144 \frac{W}{m^2 K^4}$
Wellenwiderstand des freien Raumes	$\Gamma_0 = 376,6\ \Omega$

A13.2 Umrechnungstabelle Druck

	bar	at	Torr	$\frac{N}{m^2}$	$\frac{kp}{m^2}$	atm
bar		1,020	750,1	10^5	$1,01971 \cdot 10^4$	0,9869
at	0,9807		735,6	$0,9807 \cdot 10^5$	10^4	0,9678
Torr	$1,333 \cdot 10^{-3}$	$1,360 \cdot 10^{-3}$		133,3	13,60	$1,3158 \cdot 10^{-3}$
$\frac{N}{m^2}$	10^{-5}	$1,020 \cdot 10^{-5}$	$0,7501 \cdot 10^{-2}$		0,1020	$0,9869 \cdot 10^{-5}$
$\frac{kp}{m^2}$	$0,9807 \cdot 10^4$	10^{-4}	$0,7356 \cdot 10^{-1}$	9,807		$0,9678 \cdot 10^{-4}$
atm	1,0132	1,0332	760	$1,0132 \cdot 10^5$	$1,0332 \cdot 10^4$	

A13.3 Umrechnungstabelle Energie

	J	kcal	kpm	1 kWh	1 PS h
J= Ws= Nm		$2{,}389 \cdot 10^{-4}$	0,1020	$2{,}778 \cdot 10^{-7}$	$3{,}777 \cdot 10^{-7}$
kcal	$4{,}187 \cdot 10^{3}$		427,0	$1{,}163 \cdot 10^{-3}$	$1{,}581 \cdot 10^{-3}$
kpm	9,807	$2{,}342 \cdot 10^{-3}$		$2{,}724 \cdot 10^{-6}$	$3{,}704 \cdot 10^{-6}$
kWh	$3{,}6 \cdot 10^{6}$	859,8	$3{,}671 \cdot 10^{5}$		1,360
PS h	$2{,}648 \cdot 10^{6}$	632,4	$2{,}7 \cdot 10^{5}$	0,7355	

Beispiel für die Anwendung der Tabelle: 1 J = 2,389 10^{-4} kcal

A13.4 Umrechnung für elektrische und magnetische Größen

Elektrischer Widerstand	1 Ohm	$1\,\Omega = 1\,V/A = 1\,\dfrac{m^{2}kg}{s^{3}A^{2}}$
Elektrische Leistung	1 Watt	$1\,W = 1\,VA = 1\,\dfrac{m^{2}kg^{1}}{s^{3}}$
Elektrische Energie	1 Joule	$1\,J = 1\,Ws = 1\,VAs = 1\,\dfrac{m^{2}kg^{1}}{s^{2}}$
Kapazität	1 Farad	$1\,F = 1\,As/V = 1\,\dfrac{s^{4}A^{2}}{m^{2}kg^{1}}$
Elektrische Feldstärke	1 Volt pro Meter	$1\quad V/m$
Elektrische Flussdichte	1 As/m^2	$1\quad As/m^{2} = 1\,\dfrac{kg^{1}}{s^{2}A}$
Induktivität	1 Henry	$1\,H = 1\,Vs/A = 1\,\dfrac{m^{2}kg^{1}}{s^{2}A^{2}}$
Magnetische Feldstärke	1 Ampere pro Meter	$1\quad A/m$
Magnetische Flussdichte	1 Tesla	$1\,T = 1\,\dfrac{Vs}{m^{2}} = 1\,\dfrac{Wb}{m^{2}} = 1\,\dfrac{kg^{1}}{s^{2}A^{1}}$
	1 Gauß	$1\,G = 10^{-4}\,T = 100\mu T$ $1\,G = 79{,}6\,A/m \quad für \quad \mu = \mu_{0}$
Magnetischer Fluss	1 Weber	$1\,Vs = 1\,\dfrac{m^{2}kg^{1}}{s^{2}A^{1}}$

A13.5 Umrechnung logarithmischer Größen

1 Neper = 8,686dB $\Leftrightarrow$ 1dB = 0,1151 Neper
$0dB_m = 107dB_{\mu V}$ für $R_i = 50\Omega$ (1 mW entspricht 0,2236V über 50Ω)
$0dB_m = 117,8dB_{\mu V}$ für $R_i = 600\Omega$ (1mW entspricht 0,7746V über 600Ω)

Tab. A13.5-1 Zum Rechnen mit dB-Werten

Faktor	dB- Wert für Leistung und Energie	dB- Wert für Strom, Spannung und abgeleiteten Feldwerten
1	0	0
2	3	6
3	5 (4,8)	10 (9,5)
10	10	20
100	20	40
1000	30	60
1/2	-3	-6
1/3	-5 (-4,8)	-10 (-9,5)
0,1	-10	-20
1,1 (+10%)	0,5 (0,414)	1 (0,828)
0,9 (-10%)	-0,5 (-0,414)	-1 (-0,915)
1,01 (+1%)	0,05 (0,0432)	0,1 (0,0846)
0,99 (-1%)	-0,05 (-0,0436)	-0,1 (-0,0872)

Beispiele für die Anwendung der Tabelle:

6872 V = (2*2*2*2*2*2*100 + 8 %) V $\Leftrightarrow$ (6+ 6+6+6+6+6+40 + 0,8)
dB_V = 76,8 dB_V (76,74 dB_V)
375 mA = (1/2/2/2*3) A $\Leftrightarrow$ (0-6-6-6+9,5) dB_A = -8,5 dB_A (-8,52 dB_A)

A13.6 Abkürzungen

CENELEC	Europäisches Komitee für Elektrotechnische Normung (European Committee for Electrotechnical Standardization)
CISPR	Internationales Spezialkomitee für Radiostörungen (International Special Committee on Radion Interference)
DKE	Deutsche Kommission Elektrotechnik Elektronik Informatik
EEG	Elektroenzephalogramm
EIRP	äquivalente Strahlungsleistung eines isotropen Strahlers (equivalent isotropically radiated power)
EKG	Elektrokardiogramm
EMC	Elektromagnetische Verträglichkeit (electromagnetic compatibility)
EMG	Elektromyogramm
EMI	Elektromagnetische Beeinflussung (electromagnetic interference)
ERP	effektive Strahlungsleistung (effective radiated power), 1,64*ERP = EIRP
ESD	Entladung statischer Elektrizität (electrostatic discharge)
EUT	zu testendes Gerät (equipment under test)
IEC	Internationale elektrotechnische Kommission (International Electrotechnical Commission
ITU	Internationale Union für Telekommunikation (International Telecommunication Union)
NEMP	nuklearer elektromagnetischer Impuls (nuclear electromagnetic pulse)
PCB	Elektronikplatine (printed circuit board)
SMD	Oberflächenbauelement (surface mounted device)

A14 Literaturverzeichnis

[AD/ME73]   Adams, A.T., Mendelovicz, E.: „The Near-Fild Polarization Ellipse", Trans. IEEE AP 1973, pp 124–126

[BI/HA59]   Bickmore, R.W., Hansen, R.C.: „Antenna Power Densities in the Fresnel Region", Proc. IRE, Dec. 1959, pp. 2119–2120

[BOE02]   Böge, W.: „Vieweg Handbuch Elektrotechnik 2. Auflage", vieweg, Braunschweig/Wiesbaden, 2002

[BU/GO97]   Buss, E., Gonschorek, K.H.: "EMV der aktuellen Marine-Projekte F124 und U212", Wehrtechnisches Symposium Elektromagnetische Verträglichkeit EMV 97, Mannheim 1997

[CH/SI80]   Chari, M.V.K., Silvester, P.P.: "Finite Elements in Electrical and Magnetic Field Problems", J. Wiley, Toronto, 1980

[CIS92]   CISPR publication 16: "CISPR Specifications for Radio Interference Measuring Apparatus and Measurement Methods"

[FAR03]   Faria, B.: „The Polarization Ellipsoid Revisited", EMC, IEEE EMC Society Newsletter, No. 198, 2003, pp. 38–39

[GON80]   Gonschorek, K.H.: "Die Berechnung des elektromagnetischen Impulsverhaltens dreidimensionaler Anordnungen schlanker Elektroden", Dissertation Hochschule der Bundeswehr, Hamburg, 1980

[GON82]   Gonschorek, K.H.: "Numerische Berechnung der durch Steilstromimpulse induzierten Spannungen und Ströme", Siemens Forsch.- und Entwickl.-Ber. Bd 11 (1982) Nr. 5, Seiten 235–240

[GON84]   Gonschorek, K.H.: "Elektromagnetische Verträglich-
               keit (EMV) in Systemen mit eng benachbarten Anten-
               nen", FREQUENZ 38 (1984) 4, Seiten 78–84

[GON85]   Gonschorek, K.H.:"Magnetic Stray Fields of Twisted
               Multicore Cables and Their Coupling to Twisted and
               Non-Twisted Two-Wire Lines", 6. Int. Symposium on
               EMC, Zurich 1985, Paper 96 P 7

[GO/NE93]   Gonschorek, K.H., Neu, H.: "Die elektromagnetische
               Umwelt des Kraftfahrzeuges", FAT Schriftenreihe Nr.
               101, Forschungsvereinigung Automobiltechnik EV,
               Frankfurt/Main, 1993

[GON88]   Gonschorek, K.H.: „Beeinflussung von Rechnerkom-
               ponenten durch niederfrequente Magnetfelder", Kon-
               gress EMV '88, Kongressband, Seiten 91–101

[GO/SI92]   Gonschorek, K.H., Singer, H.: „Elektromagnetische
               Verträglichkeit", B.G. Teubner, Stuttgart 1992

[HE/HA/GON99] Helmers, S., Harms, H.-F., Gonschorek, K.H.: Analyz-
               ing Electromagnetic Pulse Coupling by Combining
               TLT, MoM , and GTD/UTD", IEEE TEMC, Nov. 1999

[ITU64]   C.C.I.R.-Report 322, „World distribution and charac-
               teristics of atmospheric radio noise", ITU Genf, 1964

[KAD59]   Kaden, H.: „Wirbelströme und Schirmung in der Nach-
               richtentechnik", Springer- Verlag, Berlin, 1959

[ME/GU]   Meinke, H., Gundlach, F.W.: „Taschenbuch der Hoch-
               frequenztechnik", Springer- Verlag, Berlin 1968

[MO/KO80]   Mönich, G., Kombrink, F.: „Simultanbetrieb zweier
               Sendeanlagen bei eng benachbarten, abgestimmten
               Antennen", Frequenz 34 (1980) 6, Seiten 158–164

[NC/PI/MA90]   McNamara, D.A., Pistorius, C.W.I., Malherbe, J.A.G.:
               „The Uniform Geometrical Theory of Diffraction",
               Artech House, Boston, 1990

[SCH94]   Schlagenhaufer, Fr.: „Berechnung transienter Vergänge
               auf verlustbehafteten Leitungen mit Feldanregung",
               Diss. TU Hamburg-Harburg, 1994

[SC/HE/FY03]   Schlagenhaufer, F., He, J., Fynn, K.: „Using N-Port-Models for the Analysis of Radiation Structures", Sci. Cont. to IEEE Symp. On EMC, Istambul, 2003

[SIN69]   Singer, H.: „Das Hochspannungsfeld von Gitterelektroden", Dissertation TU München, 1969

[SI/ST/WE74]   Singer, H., Steinbigler, H., Weiss, P.: „ A Charge Simulation Method for the Calculation of High Voltage Fields", Trans. IEEE, PAS-93, 1974

[TI/GO98]   Tiedemann, R., Gonschorek, K.H.: „Einfaches Verfahren zur Bestimmung der komplexen Kabeltransferimpedanz",
Teil1: EMV-ESD, 2/98, Seiten 28–31
Teil2: EMV-ESD, 3/98, Seiten 27–29

[TIE01]   Tiedemann, R.: „Schirmwirkung koaxialer Geflechtsstrukturen", Dissertation TU Dresden, 2001

[VAC88]   Firmenschrift FS-M 9 der Fa. Vacuumschmelze GmbH, Hanau, 1988

[VAN78]   Vance, E.F.: „Coupling to Shielded Cables", John Wiley & Sons, New York,1978

[VG993]   Beiblatt 1 zu VG 95 374 Teil 4: „Elektromagnetische Verträglichkeit (EMV) einschließlich Schutz gegen den Elektromagnetischen Impuls (EMP) und Blitz, Programm und Verfahren, Verfahren für Systeme und Geräte, Rechenverfahren für die EMV-Analyse", Beuth Verlag, Berlin, 1993

[VG994]   VG 95375-3: „Grundlagen und Maßnahmen für die Entwicklung von Systemen, Teil 3: Verkabelung", Beuth Verlag, Berlin, 1994

[VG996]   Beiblatt 2 zu VG 95374-4: „Elektromagnetische Verträglichkeit (EMV) einschließlich Schutz gegen den Elektromagnetischen Impuls (EMP) und Blitz, Programm und Verfahren, Teil 4:Verfahren für Systeme und Geräte, EMV-Analyse von Kabelkopplungen", Beuth Verlag, Berlin, 1996

14.1 Literatur zum Kapitel 11

[1] ANSI C63.16-1991 (Draft) 1991 Guide for Electrostatic Discharge Test Methodologies and Criteria for Electrostatic Equipment

[2] Bush DR (1987) Statistical Considerations of Electrostatic Discharge Evaluations. 1987 Zurich International Symposium on EMC: 487-490

[3] Habiger E, u. a. (1992) Elektromagnetische Verträglichkeit- Grundlagen Maßnahmen und Systemgestaltung. Verlag Technik, Berlin

[4] Habiger E, Wolf J, Wendsche S (1994) Was leisten normgerechte EMV-Störfestigkeitsnachweise gegenüber pulsförmigen Prüfstörgrößen aus statistischer Sicht?. In: Schmeer HR (Hrsg) Elektromagnetische Verträglichkeit / EMV'94, Int. Fachmesse und Kongress für Elektromagnetische Verträglichkeit. vde-verlag, Berlin

[5] Nick HH, Osborn BE (1990) Diagnostic Effectiveness in Computer Systems Using Deterministic Random ESD. 1990 IEEE International Symposium on Electromagnetic Compatibility: 274-279

[6] Renninger RG (1992) Optimized Statistical Method for System-Level ESD Tests. 1992 IEEE International Symposium on Electromagnetic Compatibility: 474-484

[7] Vick R (1995) Die Abhängigkeit der Störfestigkeit digitaler Geräte von den internen Funktionsabläufen. Dissertation; Technische Universität Dresden

[8] Wendsche S (1996) Störfestigkeit computerbasierter Geräte gegenüber pulsförmigen elektrischen Störgrößen - Statistische Modellierung und Störfestigkeitsprüfung mit statistischen und selbstadaptiven Methoden. Dissertation Technische Universität Dresden

Sachverzeichnis